网络空间安全科学与技术丛书

数据安全

秦拯 沈剑 邓桦 欧露 靳文强 胡玉鹏 廖鑫 ◎ 编著

人民邮电出版社

北京

图书在版编目（CIP）数据

数据安全 / 秦拯等编著. -- 北京 ：人民邮电出版社，2025. -- (网络空间安全科学与技术丛书).

ISBN 978-7-115-65806-7

Ⅰ. TP274

中国国家版本馆 CIP 数据核字第 202432EG17 号

内容提要

本书介绍了数据全生命周期安全风险、安全技术及典型应用案例，可帮助读者较全面地掌握数据安全理论知识和实践技能。全书共 9 章：第 1 章为数据安全概述；第 2 章介绍数据安全风险，包括数据在采集、存储、共享和使用过程中的风险；第 3 章至第 5 章分别详细介绍数据采集、存储、共享与使用安全技术；第 6 章介绍跨领域数据汇聚面临的安全风险及相应的安全技术；第 7 章介绍数据安全审计技术；第 8 章介绍数据安全新技术；第 9 章介绍数据安全相关政策法规与标准。本书内容丰富、概念清楚、结构合理，既有对理论知识的深入解析，又有具体应用案例讲解。

本书既可作为网络空间安全、信息安全和密码学等专业的研究生以及本科高年级学生的教科书或参考书，也可作为网络空间安全、信息安全等专业领域科研人员的参考书。

◆ 编　　著　秦　拯　沈　剑　邓　桦　欧　露　靳文强

　　　　　　胡玉鹏　廖　鑫

　责任编辑　陈　欣

　责任印制　马振武

◆ 人民邮电出版社出版发行　　北京市丰台区成寿寺路 11 号

　邮编　100164　　电子邮件　315@ptpress.com.cn

　网址　https://www.ptpress.com.cn

　固安县铭成印刷有限公司印刷

◆ 开本：787×1092　1/16

　印张：18.75　　　　2025 年 2 月第 1 版

　字数：456 千字　　　2025 年 2 月河北第 1 次印刷

定价：179.80 元

读者服务热线：(010)53913866　印装质量热线：(010)81055316

反盗版热线：(010)81055315

前 言

随着云计算、物联网、5G/6G、人工智能等新一代信息技术的迅猛发展，人类社会产生的数据呈爆炸式增长。数据已经成为数字时代的“石油”，充分挖掘和发挥数据要素价值对促进数字经济发展、为各行业赋能具有重要意义。然而，各类数据驱动的应用在为人们生活带来便利的同时，也带来了安全与隐私问题。数据安全事关公民个人权益、数字经济健康发展甚至国家安全利益，因此，在加快推进数据要素开放共享与利用开发的同时，必须构建数据安全保障体系，保护公民隐私及国家安全。如何应对新信息技术背景下的数据安全与隐私保护问题，已成为研究热点。

本书从实际应用案例出发，结合作者在数据安全领域的科研实践，分析所面临的数据安全风险，阐述数据安全的基础知识和技术框架。本书以数据全生命周期为主线，分别介绍了数据采集安全技术、数据存储安全技术、数据共享与使用安全技术、跨领域数据汇聚安全技术、数据安全审计技术，以及数据安全新技术，最后归纳梳理了数据安全相关政策法规与标准。

本书主要有以下特色。

（1）系统性强。本书围绕数据全生命周期这一主线，针对数据在不同阶段面临的安全威胁，系统阐述为保护数据安全应采取的技术措施，有助于读者建立完整的数据安全观，了解不同技术在数据生命周期各阶段发挥的作用。

（2）内容全面。本书不仅涵盖了数据安全保护各项关键技术，如无线安全技术、安全存储与访问控制技术、安全检索与差分隐私技术、安全审计技术等，也涵盖了恶意软件检测、基于预测的隐私保护、基于区块链的数据分享、基于可穿刺加密的数据删除等新型数据安全技术，还介绍了数据安全相关法律法规。

（3）易于理解。对于重点介绍的数据安全采集、数据安全存储、数据安全共享与使用、数据安全审计等技术，本书从技术背景、研究概况、关键技术等不同角度进行阐述，同时结合具体应用案例，深入浅出，便于读者理解。

本书共 9 章。第 1 章为数据安全概述，包括数据安全概念与内涵、数据安全发展简史、数据安全目标。第 2 章介绍数据在采集、存储、共享与使用等阶段面临的安全风险。第 3 章介绍数据采集安全技术，包括传感器安全、无线电接入网安全、数据传输网络安全。第 4 章介绍数据加密与安全计算、数据容灾等数据存储安全技术。第 5 章介绍数据共享与使用安全技术，包括数据脱敏、密码学访问控制、差分隐私、可搜索加密、深度伪造视频数据取证技术。第 6 章介绍跨领域数据汇聚安全，包括多领域数据汇聚背景及其带来的安全风险、跨领域数据安全防护技术及应用案例。第 7 章介绍数据安全审计技术，包括数据审计的概念、经典数据审计技术、数据审计新技术等。第 8 章介绍数据安全新技术，包括基于大数据的恶意软件检测、面向数据预测的隐私保护、基于区块链的数据安全共享、基于密钥穿刺的数据删除技术。第 9 章介绍数据安全相关政策法规与标准。

本书第 1 章和第 6 章由秦拯编著，第 2 章和第 9 章由欧露编著，第 3 章由靳文强编著，第 4 章由胡玉鹏、邓桦编著，第 5 章由邓桦编著，第 7 章由沈剑编著，第 8 章由邓桦、廖鑫编著。

感谢尹辉、张吉昕、宋甫元、梁晋文、陈嘉欣、胡娟等青年学者给予的支持和帮助。感谢蒋孜博、高诗慧、翟亚静、唐协成、唐立旗等博士研究生及黄冠东、许泽军、邓欣等硕士研究生在书稿编著过程中给予的支持和帮助。

由于作者水平有限，书中难免存在不足之处，恳请读者批评指正。

作者
2024 年 9 月

目 录

第1章 数据安全概述

数据安全是指通过采取必要措施确保数据处于有效保护和合法利用的状态，以及具备保障持续安全状态的能力。数据安全应保证数据生产、存储、传输、访问、使用、销毁、公开等全过程的安全，并保证数据处理过程的保密性、完整性、可用性。数据安全与网络安全、信息安全、系统安全、内容安全和信息物理融合系统安全有着密不可分的关系。

1.1 数据安全概念与内涵

数据安全以数据为核心，围绕数据全生命周期各阶段的安全，面向包括数据采集、数据存储、数据汇聚、数据共享与使用等方面的安全问题并提供解决方案，数据安全内涵如图 1-1 所示。

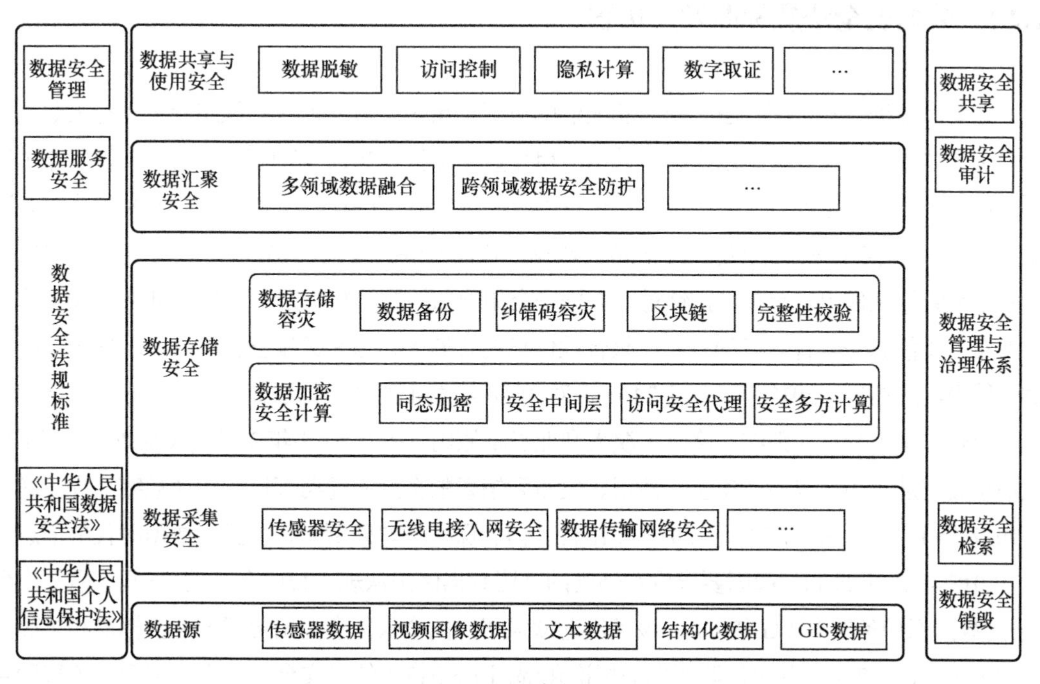

图 1-1 数据安全内涵

数据采集安全主要针对数据采集传输过程中存在的安全场景，确保数据从采集终端到传输链路的安全，主要包括传感器安全、无线电接入网安全、数据传输网络安全等。

数据存储安全主要实现（云环境下）多用户、大批量异构数据的安全存储，主要包括数据加密安全计算和数据存储容灾，其中数据加密安全计算包括同态加密、安全中间层、访问安全代理、安全多方计算等，数据存储容灾包括数据备份、纠错码容灾、区块链、完整性校验等。

数据汇聚安全主要面向跨领域数据融合汇聚过程中产生的新的安全风险，保障跨领域数据融合汇聚安全，主要包括多领域数据融合、跨领域数据安全防护等。

数据共享与使用安全主要实现数据在使用过程中，防止非授权使用、隐私数据泄露、非法数据传播、非法数据访问等，主要包括数据脱敏、访问控制、隐私计算、数字取证等。

数据安全管理与治理体系通过分级分类监管各类数据，并审查数据全生命周期各阶段存在的安全风险，主要包括数据安全共享、数据安全审计、数据安全检索、数据安全销毁等。

数据安全法规标准主要用于规范数据安全方法与策略，并保护数据隐私，主要包括数据安全管理和数据服务安全等方面标准，以及《中华人民共和国数据安全法》和《中华人民共和国个人信息保护法》等法律法规。

1.2 数据安全发展简史

1.2.1 数据安全法规标准发展历程

随着大数据的安全问题越来越引起人们的重视，诸多国家、地区和组织制定了与大数据安全相关的法律法规和政策，以推动大数据应用和数据保护。2012 年 2 月 23 日，美国发布《网络环境下消费者数据的隐私保护——在全球数字经济背景下保护隐私和促进创新的政策框架》，正式提出《消费者隐私权利法案》，规范大数据时代隐私保护措施。2012 年，云安全联盟（CSA）成立了大数据工作组，旨在寻找针对大数据安全和隐私问题的解决方案。澳大利亚于 2012 年 7 月发布了《信息安全管理指导方针：整合性信息的管理》，为大数据整合中涉及的安全风险提供了管理实践指导；2012 年 11 月 24 日，对 1988 年发布的《隐私法》进行重大修订，将信息隐私原则和国民隐私原则统一修改为澳大利亚隐私原则，并于 2014 年 3 月正式生效，规范了私人信息数据从采集、存储、安全、使用、发布到销毁的全生命周期管理。在《数字议程（2014—2017 年）》中，德国提出于 2015 年出台《信息保护基本条例》，加强大数据时代的信息安全。2015 年 2 月 25 日，德国要求设置强硬的欧盟数据保护法规。2018 年 5 月 25 日，欧盟出台《通用数据保护条例》（GDPR），该条例对欧盟居民的个人信息提出更严的保护标准和更高的保护水平。ITU-T（国际电信联盟电信标准化部门）SG17（信息安全研究组）制定了《移动互联网服务中的大数据分析安全要求和框架》《大数据即服务安全指南》《电子商务业务数据生命周期管理安全参考框架》等，NIST（美国国家标准与技术研究院）发布了《SP 1500-4 NIST 大数据互操作框架：第四册安全与隐私保护》等标准，ISO（国际标准化组织）、IEC（国际电工委员会）也发布了关于隐私保护框架、隐私保护能力评估模型、云中个人信息保护等标准，对大数据的安全框架和原则进行了标准化定义。2019 年 5 月 25 日，GDPR 正式实施一周年，GDPR 的正式实施引发了全球隐私保护立法的热潮，进一步提升了社会各界对数据安全的关注。美国多个州开始推进个人信息保护立法，美国《加州消费者隐私法案》（CCPA）于 2020 年正式生效，CCPA 规定了新的消费者权利，涉及企业收集的个人信息的访问、删除和共享，旨在加强消费者隐私权和数据安全保护；美国华盛顿州参议院通过了《华盛顿隐私法案》，犹他州议会通过了全美第一个保护存储于第三方的私人电子数据法案[1]。

鉴于大数据的战略意义，我国高度重视大数据安全问题，近十年发布了一系列与大数据安全相关的法律法规和政策。2013 年 7 月，工业和信息化部公布了《电信和互联网用户个人信息保护规定》，明确电信业务经营者、互联网信息服务提供者收集、使用用户个人信息的规则和信息安全保障措施要求。2015 年 8 月，国务院印发了《促进大数据发展行动纲要》，提出要健全大数据安全保障体系，完善法律法规制度和标准体系。2016 年 3 月，第十二届全国人民代表大会第四次会议表决通过的《中华人民共和国国民经济和社会发展第十三个五年规划纲要》提出把大数据作为基础性战略资源，明确指出要建立大数据安全管理制度，实行数据资源分类分级管理，保障安全、高效、可信。在产业界和学术界，对大数据安全的研究已经成为热点。国际标准化组织、产业联盟、企业和研究机构等已开展相关研究以解决大数据安全问题。2016 年，全国信息安全标准化技术委员会正式成立大数据安全标准特别工作组，负责与大数据和云计算相关的安全标准化研制工作。在标准化方面，国家层面制定了《信息安全技术 大数据服务安全能力要求》《信息安全技术 大数据安全管理指南》《信息安全技术 数据安全能力成熟度模型》等数据安全标准。2019 年，中央网络安全和信息化委员会办公室、工业和信息化部、公安部、市场监督管理总局等联合发布《关于开展 App 违法违规收集使用个人信息专项治理的公告》。2021 年 9 月 1 日和 11 月 1 日，《中华人民共和国数据安全法》和《中华人民共和国个人信息保护法》先后正式施行，进一步确保了数据处于有效保护和合法利用的状态，以更好保护个人和组织的合法权益，维护国家主权、安全和发展利益。

1.2.2　数据安全技术发展历程

1. 数据加密技术

密码学加密的本质是将明文数据转化为无语义信息的密文，使得潜在的攻击者无法从中获得有关明文的任何有用信息。密码学加密体制一般可划分为两类，一类是单钥或私钥密码，另一类是双钥或公钥密码。私钥密码要求加密和解密使用相同的密钥，因而在两个不同用户间传递秘密消息时需要安全信道传输密钥；公钥密钥则将加密密钥与解密密钥区分开，发送者在加密时使用接收者的公开密钥加密数据，接收者使用与公开密钥对应的私钥解密密文。自 Diffie 和 Hellman 在 1976 年首次提出公钥加密概念后，公钥加密技术进入了蓬勃发展期。近年来，随着云计算的发展，传统公钥加密技术逐渐不适应云环境下的数据共享和访问控制需求，各种高级公钥加密方案应运而生。下面介绍几种常见的高级公钥加密方案。

在属性基加密方面，2004 年，Sahai 等[2]首次提出属性基加密的概念，将属性集合作为公钥加密数据，要求只有满足该属性集合的用户才能解密，即解密用户所具有的属性个数必须超过数据所有者在加密时所指定的属性个数。2006 年和 2007 年，Goyal 等[3]与 Bethencourt 等[4]将访问控制策略扩展为布尔表达形式，并分别提出基于密钥策略的属性基加密和基于密文策略的属性基加密。2019 年，Koppula 等[5]提出一种能够将选择明文安全的属性基加密方案转换成选择密文安全的属性基加密方案的通用方法。

在代理重加密方面，1998 年，Blaze 等[6]首次提出了代理重加密，使用户可以授权代理将密文的公钥转换为新的公钥，并且在转换过程中不泄露明文的任何信息。2007，Green 等[7]提出身份基代理重加密。2009 年，Liang 等[8]提出了属性基代理重加密方案，分别实现了代理重加密在身份基代理重加密和属性基代理重加密中的扩展。2020 年，Deng 等[9]提出跨密码系统代理重加密技术，实现了从身份基广播加密系统和属性基加密系统到简单的身份基加密系统的密文转换。

在同态加密方面，1978 年，Rivest 等[10]首次提出同态加密概念。此后，密码学者提出了各种部分同态加密方案，即支持加法或乘法同态密文运算，如支持乘法同态操作的 ElGamal 加密方案，支持加法同态操作的 Pailier 加密方案等。在同态加密提出后的近三十年时间里，如何构造全同态加密方案（同时支持任意次加法和乘法同态操作）一直是困扰密码学者的重大问题，这一问题也被誉为“密码学圣杯”。直到 2009 年，斯坦福大学博士生 Gentry[11]利用理想格构造出了第一个全同态加密方案。在 Gentry 的开创性工作后，Dijk 等[12]于 2010 年提出了基于整数的全同态加密方案，Brakerski 等[13]于 2014 年提出了基于容错学习的全同态加密方案，Silva 等[14]于 2021 年提出了基于 Hensel 编码的全同态加密方案；还有其他各类全同态加密方案被提出，这些方案从系统设计、功能拓展、效率提升等方面对全同态加密技术的发展做出了贡献。

在安全多方计算方面，1986 年，Yao[15]提出第一个安全两方计算协议，使用混淆电路将计算函数表示为布尔电路，实现互不信任的两方安全地、协作式地计算某个函数。1987 年，Goldwasser[16]基于混淆电路设计了第一个安全多方计算协议。2012 年，Lindell 等[17]提出了“cut-and-choose”技术，设计了能够抵御主动攻击者的安全多方计算协议。为了减少混淆电路中密文的大小，一般采用“free-XOR”技术。2021 年，Rosulek 等[18]提出一种基于 free-XOR 的安全多方计算协议，将混淆电路中 AND 门所需密文长度降低到 1.5 个密文+5 bit，而 XOR 门不需要密文。

2. 隐私保护技术

在匿名化方面，Bayardo 等[19]于 2005 年首次提出了基于 *k*-匿名的数据隐私保护技术，并

使用 k-匿名性和加密哈希函数创建了一个通信协议，可以匿名化地验证密码是否已经泄露但又不公开所涉及的密码。Ghinita 等[20]于 2007 年提出了一种匿名化的隐私保护框架，研究了基于单属性恒等式和 l-多样性的最优解度量方法，解决了线性复杂度下的单属性隐私预算优化问题。但是攻击者一旦掌握并利用已有的背景知识，就可以较好地破解数据的匿名化问题。Machanavajjhala 等[21]于 2006 年提出了同质性攻击和背景知识攻击。匿名化技术不适用于高维或者多属性数据库的匿名化，应避免数据抑制或者泛化导致的数据偏斜等问题。

在数据脱敏方面，Dwork[22]在 2006 年提出了差分隐私（DP），采用添加噪声等扰动技术，可使得一个记录因其加入数据集中所产生的隐私泄露风险被控制在极小的、可接受的范围内，攻击者无法通过观察计算结果而获取准确的个体信息。熊平等[23]在 2014 年对差分隐私方法和应用进行了综述。Bakken 等[24]于 2004 年提出基于数据抑制、数据泛化和数据扰动的脱敏方法，实现对原始数据敏感信息的隐私保护。进一步地，Castellanos 等[25]于 2010 年指出数据脱敏可划分为静态数据脱敏和动态数据脱敏。其中，静态数据脱敏一般用于非生产环境，通过静态数据脱敏，数据内容及数据间的关联能够满足测试、开发中的需求；动态数据脱敏通常用于生产环境，在敏感数据被低权限个体访问时才对其进行脱敏。近年来，随着机器学习的发展，研究人员利用树算法、神经网络、深度学习等技术对传统数据脱敏方法进行改进。这些方法从数据安全程度、可用性、计算复杂度等方面对数据脱敏技术的发展做出了贡献。

与匿名化和扰动技术不同，加密技术则侧重于信息交换等通信过程中的隐私泄露问题，现有的技术主要有同态加密、属性加密等，可实现高效隐私保护[25]。

3. 数据采集传输安全技术

在传感器数据安全方面，传感器的安全风险主要源于隐私内容窃听攻击和注入攻击。在传感器的隐私内容窃听攻击方面，2014 年，Michalevsky 等[26]首次利用手机中的陀螺仪实现对扬声器的声音窃听攻击。2015 年，Zhang 等[27]利用采样精度更高的加速度计提高了语音识别精确度。2020 年，Ba 等[28]使用同一部手机内的位移传感器对扬声器语音进行窃听，并且将窃听语音的频率范围的上限扩展到 500 Hz。在传感器的注入攻击方面，其分为对抗样本攻击和无声注入攻击。2018 年，Yuan 等[29]实现了基于歌曲的恶意指令注入攻击，通过给定声音指令嵌入随机选择的歌曲中，实现对智能设备的任意控制。此种攻击音频信号可以嵌入网络音乐或者视频中。在无声注入攻击中，2015 年，Kasmi 等[30]通过将调制在电磁信号中的语音指令注入带有耳机或者电源线的智能设备中，实现对语音识别系统的无声攻击。2017 年，Zhang 等[31]提出了一种全新且有效的针对语音识别系统的攻击方式 DolphinAttack（海豚音攻击），即将任意可听语音指令调制到超声波频段，利用麦克风电路的非线性漏洞实现对语音助手的无声攻击。

在无线电接入网数据安全方面，无线电接入网的出现给人们生活带来了便利，但与此同时，其存在着安全隐患，无线电接入网通过无线电波在空中进行数据传输，不能像有线网络一样通过保护线路来保证信息的安全，所以需要新的技术来保证无线电接入网的安全。1999 年，IEEE 802.11b 出现之后，为了保证数据传输的安全，有线等效保密（WEP）协议被提出，该协议通过对传输的数据进行加密以保证数据的安全性，但是它因为自身设计缺陷，易被破解，所以在2003年，被Wi-Fi联盟建立的Wi-Fi保护接入（WPA）所代替，虽然WPA仍未完全解决WEP的所有弱点，但是WPA已经可以抵御针对WEP的密钥截取攻击和重放攻击；并且，WPA在WEP和WPA2中只是作为过渡，这是因为IEEE 802.11i的制定经历了4年之久，许多厂商生产的无线路由器、无线网卡等配备了IEEE 802.11b的适配器。而到了2004年，产业界完成了IEEE 802.11i的制定，同时推出了支持AES（高级加密标准）技术的WPA2技术，解决了WPA存在的易被第三者恶意截取信号从而破解密码的弱点。但是随着网络技术的发展，WPA2可以被字典攻击或PIN码破解。2018年，WPA3正式推出，在WPA3的框架下，多次尝试破解的行为将直接被封号，抵御了字典攻击，并且在公共场所创建更安全的连接，让攻击者无法窥探用户的流量，难以获得私人信息。虽然WPA3目前还没有被广泛部署到用户使用的无线电接入网设备中，但是随着科技的发展，WPA3的普遍部署指日可待。

在数据传输网络安全方面，1994年，Netscape公司设计安全套接字层（SSL）协议1.0版本，但未发布。1995年，Netscape发布SSL2.0版本，很快发现有严重漏洞；1996年，发布SSL3.0版本，得到大规模应用；1999年，发布SSL升级版传输层安全协议（TLS）1.0版本，是目前应用较广泛的版本；2006年和2008年，分别发布了TLS1.1版本和TLS1.2版本。关于超文本传输安全协议（HTTPS）技术的发展，首先，HTTPS并不是新协议，而是让HTTP先与SSL通信，再由SSL和传输控制协议（TCP）通信，也就是说HTTPS使用了隧道进行通信，通过使用SSL，HTTPS具有了加密（防窃听）、认证（防伪装）和完整性保护（防篡改）的特点。RSA算法是1977年由罗纳德·李维斯特（Ron Rivest）、阿迪·萨莫尔（Adi Shamir）和伦纳德·阿德曼（Leonard Adleman）一起提出的。1976年，Diffie-Hellman提出了公开密钥理论。Tor匿名通信系统是目前使用范围较广的匿名通信系统之一，2003年Tor正式版发布，于2004年开始支持隐藏服务，为Tor暗网的出现提供了技术支撑。2004年，隐形网计划（I2P）网络诞生，I2P是一个匿名网络项目，它提供了一个简单的网络层，用于对身份敏感的程序进行安全的匿名通信。

4. **数据安全检索技术**

在密文检索方面，2000年，Song等[32]提出了第一个实用的可搜索加密技术。该技术基于全文关键字加密和全文扫描的搜索机制，导致了搜索复杂度与文档长度和文档数量线性相关，不适合应用在大规模数据集中。为了提高搜索效率，2006年，Curtmola等[33]首次提出了基于加密倒排索引结构的可搜索加密结构，并使用泄漏函数正式定义了可搜索加密的安全强度和类型。该结构通过加密的形式将关键字–文档对组织成倒排索引，因此实现了密文搜索的次线性搜索复杂度，即算法搜索效率仅仅与匹配结果的数量相关，而与文档的数量和关键字集合的数量无关。虽然这种方案只考虑了静态数据集合，但加密的倒排索引结构成为目前可搜索加密的基本框架和技术路线。为了提高实用性，在加密数据集合中实现动态、高效、安全地增加和删除数据，并保证密文可搜索性，近年来的可搜索加密技术的研究主要集中于动态可搜索加密结构[34]，并保证方案的前向安全[35]和后向安全[36]。

5. **其他数据安全技术**

在恶意代码检测方面，2013 年，Santos 等[37]采用多种机器学习算法检测恶意软件操作码二元组，首次提出基于数据驱动和机器学习算法的恶意软件智能检测方法。2014 年，Cesare 等[38]提出基于操作码控制流图的恶意代码检测方法，从语义层面上揭示了恶意软件操作码语义层级上存在相似性；2019 年，Zhang 等[39]面向异构特征提出基于异构神经网络融合的恶意软件检测方法，进一步提升恶意软件检测的准确性和泛化性。

在数字取证方面，数字取证最早发源于 20 世纪 80 年代末期，属于数字取证发展的第一个阶段，并一直持续到 1998 年前后。数字取证发展的第二个阶段是 1999—2007 年，属于数字取证的“黄金时代”。数字取证发展的第三个阶段起始于 2008 年，并一直延续至今。近年来以云计算、移动互联网、大数据、物联网等为代表的新一代信息技术快速发展，给数字取证技术带来了新的挑战。2017 年，Gao 等[40]围绕对比度增强和图像缩放的图像操作顺序取证展开研究。2020 年，Liao 等[41]通过提出复杂假设检验模型实现了关于对比度增强的顺序取证问题。2021 年，Liao 等[42]基于图像篡改操作间存在的相互关联及影响，以操作间相关性程度的强弱分析为出发点，提出了图像操作链参数估计的框架。

1.2.3　数据安全产品发展历程

在数据安全的产品解决方案和技术方面，国外知名机构和安全公司纷纷推出先进的产品和解决方案。著名咨询公司 Forrester 提出“零信任模型”，谷歌基于此理念设计和实践了 BeyondCorp 体系，企业可不借助虚拟专用网络（VPN）在不受信任的网络环境中安全地开展业务。IBM 推出软件数据保护和加密系统 InfoSphereGuardium，管理集中和分布式数据库的安全与合规周期。杀毒软件厂商赛门铁克（Symantec）将病毒防护、内容过滤、数据防泄露、云安全访问代理等进行整合，提供了包含数据和网络的安全访问和可视化监控安全软件及硬件的解决方案。微软聚焦代码级数据安全，推出了 Open Enclave SDK 开源框架，协助开发人员创建以保护应用数据为目的的可信应用程序。数据保护公司 CipherCloud 联合 Juniper 网络公司推出了云环境下数据安全的产品解决方案，提供云端企业应用[1]。

在大数据安全产品领域，形成了平台厂商和第三方安全厂商两类发展模式。阿里巴巴围绕其掌握的电子商务、智慧城市数据，开展数据治理、反欺诈等数据安全工作。华为依托其布局全球的通信运维网络，建立可共享访问的“华为安全中心平台”，可实时查看全球正在发生的攻击事件。第三方安全厂商，包括卫士通、深信服、绿盟等企业围绕数据防泄露、内部威胁防护、数据安全态势等产品的数据安全整体解决方案和产品进行研发。与此同时，物流行业的顺丰在自身业务领域开展了围绕物流全生命周期、基于区块链的数据安全实践[1]。

1.3 数据安全目标

数据安全最核心的 3 个关键目标分别是保密性（Confidentiality，C）、完整性（Integrity，I）、可用性（Availability，A）。下面从数据采集，数据存储，数据共享、汇聚与使用过程详细介绍安全目标相关概念。保密性、完整性、可用性组成了 CIA 三元组，体现了数据、信息和计算服务的基本安全目标。

1.3.1 数据采集安全目标

1. 保密性

保密性主要包含两部分，即数据保密性和隐私性。数据保密性是指确保隐私或秘密信息不向非授权者泄露，也不被非授权者使用。隐私性是指确保个人能够控制或确定与其自身相关的哪些信息可以被收集、被保存，这些信息可以由谁来公开以及向谁公开。从安全需求和安全缺失的角度来看，保密性是对信息的访问和公开进行授权限制，包括保护个人隐私和秘密信息。保密性缺失的定义是信息的非授权泄露。

数据采集的目的是获取数据，数据采集的方式包括但不限于网络数据采集、系统日志采集、其他数据采集。数据采集的保密性由法律要求保证，数据采集过程应严格按照《中华人民共和国网络安全法》《中华人民共和国数据安全法》和《中华人民共和国个人信息保护法》等相关国家法律法规和行业规范执行。

2. 完整性

完整性主要包含两部分，即数据完整性和系统完整性。数据完整性是指确保信息和程序只能以特定和授权的方式进行改变。系统完整性是指确保系统以一种正常方式执行预定的功能，避免有意或无意的非授权操纵。完整性是防止对信息的不恰当修改或破坏，包括确保信息的不可否认性和真实性。完整性缺失的定义是对信息的非授权修改和毁坏。

数据采集完整性应遵循以下基本要求，确保数据采集过程中的个人信息完整性不被破坏。

① 定义采集数据的目的和用途，明确数据来源、采集方式、采集范围等内容，并制定标准的采集模板、采集方法、采集策略和规范。

② 遵循合规原则，确保数据采集的合法性、正当性和必要性。

③ 设置专人负责信息生产或提供者的数据审核和采集工作。

④ 对于初次采集的数据，需要采用人工与技术相结合的方式进行数据采集，并根据数据的来源、类型或重要程度进行分类。

⑤ 最小化采集数据，仅需要完成必需工作，确保不收集与提供服务无关的个人信息和重要数据。

⑥ 对采集的数据进行合理化存储，依据数据使用状态进行及时销毁处理。

⑦ 对采集的数据进行分级分类标识，并对不同类别、不同级别的数据实施相应的安全管理策略和保障措施，对数据采集环境、设施和技术采取必要的安全管理措施。

3. 可用性

可用性是指确保系统能够工作迅速，对授权用户不能拒绝服务。从安全需求和安全缺失角度而言，可用性确保及时和可靠地访问与使用数据。可用性缺失的定义是对信息和信息系统访问和使用的中断。

数据采集可用性为确保在组织系统中生成新数据，或者从外部收集数据过程的合法、合规及可用性，而采取的一系列措施，包括以下关键活动。

① 明确负责数据采集安全工作的团队及职责。

② 采集数据源的可信管理、身份鉴定、用户授权。

③ 数据采集设备的管理，如访问控制、安全加固等。

④ 涉及个人信息和重要数据的业务场景，应在采集前进行合规性评估。

⑤ 采集过程的日志记录及监控审计。

⑥ 建立数据采集工具。

⑦ 在采集过程中，实现敏感数据识别，即防泄露。

1.3.2 数据存储安全目标

1. 保密性

数据存储保密性是指防止存储的数据遭到被动攻击。关于数据存储，其保护可以分成不同的层级。最广泛的服务在一段时间内为两个用户间所存储的所有用户数据提供保护。例如，如果两个系统间建立了 TCP 连接，则这种广泛的保护将防止在 TCP 连接上传输的任何用户数据的泄露。也可以定义一种较窄的保密性服务，如对单条消息或对单条消息内某个特定的范围提供保护。与广泛的方法相比，这种细化方法用途较少，实现起来更加复杂、成本更高。

数据存储介质过程中应注意保密性，包括以下内容。

① 明确组织机构对数据存储介质进行访问和使用的场景，建立存储介质安全管理规定/规范，明确存储介质和分类的定义，常见存储介质为磁盘、光盘、内存、U 盘等，依据数据分类分级内容确定数据存储介质的要求。

② 明确存储介质的采购和审批要求，建立可信任的渠道，保证存储介质的可靠。

③ 对存储介质进行标记，如分类（可按照类型、材质等分类）、打标签（对存储介质进行打标签处理，明确存储数据的内容、归属、大小、存储期限、保密程度等）。

④ 明确介质的存放环境管理要求，主要包括存储的区域位置、防尘、防潮、防静电、防盗、分类标识、出入库登记等内容。

⑤ 明确存储介质的使用规范，包括申请单、登记表等一系列访问控制要求及数据清理（永久删除、暂时删除等）和销毁报废（销毁方式、销毁记录）要求。

⑥ 明确存储介质测试和维修规范，包括测试存储硬件的性能、可靠性和容量等，以及如何返厂、操作人、时间和场地等内容。

⑦ 明确常规和随机审查要求，定期对存储介质进行检查，以防信息丢失。

2. **完整性**

与保密性一样，完整性可应用于消息流、单条消息或消息的指定部分。同样，最有用也最直接的方法是对整个消息流提供保护。

用于处理数据消息流、面向连接的完整性服务保证收到的消息和发出的消息一致。保证消息未被复制、插入、修改、删除、添加、更改顺序或重放。该服务也涉及对数据的破坏。因此，面向连接的完整性服务需要处理消息流的修改和拒绝服务两个问题。另外，无连接的完整性服务仅处理单条消息，而不管大量的上下文消息，因此，通常仅防止对消息的修改。

数据存储完整性主要是防止数据被破坏或丢失。一旦发生数据丢失或被破坏，敏感的业务数据或客户资料将被泄露，业务记录将被篡改或破坏。

3. **可用性**

数据存储可用性是指保证存储数据的高效分析与利用，如数据在存储过程中可读可写。在数据存储可用性方面，为确保存储介质上数据的可用性与安全性而采取的一系列措施，包括如下几点。

① 明确负责存储安全工作的团队及职责。

② 在数据分类分级的基础上，结合业务场景，明确不同类别和级别数据的加密存储要求，包括对加密算法的要求和加密密钥的管理要求。

③ 建立存储系统或平台，并实现对账号、权限、安全基线等的管理。

④ 建立存储介质管理系统或平台，对购买、标记、审批、入库、出库等操作进行安全管理，保障存储介质本身的安全和可用。

1.3.3 数据共享、汇聚与使用过程安全目标

1. **保密性**

数据共享、汇聚与使用过程中的保密性，重点是指在数据共享、汇聚与使用过程中防止数据流量分析。防止数据流量分析要求攻击者不能观察到信息的源地址与目的地址、频率、长度或通信设施上的其他数据流量特征。数据共享、汇聚与使用过程中的保密性治理和管控措施主要体现在如下几个方面。

① 法律规定数据的管辖范围由属地扩展到属人。

② 明确了数据共享、汇聚与使用参与主体的权责。

③ 对个人信息有完善的保护。

④ 对数据跨境传输提出明确的安全要求。

⑤ 对数据共享、汇聚与使用过程中的违法行为进行严厉处罚。

2. 完整性

数据共享、汇聚与使用过程中的完整性主要是指数据完整性服务，其中，完整性服务可以分为可恢复的服务和无法恢复的服务。因为完整性服务和主动攻击有关，本章更关心检测而非阻止攻击。如果检测到完整性遭到破坏，那么服务可以简单地报告这种破坏，并通过软件的其他部分或人工干预来恢复被破坏的部分。或者，可以使用一些机制来恢复完整性。在通常情况下，自动恢复是一种更具有吸引力和开拓性的选择。要确保数据共享、汇聚与使用过程中的完整性，就要确保不同组织之间的数据交互过程的安全性与完整性，对其所采取的一系列措施主要包括以下几点。

① 明确负责数据共享、汇聚与使用安全工作的团队及职责。

② 针对数据脱敏、数据溯源、数据留存期限、监控审计、共享接收方的身份识别、共享平台或接口的访问控制等内容制定相应的安全管理策略。

③ 明确共享双方的安全责任，尤其是接收方的安全责任，在数据共享、汇聚与使用过程中，对接收方的数据安全防护能力进行评估。

3. 可用性

数据共享、汇聚与使用过程中的可用性是指根据系统的性能说明，系统资源可被授权实体请求访问或使用（即当用户请求服务时，若系统能够提供符合系统设计的这些服务，则系统是可用的）。大部分攻击会导致可用性损失或降级。针对某些攻击，有一些自动防御措施，如认证、加密；而针对其他的一些攻击，则需要使用一些物理措施来阻止或恢复分布式系统中被破坏了可用性的部分功能。

数据共享、汇聚与使用过程中的可用性可以作为多种安全服务的相关性质，可用性服务确保系统的可用性，这种服务处理由拒绝服务攻击引起的安全问题。可用性服务依赖于对系统资源的恰当管理和控制，因此依赖于访问控制服务和其他安全服务。数据共享、汇聚与使用过程中为确保组织内部之间的数据交互可用性与安全性，而采取了一系列措施，具体包括如下几点。

① 明确负责数据内部共享与使用安全工作的团队及职责。

② 对共享、汇聚与使用的数据内容进行评估、审批。

③ 对共享、汇聚与使用过程进行日志记录及监控审计。

④ 建立数据共享、汇聚与使用清单，明确共享链条。

⑤ 建立数据共享、汇聚与使用工具或平台，并对其账号、权限等进行管控。

⑥ 部署数据脱敏工具和数据溯源工具。

综上所述，CIA 三元组对于数据采集，数据存储，数据共享、汇聚与使用过程中数据安全目标的定义已经相当清晰。然而，在安全领域中，还需要额外定义一些安全概念来呈现更加完整的数据安全目标，如图 1-2 所示，其中两个常用的安全概念是可审计性和真实性。

图 1-2 数据安全目标

① 可审计性：可审计性的安全目标要求实体的行为可以唯一地追溯到该实体。这一属性支持不可否认、阻止、故障隔离、入侵检测和预防、事后恢复，以及法律诉讼。因为无法得到真正安全的系统，所以必须能够追查到对安全泄露负有责任的一方。系统必须保留他们活动的记录，以方便事后的审计分析，进而跟踪安全事件或解决争执。

② 真实性：真实性是指一个实体是真实的、可被验证的和可被信任的。对传输信息来说，信息和信息的来源是正确的。也就是说，能够验证用户是否是它声称的用户，以及系统的每个输入是否均来自可信任的信源。

下面举例展示保密性、完整性、可用性 3 个方面的数据安全要求。对于这些例子，如果发生安全事件，如保密性、完整性、可用性缺失，将使用低层次、中层次、高层次这 3 个层次说明其对组织和个人的影响，每个层次的说明如下。

① 低层次：该层次的损失对组织的运行、组织的资产或个人的负面影响有限。有限的负面影响是指保密性、完整性或可用性缺失可能导致的损失有限，具体如下。

a. 导致执行使命的能力在一定程度和时间内降级，其间仍能完成主要的功能，但效果稍有降低。

b. 导致资产损失较小。

c. 导致经济损失很小。

d. 导致对个人的伤害很小。

② 中层次：该层次的损失对组织的运行、组织的资产和个人有严重的负面影响。严重的负面影响是指保密性、完整性或可用性缺失可能导致的损失较严重，具体如下。

a. 导致执行使命的能力在一定程度和时间内显著降级，其间仍能够完成主要功能，但效果会明显降级。

b. 导致资产损失显著。

c. 导致经济损失显著。

d. 导致对个人的伤害显著，但不包括丧命或严重威胁生命安全的伤害。

③ 高层次：该层次的损失对组织的运行、资产和个人有严重或灾难性的负面影响。严重或灾难性的负面影响是指保密性、完整性或可用性缺失可能导致的损失更严重，具体如下。

a. 导致执行使命的能力在一定程度和时间内严重降级，其间不能完成主要的一项或多项功能。

b. 导致大部分资产的损失。

c. 导致大部分经济的损失。

d. 导致对个人的严重或灾难性的伤害，包括丧命或严重威胁生命安全的伤害。

下面给出相应的示例。

① 保密性方面的示例：学生的分数信息是一种资产，学生认为分数的保密性非常重要。在美国，这种信息的发布受家庭教育权和隐私权法案管理。学生的分数仅能被学生自己、学生的父母及需要这些信息来完成工作的学校教师得到。学生的注册信息具有中等程度的保密等级。尽管注册信息仍然受到隐私权法案管理，但这些信息可以以天为单位被更多人看到，与分数信息相比更少受到攻击，即使受到攻击，损失也较小。目录信息，如学生、老师、院系名单可列为低保密等级或无须保密。这些信息对公众自由开放，可以在学校网站上发布。

② 完整性方面的示例：医院数据库中存储的病人过敏信息，可以说明完整性的几个方面。医生能够信任这些信息，这些信息是正确的且是最新的。现在假设一名有权查看和更新这些信息的人员（如护士）有意篡改了数据并对医院造成了损失。这个数据库需要快速恢复到可以信任的状态，而且应能够追溯到对这些错误负有责任的人员。这个例子说明病人的过敏信息是对完整性要求很高的一种资产。不准确的信息会对病人造成伤害，甚至造成病人死亡，进而使医院承担重大责任。对资产的完整性要求中等的例子是Web，这些网站提供论坛供用户注册并讨论一些特定的话题。无论是注册用户还是攻击者，都不能篡改某些网站或者删减网站。如果网站仅仅为了娱乐，广告收入很少或者没有，也不用于如科研等重大事项，那么潜在的危害就不会很严重。网站的用户可能会承受一些数据、时间和经济上的损失。对完整性要求低的一个例子是匿名化在线民意调查。许多Web，如新闻机构的Web，为它们的用户提供几乎没有监管的民意调查。

③ 可用性方面的示例：一个部件或服务越关键，对可用性的要求就越高。考虑一个为关键系统、应用和设备提供认证服务的系统，服务的瘫痪将导致客户不能访问计算资源，员工不能访问他们执行重要任务所需要的资源。员工生产率的损失和客户潜在的损失，使得服务的缺失转换为较大的经济损失。对资产的可用性要求中等的一个例子是大学的公共网站。公共网站为现有的和潜在的学生提供信息。公共网站不能被称为大学信息系统的关键部分，但其不可用仍然会给大学造成窘境。在线电话和目录查询应用可归类为可用性要求低的例子。尽管服务的临时缺失很让人担忧，但是有其他办法获得这些信息，如纸质电话号码本或接线员。

1.4 本章小结

本章面向数据全生命周期安全各个阶段阐述数据安全概念和内涵，包括数据采集安全，数据存储安全，数据共享、汇聚与使用安全等方面，以及数据安全治理与数据法规标准等。本章沿时间线详细介绍了数据安全技术、法规标准等的发展历程；同时，阐述了数据全生命周期安全各个阶段的安全目标，包括保密性、完整性和可用性等。

参考文献

[1] 张锋军, 杨永刚, 李庆华, 等. 大数据安全研究综述[J]. 通信技术, 2020, 53(5): 1063-1076.

[2] SAHAI A, WATERS B R. Fuzzy identity-based encryption[C]//Proceedings of the 24th Annual International Conference on Theory and Applications of Cryptographic Techniques. Heidelberg: Springer, 2004.

[3] GOYAL V, PANDEY O, SAHAI A, et al. Attribute-based encryption for fine-grained access control of encrypted data[C]//Proceedings of the 13th ACM Conference on Computer and Communications Security. New York: ACM Press, 2006: 89-98.

[4] BETHENCOURT J, SAHAI A, WATERS B. Ciphertext-policy attribute-based encryption[C]//Proceedings of the 2007 IEEE Symposium on Security and Privacy (SP'07). Piscataway: IEEE Press, 2007: 321-334.

[5] KOPPULA V, WATERS B. Realizing chosen ciphertext security generically in attribute-based encryption and predicate encryption[C]//Proceedings of the Annual International Cryptology Conference. Cham: Springer, 2019: 671-700.

[6] BLAZE M, BLEUMER G, STRAUSS M. Divertible protocols and atomic proxy cryptography[C]//Proceedings of the International Conference on the Theory and Applications of Cryptographic Techniques. [S.l.:s.n.], 1998: 127-144.

[7] GREEN M, ATENIESE G. Identity-based proxy re-encryption[C]//Proceedings of the International Conference on Applied Cryptography and Network Security. Heidelberg: Springer, 2007: 288-306.

[8] LIANG X H, CAO Z F, LIN H, et al. Attribute based proxy re-encryption with delegating capabilities[C]//Proceedings of the 4th International Symposium on Information, Computer, and Communications Security. New York: ACM Press, 2009: 276-286.

[9] DENG H, QIN Z, WU Q H, et al. Identity-based encryption transformation for flexible sharing of encrypted data in public cloud[J]. IEEE Transactions on Information Forensics and Security, 2020(15): 3168-3180.

[10] RIVEST R L, ADLEMAN L, DERTOUZOS M L. On data banks and privacy homomorphisms[J]. Foundations of Secure Computation, 1978, 4(11): 169-180.

[11] GENTRY C. Fully homomorphic encryption using ideal lattices[C]//Proceedings of the 41st Annual ACM Symposium on Theory of Computing. New York: ACM Press, 2009: 169-178.

[12] DIJK M V, GENTRY C, HALEVI S, et al. Fully homomorphic encryption over the integers[C]//Proceedings of the Annual International Conference on the Theory and Applications of Cryptographic Techniques. Heidelberg: Springer, 2010: 24-43.

[13] BRAKERSKI Z, VAIKUNTANATHAN V. Efficient fully homomorphic encryption from (standard) LWE[J].

SIAM Journal on Computing, 2014, 43(2): 831-871.

[14] SILVA D W H A D, HARMON L, DELAVIGNETTE G, et al. Leveled fully homomorphic encryption schemes with hensel codes[EB/OL]. Cryptology ePrint Archive, 2021.

[15] YAO A C C. How to generate and exchange secrets[C]//Proceedings of the 27th Annual Symposium on Foundations of Computer Science (SFCS 1986). Piscataway: IEEE Press, 1986: 162-167.

[16] GOLDWASSER S. How to play any mental game, or a completeness theorem for protocols with an honest majority[C]//Proceedings of the Annual ACM Symposium on Theory of Computing. [S.l.:s.n.], 1987: 218-229.

[17] LINDELL Y, PINKAS B. Secure two-party computation via cut-and-choose oblivious transfer[J]. Journal of Cryptology, 2012, 25(4): 680-722.

[18] ROSULEK M, ROY L. Three halves make a whole? beating the half-gates lower bound for garbled circuits[C]//Proceedings of the Annual International Cryptology Conference. Cham: Springer, 2021: 94-124.

[19] BAYARDO R J, AGRAWAL R. Data privacy through optimal k-anonymization[C]//Proceedings of the 21st International Conference on Data Engineering (ICDE'05). Piscataway: IEEE Press, 2005: 17-228.

[20] GHINITA G, KARRAS P, KALNIS P, et al. Fast data anonymization with low information loss[C]//Proceedings of the 33rd International Conference on Very Large Data Bases. [S.l.:s.n.], 2007: 758-769.

[21] MACHANAVAJJHALA A, GEHRKE J, KIFER D, et al. L-diversity: privacy beyond k-anonymity[C]//Proceedings of the 22nd International Conference on Data Engineering (ICDE'06). Piscataway: IEEE Press, 2006: 24.

[22] DWORK C. Differential privacy[C]//Proceedings of the International Colloquium on Automata, Languages and Programming. [S.l.:s.n.], 2006: 1-12.

[23] 熊平, 朱天清, 王晓峰. 差分隐私保护及其应用[J]. 计算机学报, 2014, 37(1): 101-122.

[24] BAKKEN D E, RARAMESWARAN R, BLOUGH D M, et al. Data obfuscation: anonymity and desensitization of usable data sets[J]. IEEE Security & Privacy, 2004, 2(6): 34-41.

[25] CASTELLANOS M, ZHANG B, JIMENEZ I, et al. Data desensitization of customer data for use in optimizer performance experiments[C]//Proceedings of the 2010 IEEE 26th International Conference on Data Engineering (ICDE 2010). Piscataway: IEEE Press, 2010: 1081-1092.

[26] MICHALEVSKY Y, BONEH D, NAKIBLY G. Gyrophone: recognizing speech from gyroscope signals[C]//Proceedings of the 23rd USENIX Security Symposium. [S.l.:s.n.], 2014: 1053-1067.

[27] ZHANG L, PATHAK P H, WU M C, et al. AccelWord: energy efficient hotword detection through accelerometer[C]//Proceedings of the 13th Annual International Conference on Mobile Systems, Applications, and Services. New York: ACM Press, 2015: 301-315.

[28] BA Z J, ZHENG T H, ZHANG X Y, et al. Learning-based practical smartphone eavesdropping with built-in accelerometer[C]//Proceedings 2020 Network and Distributed System Security Symposium. Reston: Internet Society, 2020: 1-18.

[29] YUAN X J, CHEN Y X, ZHAO Y, et al. CommanderSong: a systematic approach for practical adversarial voice recognition[EB/OL]. 2018.

[30] KASMI C, LOPES ESTEVES J. IEMI threats for information security: remote command injection on modern smartphones[J]. IEEE Transactions on Electromagnetic Compatibility, 2015, 57(6): 1752-1755.

[31] ZHANG G M, YAN C, JI X Y, et al. DolphinAttack: inaudible voice commands[C]//Proceedings of the 2017 ACM SIGSAC Conference on Computer and Communications Security. New York: ACM Press, 2017: 1-19.

[32] SONG D X, WAGNER D, PERRIG A. Practical techniques for searches on encrypted data[C]//Proceedings

of the Proceeding 2000 IEEE Symposium on Security and Privacy. Piscataway: IEEE Press, 2000: 44-55.

[33] CURTMOLA R, GARAY J, KAMARA S, et al. Searchable symmetric encryption: improved definitions and efficient constructions[C]//Proceedings of the 13th ACM Conference on Computer and Communications Security. [S.l.:s.n.], 2006: 79-88.

[34] KAMARA S, PAPAMANTHOU C, ROEDER T. Dynamic searchable symmeteric encryption[C]//Proceedings of the ACM Conference on Computer and Communications Security. New York: ACM Press, 2012: 965-976.

[35] WATANABE Y, OHARA K, IWAMOTO M, et al. Efficient dynamic searchable encryption with forward privacy under the decent leakage[C]//Proceedings of the Twelfth ACM Conference on Data and Application Security and Privacy. New York: ACM Press, 2022: 312-323.

[36] SUN S F, STEINFELD R, LAI S Q, et al. Practical non-interactive searchable encryption with forward and backward privacy[C]//Proceedings 2021 Network and Distributed System Security Symposium. Reston: Internet Society, 2021: 1-18.

[37] SANTOS I, BREZO F, UGARTE-PEDRERO X, et al. Opcode sequences as representation of executables for data-mining-based unknown malware detection[J]. Information Sciences, 2013, 231: 64-82.

[38] CESARE S, XIANG Y, ZHOU W L. Control flow-based malware VariantDetection[J]. IEEE Transactions on Dependable and Secure Computing, 2014, 11(4): 307-317.

[39] ZHANG J X, QIN Z, YIN H, et al. A feature-hybrid malware variants detection using CNN based opcode embedding and BPNN based API embedding[J]. Computers & Security, 2019, 84: 376-392.

[40] GAO S D, LIAO X, GUO S J, et al. Forensic detection for image operation order: resizing and contrast enhancement[C]//Proceedings of the International Conference on Security, Privacy and Anonymity in Computation, Communication and Storage. Cham: Springer, 2017: 570-580.

[41] LIAO X, LI K D, ZHU X S, et al. Robust detection of image operator chain with two-stream convolutional neural network[J]. IEEE Journal of Selected Topics in Signal Processing, 2020, 14(5): 955-968.

[42] LIAO X, HUANG Z H, PENG L, et al. First step towards parameters estimation of image operator chain[J]. Information Sciences, 2021, 575: 231-247.

第2章 数据安全风险

数据生命周期包括数据采集、数据存储、数据共享与使用等阶段。在任一阶段中均存在潜在的数据安全风险。本章逐一分析数据采集、数据存储、数据共享与使用阶段可能面临的安全风险，并概要介绍相应的安全风险防范措施。

2.1 数据采集的安全风险

2.1.1 数据采集概述

数据采集又称数据获取，指利用一种装置从系统外部采集数据并输入系统内部的一个接口。数据采集技术被广泛应用在各个领域，如摄像头、麦克风等数据采集工具。

被采集的数据是已被转换为电信号的各种物理量，如温度、水位、风速、压力等，可以是模拟量，也可以是数字量。数据采集的方式一般为隔一定时间对同一点数据重复采集，其中时间间隔被称为采样周期。采集的数据大多是瞬时值，也可以是某段时间内的一个特征值。准确的数据测量是数据采集的基础。数据测量方法有接触式和非接触式，检测元件多种多样。不论采用哪种方法和哪种元件，均以不影响被测对象状态和测量环境为前提，以保证数据的准确性。数据采集含义很广，包括对面状连续物理量的采集。在计算机辅助制图、测图、设计中，对图形或图像的数字化过程也可被称为数据采集，此时被采集的是几何量（或包括物理量，如灰度）数据[1]。

在过去的数据采集中，由于来源单一、结构单一，数据量相对较小，一般采用关系数据库或并行仓库处理。然而，现在的数据来源丰富且多样，数据量大，数据结构多样，如结构化、非结构化、半结构化。数据采集过程重在数据处理的高效性和可用性，因此采用分布式数据库。

目前的数据分类一般分为线上行为数据和内容数据。线上行为数据包括页面数据、交互数据、表单数据、会话数据、自定义事件操作日志、业务日志、各服务产生的日志、系统日志等，系统日志包括操作系统日志、CDN 日志、监控日志等。内容数据包括应用日志、电子文档、机器数据、语音数据、社交媒体数据等。

数据来源可分为物联网系统（传感器数据）、Web 系统（互联网数据）、传统信息系统（商业数据）。

① 物联网系统：采集的方式通常有报文和文件两种；关注的方面包括采集的频率、采集的维度。

② Web 系统：除了收集自己的上网数据，也可以通过爬虫收集网络上的数据。

③ 传统信息系统：与业务流程相关的数据。

在互联网行业快速发展的今天，数据采集被广泛应用于互联网及分布式领域，数据采集领域发生了重要的变化。首先，分布式控制应用场景中的智能数据采集系统在国内外取得了长足发展。其次，总线兼容型数据采集插件的数量不断增加，与个人计算机兼容的数据采集系统的数量也在增加。国内外各种数据采集机先后问世，将数据采集带入了一个全新的时代。

2.1.2 数据采集的风险分析

1. 数据采集过程中的安全性问题

数据采集过程中的安全性问题有 3 个：数据采集的完整性问题、数据采集的隐私性问题与数据采集的准确性问题。

数据采集的完整性问题：为了尽量不影响用户体验，在客户端采集数据时，数据一般不会同步发送，而是先在本地进行缓存，再整体压缩、打包，并在网络通畅时一起通过公网进行传输。如果客户端的网络不通畅，数据传输失败，则会累积在本地，而本地缓存会有限额，或者在缓存数据全部发送完毕前，App 被卸载，这都会导致部分数据丢失。在 Web 端使用 JavaScript 传输数据时，虽然数据是同步发送的，不过由于公网传输的网络问题，一般也会有 3%～7%的数据丢失，并且基本难以避免。

数据采集的隐私性问题（如图 2-1 所示）：恶意第三方可能会在传输过程中窃取传输的数据，从而得到传输的这些用户行为数据。这些用户行为数据体现的是用户在客户端的一些具体的用户行为，蕴含着用户的隐私。

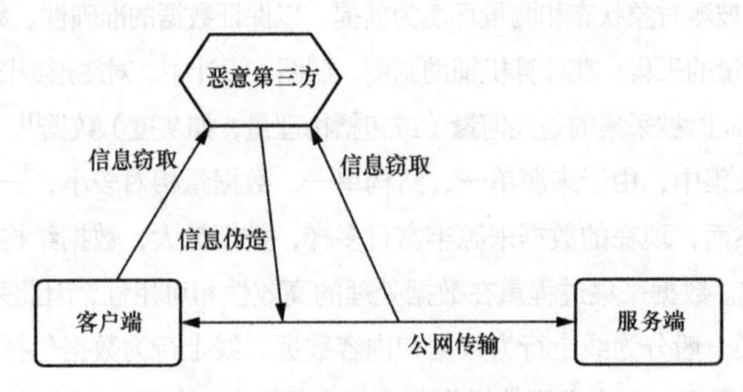

图 2-1 数据采集过程中的窃取与伪造

数据采集的准确性问题（如图 2-1 所示）：恶意第三方可能会在传输过程中伪造数据，从而造成后台的数据分析结果不准确。这种伪造可能是直接调用传输的 API，也可能是在多个模拟器上运行 App，甚至可能是人直接在真实设备上操作 App，这些都会导致传输到服务端的数据不准确。

2. 现有的解决技术和方案

（1）数据加密技术

数据加密技术包含磁盘加密、文件加密、透明文档加密等技术，其中以透明文档加密技术最为常见。

（2）权限管控技术

数字权利管理（DRM）通过设置特定的安全策略，在敏感数据生成、存储、传输的瞬态实现自动化保护，以及通过条件访问控制策略防止敏感数据被非法复制、泄露、扩散等。

DRM 的工作方式是仅限已使用第三方 DRM 许可服务器进行身份验证的用户播放文件。DRM 通过将 DRM 标头包含或打包在文件的段中来实现此目的。DRM 打包与许可服务器联系所需的信息，以及播放文件所需的所有加密信息。文件在打包后会被发送到内容分发网络，该网络的服务可以是如 Amazon S3 和 CloudFront 这样的服务，也可以是非内容分发网络的服务，如 AWS KMS（密钥管理服务）等服务。文件被分发后，在播放之前需要联系许可服务器获得许可。通过制定一整套内容保护协议，DRM 的保密效果超过标准加密。图 2-2 显示了 DRM 工作原理的基本流程。

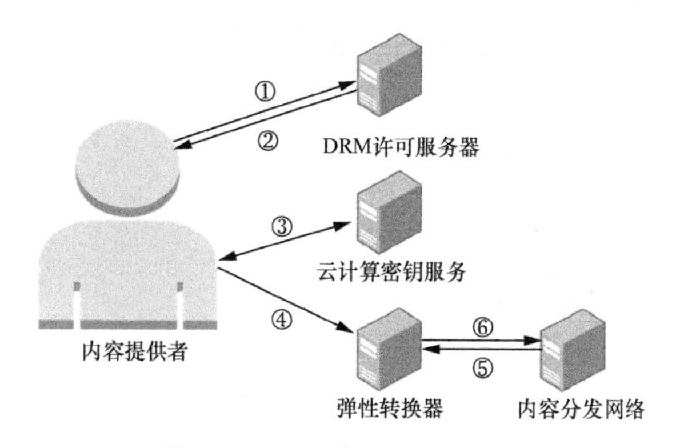

图 2-2　DRM 工作原理的基本流程

一个经典 DRM 的工作流程包括以下几个步骤。

① 内容提供者利用内容密钥 ID 调用 DRM 许可服务器，以生成内容密钥。

② DRM 许可服务器使用密钥 ID 生成内容密钥，并将它和获取许可证的网址返回给内容提供者。

③ 内容提供者调用云计算密钥服务来加密内容密钥，云计算密钥服务返回经过加密的内容密钥。

④ 内容提供者利用加密的内容密钥、密钥 ID 和获取许可证的网址调用弹性转换器。

⑤ 弹性转换器抓取要保护的文件，并将其与 DRM 信息捆绑在一起。

⑥ 弹性转换器将 DRM 保护的文件发送给内容分发网络，由其分发文件。

（3）其他解决方案

① 基于内容深度识别的通道防护技术

基于内容的数据防泄露（DLP）是一种以不影响用户正常业务为目的、对企业内部敏感数据外发进行综合防护的技术手段。

DLP 的核心是对内容的深度识别，内容包含文字、代码、数字、报表、图纸和图片。目前的 DLP 被定义为一个需要良好的管理支撑的流程，而不是单纯的技术产品，它是一个流程型的管理方法，涉及很多与管理体系相关的内容。DLP 本身是个很大的概念，主要分为以下两种。

第一种是集成型 DLP，DLP 只是某个产品功能中的一部分，通常用于快速合规，通过简单的方式分析内容，无法将一个环境中的策略与其他环境通用。第二种是企业级 DLP，其专注于与 DLP 数据内容相关的部分。如图 2-3 所示，企业级 DLP 具备完整而深入的内容检查能力，支持集中管理，策略可以跨场景使用。

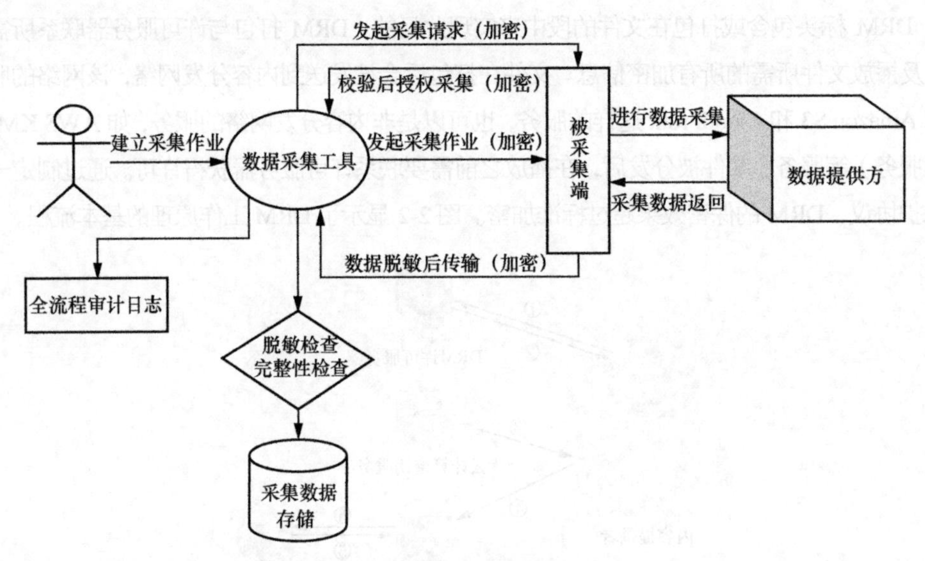

图 2-3 企业级 DLP

② 使用 HTTPS 作为传输协议

超文本传输安全协议（HTTPS）是一种网络安全传输协议，它经超文本传输协议（HTTP）进行通信，但利用安全套接字层/传输层安全（SSL/TLS）协议对数据包进行加密。开发 HTTPS 的主要目的是提供对网络服务器的身份认证，保护交换数据的隐私与完整性。

简单来说，在不考虑太多技术细节，并有 HTTPS 进行加密的情况下，可以认为，除了服务端与客户端，在中间的传输环节是获取不到也无法修改传输的内容的，因此，采用 HTTPS 作为传输协议，可以很好地防止数据被窃取。

由于是在客户端采集数据，通过网络传输数据，采用 HTTPS 作为传输协议并不能解决数据完整性的问题。

同时，HTTPS 也不能阻止数据被伪造，伪造者在客户端可以通过直接抓包来获取传输的内容，从中获取传输 API 与传输协议后，可以直接调用 API 通过 HTTPS 传输伪造的数据，也可以通过模拟器运行 App 或者直接用机器运行 App 伪造数据。

③ 传输内容加密

如前所述，HTTPS 是在传输环节进行传输协议加密的，并不能阻止恶意第三方在客户端通过抓包获取数据，从而获取传输的内容与传输协议。因此，更进一步考虑，不仅对传输协议进行加密，也对传输的内容进行加密，就可以阻止恶意第三方获取传输协议，从而无法通过直接调用 API 的方式进行数据伪造。但是，对于通过模拟器运行 App 或者直接用机器运行 App 伪造数据的方式，这种方法依然无能为力。同时，对传输内容进行加密，不能改变在客户端采集数据，以及通过公网传输数据的本质，因此并不能解决数据完整性的问题。

与此同时，由于需要对传输内容进行加密，数据采集的代码和传输协议都不能再开源，否则就很容易被恶意第三方破解加密方案。对于公司内部的第一方数据采集方案，这并没有问题，但是，对于第三方分析工具，它的代码如果不开源，则一些对安全与隐私比较敏感的客户，可能就不敢集成。同时，由于传输协议不开源，系统的开放性大大降低。

④ 后端采集

在后端采集数据，如采集后端的日志，其实就是将数据采集的传输与加密交给了产品本身，认为产品本身的后端数据是可信的。而后端采集数据到分析系统中则通过内网进行传输，这个阶段不存在安全和隐私性问题。同时，内网传输基本不会因为网络丢失数据，传输的数据可以非常真实地反映用户行为在系统中的体现。

对于通过模拟器运行 App 或者直接用机器运行 App 伪造用户行为，由于后端获取的就是伪造后的数据，需要在采集后进行 Anti-spam 清洗数据。

2.1.3 数据采集安全风险防范

数据采集安全是数据安全生命周期的第一阶段，是对数据来源安全的管理，所有的后续工作都以此为基础，所以该阶段的重要性不言而喻。该阶段包含 4 个过程域，分别为数据分类分级、数据采集安全管理、数据源鉴别及记录、数据质量管理[2]。

1. 数据分类分级

数据分类分级是指基于法律法规及业务需求确定组织机构内部的数据分类分级方法，对生成或收集的数据进行分类分级标识。

数据分类分级是数据采集阶段的基础工作，也是整个数据安全生命周期中最基础的工作，它是数据安全防护和管理中各种策略制定、制度落实的依据和附着点。

《信息安全技术 数据安全能力成熟度模型》（DSMM）标准在充分定义级要求如下。

（1）组织建设

组织机构设立负责数据分类分级工作的管理岗位和人员，主要负责定义组织机构整体的数据资产分类分级的安全原则及相关能力的提供。

在 DSMM 的要求中，每个过程域都需要指定专人专岗负责该项工作，并能够胜任此项工作，数据分类分级也是这样的要求。在实际工作中，所有的过程域在这个维度上都由一个或多个人负责，可以单独任命，也可以在相应的制度章节中说明。

（2）制度流程

① 建立数据资产分类分级原则、方法和操作指南。

② 对组织机构的数据资产进行分类分级标识和管理。

③ 对不同类别和级别的数据建立相应的访问控制、数据加解密、数据脱敏等安全管理和控制措施。

④ 建立数据分类分级变更审批流程和机制，通过该流程保证对数据分类分级的变更操作及其结果符合组织机构的策略要求。

在建立制度流程时，首先要建立组织/公司自己的数据分类分级原则和方法，将数据按照重要程度进行分类，然后在数据分类的基础上，根据数据安全在受到破坏后对组织造成的影响和损失进行分级，如果组织层面已经具有相关的分类分级标准，则可酌情进行参考。在实际执行时如果一步不能完全实现细粒度区分，则可以多步实现，循序渐进，不要设计过于复杂的方案。在进行数据分类分级后需要有针对性地制定数据防护要求，设置不同的访问权限，对重要数据进行加密存储和传输、对敏感数据进行脱敏处理、对重要操作进行审计记录和分析等。在进行分类分级的工作中，要明确相关内容和操作流程的审核审批机制，保证数据分类分级工作符合组织的分类分级原则和制度要求。

（3）技术工具

建立数据分类分级打标签或数据资产管理工具，实现对数据资产的分类分级自动标识、标识结果发布、审核等功能。在技术层面需要建立数据管理平台，按照数据分类分级原则和制度要求对数据打标签，进行数据分类和分级区分，并依据此设置访问控制策略和加解密策略，还需要能够对新增数据根据要求进行自动打标签处理。

（4）人员能力

负责该项工作的人员应了解数据分类分级的合规要求、能够识别哪些数据属于敏感数据。在编制数据分类分级的制度时可以参考图 2-4 所示的数据分类分级关键点。

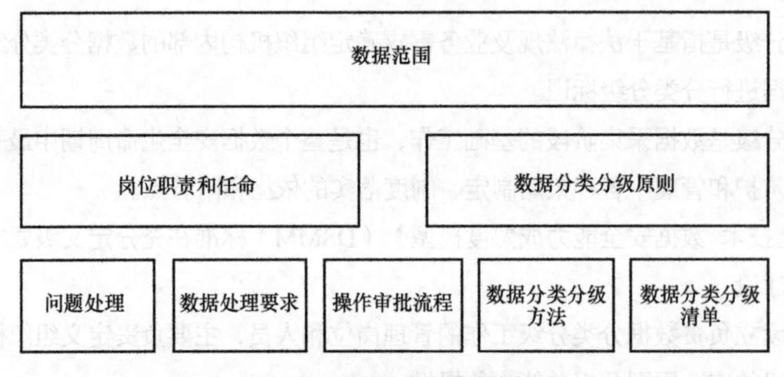

图 2-4　数据分类分级关键点

2. 数据采集安全管理

数据采集安全管理是指在采集外部客户、合作伙伴等相关方数据的过程中，需明确采集数据的目的和用途，确保数据源的真实性、有效性、最少够用等原则要求，并规范数据采集的渠道、数据的格式、相关的流程和方式，从而保证数据采集的合规性、正当性、执行上的一致性，符合相关法律法规要求。

数据采集过程涉及包含个人信息和商业数据在内的海量数据，当今社会对个人信息和商业数据的保护提出了很高的要求，需要防止个人信息和商业数据滥用。采集过程需要信息主体授权，并应当依照法律、行政法规、与用户的约定，处理相关数据；另外，应在满足相关法定规则的前提下，在数据应用和数据安全保护间寻找适度的平衡。

DSMM 标准在充分定义级要求如下。

（1）组织建设

组织机构成立对数据采集安全进行合规管理的实体/虚拟团队，负责制定相关的数据采集安全合规管理的制度规范，并推动相关要求、流程落地。

组织机构设立数据采集风险评估小组，对具体业务场景下的数据采集进行风险评估并制定改进方案，组织机构负责数据安全合规的团队提供对各业务团队风险评估小组工作的咨询和支持。

数据采集安全管理在组织机构设置方面包括两部分：数据采集安全合规管理团队和数据采集风险评估团队。这两个团队分别负责制定数据采集安全合规管理制度并落实和对数据采集阶段进行风险评估。

（2）制度流程

① 制定组织机构数据采集原则，定义业务场景的数据采集流程和方法，明确数据采集的目的、方式、范围。

② 明确数据采集的渠道及外部数据源，并对外部数据源的合法性进行确认。

③ 明确数据采集范围、数量、频度，确保不收集和提供与服务无关的个人信息和重要数据。

④ 在组织机构内建立数据采集的风险评估流程，针对采集的数据源、制度、渠道、方式、数据范围、类型进行风险评估，对涉及采集个人信息和重要数据的业务场景进行进一步合规评估。

⑤ 明确数据采集过程中个人信息和重要数据的知悉范围和安全控制措施，确保采集过程中的个人信息和重要数据不被泄露。

数据采集安全管理的制度规范需要包含 3 个方面的内容。一是明确数据采集的目的、用途、方式、范围、渠道等；二是建立数据采集的风险评估流程；三是明确数据采集过程中的个人信息和重要数据的安全控制措施。

（3）技术工具

在涉及数据采集的业务系统中建立统一、规范的数据采集流程，以保证组织机构数据采集流程的一致性，相关工具应具有详细的日志记录，确保授权过程的有效记录；采取技术手段保证数据采集过程中个人信息和重要数据不被泄露。

（4）人员能力

负责该项工作的人员能够充分理解数据采集的法律要求、安全要求、业务需求，能够根据组织机构内的业务场景提出有针对性的解决方案。

3. 数据源鉴别及记录

数据源鉴别及记录是指对产生的数据源进行身份鉴别和记录，防止数据仿冒和伪造。数据源鉴别是指对收集或产生数据的来源进行身份识别的一种安全机制，防止采集到不被认可的或非法数据源（如机器人信息注册等）产生的数据，避免采集到错误的或失真的数据；数据源记录是指对采集的数据进行数据来源的标识，以便在必要时对数据进行追踪和溯源。

DSMM 标准在充分定义级要求如下。

（1）组织建设

组织机构设有负责数据源追溯的团队或人员，提供组织机构统一的数据源管理策略和方案。

在 DSMM 的要求中，每个过程域都需要指定专人专岗负责该项工作，并能够胜任此项工作，数据源鉴别及记录也是如此。在实际工作中，所有的过程域在这个维度上都由一个或多个人负责，可以单独任命，也可以在相应的制度章节中说明。

（2）制度流程

制定数据源管理的制度规范，定义数据溯源策略、溯源数据表达方式和格式规范、溯源数据安全存储与使用的管理制度等，明确要求对核心业务流程的相关数据源进行鉴别和记录。

数据源管理制度规范需要包含两方面的内容。一是对数据采集来源的管理，包括采集源识别和管理、采集源的安全认证机制、采集源安全管理要求等内容；二是对采集的数据在数据生命周期中进行数据溯源的管理，对数据流路径上的每次变化均保留日志记录，保证结果的可追溯，以及数据的恢复、重播、审计、评估等功能。总结为“对来源认证，对变化溯源”。

（3）技术工具

采取技术手段对外部收集的数据和数据源进行识别和记录，即通过数据溯源的机制，保证数据管理人员能够追踪与其加工和计算数据相关的数据源。

对关键溯源数据进行备份，并采取技术手段对溯源数据进行安全保护。

（4）人员能力

负责该项工作的人员应理解数据源鉴别标准和组织机构内部数据采集的业务场景，并能够结合实际情况执行。

4. 数据质量管理

数据质量管理是指建立组织机构的数据质量管理体系，保证数据采集过程中收集和产生的数据的准确性、一致性、完整性。

数据安全手段保护的对象是有价值的数据，而有价值的前提是数据质量要有保证，所以必须要有与数据质量相关的管理体系。

DSMM 标准在充分定义级要求如下。

（1）组织建设

组织机构设立数据质量管理岗位和人员，负责制定统一的数据质量管理规范，明确对数据质量进行管理和监控的责任部门或人员。

在 DSMM 的要求中，每个过程域都需要指定专人专岗负责该项工作，并能够胜任此项工作，数据质量管理也是如此。在实际工作中，所有的过程域在这个维度上都由一个或多个人负责，可以单独任命，也可以在相应的制度章节中说明。

（2）制度流程

制定数据质量管理规范，具体包含数据格式要求、数据完整性要求、数据质量要求、数据源质量评价标准、对异常事件处理的流程和操作规范。

建立数据采集过程中的质量监控规则，明确数据质量监控范围及监控方式。

在数据质量管理制度中需要定义什么是“数据质量”，数据质量的属性一般包括一致性、完整性、准确性、时效性等；明确数据质量的校验层次（人工对比、程序对比、统计分析等）和校验方法（时效性、完整性、原则性、逻辑性等）；定义数据质量管理实施流程，如在产品研制中植入数据质量控制手段，涉及需求、系统设计、开发、测试、发布与运维；制定数据采集质量管理规范，包含数据格式要求、数据完整性要求、数据质量要求、数据源质量评价标准等。

（3）技术工具

利用技术工具对关键数据进行数据质量管理和监控，实现异常数据及时告警或更正。在数据质量管理方面需要采取的技术手段包括 4 种。一是对数据资产进行分类和等级划分，这个在数据分类分级中已有定义和介绍；二是对在线数据的质量监控，如针对业务数据库实时产生的数据，需要对业务数据进行定义并对流程进行改造，实现实时监控；三是离线数据质量监控，如针对数据仓库或数据开发平台的离线数据进行质量监控；四是提供数据质量事件的处理流程，一旦发现数据质量异常及时进行告警和上报，积极采取纠正措施。

（4）人员能力

负责该项工作的人员应对数据质量管理规范有一致性理解，能够基于组织机构的实际数据质量管理需求开展相关工作。

2.2 数据存储的安全风险

2.2.1 数据存储风险点

数据存储风险点有如下几个方面。

1. 采用国外软件进行数据存储

目前部分单位对数据的存储，仍然采用国外的一些软件，如 Oracle、MySQL、SQL Server

等，这些国外软件的大范围应用给数据安全存储带来风险。

2. **容灾备份机制不够完善**

目前各单位对单位自身的数据具有较为完善的容灾备份机制，但对其他领域、其他部门的数据缺乏有效的容灾备份机制。

3. **云平台数据存储集中化**

在云平台中存储数据，虽然用户能够有效利用云服务器易扩展、廉价、高性能等特性实现数据分析和存储，但是云服务器不是可信的实体，数据存储在云服务器中，会带来数据泄露风险。

4. **元宇宙数据存储虚拟化**

为了提供沉浸式与交互式体验，元宇宙势必对与用户生理、行为等与个人属性强相关的信息进行采集分析，包括指纹、虹膜、心跳、脑电波等。与此同时，用户在元宇宙中的经济交易、社交往来等行为会产生大量信息，这些个人隐私信息一旦被泄露或滥用，将产生严重后果。

5. **区块链数据存储去中心化**

区块链技术是分布式存储、点对点传输、共识机制、加密算法等计算机技术综合应用模式[3]。虽然区块链技术产生了一个不易篡改的交易分类账，但区块链网络并不能免于网络攻击和欺诈。例如，去中心化自治组织通过区块链运营的风险投资基金，利用不当代码，盗走“数字货币”；个人数字签名或者私钥被盗，用户“加密货币”不幸被盗用，“加密货币”交易仍存在巨大风险。此类区块链攻击包括网络钓鱼攻击[4]、路由攻击[5]、女巫攻击[6]等。

2.2.2 数据存储风险分析

数据存储风险分析如表 2-1 所示。

表 2-1 数据存储风险分析

风险点	影响分析	风险级别	备注
采用国外软件进行数据存储	国外软件出于某些原因，可能会存在一些安全漏洞	致命风险	这些安全漏洞可能会使非法分子直接获取数据和篡改数据，因此风险级别为致命风险
容灾备份机制不够完善	该风险点可能会导致数据丢失、服务中断等问题	低风险	该风险并不会导致数据泄露，因此风险级别为低风险
云平台数据存储集中化	数据存储在远端云服务器中，用户失去对数据的直接物理控制权，可能导致隐私泄露	中风险	该风险可能会导致用户敏感信息泄露，云服务器可以通过已有背景信息推测用户隐私信息，因此风险级别为中风险
元宇宙数据存储虚拟化	在用户交互式体验中，用户社交、生理等敏感信息容易泄露	中风险	该风险可能会泄露用户社交关系、个人生理等敏感信息，因此风险级别为中风险
区块链数据存储去中心化	网络攻击和欺诈、密钥被窃取可能会导致区块链数据泄露	中风险	该风险可能会导致用户“数字货币”被盗用，因此风险级别为中风险

2.2.3 数据存储风险防控

针对数据存储风险，目前各单位都采取了较为简单的防控措施。在硬件环境方面，通过网络隔离的方式保障数据安全，如自然资源部门将所有其他领域、其他部门的数据全部放入涉密网中，通过涉密网的网络隔离、容灾备份等功能，保障数据安全；交通运输部门对其他领域、其他部门的数据采用单机离线存储的方式保障数据安全。同时，各单位加强对软件环境风险的防控措施，正在逐步采用安全可信的软件和密码算法。

此外，对于云平台存在的用户隐私泄露问题，通用的风险防护措施是对用户数据进行加密，如同态加密[7-8]、对称加密[9-10]。为了权衡数据安全性与可用性，常用的方法包括数据扰动、数据脱敏等，实现云平台数据的安全存储，防止用户存储在云服务器中的敏感数据泄露。

元宇宙数据风险主要包括 3 个方面[11]。一是元宇宙在线活动和虚拟交互容易降低用户的自控力；二是尽管许多应用程序有监测和报告不当内容的机制，但全网大规模的内容自动审核目前还难以实现；三是当前各元宇宙平台设定的验证保障措施薄弱、易被规避。因此，在元宇宙风险防控方面，应加强元宇宙平台之间的竞争，降低用户的数据安全风险，完善虚拟空间的行为规范和治理规则。

基于区块链技术的信息系统，在用户层、接口层、基础设施层面临着与其他信息系统相似的安全风险，而区块链的多方参与和分布式特点导致其在智能合约、共识机制、账本记录、密码应用中安全风险突出[12]。区块链系统共识机制设计、实现或使用不当，可能导致系统停摆、共识节点间状态不一致、被恶意敌手控制、数据不可信、已确认交易被撤回、恶意交易被确认等问题。智能合约可能存在合约逻辑错误、整数溢出、堆栈溢出等代码漏洞，导致业务逻辑异常、未授权访问、系统资源耗尽等问题。区块链节点之间数据共享导致隐私泄露风险严峻，区块链应用中用户身份和事务处理等敏感信息存在被泄露或被非法获取的风险；同时不同的区块链进行交互，即跨链技术面临着交易的不一致性等风险。因此，区块链数据安全风险防控措施包括用户账户安全和操作安全、服务接口安全、合约安全、共识安全、账本保护、对等网络安全、跨链安全等。

2.3 数据共享与使用的安全风险

随着大数据技术和应用的快速发展，数据作为重要生产资料，备受政府和市场关注。基于数据的可复制性、可加工性、跨时空传递迅速等特征，其可以在不同时间、地点被多人同时持有使用。基于“一数同源，一库多用”理念，数据共享也正迎刃前行。由于我国大数据立法处于起步阶段，权益和安全保障尚未形成，数据共享面临安全风险。

2.3.1 数据共享方式

数据共享的方式主要分为 3 种，即数据开放、数据交换、数据交易。

1. **数据开放**

数据开放指数据提供方通过数据开放平台为数据使用方提供开放数据资源的在线检索、下载、调用等服务。

2. **数据交换**

数据交换指数据共享各方之间在政策、法律法规允许的范围内，通过签署协议、合作等方式开展的非营利性数据共享，通常采用以“数”易“数”的方式，或者“一对一”地进行数据交换。

3. **数据交易**

数据交易指数据提供方通过交易平台，为数据使用方提供有偿的数据共享服务。数据使用方付费后获得数据或者服务调用权限，也可以付费获得平台的相关数据服务。

2.3.2 数据共享风险分析

大数据呈现事物之间的关联性，在互联网环境中被放大，开放数据的隐患和风险与其被应用的价值共同被释放出来。

1. **信息数据动态采集且覆盖全域**

从信息数据形成方面分析，获取的端点分散，这些端点已深入个人的日常活动中，个人的行踪、日常消费、信贷投资信息等都可以经数据开放而一览无余。把大量信息和行为痕迹由传统计算机转移到便捷私密的手持移动终端设备更不安全。用户的数据在移动互联网环境下更容易关联个人活动，也更容易展示个人社会联系，如通话记录、社交群聊天记录、实时位置等，个人信息受侵害的风险被前所未有地放大。在数据交换和共享过程中，不同数据源有机结合，可能导致先前隐藏的涉密信息或隐私数据被独特的识别功能挖掘出来，不同等级的安全数据、敏感数据处在被泄露和侵害的风险之中，容易引发政府数据、个人隐私、商业秘密等一系列信息数据泄露的连锁风险。

2. **信息系统难防漏洞和失窃**

根据 IBM 发布的《2022 年数据泄露成本报告》[13]，2022 年全球数据泄露的平均成本创下 435 万美元的历史新高，比 2021 年增长了 2.6%，自 2020 年以来增长了 12.7%。其中，勒索软件攻击的平均成本（不包括赎金成本）略有下降，从 462 万美元降至 454 万美元，而破坏性攻击的成本从 469 万美元增至 512 万美元，勒索软件和破坏性攻击造成的数据泄露成本比平均成本更高，且勒索软件造成的漏洞占比从 2021 年的 7.8%增长到 2022 年的 11%，增长率为 41%。数据产生和采集的场景很广泛，在信号有效范围内的设备都可以接收到数据，信息容易被拦截和窃取。无线网络的开放性使恶意程序的入侵更加自由便利。蠕虫等病毒在不断升级，其传播速度快，潜伏时间不确定，黑客的各种攻击手段也在翻新，系统、应用、信息安全持续受到威胁。目前国家互联网信息部门联合公安、电信等部门，把数据安全作为维护国家虚拟空间安全的一大重任。

3. 智能终端增量放大安全风险

随着万物互联和智能生活步伐的加快，移动终端从手机迅速扩展到工作生活场景中的众多物件。由于加密与解密技术并肩齐驱，密码看起来似乎正在消亡。目前网络上存在至少 900 亿个密码，而以后，冰箱、光照、加热系统等可能都需要密码。数据量非常庞大，且所有密码信息都必须得到适当的网络安全保护，否则将意味着全球范围内将存在至少 900 亿个潜在威胁[14]。

4. 运营监管面临挑战

目前数据采集、运行、监管及责任部门的职责未能厘清，协作和协调机制也有待稳定，这对于数据所有者的权益乃至国家利益都是风险和挑战。我国数据安全还未健全标准规范，中国电子技术标准化研究院、清华大学、阿里云计算有限公司等 25 家企事业单位共同编制并发布的《大数据安全标准化白皮书（2017）》设计了大数据安全体系标准框架，这在一定程度上提升了对大数据交易服务安全的管控能力。但不同行业和领域的大数据应用具有不同特点，所涉及的数据敏感度因政策环境、行业环境不同而存在差异，因此需要制定更有针对性的大数据安全标准规范，确保数据开放共享风险可控和运营合规。

5. 责任追究风险

在数据共享的生态环境中，有前期的信息数据抓取、采集，有中期的保存、处理、传送、整合、再开发，还有后期的存储、利用、再利用。产业链条长，参与方众多，交换平台环境复杂。在目前数据立法尚未成熟完善的情况下，对数据违法犯罪的界定未形成共识，法律责任的追究存在难度。其中包括损害结果界定、责任方的认定、证据形式、举证责任分配、司法程序安排、管辖权的确认、责任承担方式等。数据兼具传统人身权和财产权内容，又不同于知识产权，传统立法无法直接纳入，一旦权利或秩序被侵犯，那么责任追究难以实现，目前司法实务判例鲜有参照。随着《中华人民共和国数据安全法》的实施，责任追究难的现状正在改善。

2.3.3　数据共享风险防控重点

1. 数据脱敏前后均需要尊重权属来源

有观点认为，删除数据的个体识别性，就不会侵权，其实数据是信息的载体，数据之所以有价值，是因为它承载有意义的信息，把具有权属来源的信息整体去头去尾，数据的权属来源就不存在了吗？数据的权属来源还是存在的。承载个人身份和行为信息的数据，是依附于个人人身发生的，其所有权的人身权部分永久性不能转让，巨量数据并不能在质上改变权属来源信息权益人的存在。让权属来源信息权益人知晓数据的采集、存储安全措施、后续具体运用及安全保障，是信息数据权让与合意的边界，可以避免数据侵权风险，无论这个让与是有偿的还是无偿的。

2. 数据脱敏后仍需要保障安全

用户数据隐私保护与挖掘用户数据价值是两个互相冲突的矛盾体，彻底的数据脱敏，需要抹去全部的用户标识信息，使数据潜在的分析价值大大降低。另外，完全保留用户隐私数据信息，可最大化数据的分析价值，同时导致用户隐私泄露的风险难以控制。

贵阳大数据交易所在“数据生态”和“技术应用”中写明采用“数据区块链”技术，要“根据数据存放区块位置、存放时间、系统密钥等信息主动生成商品确权编码，数据商品和确权编码绑定并存储在区块链上，追溯数据交易信息”。区块链技术实现对原始账本的记录，原始记录无法删改，也正因为如此，真实信息受威胁的风险始终不可更改地存在。已有的脱敏方法包括替换、无效化、乱序、平均取值、反关联、偏移、加密、动态环境控制，加密是一种特殊的可逆脱敏方法。通过加密密钥和算法对原始数据进行加密，密文格式与原始数据在逻辑规则上一致，通过解密密钥可以恢复原始数据。脱敏不能绝对保证数据安全，还需要配合使用访问控制、安全审计、备份恢复、运维管理等其他技术措施和保障机制。

3. 数据公共资源性与商业营利性需要适度交融

政府对信息数据的采集、存储、脱敏处理，需要付出人力、设备、软件、第三方公司、安全运行、监管等成本，同时还隐含数据侵权和安全救济成本。从数据资源形成方面分析，需要大量资金；从开放数据利用成果来看，也有商业用途，所以从数据日益成为国家重要资源的视角考虑，全免费开放利用，非长久之计。正如国家的土地、水流、电力，都通过不同方式有偿或无偿投入使用，数据资源也不例外。一旦数据权利、权属来源立法成熟，数据采集成本增大，有差异的有偿使用是比较符合经济学的考虑，可以减少政府数据运行经费和效益方面的风险。让数据共享的公益性与商业营利性适度融合，形成良性利益机制，有利于数据共享产业长足发展。

4. 让权益更安定是政府和法律的使命

广大用户为实现使用智能程序的便利，或配合行政机关智能化办公，在信息、隐私、商业秘密有可能被窃取、安全可能受威胁的情形下，同意配合采集信息，其本质在一定程度上，是公众用户对权益的自愿让渡，是对风险的勇于承担。从另一角度来说，也是对政府和法律的信赖。让公众提供信息时更有安全感和信心，是政府在安全管理机制上责无旁贷的事情，也是法律在不断探索完善中的目标和使命。

2.4 本章小结

本章从多个维度分析了数据采集、数据存储、数据共享与使用等阶段可能面对的数据安全风险，并给出相应的数据安全防范措施，这将有助于理解和化解数据安全风险。

参考文献

[1] UPADHYAY D, SAMPALLI S. SCADA (Supervisory control and data acquisition) systems: vulnerability assessment and security recommendations[J]. Computers & Security, 2020, 89: 101666.

[2] 国家市场监督管理总局, 国家标准化管理委员会. 信息安全技术 数据安全能力成熟度模型: GB/T 37988—2019[S]. 2019.

[3] 刘明达, 陈左宁, 拾以娟, 等. 区块链在数据安全领域的研究进展[J]. 计算机学报, 2021, 44(1): 1-27.

[4] ZHANG C, ZHAO M Y, ZHU L H, et al. FRUIT: a blockchain-based efficient and privacy-preserving quality-aware incentive scheme[J]. IEEE Journal on Selected Areas in Communications, 2022, 40(12): 3343-3357.

[5] LI J, HUANG Y Y, WEI Y, et al. Searchable symmetric encryption with forward search privacy[J]. IEEE Transactions on Dependable and Secure Computing, 2021, 18(1): 460-474.

[6] GE Y F, ORLOWSKA M, CAO J L, et al. MDDE: multitasking distributed differential evolution for privacy-preserving database fragmentation[J]. The VLDB Journal, 2022, 31(5): 957-975.

[7] LI B Y, MICCIANCIO D. On the security of homomorphic encryption on approximate numbers[C]// Proceedings of the Annual International Conference on the Theory and Applications of Cryptographic Techniques. Cham: Springer, 2021: 648-677.

[8] VIAND A, JATTKE P, HITHNAWI A. SoK: fully homomorphic encryption compilers[C]//Proceedings of the 2021 IEEE Symposium on Security and Privacy (SP). Piscataway: IEEE Press, 2021: 1092-1108.

[9] SONG F Y, QIN Z, LIU D X, et al. Privacy-preserving task matching with threshold similarity search via vehicular crowdsourcing[J]. IEEE Transactions on Vehicular Technology, 2021, 70(7): 7161-7175.

[10] HE K, CHEN J, ZHOU Q X, et al. Secure dynamic searchable symmetric encryption with constant client storage cost[J]. IEEE Transactions on Information Forensics and Security, 2021, 16: 1538-1549.

[11] 宋晓玲，刘勇，董景楠，等. 元宇宙中区块链的应用与展望[J]. 网络与信息安全学报，2022, 8(4): 45-65.

[12] 张衡. 大数据安全风险与对策研究: 近年来大数据安全典型事件分析[J]. 信息安全与通信保密, 2017, 15(6): 102-107.

[13] IBM. 2022 年数据泄露成本报告[R]. 2023.

[14] Jasmine. 21 个触目惊心网络犯罪统计数据[EB/OL]. 2018.

第 3 章 数据采集安全技术

在数据采集过程中，设备的传感器会主动感知周围的环境信息（如温度、湿度、高度、压力等）、收集用户的交互输入信息（如语音、文本、按键等），所采集的传感器数据经无线电接入网进行汇聚，最终在业务网络中进行传输、分享和应用。本章主要介绍数据采集全流程中的重要安全技术，包含传感器安全、无线电接入网安全和数据传输网络安全。

3.1 传感器安全

当前主要的数据采集场景，如智能手机传感采集系统、工业物联网传感系统、自动驾驶汽车感知系统等，均依赖于底层的基本传感器元件完成对环境信息的感知和测量。传感器是感知数据产生的源头，保证其安全性是保障系统数据安全的第一道防线。本节内容将从无线传感器网络的组成、传感器的安全风险、传感器的安全防御策略 3 个方面介绍传感器安全领域的先进技术。

3.1.1 无线传感器网络的组成

无线传感器网络（WSN）是由大量具有感知能力的传感器节点通过自组织方式构成的无线电网络。传感器可监测不同位置的环境状况（如温度、声音、振动、压力、运动、污染物等）。WSN 被认为是影响人类未来生活的重要技术之一，其为人们提供了一种全新的信息获取和信息处理的途径。

1. 传感器节点

（1）传感器工作原理

感知技术是一种利用传感器元件将外界环境刺激转化为可被存储和传输的信息数据的技术。国家标准《传感器通用术语》（GB/T 7665—2005）[1]中对传感器的定义是，能感受被测量并将其按照一定规律转换成可用输出信号的器件或装置。传感器通常具有以下 4 个方面的特征。

① 传感器是测量装置，能完成检测任务。

② 输入量是某一被测量，可能是物理量、化学量、生物量等。

③ 输出量是某一物理量，这种量要便于传输、转换、处理、显示等，这种量可以是气、光、电等物理量，但主要是电物理量。

④ 输出和输入有对应关系，且应有一定的精确程度。

传感器的本质是感受被测量的信息，并将感受到的信息，按一定规律转换成电信号或其他所需形式的信息输出，以满足信息的传输、处理、存储、显示、记录和控制等要求。以力的测量为例，物体受到的力即一种典型的客观物理量，它无法被直接观测或记录，因此需要通过转换技术转换为可被测量和记录的值。通过机械转换，物体表面压力可以被转化为位移量，后者可以由标尺轻易地测量出来。同理，光、气液、压力也可以被转化为光电移动、气液压力和电阻等量，从而被测量和记录。

（2）传感器内部构造

传感器一般由敏感元件、转换元件、信号转换电路 3 个部分组成，如图 3-1 所示。其中，敏感元件是指直接感受被测量，并输出与被测量成确定关系的某一物理量的元件；转换元件是指以敏感元件的输出为输入，把输入数据转化为电路信息的元件。

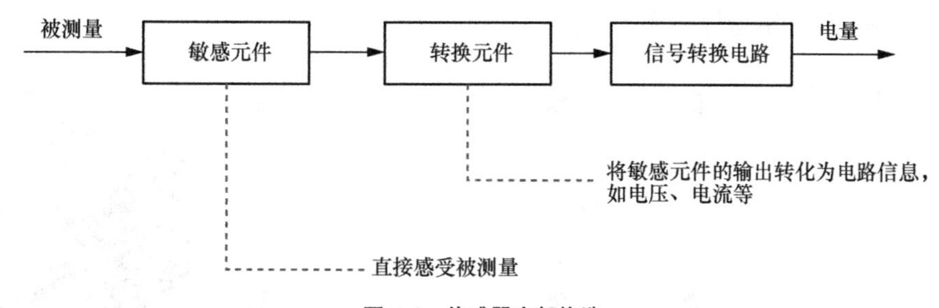

图 3-1　传感器内部构造

（3）传感器种类

根据传感器在无线传感器网络中功能的划分，传感器可大致分为以下 4 类。

① 位移传感器

位移传感器又称为线性传感器，这类传感器主要用于测量设备的移动状态。位移的测量一般分为测量实物尺寸和机械位移两种，按被测变量变换的形式不同，位移传感器可分为模拟式和数字式两种。模拟式又可分为物性型和结构型两种。

常用位移传感器以模拟式结构型居多，包括电位器式位移传感器、电感式位移传感器、自整角机、电容式位移传感器、电涡流式位移传感器、霍尔式位移传感器等。加速度计和陀螺仪是两个最基础的位移传感器。

a. 加速度计

加速度计是测量加速度的仪表，其传感器的模型方程如式（3-1）所示。

$$E = K_1\left(K_0 + a_I + K_2 a_I^2 + K_5 a_O^2 + K_7 a_P^2 + K_4 a_I a_P + K_6 a_I a_O + K_8 a_I a_O\right) \tag{3-1}$$

其中，E 为加速度计输出，单位为 V（伏特）；K_1 为标度因数，单位为 V/g（伏特每重力加速度）；K_0 为零偏，单位为 g（重力加速度）；a_I、a_P、a_O 分别为施加在 I、P、O 轴上的加速度，如图 3-2 所示，单位为 g，其中 I 轴为输入轴（Z 轴），P 轴为摆轴（Y 轴），O 轴为输出轴（X 轴）；K_2、K_5、K_7 为二阶非线性系数，单位为 g/g^2；K_4、K_6、K_8 为交叉耦合系数，单位为 g/g^2。

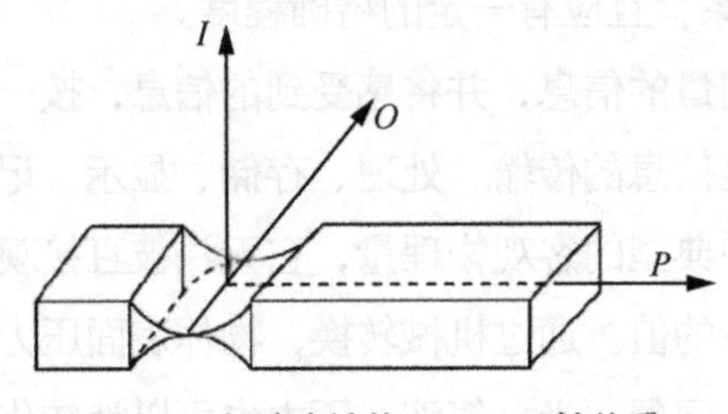

图 3-2　加速度计的 I、P、O 轴关系

加速度测量是工程技术的重要课题，加速度计内部构造如图 3-3（a）所示，可用于测量所载仪器设备的瞬时加速度和空间位置。通过加速度计连续地测出其所在设备的加速度，然后经过积分运算得到速度分量，再次积分得到一个方向的位置坐标信号，加速度计外观展示如图 3-3（b）所示。例如，在某些控制系统中，也常需要将加速度信号作为产生控制作用所需的信息的一部分，这里也出现连续地测量加速度的问题。

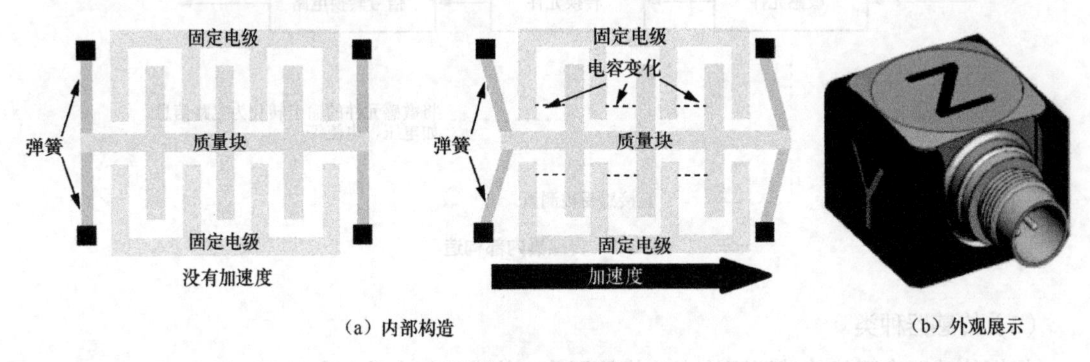

（a）内部构造　　（b）外观展示

图 3-3　加速度计

b. 陀螺仪

陀螺仪原本是用在直升机上测量运动姿态的传感元件，现已被广泛应用于手机等移动便携设备，其内部构造如图 3-4（a）所示。陀螺仪的原理是一个旋转物体的旋转轴所指的方向，在不受外力影响时是不会改变的。基于此原理可测量运动物体的方位，现在的智能手机、自动驾驶汽车和工业物联网设备广泛地使用此传感器来感知自身的方位状态。陀螺仪的外观展示如图 3-4（b）所示。

② 环境感知传感器

环境感知传感器如图 3-5 所示，主要包含温度传感器、湿度传感器、光照传感器等，它能够准确地感知环境的物理信息，并将其数字化。

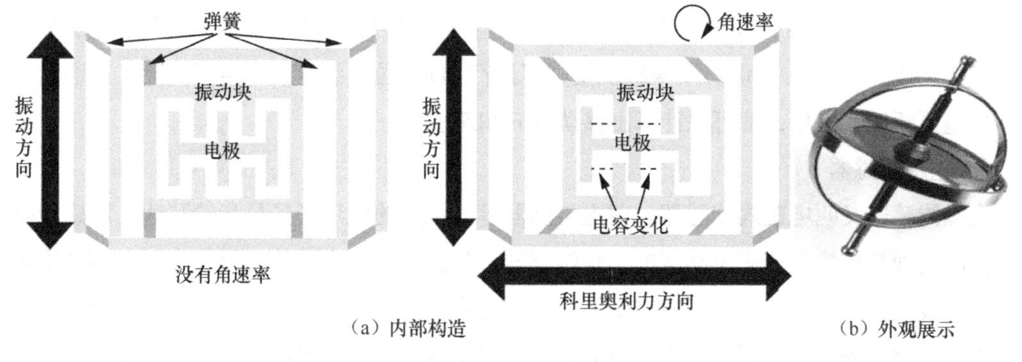

（a）内部构造　　（b）外观展示

图 3-4　陀螺仪

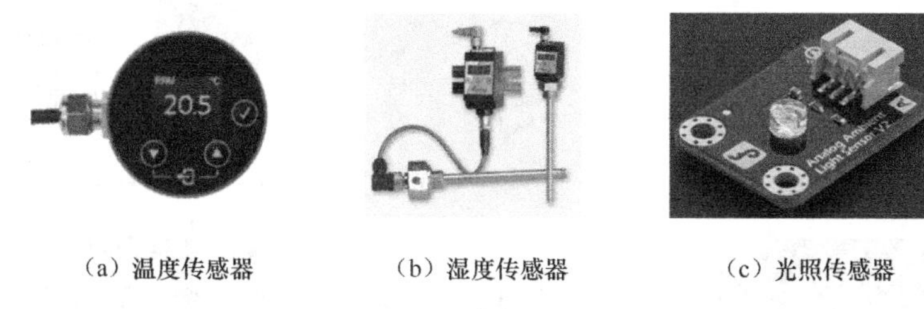

（a）温度传感器　　（b）湿度传感器　　（c）光照传感器

图 3-5　环境感知传感器

a. 温度传感器

温度传感器是指能感受温度并将其转换成可用输出信号的传感器。温度传感器按测量方式可分为接触式和非接触式两大类，按照传感器材料及电子元件特性分为热电阻和热电偶两类。温度计通过传导或对流达到热平衡，从而使温度计的示值能直接表示被测对象的温度，一般测量精度较高。在一定的测温范围内，温度计也可测量物体内部的温度分布。常用的温度计有双金属温度计、玻璃液体温度计、压力式温度计、电阻温度计、热敏电阻、温差电偶等。

b. 湿度传感器

湿度传感器能感受环境中的水蒸气含量，并将其转换成可用的输出信号。湿敏元件是最简单的湿度传感器。湿敏元件主要有电阻式、电容式两大类。湿敏电阻的特点是在基片上覆盖一层用感湿材料制成的膜，当空气中的水蒸气吸附在感湿膜上时，元件的电阻率和电阻值都会发生变化，从而测量出湿度。

c. 光照传感器

光照传感器通常是指能敏锐感应紫外光到红外光的光能量，并将光能量转换成电信号的器件。光照传感器主要由光敏元件组成，主要分为 4 类，包含环境光传感器、红外光传感器、太阳光传感器、紫外光传感器，这些传感器可应用在智能手机、智能驾驶、工业物联网系统等领域。

③ 定位传感器

全球定位系统（GPS）是一种以人造地球卫星为基础的高精度无线电导航的定位系统，它在全球任何地方及近地空间都能够提供准确的地理位置、车行速度及精确的时间信息。GPS 传感器是应用最为广泛的一种定位传感器，其测量原理是卫星会不断地发射自身的星历参数和时间信息，GPS 信号接收机接收到信号后，根据三角公式可以计算得到接收机的位置，3 颗卫星可进行 2D 定位（经度、纬度），4 颗卫星则可进行 3D 定位（经度、纬度及高度）。通过接收机不断地更新接收信息，就可以计算出移动方向和速度。

④ 电磁传感器

电磁传感器又叫电磁式传感器、磁电传感器等，主要的应用场景是齿轮测速，电磁传感器是把被测物理量转换为感应电动势的一种传感器。依据电磁感应定律，绕匝线圈在磁场中运动切割磁力线，因此线圈内产生感应电动势。由此而生的感应电动势的大小与穿过线圈的磁通变化率和单位时间内切割磁感线的次数有关。定位传感器与电磁传感器如图 3-6 所示。

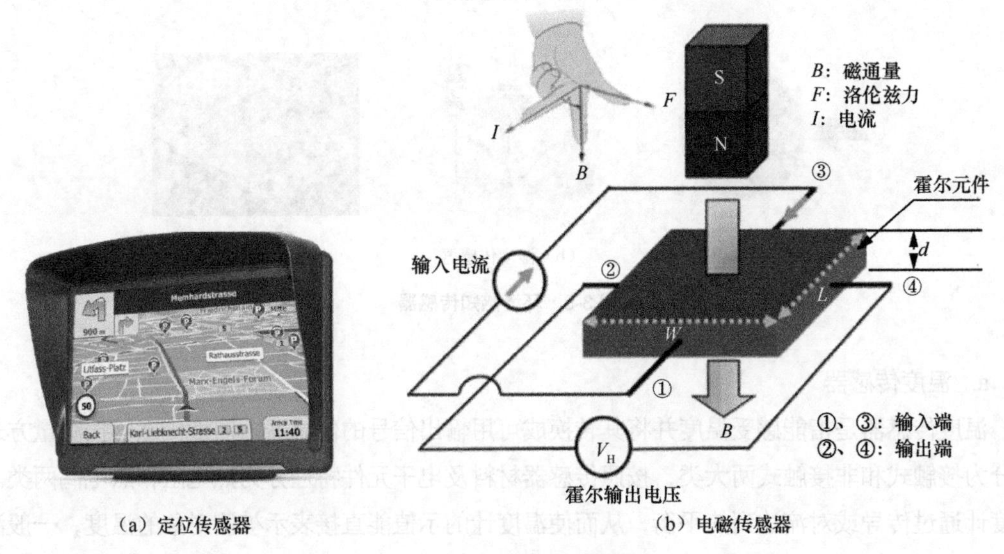

（a）定位传感器　　（b）电磁传感器

图 3-6　定位传感器与电磁传感器

2. 无传感器网络架构

典型的无线传感器网络的系统架构如图 3-7 所示，包括传感器节点、汇聚节点、互联网或通信卫星、管理节点等，如大量传感器节点随机部署在监测区域内部或附近，能够通过自组织方式构成网络。传感器节点监测的数据沿着其他传感器节点逐跳地进行传输，在传输过程中监测数据可能被多个节点处理，经过多跳后路由到汇聚节点（网关节点），最后通过互联网或卫星到达管理节点（监控中心）。用户通过管理节点对无线传感器网络进行配置和管理，发布监测任务及收集监测数据。

根据无线传感器网络中各个节点所承担的角色，传感器节点可分为以下两类。

（1）感知节点

具有感知和通信功能的节点，在无线传感器网络中负责监控目标区域并获取数据，以及完成与其他传感器节点的通信，能够对数据进行简单的处理。

（2）网关节点

网关节点通常也被称为基站节点，负责汇总传感器节点发送过来的数据，并进行进一步数据融合及其他操作，最终把处理好的数据上传至互联网。

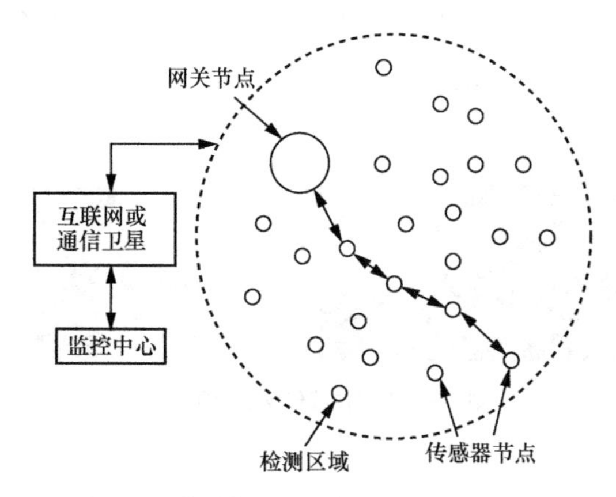

图 3-7　典型的无线传感器网络的系统架构

3.1.2　传感器的安全风险

目前，传感器面临的安全风险主要分为两类，分别是窃听攻击和注入攻击。窃听攻击主要利用传感器系统在工作时的侧信道信息泄露来推测传感器所采集的用户隐私数据。注入攻击是指攻击者利用传感器的硬件电路漏洞，将攻击信息注入传感器的测量数据中，以达到操控或毁坏依赖传感器的计算机系统的目的。本节将通过多个攻击案例来介绍这两类攻击的原理和实现方式。

1. **窃听攻击**

（1）基于位移传感器的语音窃听攻击

语音通话、语音消息、视频会议等基于语音驱动的应用是智能手机重要的信息沟通功能。然而智能手机的语音模组在处理语音信息时，存在重大的隐私内容泄露风险。因此，智能手机操作系统设计中通常会对麦克风的授权进行严格的权限管理。然而，近年来众多研究工作已经证实了可利用语音传输过程中的通信协议漏洞或通过植入后门软件的方法，获得麦克风的控制权，从而对用户的语音内容进行窃听。这类攻击方法需要入侵目标设备的软件系统且易被安全检测系统识别，因此实现难度较高，而通过侧信道的攻击方式可绕开设备的权限认证系统，已被许多研究人员证明是一种行之有效的攻击手段。

手机中的位移传感器可用于感知设备的移动状态，如感知设备本身的方位、姿态变化等信息。因此，其可能导致的隐私泄露风险要远低于麦克风，手机 App 可在不经过操作系统权限认证的情况下读取位移传感器接口的数据信息。然而，有研究发现可基于位移传感器读数窃听手机的语音信息。如图 3-8 所示，当用户使用扬声器播放声音时，声波传播至邻近位置的位移传感器，可使其产生相应幅度的振动。这种由声波传播引起的位移传感器状态被动改变的现象是一种必然的巧合。这就构成了位移传感器泄露用户隐私信息的安全漏洞。Michalevsky 等[2]在 2014 年首次发现了该漏洞，并且初步实现了语音内容窃听。在随后的工作中，许多研究人员致力于进一步提升这种攻击的效果，并扩展攻击场景，逐步形成了一系列具有高可行性的语音窃听方案。

下面围绕位移传感器的选取、音频信号的传播媒介、语音信息恢复方法这几个方面来详细介绍针对语音信息的侧信道攻击方法。

图 3-8 手机位移传感器窃听实景

① 位移传感器的选取

如前所述，手机中的位移传感器主要有加速度计和陀螺仪。相关研究人员在 2014 年首次提出的基于位移传感器的语音信息窃取攻击中，攻击者调用的是手机内置的陀螺仪。实质上，陀螺仪和加速度计同为位移传感器，但加速度计的环境感知敏感度要优于陀螺仪。如图 3-9 所示，许多研究人员同时使用加速度计和陀螺仪感知声波的振动时，可明显观测到加速度计所测量的声波振动数据的完整度远远高于陀螺仪。因此在其后的研究中，攻击者为了提高攻击效果，普遍使用加速度计[3]。

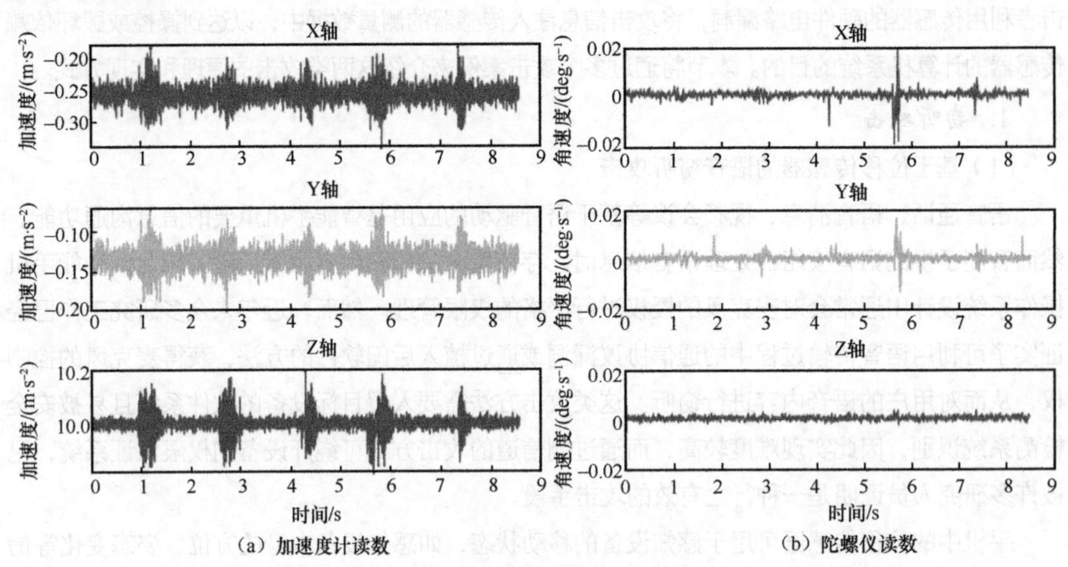

图 3-9 位移传感器测量声音振动信号

② 音频信号的传播媒介

音频信号本质是一种机械波，在实际的攻击场景中，声波传递到位移传感器时可经由两种媒介传播：一种是通过相关联的固体媒介传播，另一种是通过空气传播。空气传播是声音最普遍的传播方式，如人的说话声、扬声器播放的声音都可经由空气传播至位移传感器，引发其振动并产生与原始语音信息相关联的测量读数。这种传播方式不受物理位置限制，理论上只要音源与位移传感器处于同一空间内便可以接收到声音信息。语音信息的固体媒介传播，通常发生在限定的场景中，其要求手机的扬声器与位移传感器有实际的物理接触，采集声波引发的机械振动。这种接触可以是直接的，也可以是间接的。严格意义上讲，直接的接触是指扬声器直接与位移传感器在物理位置上邻近并且紧密相连，对于手机这种小型设备来说，其内部的各种元器件（包括扬声器和位移传感器）都集成于一个较小的空间内，音频信号可借助于印制电路板（PCB）在扬声器和位移传感器之间进行传播[4]。间接的接触方式是指扬声器和位移传感器不在同一设备内，因而需要借助第三方物体作为媒介。一个典型的场景是将两部手机置于同一桌面上，其中一个手机的扬声器发声，另一个手机中的位移传感器接收由桌面作为媒介传播的振动信号。

在以上两类传播方式中，通过空气传播到达位移传感器的振动信号的强度相较于固体传播媒介更弱。仅有空气传播时，声音的振动信号接收效果不佳。Anand 等[5]就这两种信号的传播方式给出了详细的性能测评结果，用户讲话所产生的声音是直接经由空气传播的，很难直接诱发位移传感器振动而导致语音信息泄露。但是，当扬声器与位移传感器有物理上的实际接触时，扬声器，特别是功率较大的扬声器（如音箱、计算机扬声器）可以促使位移传感器发生较大程度的状态改变，因此可以灵敏地感知到声音信号。

③ 语音信息恢复方法

位移传感器暴露在扬声器发声环境下时，其读数信息蕴含着原始音源信息。语音识别的关键问题在于如何从传感器读数中提取出有含义的语音信息。较为通用的解决思路是先提取传感器读数中的语音特征信息，再利用语音识别的方法来恢复可读或可听的内容。

a. 语音特征提取

语音特征提取的目的在于从位移传感器读数中解析到可稳定表达语音信息的特征量。常用的语音特征主要包括感知线性预测系数（PLP）、梅尔频率倒谱系数（MFCC）和滤波器频带（FBank）特征等。其中，MFCC 特征是基于高斯混合模型-隐马尔可夫模型（GMM-HMM）语音识别框架下应用最为广泛的一种，其实现过程如下。

（a）预处理。语音信号的产生和发出涉及人体一系列复杂的生理过程，首先由肺部和声带产生气流脉冲，然后通过喉和口腔，最终从嘴唇发出。这一过程会造成语音高频部分的衰减，因此需要将采集的传感器数据通过一个高通滤波器对高频部分进行补偿，使整个频谱变得比较平坦，一般使用一阶高通滤波器来增强高频部分。

（b）分帧。语音信号是一类短时平稳信号，其统计特性在 10～30 ms 的时间内相对稳定，在提取特征之前需要把语音信号切分为语音片段，将一个 10～30 ms 的语音片段称为一帧。在分帧时为了保障各帧的信息能够平滑过渡，需要在相邻帧之间重叠切分，重叠的部分称为帧移，帧移一般取帧长的一半，即 5～15 ms。

（c）加窗并转换到频域。在分帧阶段对语音信号直接截断会发生严重的频谱泄漏现象，因此通常会对每帧数据进行加窗处理。在实际操作中用一帧长度的窗函数对语音信号进行滑动乘积得到加窗后的帧信号，选择合适的窗函数可以在很大程度上减轻频谱泄漏带来的影响。窗函数有很多种，如汉宁窗、汉明窗等。在语音特征提取任务中一般选用汉明窗，数学描述如式（3-2）所示。

$$w(n)=\begin{cases}0.54-0.46\cos\left(\dfrac{2\pi n}{N-1}\right), 0\leqslant n\leqslant N-1\\ 0 \qquad , \quad \text{其他}\end{cases} \tag{3-2}$$

其中，$w(n)$ 表示窗函数；N 表示窗函数的长度。由于在时域复杂多样的语音信号转换到频域后特征更明显，需要将各帧信号通过快速傅里叶变换（FFT）转换到频域分析，数学描述如式（3-3）所示。

$$S_a(k)=\sum_{n=0}^{N-1}S_a(n)\mathrm{e}^{-\mathrm{j}\frac{2\pi nk}{N}}\ (0<k<N) \tag{3-3}$$

其中，$S_a(n)$ 和 $S_a(k)$ 分别表示加窗后第 a 帧语音信号及相应的 FFT，N 表示帧长。

（d）梅尔频率倒谱系数（MFCC）提取。人耳听觉对语音不同频率分量的感知存在差异性，敏感度会随着频率的增加而下降。语音学家通过对听觉机理的研究，得出语音的频率分量在梅尔刻度上可以保持线性感知，从线性频率 f 到梅尔频率 $\mathrm{Mel}(f)$的转换式如式（3-4）所示。

$$\mathrm{Mel}(f)=1\,125\times\ln\left(1+\frac{f}{700}\right) \tag{3-4}$$

（e）离散余弦变换（DCT）。在声学模型中，传统方法采用高斯混合模型对语音特征在不同声学状态的概率分布进行建模。在训练高斯混合模型参数时，为了简化过程，通常假设不同特征维度是相互独立的，因此需要用离散余弦变换降低各维度数据之间的相关性，然后再根据需求选择是否拼接该帧的对数能量，最终形成 MFCC 静态特征向量。DCT 的数学式如式（3-5）所示。

$$C_d=\sum_{m=0}^{m-1}E_m\cos\left[m\left(k-\frac{1}{2}\right)\frac{\pi}{m}\right], d=0,1,\cdots,D-1 \tag{3-5}$$

其中，C_d 代表第 d 维特征值；D 表示 Mel 滤波器组中滤波器的数量，D 的选择范围一般为 12～16。在得到 MFCC 特征后，还需要进行一些后处理来进一步提高特征的区分性和鲁棒性。常用的方法有倒谱均和方差归一化（CMVN）、声道长度归一化（VTLN）、异方差线性判别分析（HLDA）等。

b. 语音识别模型

基于前一步骤所提取到的可反映语音信息的数据特征，下面介绍一种常用的语音识别方法——高斯混合模型-隐马尔可夫模型。

（a）隐马尔可夫模型。在语音识别中，认为单词由音素构成，音素由状态构成。语音识别的过程就是把音频信息帧识别成状态、把状态组合成音素、把音素组合成单词，该过程通过隐马尔可夫模型建模实现。因此，经过特征提取之后的数据可视为一段按时间顺序排列的人声特征向量，可基于时间序列预测模型构建相应的智能语音系统。隐马尔可夫模型是一种经典的时间序列预测模型，其在马尔可夫链的基础上发展而来，可用于对不定长度序列的建模，是构建语音识别模型的关键技术。马尔可夫链描述了在状态空间中，不同状态之间相互转换的随机过程，它的理论建立在一个基本假设之上，也即当前时刻 t 的状态概率分布只依赖于该时刻之前的 n 个状态。当一段新的语音输入模型中时，每个人声特征向量所代表的具体状态是未知的，即马尔可夫链上每个时刻的状态是未知的，模型通过学习语音特征数据给出最终的预测结果。隐马尔可夫模型在马尔可夫链的基础上引入了隐状态的概念来描述这一类随机过程，将声学状态作为隐式状态而语音特征向量作为显式观测。除具有马尔可夫链的基本假设外，隐马尔可夫模型还假设当前时刻的观测概率只与当前的状态有关，而与过去历史时刻的状态无关。因此，隐马尔可夫模型通过计算状态变量之间的转移概率来确定，而有限状态空间中任意两个状态之间的概率转移关系可表示为式（3-6）。

$$a_{ij} = p(S_j|S_i), 0 \leqslant a_{ij} \leqslant 1, \sum_{j-1}^{N} a_{ij} = 1 \tag{3-6}$$

其中，a_{ij} 表示状态 S_j 到 S_i 的转移概率；S_i 和 S_j 表示该传感器数据集中模型所确定的有限状态空间中的任意两个不同的状态变量。因此，攻击者可以通过收集大量的传感器数据集，不断优化有限状态空间的概率分布集合，从而得到高精度的语音识别结果。

（b）高斯混合模型。高斯混合模型用于加强语音特征与 HMM 状态之间的表征关系。因此，在实际的语音识别声学建模过程中，与 HMM 共同组成了 GMM-HMM 的通用语音识别框架。通常，GMM-HMM 以计算状态输出概率 $b_i(k)$为目标来实现语音表征。$b_i(k)$表示在给出状态 S_i 的条件下输出语音特征 o_k 的概率，利用 GMM 计算 $b_i(k)$的数学式如式（3-7）所示。

$$b_i(k) = P\left(o_k|s_i\right) = \sum_{m=1}^{N} \frac{c_{im}}{\sqrt{(2\pi)^D \left|\sum im\right|}} \exp\left\{-\frac{1}{2}(o_k - \mu_{im}) \sum_{im}^{-1} (o_k - \mu_{im})\right\} \tag{3-7}$$

其中，D 表示特征向量的总维度；N 表示 HMM 的状态 S_i 对应的高斯混合模型的高斯分量数量；μ_{im} 表示状态 S_i 对应的高斯混合模型的第 m 个高斯分量的均值；c_{im} 表示状态 S_i 对应的高斯混合模型的第 m 个高斯分量的系数，c_{im} 满足式（3-8）。

$$\sum_{m=1}^{N} c_{im} = 1 \tag{3-8}$$

前文介绍了基于位移传感器的语音窃听攻击。位移传感器被广泛地部署在各种智能设备中，能够完整地感知原始语音的振动信号，从而获取用户的隐私语音信息；其攻击场景广泛、部署简单，因此由其引发的隐私安全问题值得引起重视。

（2）基于触控屏的按键推断攻击

用户的输入信息一直是恶意软件的重要攻击目标，主流的手机操作系统包括 Android 和 iOS，它们对于用户的输入信息都有严格的保护措施。Android 系统提供了有效的权限机制和沙盒机制，用于保护用户的键盘输入内容。应用程序在访问键盘输入内容时，会被运行在一个沙盒内，防止恶意第三方程序窃取用户的敏感输入内容。

对用户键盘输入猜测技术的研究最早是在计算机物理键盘上进行的，主要方法是通过收集波信号、图像数据等侧信道的信息来进行键盘输入的猜测。随着智能手机的快速发展，手机输入键盘已经从物理键盘转变为虚拟键盘。对物理键盘进行键盘输入猜测时，可以利用键盘的敲击声或工作时产生的电磁泄漏进行分析猜测。然而，现代主流的智能手机绝大多数配备了电容式触摸屏，之前基于声波和电磁波的侧信道攻击方法已经不再适用。然而，由于位移传感器数据的低权限等级，攻击者在用户不知情的情况下可以访问传感器数据，这为攻击者窃取用户隐私提供了一个新的侧信道信息来源。

① 按键输入信息推测的研究现状

在目前的研究中，针对智能设备的触控屏按键推断攻击主要分为侵入式和非侵入式这两类攻击形式。二者的区别之处在于获取传感器数据是否需要入侵目标设备的软件系统。最广泛的一种侵入式攻击是借助恶意软件读取手机中的内置传感器读数来提取用户的按键推断信息。2011 年，Cai 等[6]首先提出使用运动传感器来实现手机触摸屏上的键盘输入猜测。通过调用安卓手机中的加速度计，开发了一个名为 TouchLogger 的 Android 应用程序，它仅通过收集加速计的数据来进行数字键盘输入猜测，证明了这种侧信道攻击的可行性。Xu 等[7]提出了一种新型攻击方法 TapLogger，在训练模式中通过采集加速度计和方位传感器的数据，分类时采用了简单的基础分类器，取得了较好的按键推测效果。Sarkisyan 等[8]实现了类似的攻击效果，但使用的是加速度计、陀螺仪、磁传感器的数据，在进行特征选择和模型训练时，采用了随机森林算法。在一个完全受控的测试场景中，在 5 次猜测内分别实现了不低于 41%和高达 92%的个人标识码（PIN）猜测准确率。Sen 等[9]通过采集加速度计和陀螺仪的数据，使用 weka 中的随机森林算法进行模型训练，实现了对更加细粒度的 QWER 字母软键盘输入的猜测，识别准确率达到了 73%。Berend 等[10]通过采集多种零权限传感器的数据，利用多种机器学习算法分别构建模型，能够对 10 000 个 4 位数字密码组合进行分类，结果显示在单个用户设置中，20 次输入尝试的成功率高达 83.7%。

非入侵形式的按键推断攻击经常利用高频无线信号，如 Wi-Fi、移动蜂窝网信号、设备本身产生的电磁辐射信号等进行 PIN 信息的推测。这类信号具有很高的灵敏度，从而可以完整地感知用户按键时所带来的扰动，通过进一步解析这些信号扰动特征可以逆向构建出用户输入的 PIN 信息。Ali 等[11]提出了 WiKey 按键输入推理攻击，使用一台 TP-Link TL-WR1043ND 计算机作为 Wi-Fi 信号发射器发射无线信号，一台联想 X200 笔记本计算机作为接收器，感知用户按键输入过程中对 Wi-Fi CSI（信道状态信息）的扰动，最终实现了 94%的单个按键识别率。Ling 等[12]受到前一项研究工作的启发，使用了具有更强功率的蜂窝网基站作为发射端来探测按键行为，因此可以实现图 3-10（a）所示的远距离攻击。以上这类攻击可归类为主动式的攻击探测，其缺点是易受到动态环境的扰动，从而使攻击场景受限。

Periscope[13]揭示了可通过人触摸设备时所诱发的电磁信号对按键输入进行推测。如图 3-10（b）所示，研究人员只要使用一个微型的电子设备便可实时窃听用户在移动设备上输入的 PIN 信息，并且不受场景的限制。其攻击原理是触控屏在工作状态下会自发地向四周辐射电磁信号，如图 3-11（a）所示，当用户手指在屏幕上进行点击时，人体与触摸屏之间会发生电磁耦合现象（人体作为导体，在接触触控屏的过程中会带走一部分电荷，引起电磁辐射强度发生变化）。因此，当用户连续地点击屏幕进行按键输入时，电磁辐射强度伴随用户的点击动作会发生相应的改变，观测到的结果如图 3-11（b）所示。通过分析电磁变化特征与具体按键之间的映射关系便可以恢复用户输入的 PIN 信息。

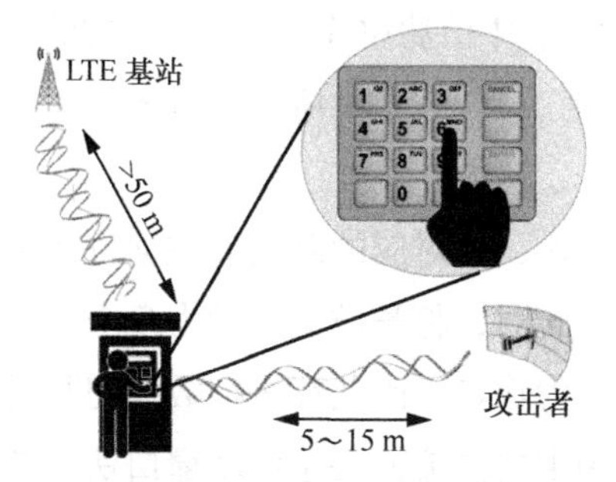

（a）基于基站数据的按键推断攻击场景

（b）基于电磁耦合信号的按键推断攻击场景

图 3-10 非入侵式按键推断攻击窃听实景

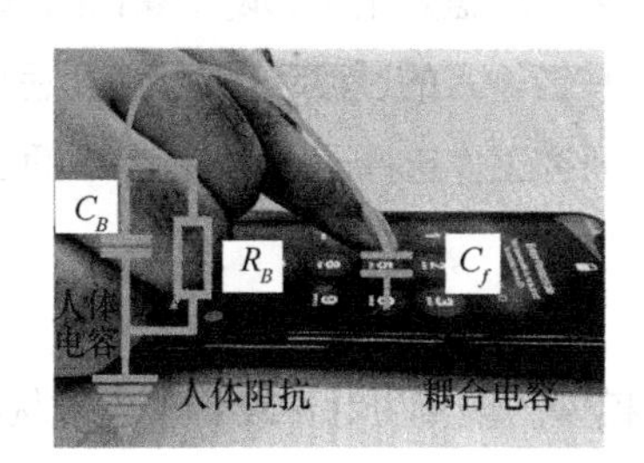

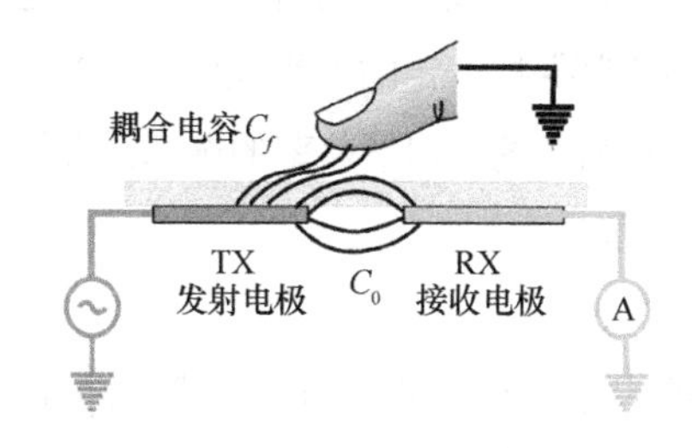

（a）电磁耦合现象电路示意

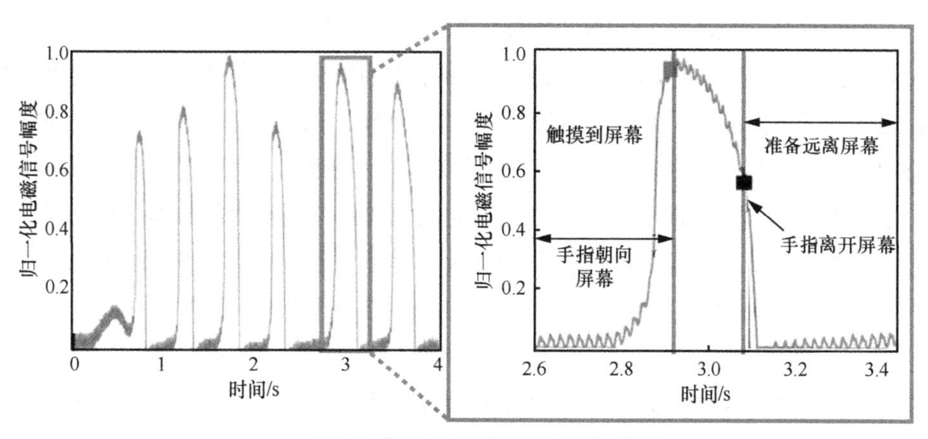

（b）窃听设备监听用户按键时的电磁读数

图 3-11 基于电磁耦合的触摸屏按键窃听攻击

② 按键输入信息推测的一般性方法

下面主要介绍攻击者采集到侧信道信号之后，针对移动终端按键输入信息推测的一般性方法，主要包含信号预处理、数据扩充、推测模型构建 3 个方面的内容。

a. 信号预处理

采集到的侧信道信号数据需要经过信号降噪、窗口切割处理，得到高质量的信号信息，用于支撑后续的按键推测模型。

（a）信号降噪。信号降噪对于数据信号的校正十分重要，直接影响着按键推测模型的分类结果。滤波去噪是信号处理中一个常见的预处理操作，不同滤波器的处理结果也会有所不同，常见的滤波方法有 Savitzky-Golay（S-G）滤波、小波滤波、中值滤波等。以上滤波方法都可以明显去除信号的尖端和毛刺现象，使传感器信号更加平滑。其中，与中值滤波相比，S-G 滤波和小波滤波的平滑效果更加明显。

（b）窗口切割处理。由于用户在连续地执行按键输入，其对应的侧信道数据也在持续变化，而长序列的信号数据是不能直接用于分类识别的，此时，将长数据分割为多个短数据便显得尤为重要。另外，单个按键输入操作的时间窗口较为稳定，因此在进行数据切割时只需将长序列数据划分为类似尺寸的短序列数据。数据切割中的主流方法是滑动窗口法，其关键在于如何对窗口大小和窗口覆盖率进行合理的设置。与单一按键的时间过长或者过短相比，截取窗口会导致后续提取的按键识别特征非常不稳定。窗口覆盖是指相邻两个窗口的重叠程度。使相邻的两个窗口之间保持一定的重叠程度，能够防止按键输入的过渡动作对按键识别分类结果产生影响。对于滑动窗口的窗口覆盖率的选择，大部分研究工作选择了 50%左右，均取得了较为良好的按键恢复效果。

b. 数据扩充

通常需要大量的侧信道数据来构建按键推测模型。现实生活中攻击者未能从用户端收集到足够的数据信息，因此，一种可靠的数据扩充方法显得十分必要。目前常用的数据扩充方法虽然有很多，但是生成对抗网络（GAN）是最具应用场景的研究方法。

GAN 属于无监督学习方法，在数据生成等多个方面都有较为优秀的表现，近年来逐渐发展并越来越受到研究人员的广泛重视和高度关注。GAN 一般分为两个部分，即生成器（G）和鉴别器（D）。这两个部分都十分关键，利用它们相互较量，便可以获得最终需要的结果。其中，G 负责生成数据集，而 D 以真实数据集为依据判断 G 所输出的数据是否真实。该网络模型的工作流程如下：在数据生成过程中，GAN 模型首先通过高斯噪声算法生成一个随机变量，并将其作为 G 的输入；其后，D 将生成器的输出 $G(v)$作为输入，判定 $G(v)$是否逼近真实数据集并输出一个判定值，判定值的取值为 0 或者 1，若为 1 则表示当前生成的数据 $G(v)$可被认定为一个真实数据集，若为 0 则表示当前 $G(v)$为假的数据集。在 GAN 训练过程中，G 尽可能生成与原始收集到的传感器数据集相似的数据，同时 D 鉴别真假数据的能力也越来越强。因此，GAN 系统就构成了一个动态对抗的关系。G 与 D 互相博弈，最终达到了一个平衡，此时便能进行最佳输出。GAN 的目标如式（3-9）所示，D 的目标为 max $V(D,G)$，G 的目标为 min$V(D,G)$。

$$\min_{G}\max_{P} V(D,G) = E_{x\sim p_{\text{data}}}\left[\lg D(x)\right] + E_{z\sim p_z}\left[\lg D(z)\right] \tag{3-9}$$

通过 GAN 生成补充数据，原始数据的数量得到一定的扩充，使得侧信道攻击可以有更广泛的攻击场景。攻击者可以在短时间内训练攻击模型，降低此类攻击的成本。

c. 推测模型构建

构建推测模型主要包含两个一般性步骤，即特征提取和按键分类算法选择。其中，特征提取首先在原始侧信道信号中提取与用户按键行为相关的信号特征，按键分类算法利用机器学习等算法映射按键信息与信号特征之间的关联关系。

（a）特征提取

当要构建基于机器学习的键盘输入推断模型时，经过预处理后的原始侧信道信号数据无法对用户键盘输入进行最为有效的描述，需要对数据进行形式的改变，也就是进行特征提取。特征提取是为了从对象中找到它的本质属性，进而能够准确描述对象。特征提取对于后续的分类识别非常关键，分类识别的准确性十分依赖特征的选择。

在以前的研究中，常用的信号特征主要有时域特征和频域特征两种。可以直接对传感器信号的分布性特征进行描述的便是时域特征，常用的有方差、均值、标准差等统计特征和均方根、自回归系数、过零率等细节性统计特征。频域特征计算相对较为复杂，需要进行傅里叶变换才能获得，常用到的有功率谱密度、能量谱密度等。信号数据特征如表 3-1 所示。

表 3-1　信号数据特征

特征类型	特征名称	计算方式
时域	最小值	$\min = \min\limits_{1 \leqslant i \leqslant n}\{x_i\}$
时域	最大值	$\max = \max\limits_{1 \leqslant i \leqslant n}\{x_i\}$
时域	均值	$\bar{x} = \frac{1}{n}\sum_{i=1}^{n} x_i$
时域	方差	$d = \frac{1}{n}\sum_{i=1}^{n}(x_i - \bar{x})^2$
时域	标准差	$\mathrm{sd} = \sqrt{\frac{1}{n}\sum_{i=1}^{n}(x_i - \bar{x})^2}$
时域	偏度	$\mathrm{skewness} = \frac{\sum_{t=1}^{n}(x_i - \bar{x})^2}{(n-1)\mathrm{sd}^3}$
时域	峰度	$\mathrm{kurtosis} = \frac{\sum_{i=1}^{n}(x_i - \bar{x})^4}{(n-1)\mathrm{sd}^4}$
时域	平均绝对误差	$\bar{d} = \frac{\sum_{i=1}^{\eta}\lvert x_i - \bar{x}\rvert}{n}$
时域	均方根	$\mathrm{rms} = \sqrt{\frac{\sum_{i=1}^{n} x_i^2}{n}}$
频域	功率谱密度	$P_S(w) = \frac{\lvert F_T(w)\rvert^2}{T}$
频域	能量谱密度	$G(f) = \lvert F_T(w)\rvert^2$

（b）按键分类算法选择

根据以往的研究表明，决策树、朴素贝叶斯算法、支持向量机、*K* 近邻算法经常作为基础的对比分类器。

决策树（DT）：一种树形化的结构，由内部节点、叶节点和有向边构成。内部节点表示特征或属性，叶节点表示分类。在决策树中，每个决策会引出至少两个事件，决策树训练得到的分类规则能够被表达成若干个 if-then 的组合。决策树主要有 ID3、C4.5、CART 3 种比较常见的算法。

朴素贝叶斯（NB）算法：结合条件概率和贝叶斯算法，对预测样本求取属于每个类别的概率，最后通过比较概率大小获得最终的分类识别结果，需要假设特征属性之间相互独立。

支持向量机（SVM）：利用收集到的已知标签的训练样本，求出类别之间的最大边距超平面，从而完成最终的分类。SVM 常用来解决线性分类的问题，但是通过改变核函数，也可以在特征空间内建立一个超曲面，通过这种方式实现非线性分类。

K 近邻（*K*NN）算法：不需要进行训练，也不会得到训练模型，只需要使用距离度量的计算方法，使用基于投票的方法不断地进行调整即可，核心方法就是不断计算并得到一个距离目标点最近的 *k* 个节点里数目最多的标签，将标签赋予目标点。

随机森林（RF）算法：使用了大量的基于 CART 的决策树，它们在建立时采用自由组合的方式，属于一种集成学习方法。在构建每个决策树时，每个决策树可以随机地选择样本子集或特征子集，保持互相独立。想要对输入数据进行预测时，需要通过计算得到各个决策树的最终输出，最后结合其中的权重计算出来，以便得到最终结果。

以上机器学习分类算法在数据质量高、训练数据量充足的情况下，能对按键特征有较高的识别率。实际中常使用集成训练的方式使用多个机器学习算法对数据进行多次决策，取最佳效果。

前文介绍了侧信道按键推断攻击，不论是基于手机内置传感器的侵入式攻击方式还是基于外部传感信号的非侵入式攻击方式，都能在现实中相对应的攻击场景下获取完整的按键输入数据。然而，当前针对此类攻击的防御方法仍停留在理论设想阶段，在这类推断攻击的安全威胁下，传感器的隐私防护风险仍不容忽视。

2. 注入攻击

注入攻击主要是指攻击者通过合成虚假的传感器数据在人类意识不到或目标设备的软件控制系统检测不到的情况下注入恶意信息，致使设备不能正常工作，从而实现攻击者预期的攻击效果。下面重点介绍针对智能语音系统的注入攻击，并以“海豚音攻击”为案例，分析恶意语音指令的设计思想与实现流程。

（1）针对智能语音系统的注入攻击

当前，智能语音已经成为一种非常普遍的人机交互方式。人们可以直接通过对话的方式同设备进行交互，从而免去了烦琐的手动输入过程。智能语音系统通过麦克风等音频传感器读入语音信号，再通过语音转文本技术即可控制设备进行相应操作。一个典型的智能语音系统主要由 3 个部分组成，即语音信号捕获系统、语音识别模块和命令执行系统。在此系统中，语音信号捕获系统采集的语音模拟信号需经历信号放大、信号过滤和模数转换等过程后传递到语音识别模块。语音识别模块将数字信号转化为文本，然后转化为命令执行系统可识别的指令。若该指令与系统中的指令库匹配，那么系统将会根据该指令执行相应的操作。

现有的针对语音助手的攻击方式可分为 3 类，分别是模仿攻击、对抗样本攻击和无声攻击。这 3 类攻击的共同思路是通过生成一个用户无法理解或者察觉的语音信号，控制智能语音系统执行特定的恶意操作。

① 模仿攻击

模仿攻击通过模仿受害者的声音来控制智能设备。在攻击过程中，要求攻击者靠近智能设备，从而保证重现的受害者声音可被目标设备接收并感知。此种攻击实现方式简单，但要求攻击者与目标设备保持较近距离，且缺乏可扩展性。因此其攻击场景具有一定的局限性。

② 对抗样本攻击

目前，市面上的大部分智能语音系统使用基于神经网络的模型。已有研究表明，神经网络模型易受到对抗样本[14-15]的攻击，将这种具有微小扰动的样本误分类为其他样本。关于对抗样本的研究首先从图像领域兴起。其后，研究人员基于此进一步制造出语音对抗样本。语音对抗样本经过精心的设计之后可不易被人耳察觉，因此在人类的听觉系统中与正常的语音指令并无显著差异。然而，智能语音系统却会将语音对抗样本识别成另一个完全不同的指令。例如，一个语音内容为“Hello”的音频，会被智能语音系统识别为“Open the Door”[16]。由于 GAN 在图像方面取得了重大突破，研究人员受到启发后，充分利用 GAN 来探讨欺骗智能语音系统的可行性[17-18]。以上研究通过掺杂微小噪声生成的恶意攻击信号保留了足够的声学特征，使智能语音系统能够接收和识别，同时使人类难以理解。CommanderSong[19]将给定声音指令嵌入随机选择的歌曲中，对于用户来说，该歌曲听起来完全正常，但会被智能语音系统识别为特定语音指令，从而实现对智能设备的任意控制。此种攻击音频信号可被嵌入网络音乐或者视频中，当有人在网上播放时，可以远程地攻击受害者的智能语音设备。文献[20]结合了 Hidden Voice Command[18]和 CommanderSong[19]，可以根据任何给定的语音指令波形，产生一个与该波形具有超过 99.9%相似度的音频波形，同时，新产生的音频可以被智能语音系统识别为任意语音指令。

③ 无声攻击

无声攻击主要利用非声音类型的信号调制不可被人类感知但目标设备易受其干扰的恶意指令。例如，已有研究工作分别使用电磁信号和超声波信号实现无声攻击，Kasmi 等[21]通过将调制在电磁信号中的语音指令注入带有耳机或者电源线的智能设备中，从而实现对智能语音系统的无声攻击。Zhang 等[22]提出了一种全新且有效的针对智能语音系统的攻击方式，即将任意可听语音指令调制到超声波频段，利用麦克风电路的非线性漏洞实现对语音助手的无声攻击。DolphinAttack（海豚音攻击）不需要攻击者对设备有物理上的实质接触，也不需要在系统中植入后门或者安装恶意软件。以下部分将介绍如何设计“海豚音攻击”。

（2）注入攻击技术——以“海豚音攻击”为例

“海豚音攻击”通过利用麦克风电路的非线性效应产生的漏洞，注入无声的语音指令来控制智能语音系统。图 3-12 表述了“海豚音攻击”的基本流程，主要包括 3 个部分，分别为激活指令生成、控制指令生成、语音指令调制及发射。

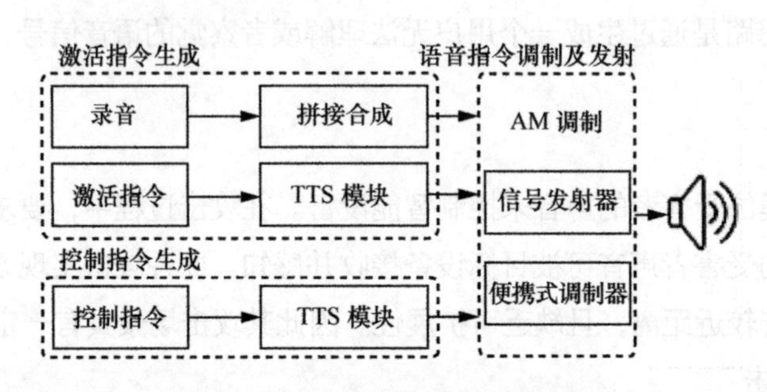

图 3-12 “海豚音攻击”的基本流程

① 激活指令生成

Siri 语音系统的激活流程主要分为两个阶段，分别是智能设备唤醒激活阶段和识别阶段。因此，为了激活和控制 Siri，攻击者需要生成两种类型的语音指令，分别为激活指令和常规控制指令。激活指令必须满足两个要求才能成功激活 Siri，分别是包含唤醒词“Hey Siri”和使用用户的声音，即声纹验证。用户在使用 Siri 之前需要进行声纹注册，即通过说出指定的几句话训练出一个用户的声纹模型。然后，Siri 将一直处于监听状态，当出现的声音通过声纹模型的验证以后，Siri 将被激活。

在此介绍两种常用的方法，可用于激活语音助手，分别是基于 TTS（文本-语音转换）的暴力破解和基于用户声音片段合成激活指令。

a. 基于 TTS 的暴力破解

目前，通过 TTS 技术可以生成任意指令的音频文件。然而，使用 TTS 生成激活指令的唯一挑战是如何使生成的语音音色与用户的音色匹配。鉴于观察到，两个具有相似声调的用户中，一个人可以激活另一个人的 Siri 这一现象，可以得出只要转换后的语音与被攻击者的语音足够接近，就可以激活被攻击者的 Siri。因此，攻击者可以构建能覆盖大多数用户语音语调的语音激活指令库，通过暴力破解的方式对语音系统进行激活破解。

b. 基于用户声音片段合成激活指令

合成攻击的实现可以分为两种情况。一种是攻击者可以获取受害者在说“Hey Siri”时的音频，那么攻击者可以直接使用该语音生成攻击的激活指令，但是在实际的攻击场景中出现这种情况的概率较低。因此，另一种合成攻击给出通用的解决方案。其通用的做法是从用户的日常录音文件中搜寻与“Hey Siri”指令相关的音素来合成所需的激活指令。在英文中大约有 44 个音素，唤醒词“Hey Siri”包含其中的 6 个音素（即 HH、EY、S、IH、R、IY）。由于许多单词的发音与“Hey”“Si”或“ri”相同，可以将它们拼接在一起生成激活指令。例如，可以将“He”和“Cake”拼接在一起获得“Hey”，“Siri”则可以通过组合“City”和“Carry”获取。如图 3-13 所示，首先在获得的音频中搜索单个或组合的音素，其次在找到目标音素时将音频片段提取出来，最后将提取出的片段按相应顺序组合在一起生成“Hey Siri”。

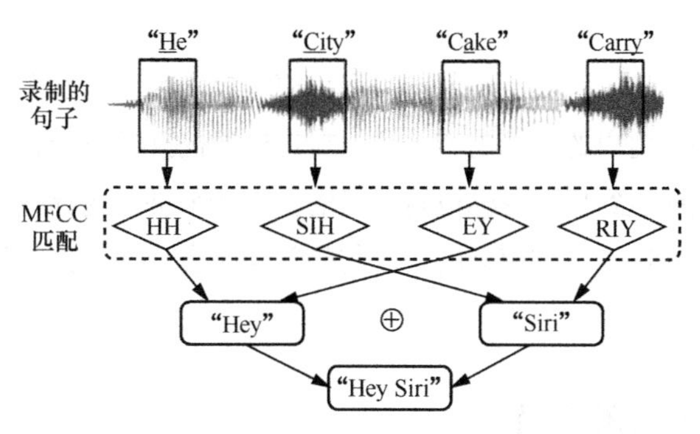

图 3-13　激活指令合成过程

② 控制指令生成

控制指令是非激活指令，如启动应用程序的指令（如“拨打 911”“打开谷歌网站”）或对设备进行设置的语音指令（如“开启飞行模式”）。与激活指令不同，智能语音系统在被激活后通常不会对控制指令进行身份验证。因此，攻击者可以选择任何 TTS 系统生成控制指令或者直接自己录制。

③ 语音指令调制及发射

语音指令调制技术将恶意指令调制到超声波频段，从而躲过人耳听觉系统，实现无声攻击。振幅调制（AM）是生成这种攻击指令的常用方法。在幅度调制中，载波的幅度随着基带信号强度的变化而发生变化，并且幅度调制信号的功率集中在载波频率和两个相邻边带上，信号变换过程如图 3-14 所示。调制过程中需要保证载波频率与语音指令的带宽的差值尽可能大于 20 kHz，从而确保实现无声攻击。例如，女性声音的频率范围通常比男性声音的频率范围更宽，当载波信号的频率为 20 kHz 时，较易导致可听频率范围内的频率泄漏。因此，当载波频率接近可听的声音频率时，应该选择具有较小带宽的语音指令。

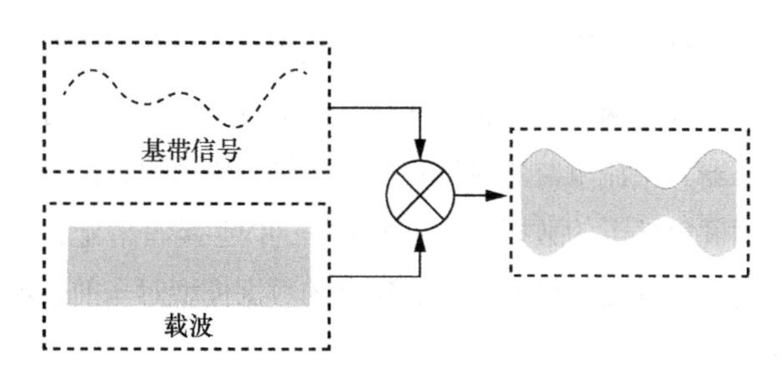

图 3-14　语音指令作为基带信号调制到超声波载波上的信号变换过程

前文介绍了智能设备易遭受的恶意指令注入攻击。在各类注入攻击中，以“海豚音攻击”

为例的注入攻击案例最为典型，其利用麦克风硬件电路的非线性特征漏洞发起对苹果公司的Siri、谷歌公司的GoogleAssistant、阿里巴巴的天猫精灵的恶意指令注入攻击，并且引发了业界的广泛关注。注入攻击因其攻击指向明确、攻击后果严重的特点成为传感器安全防护课题中重点关注的攻击类型。

3. 总结

本节介绍了传感器面临的两类主要攻击类型：窃听攻击和注入攻击。窃听攻击利用各类传感器作为侧信道通道获取用户的隐私内容。注入攻击通过挖掘各类传感器的感知安全漏洞，并据此发送恶意指令，从而达到攻击目标设备的目的。总体来讲，随着各种传感器生产技术的发展和各类对抗算法的不断进步，传感器的“攻与防”课题会长期存在，各类传感器的安全风险场景也会不断变化。

3.1.3 传感器的安全防御策略

1. 建立传感器权限管理机制

传感器安全风险的源头在于各类传感器的使用权限在操作系统中并未有严格的限制。因此，攻击者可以任意注册一个App，调用传感器的读数接口进而获取传感器的工作数据，与用户相关联的隐私信息可通过传感器间接传递到攻击者的手中，从而引发隐私泄露事件。已有的传感器管理系统基于用户允许/不允许使用的授权机制，通常在用户初次认证传感器的使用权限后，便默认保持该设置。这种权限认证形式单一，缺乏精细的授权认证选项，无法满足用户多场景使用时的安全保障需求。

根据传感器的使用场景严格限制传感器的使用权限是杜绝侧信道泄露的有效方法之一。例如，在手机的扬声器工作时，禁用其他种类的手机内置传感器，可在源头上避免用户隐私数据的泄露。通过在软件操作系统的管理机制中，精细划定各类传感器对应的工作场景，从而能够有效禁止其在非工作场景中使用。因此，可以保障用户多场景使用时的安全需求。

2. 构建异常事件动态监测系统

（1）异常流量监测

如前文所述，攻击者利用伪装的App可以持续地窃取传感器的工作数据。在该过程中可形成路径明显的异常数据流量。针对网络中传感器数据流使用流量监测机制可对这种恶意流量传输行为进行鉴定。常用的传感器异常流量监测流程有捕获流经的传感器数据流；根据传感器数据流的产生时间，选择与当前时间最接近的数据流；根据数据的内生特征确定；将捕获的数据流作为相关向量机的输入进行训练，建立数据模型；根据建立的数据模型对当前的流量数据进行监测。

（2）恶意软件检测

攻击者所伪装的恶意软件在程序执行和软件发布资质上会有明显的识别特征。一般来说，可通过恶意软件检测技术对其进行鉴别。通用的方法有两种，分别为基于异常的检测和基于签名的检测。基于异常的检测主要基于对正确程序行为的积累和了解，如果程序的行为不符合正常程序行为的轨迹，那么就判断它为恶意软件。在基于异常的检测中，有一个子类叫作基于规范的恶意软件检测，通过对程序运行建立一系列的标准和准则，认为只有符合这些标准或准则的程序才是正常的程序，如果不符合这些标准或准则，则认为是恶意代码或者恶意软件。基于签名的检测主要分为两个方面：短期内的识别和长期内的识别。短期内的识别可通过查验该软件发布方资质是否合格（官方/个人）排除恶意软件；长期内的识别可基于对恶意行为的积累和检测，建立一个恶意行为存储库对其进行识别。

3. **设立传感器隐私数据保护机制**

与合法应用程序中传感器的相关功能相比，基于传感器的侧信道攻击对数据的精度更加敏感，鲁棒性更低。因此，数据混淆方式可作为传感器侧信道的防御方案。使用拉普拉斯（Laplace）机制生成随机噪声 noise(n) 并注入传感器的原始度数 $x(n)$ 中，如式（3-10）所示。

$$x_0(n) = x(n) + \text{noise}(n) \tag{3-10}$$

其中，$x_0(n)$ 表示混淆后的传感器读数。混淆后的传感器读数达到了数据屏蔽的效果，因此攻击者在硬件层到数据控制层的传输过程中只能获取到经过屏蔽之后的虚假传感器数据。对于用户端来说，数据控制层芯片内置的数据解密程序可对传感器混淆数据进行恢复，从而保障用户正常程序的使用。

3.2 无线电接入网安全

3.2.1 无线电接入网概述

无线电接入网（RAN）是无线通信系统的一个主要组成部分[23]，它通过无线电链路将单个设备连接到网络的其他部分，建立起用户终端和骨干网之间的连接。无线电接入网的运作方式是，信息通过无线电波从用户设备发送到 RAN 收发器，然后从收发器传送到与全球互联网连接的核心网络。

RAN 提供对跨无线电站点的资源的访问并协调资源的管理。传感终端无线连接到骨干网或核心网络，RAN 将其信号发送到各个无线端点，以便它可以与来自其他网络的流量一起传输。随着 4G LTE 和全 IP 网络的出现，无线电接入网的布局发生了变化。如图 3-15 所示，基于集中化处理、协作式无线电和实时云计算构架的新型无线电接入网构架 C-RAN 的引入，将无线电和天线从基带控制器中分离出来，以更好地适应移动设备的现代需求。如今，RAN 架构将用户平面和控制平面划分为独立的元素。RAN 控制器可以通过软件定义的网络交换机交换一组用户数据消息，并通过基于控制的接口交换第二组用户数据消息。这种分离使 RAN 更加灵活，能够适应 5G 所需的网络功能虚拟化技术，如网络切片。

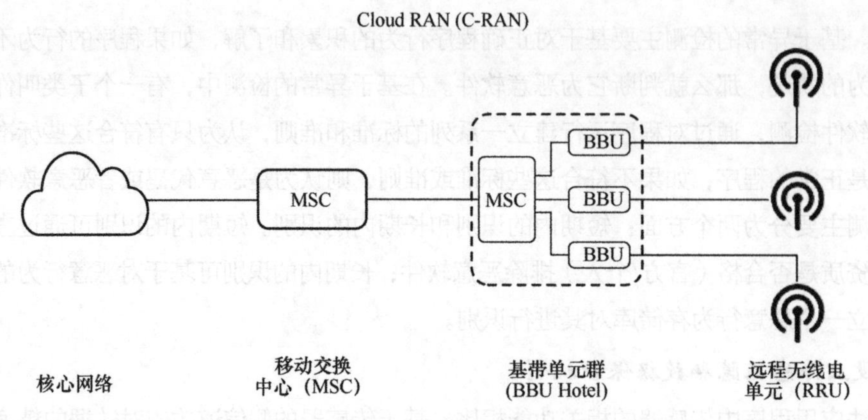

图 3-15 C-RAN 的结构

3.2.2 无线电接入技术的分类

1. 全球移动通信系统

全球移动通信系统（GSM）[24]是一种起源于欧洲的移动通信技术标准，是第二代移动通信技术。目前该技术是个人通信的常见技术之一。它的空中接口采用的是窄带 TDMA（时分多址）技术，允许在一个射频内同时进行 8 组通话。GSM 是 1991 年开始投入使用的。到 1997 年年底，已经在 100 多个国家和地区运营，成为欧洲和亚洲的标准。GSM 数字网具有较强的保密性和抗干扰性，音质清晰，通话稳定；并具备容量大、频率资源利用率高、接口开放、功能强大等优点。我国于 20 世纪 90 年代初引进并采用此项技术标准，此前一直采用蜂窝模拟移动技术，即第一代 GSM 技术（2001 年 12 月 31 日我国关闭了模拟移动网络）。目前，中国移动、中国联通各拥有一个 GSM 网络，GSM 手机用户总数在 1.4 亿以上。

如图 3-16 所示，GSM 主要由移动台（MS）、基站子系统（BSS）、移动网子系统（NSS）和操作维护中心（OMC）4 个部分组成[25]。

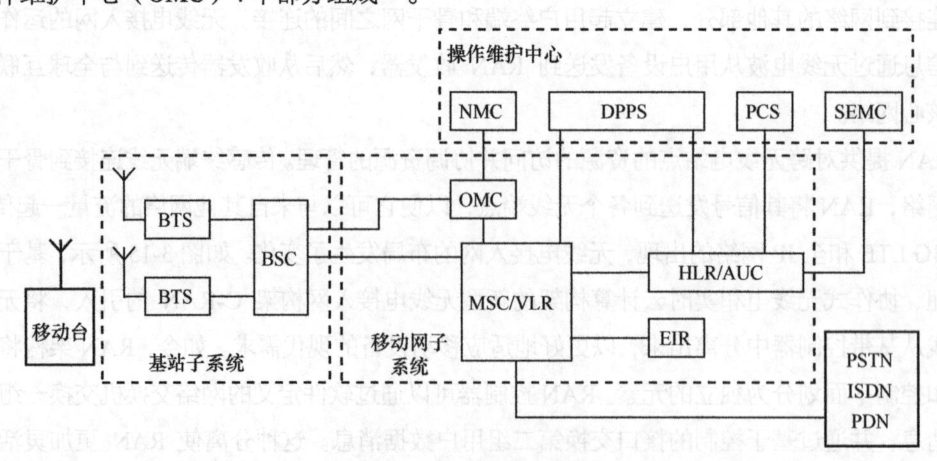

图 3-16 GSM 结构组成

移动台是公用GSM中用户使用的设备，也是用户在GSM中能够直接接触的设备。移动台的类型不仅包括手持台，还包括车载台和便携式台。随着GSM标准的数字式手持台进一步向轻便化和多功能化发展，手持台的用户将占整体用户的绝大部分。

基站子系统是GSM中与无线蜂窝方面关系最直接的基本组成部分。它通过无线接口直接与移动台相接，负责无线发送接收和无线资源管理。另外，基站子系统与移动网子系统（NSS）中的移动交换中心相连，实现移动用户之间或移动用户与固定移动网用户之间的通信连接，以及系统信号和用户信息传送等。当然，要对BSS部分进行操作维护管理，还要建立BSS与操作支持子系统（OSS）之间的通信连接。

移动网子系统由移动业务交换中心、归属位置寄存器（HLR）、漫游位置寄存器（VLR）、鉴权中心（AUC）、设备识别寄存器（EIR）、操作维护中心和短消息业务中心（SC）构成。MSC是对位于它的覆盖区域中的MS进行控制和交换话务的功能实体，也是移动通信网与其他通信网之间的接口实体。它负责整个MSC区内的呼叫控制、移动性管理和无线资源的管理。VLR是一个动态数据库，存储所管辖区内用户与处理呼叫有关的信息。MSC处理位于本覆盖区中MS的来话和去话呼叫需要到VLR中检索信息，通常VLR与MSC合设于同一物理实体中。HLR存储的是用于管理移动用户的数据库，每个移动用户都应在其归属位置寄存器注册登记。HLR主要存储两类信息，一类是有关用户的业务信息，另一类是用户的位置信息。

操作维护中心需完成许多任务，包括移动用户管理、移动设备管理及网络操作和维护。移动用户管理包括用户数据管理和呼叫计费，移动设备管理要求部分或全部基础设备之间能相互作用，网络操作和维护是指在操作人员和所有设备间进行调停来推进呼叫。

2. 蓝牙技术

蓝牙（Bluetooth）是一种可在多种设备之间实现无线连接的无线电技术。目前蓝牙技术在很多场景有广泛的应用。在汽车领域，利用手机作为网关，将手机蓝牙和车载系统连接，实现蓝牙免提通信和音乐播放等功能。在智慧医疗领域，由健康医疗设备的传感器实时收集的医疗数据将传输到具有蓝牙模块的计算机，微型计算单元会校正收集到的数据的值。正确的值可以通过相应的接口传输到文件，病人的医疗数据还可以通过蓝牙模块传输到屏幕上。还可以通过App接收和分析健康数据，起到对数据实时监控的作用。在智能穿戴方面，低功耗蓝牙（BLE）已被广泛应用于智能可穿戴终端，很多智能设备依靠蓝牙技术进行无线连接和数据交换，最常见的如智能手环、智能眼镜等，由于BLE技术可以实现短距离通信的最低功耗，可穿戴设备的运行时间大大延长。

利用蓝牙技术，能够在包括蜂窝电话、平板计算机、笔记本计算机、相关外设等众多设备之间进行信息交换。蓝牙被应用于手机与计算机的相连，可实现数据共享、因特网接入、资料同步、影像传递等。

蓝牙技术分为基础率/增强数据率和低耗能两种技术类型。其中基础率/增强数据率型以点对点网络拓扑结构建立一对一设备通信；低耗能型则使用点对点（一对一）、广播（一对多）和网格（多对多）等多种网络拓扑结构。

蓝牙技术的发展如表 3-2 所示，从 1998 年到 2021 年，蓝牙经历了 5 代的变化，早期的 1.0 和 1.1 版本存在多个问题，多家厂商指出他们的产品互不兼容。同时，在两个装置连接的过程中，蓝牙硬件的地址会被传送出去，在协定的层面上不能做到匿名，造成资料泄露的风险。在蓝牙 1.2 版本中，解决了硬件地址匿名的问题。在蓝牙 2.0 中，加入了非跳跃窄频通道，这种通道可以将各种器件的蓝牙服务概要同时广播到巨量的蓝牙器件，实现了更高的连接速度。在 2009 年 4 月 21 日，颁布了蓝牙 3.0+HS，提高了资料传输速率，最大传输速度可达 24 Mbit/s。此外，引入了增强电源控制，实际空闲功耗明显降低。2010 年 7 月 7 日，推出蓝牙 4.0，最重要的特性就是支持省电模式，提出了低功耗（Low-Energy）模式，并且支持的传输距离更远。蓝牙 5.0 在 2016 年 6 月发布，有效传输距离达到了 300 m，并且最大传输速度是蓝牙 4.0 最大传输速度的 8 倍。

表 3-2　蓝牙技术的发展

蓝牙版本	发布时间	最大传输速度	传输距离/m
蓝牙 1.0	1998 年	723.1 kbit/s	10
蓝牙 1.1	2002 年	810 kbit/s	10
蓝牙 1.2	2003 年	1 Mbit/s	10
蓝牙 2.0+EDR	2004 年	2.1 Mbit/s	10
蓝牙 2.1+EDR	2007 年	3 Mbit/s	10
蓝牙 3.0+HS	2009 年	24 Mbit/s	10
蓝牙 4.0	2010 年	1～3 Mbit/s	50
蓝牙 4.1	2013 年	1～3 Mbit/s	50
蓝牙 4.2	2014 年	1～3 Mbit/s	50
蓝牙 5.0	2016 年	1～24 Mbit/s	300
蓝牙 5.1	2019 年	1～24 Mbit/s	300
蓝牙 5.2	2020 年	1～24 Mbit/s	300
蓝牙 5.3	2021 年	1～24 Mbit/s	300

虽然蓝牙在多向性传输方面具有较大的优势，但是蓝牙在 2.4 GHz 频段存在的电波干扰问题一直未得到解决。

3. 无线局域网

无线局域网（WLAN）是计算机网络与无线通信技术相结合的产物。它不受电缆束缚，可以移动，能解决有线网布线困难等问题，并且组网灵活，扩容方便，与多种网络标准兼容，应用广泛。WLAN 既可满足各类便携机的入网要求，也可实现计算机局域网远端接入、图文传真、电子邮件等多种功能。

WLAN 由无线网卡、接入控制（AC）、无线接入点（AP）、计算机和有关设备组成。下面以最广泛使用的无线网卡为例，说明 WLAN 的工作原理。

一个无线网卡主要包括网络接口卡（NIC）单元、扩频通信机和天线 3 个组成功能块。NIC 单元属于数据链路层，由它负责建立主机与物理层之间的连接。扩频通信机与物理层建立了对应关系，实现无线电信号的接收与发射。当计算机要接收信息时，扩频通信机通过网络天线接收信息，并对该信息进行处理，判断是否要发给 NIC 单元，如果需要则将信息帧上交给 NIC 单元，否则丢弃。如果扩频通信机发现接收到的信息有错，则通过天线发送给对方一个出错信息，通知发送端重新发送此信息帧。当计算机要发送信息时，主机先将待发送的信息传送给 NIC 单元，由 NIC 单元首先监测信道是否空闲，若空闲立即发送，否则暂不发送，并继续监测。

图 3-17 展示了基于 AP 的网络结构，所有工作站都直接与 AP 无线连接，由 AP 承担无线通信的管理及与有线网络连接的工作，是理想的低功耗工作方式。可以通过放置多个 AP 来扩展无线覆盖范围，并允许便携机在不同 AP 之间漫游。

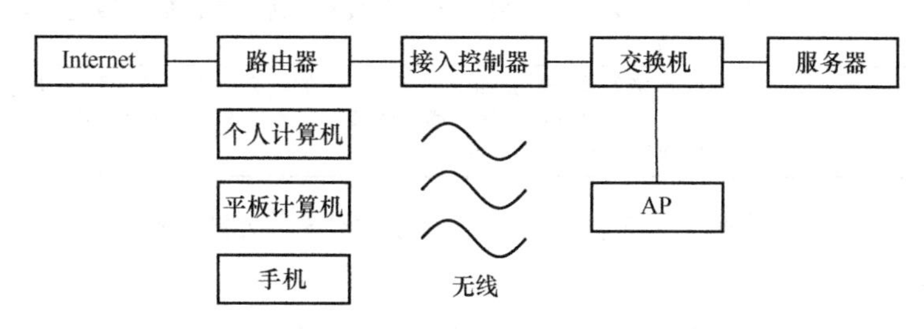

图 3-17　基于 AP 的网络结构

虽然 WLAN 作为有线局域网的延伸，可使通信终端在一定范围内灵活、简便、移动地接入通信网，具有广阔的发展前景，但是 WLAN 也存在一些缺点。一是在在线用户数量较大、网络上数据流量较大的情况下，整个网络质量就会急剧恶化。此时链路上数据丢包严重，网络速度下降，异常掉线，用户终端要等待很长时间才能获得网络地址。二是用户移动造成跨 VLAN 信道切换时，网络会中断，需等待一段时间后才能获得网络地址，重新认证入网。

IEEE 802.11 是针对 WLAN 指定的一系列标准，从 1997 年开始更新换代，不断进步。表 3-3 为各种通信标准的对比。

表 3-3　各种通信标准的对比

时间	通信标准	支持频段	信道宽度	传输速率	是否兼容其他协议标准
1999 年	802.11a[26]	5 GHz	20 MHz	54 Mbit/s	不兼容
1999 年	802.11b[27]	2.4 GHz	20 MHz	11 Mbit/s	不兼容
2003 年	802.11g[28]	2.4 GHz	20 MHz	54 Mbit/s	兼容 802.11b
2009 年	802.11n[29]	2.4 GHz & 5 GHz	20/40 MHz	300/450/600 Mbit/s	兼容 802.11a/b/g
2013 年	802.11ac[30]	5 GHz	80/160 MHz	433/867/1 730 Mbit/s	兼容 802.11a/n
2019 年	802.11ax[31]	2.4 GHz & 5 GHz	20/40/80/160 MHz	574/860/1 147/2 402/3 603/4 804 Mbit/s	兼容 802.11a/b/g/n/ac

4. ***其他无线接入技术***

表 3-4 展示了其他 7 种经典的无线接入技术。

表 3-4　其他 7 种经典的无线接入技术

无线接入技术	特点
码分多址分组数据接入技术	被称为 2.5 代移动通信技术，系统容量大、配置灵活且频率规划简单、建网成本低
通用无线分组业务	2G 迈向 3G 的过渡产物，它特别适用于间断的、突发性的、频繁的、少量的数据传输，也适用于偶尔的大量数据传输
蜂窝数字式分组数据交换网络	被称为真正的无线互联网，信号不易受干扰。它的优点在于安装简便，使用者无须申请电话线或其他线路；通信接通反应快捷
固定宽带无线接入技术	是一种微波的宽带技术，又被喻为“无线光纤”技术
数字直播卫星接入技术	利用位于地球同步轨道的通信卫星将高速广播数据送到用户的接收天线，其特点是通信距离远，费用与距离无关，覆盖面积大且不受地理条件限制，频带宽，容量大，适用于多业务传输
ZigBee	一种短距离、低功耗的无线通信技术。其特点是通信距离近、功耗低、成本低、时延短
无线光接入系统	无线光接入系统是光通信与无线通信的结合，这一技术既可以提供类似光纤的速率，又不需要频谱这样的稀有资源。主要特点是传输速率高（2～622 Mbit/s）、传输距离远（200～6 000 m）

随着科技的发展，许多新技术脱颖而出，下面将介绍 3 种无线电接入网的新技术。

（1）云 Wi-Fi

云计算与传统网络模式结合产生的云 Wi-Fi[32]既满足了部署方便的需求，也增强了无线电网络的安全性。作为新兴技术，首先，云 Wi-Fi 更加方便，传统模式下的 Wi-Fi 网络需要自己搭建，因此面临着不小的挑战和压力，而且运维成本较高、网络安全无法得到有效保证。在自建模式中，企业内部需要安排专门的 IT 管理人员，进行线路施工、调试测试和日常运行维护，增加了企业的人力成本，这对于中小企业来说，是不小的负担。同时，企业需要购买相应的设备，一次性投入会带来较大的资金占用压力。而对于云 Wi-Fi，企业无须自己投资硬件设备，而是按需购买，费用可以月付或者年付，而且部署方便，只需使用手机扫描无线 AP 设备上的二维码设置后即可使用。其次，云 Wi-Fi 更加安全，云 Wi-Fi 可以提供“分身服务”，生成两个 Wi-Fi 网络信号，一个供内部员工使用，另一个供外部访客使用。在传统 Wi-Fi 模式下，所有人通过统一的账号密码方式进行登录。云 Wi-Fi 则大不同，密钥是动态的，而且一机一密，不同上网设备会对应生成不同且唯一的密码。在该模式下，管理员只需将设置好的网络以小程序的方式分享给其他用户，用户只需点击小程序即可登录。

（2）边缘云

边缘云是指将边缘计算和云计算相结合。边缘计算是指在靠近物或数据源头的一侧，就近提供最近端服务，其应用程序在边缘侧发起，产生更快的网络服务响应。而云计算指的是通过网络“云”将巨大的数据计算处理程序分解成无数个小程序，然后，多个服务器组成的系统对这些小程序进行处理和分析后得到结果，并将结果返回给用户。Li 等[33]结合云计算和边缘计算，提出了一种新的网络架构——边缘云，提高了整体的网络效率。先进的计算能力使得边缘计算已经开始在实际部署中帮助通信，如核心网和骨干网中的 CDN 显著降低了总体通信成本。5G 预计将继续扩展正在进行的将云移动到网络边缘的革命，原因有很多，包括更好的无线资源管理和超密集网络的协作联网，以提供所需的系统容量，每个基站的微服务器进行边缘内容分发和本地信号处理，以实现更高效的网络和沉浸式用户体验。虚拟化技术将不同类型的计算负载整合到通用的低成本计算资源池中。前几代技术都以通信为中心，而 5G 则是通信和计算的结合。因此，需要注意以下两点：一是需要将云扩展到边缘，以满足本地的内容分发和信号处理需求；二是在未来发展中，边缘计算会在无线电网络传输中作为关键技术之一。

（3）星链

2015 年，SpaceX 宣布推出一项太空高速互联网计划——星链计划[34]。借由性能远远超过传统卫星互联网和不受地面基础设施限制的全球网络，星链可以为网络服务不可靠、费用昂贵或完全没有网络的位置提供高速互联网服务，也有可能结束当今世界存在的“网络封锁”。旨在为世界上的每一个人提供高速互联网服务[35]。星链计划的宗旨是开发出“全球卫星互联网系统”，并能运用在火星等环境上，在太阳系内部署通信基础建设。截至 2022 年 1 月，星链工程已发射 2 042 颗卫星，其中在轨活跃卫星数量为 1 469 颗[36]。同时，SpaceX 还提出了第二代星链计划，该计划将依托 Starship 发射并构成数量达 29 988 颗卫星的卫星星座[37-38]。

3.2.3　无线电接入网的认证和加密

近年来，科技的迅猛发展及无线电接入网络不断优化，在给人们带来便利的同时，也给无线电接入网络的安全带来巨大的挑战，为了保证无线电接入网络的数据传输安全，无线电接入网络的认证和加密诞生。因为无线电接入网络使用的是开放性媒介，采用公共电磁波作为载体来传输数据信号，通信双方没有线缆连接，如果传输链路未采取适当的加密保护，数据传输的风险就会大大增加。为了增强无线电接入网络的安全性，认证和加密两个安全机制是必不可少的，图 3-18 为认证机制和加密机制的示意图，其中认证机制用来对用户的身份进行验证，以限定特定的用户（已授权用户）可以使用网络资源。加密机制用来对无线链路的数据进行加密，以保证无线电网络数据只被所期望的用户接收。

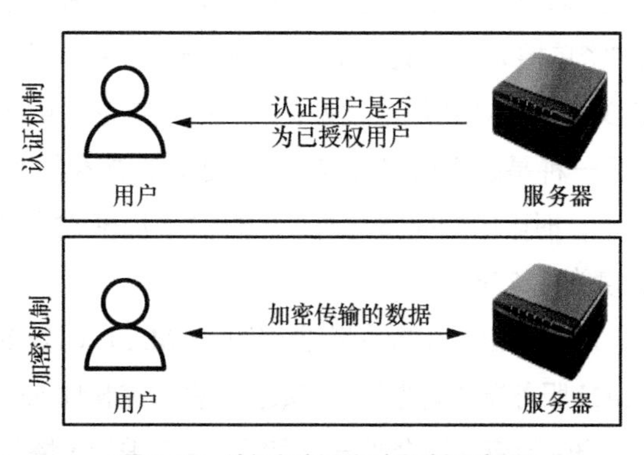

图 3-18　认证机制和加密机制示意图

目前 WLAN 已经成为应用最广泛的无线电接入网络技术，接下来将以 WLAN 为例介绍无线电接入网络中的认证与加密。

1. **链路认证和用户身份认证**

（1）链路认证

链路认证是用户终端（STA）连入无线电接入网络的起点，只要工作站打算连接到网络，就必须进行认证。对于链路认证，主要有开放系统认证和共享密钥认证两种方式，有些产品也提供 MAC（媒体访问控制）地址过滤来过滤未授权的 STA 的 MAC 地址。

① 开放系统认证：是 802.11 要求必备的一种方法，也是最简单的认证方式。如果认证类型设置为开放系统认证，则所有请求认证的客户端都会通过认证。开放系统认证包括两个步骤：第一步是请求认证，第二步是返回认证结果。

② 共享密钥认证：共享密钥认证需要客户端和设备端配置相同的共享密钥。共享密钥认证的认证过程为：客户端先向设备发送认证请求，无线设备端会随机产生一个 Challenge 包（即一个字符串）并发送给客户端；客户端会将接收到字符串复制到新的消息中，用密钥加密后再发送给无线设备端；无线设备端接收到该消息后，用密钥将该消息解密，然后对解密后的字符串和最初给客户端的字符串进行比较。如果相同，则说明客户端拥有与无线设备端相同的共享密钥，即通过了共享密钥认证；否则共享密钥认证失败。

③ MAC 地址过滤：在 WLAN 环境中，可以通过黑白名单功能设定一定的规则过滤无线客户端，实现对无线客户端的接入控制，以保证合法客户端能够正常接入 WLAN，避免非法客户端强行接入 WLAN。

（2）用户身份认证

相对于链路认证机制，用户身份认证更加完善并且安全，接下来将介绍几种经典的安全策略中的用户身份认证。

① Wi-Fi 保护接入（WPA/WPA2）-PSK 认证：通过预共享密钥（PSK）进行认证，并且将 PSK 作为成对主密钥（PMK）协商临时密钥的认证加密方式。WPA/WPA2-PSK 要求在 STA 侧预先配置密钥，通过与 AP 或者 AC 侧的 4 次握手协商协议来验证 STA 侧密钥的合法性。图 3-19 展示了 WPA 的 4 次握手过程，这 4 次握手主要是为了产生成对临时密钥（PTK）和组临时密钥（GTK），PTK 用来加密单播无线报文，GTK 用来加密多播和广播无线报文。

在 IEEE 802.11i 中定义了两种密钥层次模型，一种是成对密钥层次结构，主要用来描述一对设备之间的所有密钥；另一种是组密钥层次结构，主要用来描述全部设备所共享的各种密钥。

在成对密钥层次结构下，时限密钥完整性协议（TKIP）加密方式根据主密钥衍生出 4 个临时密钥，每个临时密钥长度为 128 bit。

在组密钥层次结构下，TKIP 加密方式根据组主密钥（GMK）（128 bit）衍生出 2 个密钥，用来在 WLAN 客户端和 WLAN 服务端之间进行多播数据加密和完整性加密。而在 CCMP 加密方式下，数据加密密钥和数据完整性检查密钥合成一个密钥，用来进行多播数据加密和完整性加密。

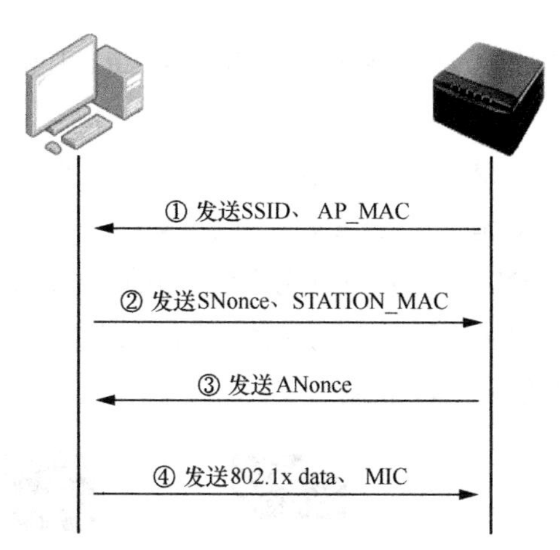

图 3-19　WPA 的 4 次握手过程

② WPA/WPA2-PPSK（Private PSK）认证

WPA/WPA2-PPSK 加密在 STA 与 AP 间的认证和关联及 4 步密钥协商的流程与 WPA/WPA2-PSK 一致。PPSK 继承了 PSK 认证的优点，部署简单，同时还可以为不同的客户端提供不同的预共享密钥，有效提升了网络的安全性。对于 PSK 认证，当连接到指定 SSID（服务集标识）的所有客户端时，密钥将保持不变，从而存在安全漏洞，而在 PPSK 认证中，连接到同一 SSID 的每个用户可以有不同的密钥，根据不同的用户可以下发不同的授权，并且如果一个用户拥有多个终端设备，这些终端设备也可以通过同一个 PPSK 账号连接到网络。

③ WPA3-SAE（对等实体同时验证）认证

SAE 认证取代了 PSK 认证，这一改动使其在原有的 4 次握手前增加了 SAE 握手，在 PMK 生成过程中引入了动态随机变量，使得每次协商的 PMK 都是不同的，保证了密钥的随机性。有效防止了 KRACK 攻击和暴力破解攻击。表 3-5 展示了不同版本的 WPA。

表 3-5　不同版本的 WPA

应用模式	企业应用模式		SOHO/个人应用模式	
WPA	身份认证：IEEE 802.1x/EAP	加密：TKIP/MIC（消息完整性检查）	身份认证：PSK	加密：TKIP/MIC
WPA2	身份认证：IEEE 802.1x/EAP	加密：AES-CCMP	身份认证：PSK	加密：AES-CCMP
WPA3	身份认证：IEEE 802.1x/EAP	加密：AES（192 bit）	身份认证：SAE	加密：AES

④ 无线局域网鉴别与保密基础结构（WAPI）认证

WAPI 是由中国提出的，以 802.11 无线协议为基础的无线安全标准。WAPI 能够提供比 WPA 更强的安全性，WAPI 协议由无线局域网鉴别基础结构（WAI）和无线局域网保密基础结构（WPI）两部分组成。WAI 是用于无线局域网中身份鉴别和密钥管理的安全方案，WPI 是用于无线局域网中数据传输保护的安全方案，包括数据加密、数据鉴别和重放保护等功能。

WAPI 要求客户端与服务端必须进行相互身份鉴别和密钥协商。WAPI 提供两种身份鉴别和密钥管理方法，分别为基于证书的方式（WAPI-CERT）和基于预共享密钥的方式（WAPI-PSK）。

基于证书的方式（WAPI-CERT）：整个过程包括证书鉴别、单播密钥协商和多播密钥通告。WAPI 证书鉴别如图 3-20 所示，是基于 WLAN 客户端与 WLAN 服务端双方的证书进行的鉴别。鉴别前 WLAN 客户端与 WLAN 服务端必须预先拥有各自的证书，然后通过 ASU（鉴别服务单元）对双方的身份进行鉴别，根据双方产生的临时公钥和临时私钥生成基密钥（BK），并为随后的单播密钥协商和多播密钥通告做好准备。

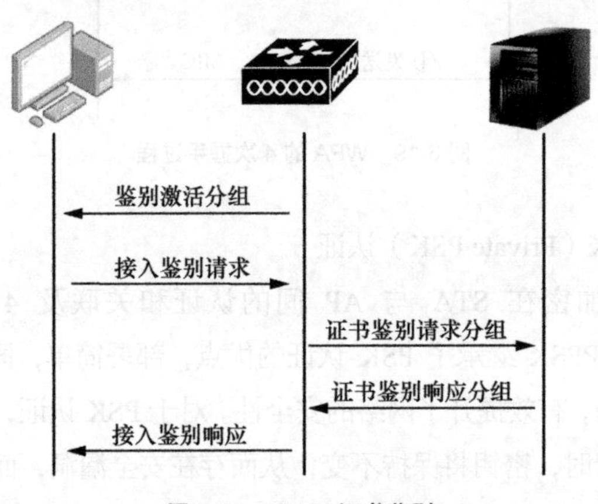

图 3-20　WAPI 证书鉴别

基于预共享密钥的方式（WAPI-PSK）：整个过程则为单播密钥协商与多播密钥通告。如图 3-21 所示，预共享密钥鉴别是基于 WLAN 客户端与 WLAN 服务端双方的预共享密钥进行的鉴别。鉴别前 WLAN 客户端与 WLAN 服务端必须预先配置相同的密钥，即预共享密钥。鉴别时直接将预共享密钥转换为基密钥，然后进行单播密钥协商和多播密钥通告。在单播密钥协商和多播密钥通告成功之后，WLAN 客户端与 WLAN 服务端才可以开始数据传输，数据传输时使用协商出来的密钥对它们之间的数据进行加/解密，加密算法采用 WPI-SMS4。

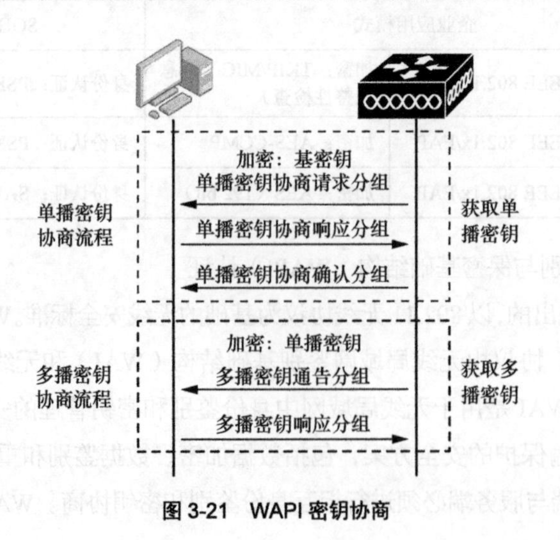

图 3-21　WAPI 密钥协商

⑤ Web 认证

Web 认证又被称为 Portal 认证，用户通过主动访问位于 Portal 服务器上的认证页面（主动认证），或用户试图通过 HTTP 访问其他外网被 WLAN 服务端强制重定向到 Web 认证页面（强制认证）后，输入用户账号信息，提交 Web 页面后，Portal 服务器获取用户账号信息。Portal 服务器通过 Portal 协议与 WLAN 服务端交互，将用户账号信息发送给 WLAN 服务端，服务端与认证服务器交互完成用户认证过程。Portal 认证可以提供方便的管理功能，开展广告、社区服务、个性化的业务等，使运营商、设备提供商和内容服务提供商形成一个产业生态系统。Portal 认证在 WLAN 运营网和企业网中被大量使用。

2. 报文加密

当确认使用者身份并赋予访问权限后，网络必须保护用户传输的数据不被窥视，保证无线链路数据的私密性。这就需要对传输的报文进行加密，接下来将对报文加密技术进行详细介绍。

（1）有线等效保密（WEP）加密

WEP 是最基本的加密技术，手机、笔记本计算机与无线电网络的 AP 拥有相同的网络密钥，才能解读互相传递的数据。WEP 是一个 Layer 2 的加密方法，它使用的是 ARC4 流加密。它有一个数据完整性校验值（ICV），这个值是通过计算 MAC 服务数据单元（MSDU）而来的。802.11 标准定义了两个 WEP 版本，分别是 WEP-40 和 WEP-104 支持的 64 bit 和 128 bit 加密，其实 40 和 104 分别是从 64 减 24 与 128 减 24 得来的，这 24 bit 是指初始化向量（IV），而 40 bit 和 104 bit 则是指静态密钥的长度。WEP-40 和 WEP-104 的组成如图 3-22 所示。

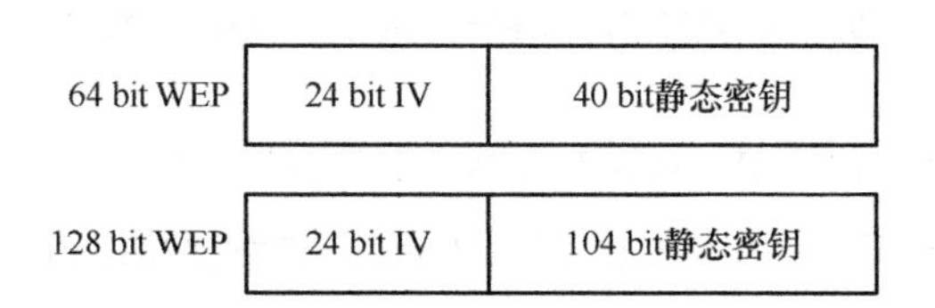

图 3-22　WEP-40 和 WEP-104 的组成

一般来说，WEP 支持 4 个密钥，使用时从中选一个进行加密。WEP 的加密流程如图 3-23 所示。

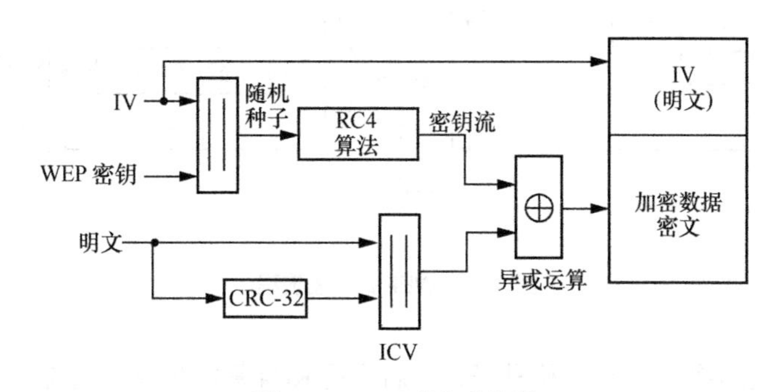

图 3-23　WEP 的加密流程

① IV 是动态生成的 24 bit 随机数，没有指定应该怎么生成，而且在数据帧中以明文的方式进行发送，它和 WEP 密钥结合生成随机种子（Seed），然后运用 RC4 算法生成密钥流（Keystream）。

② 对需要加密的明文进行 CRC-32 运算，生成 ICV（32 bit），然后将这个 ICV 追加到 Plaintext 的后面。

③ 将尾部有 ICV 的 Plaintext 与密码流进行异或运算，得到加密数据。

④ 将 IV 添加到加密数据的前面，进行传送。

图 3-24 为 WEP 加密后的一个数据帧 MPDU（MAC 协议数据单元）的格式。

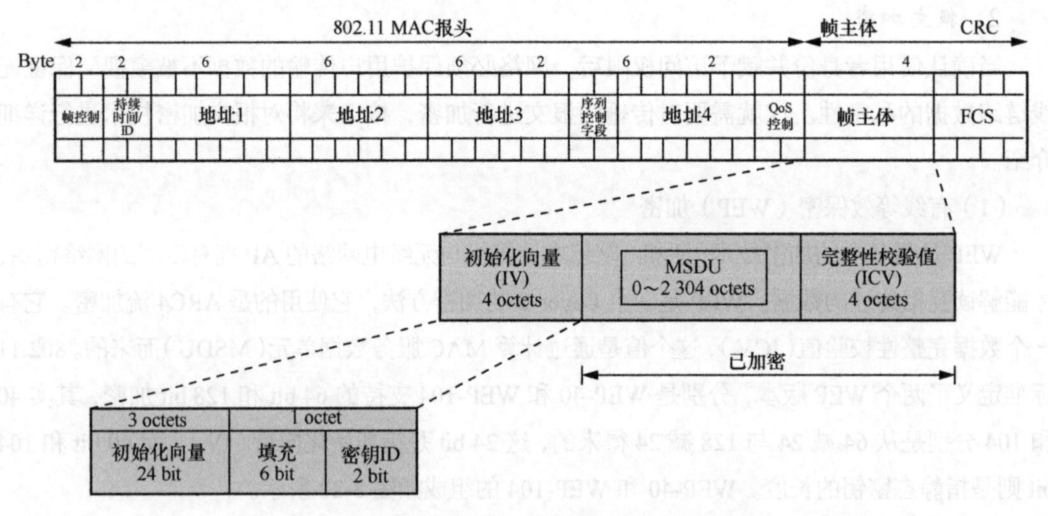

图 3-24　WEP 加密后的一个数据帧 MPDU 的格式

可以看出，在帧体部分包括 IV+MSDU+ICV：IV 一共是 4 个字节，前 3 个字节是 24 bit 的初始化向量，后面 6 bit 暂时预留空白没用，最后 2 bit 用来指定使用哪个密钥，WEP 可以配置 4 个密钥。MSDU 和 ICV 是被加密的，在解密的时候，需要检验 ICV 是否一致。

图 3-25 展示了 WEP 的解密流程。

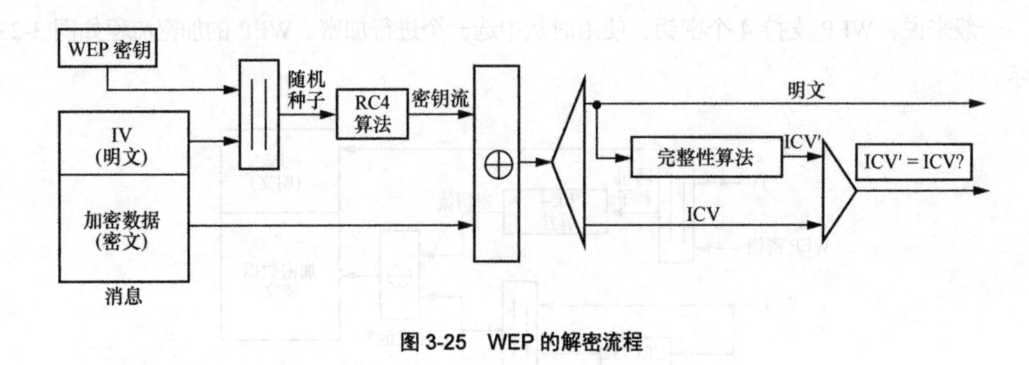

图 3-25　WEP 的解密流程

① IV 和 WEP 密钥结合生成随机种子，然后运用 RC4 算法生成密钥流。

② 将 Keystream 和加密数据进行异或运算，得到明文（Plaintext）和 ICV。

③ 根据解密后得到的 Plaintext 计算得到一个 ICV，并与包中的 ICV 进行比较，判断是否相等，这也算是一个可靠性的保证。

WEP 加密方法很脆弱。网络上每个客户或者计算机都使用了相同的密钥，这种方法使网络窃听者能比较容易地窃取用户的密钥，偷走数据，并在网络上制造混乱。

（2）WPA：TKIP 加密

TKIP 加密：由于早期的 WEP 认证和加密被证明很不安全，市场急需推出一个可以代替 WEP 的产品，所以在 802.11i 没有被正式推出前，Wi-Fi 联盟推出了 WEP 的改良产品——WPA，虽然对其缺陷进行了一些改进，但核心的数据加密算法仍为 RC4 算法，称之为 TKIP 加密算法。

WEP 的主要缺陷在于其随机种子由 IV 和 WEP 密钥生成。为了防范对 IV 的攻击，TKIP 将 IV 的长度由 24 bit 增加为 48 bit，极大地提升了 IV 的空间。TKIP 同时以密钥混合的方式防范针对 WEP 的攻击。在 TKIP 中，各个帧均会被特有的 RC4 密钥加密，更进一步扩展了 IV 的空间。TKIP 加密实际上是增强了的 WEP，核心算法采用 RC4。TKIP 相对于 WEP 增加了 EIV（扩展 IV）和 MIC，其作用是防止重放攻击、信息被篡改。

（3）WPA2：CCMP 加密

TKIP 比 WEP 优秀，但其仍然以流密码为基础，无法摆脱人们对其安全性的怀疑。IEEE 工作组开发了以高级加密标准（AES）的块密码为基础的安全协议。802.11i 规定 AES 使用 128 bit 的密钥和 128 bit 的数据块。这个以 AES 为基础的链路层安全协议被称为 CCMP。

CCMP 提供了加密、认证、完整性和重放保护功能。CCMP 是基于 CCM 方式的，该方式使用了 AES 加密算法。CCM 方式结合了用于加密的 CTR（计数器模式）及用于认证和完整性的加密块链接消息认证码（CBC-MAC）。CCM 保护 MPDU 数据和 IEEE 802.11 MPDU 帧头部分域的完整性。

同样，CCMP 包含了一套动态密钥协商和管理方法，每一个无线用户都会动态地协商一套密钥，而且密钥可以定时进行更新，进一步提高了 CCMP 加密机制的安全性。在加密处理过程中，CCMP 也会使用 48 bit 的 PN（包编号 Number），保证每一个加密报文使用不同的 PN，在一定程度上提高了安全性。而在 2018 年提出的 WAP3 安全策略中，进一步将 AES 加密算法由 128 bit 增加至 192 bit，并采用管理帧保护（PMF），进一步提升了其安全性，表 3-6 展示了 WPA2 针对 WEP 进行的改进。

表 3-6　WPA2 针对 WEP 进行的改进

WEP 存在的弊端	WPA2 的解决方法
IV 太短	在 AES-CCMP 中，IV 被替换为“数据包编号”字段，并且大小将倍增至 48 bit
不能保证数据完整性	采用 WEP 加密的校验和计算已替换为可严格实现数据完整性的 AES CBC-MAC 算法。CBC-MAC 算法计算得出一个 128 bit 的值，然后 WPA2 使用高阶 64 bit 作为消息完整性代码（MIC）。WPA2 采用 AES 计数器模式加密方式对 MIC 进行加密

续表

WEP 存在的弊端	WPA2 的解决方法
使用主密钥而非派生密钥	与 WPA 和“时限密钥完整性协议”（TKIP）类似，AES-CCMP 使用一组从主密钥和其他派生的临时密钥。主密钥是从“可扩展认证协议–传输层安全协议（EAP-TLS）”或“受保护的 EAP（PEAP）”802.1x 身份认证过程派生而来的
不重新生成密钥	AES-CCMP 自动重新生成密钥以派生新的临时密钥组
无重播保护	AES-CCMP 使用“数据包编号”字段作为计数器来提供重播保护
无身份认证	采用 IEEE 802.1x 进行身份认证

（4）WAPI：SMS4 算法

WAPI 安全协议可匹配多种密码算法，加/解密算法均采用 32 轮非线性 Feistel 迭代结构，该结构最先出现在分组密码 LOKI 的密钥扩展算法中。SMS4 通过 32 轮非线性迭代后加上一个反序变换，这样只需要解密密钥是加密密钥的逆序，就能使得解密算法与加密算法保持一致。SMS4 加/解密算法的结构完全相同，只是在使用轮密钥时解密密钥是加密密钥的逆序。

S 盒是一种利用非线性变换构造的分组密码的组件，主要是为了实现分组密码过程中的混淆特性而设计的。SMS4 算法中的 S 盒在设计之初完全按照欧美分组密码的设计标准进行，它采用的方法是能够很好抵抗差值攻击的仿射函数逆映射复合法。

（5）管理帧保护（PMF）

PMF 是 Wi-Fi 联盟（WFA）发布的基于 IEEE 802.11w 标准的一项规范，目的是将 WPA2 中对数据帧的安全措施扩展至单播和多播管理 action 帧，以提升网络的可信度。目前 WPA3 规定，必须采用 PMF，部署 PMF 可以抵御如下攻击。

① 攻击者窃取 AP 和用户之间通信的管理帧信息。

② 攻击者仿冒 AP 向用户发送去关联和去认证请求，使用户下线。

③ 攻击者仿冒用户向 AP 发送去关联请求，使用户下线。

3.3 数据传输网络安全

互联网上的各个主机作为一个个独立的个体，TCP/IP 的产生使得它们之间可以互相通信，TCP/IP 是达成数据传输网络的纽带。TCP/IP 通常被认为是一个 4 层的协议系统，由上至下为应用层、传输层、网络层和链路层。TCP/IP 模型结构如图 3-26 所示。

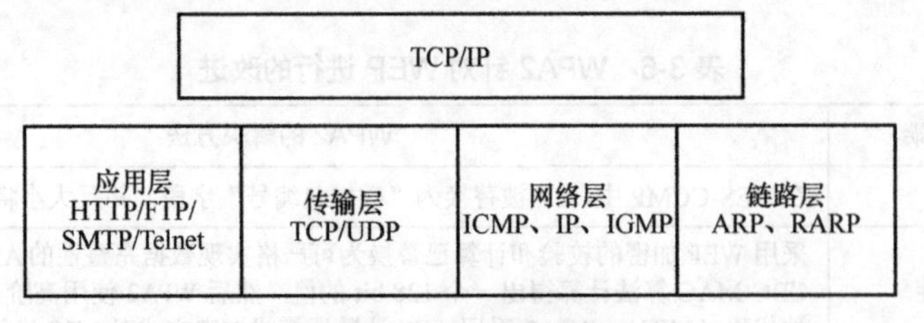

图 3-26 TCP/IP 模型结构

应用层协议包括所有和应用程序协同工作，并利用基础网络交换应用程序的业务数据的协议。一些特定的程序被认为运行在这个层上，该层协议所提供的服务能直接支持用户应用。应用层协议包括超文本传输协议（HTTP）、文件传输协议（FTP）、简单邮件传送协议（SMTP）、安全外壳（SSH）协议、域名系统（DNS），以及其他协议。

传输层协议解决了端到端的可靠性问题，能确保数据可靠地到达目的地，甚至能保证数据按照正确的顺序到达目的地。

网络层的作用是在复杂的网络环境中为要发送的数据包找到一个合适的路径进行传输。简单来说，网络层负责将数据传输到目标地址，目标地址可以是多个网络通过路由器连接而成的某一个地址。另外，网络层负责寻找合适的路径到达对方计算机，并把数据帧传送给对方，网络层还可以实现拥塞控制、网际互联等功能。

链路层有时也被称作网络接口层，用来处理连接网络的硬件部分。该层既包括操作系统硬件的设备驱动、NIC、光纤等物理可见部分，还包括连接器等传输媒介。在这一层，数据的传输单位为 bit/s。

TCP/IP 的应用层的主要协议有 HTTP、FTP、SMTP、Telnet 等，用来读取来自传输层的数据或者将数据传输写入传输层。传统的 HTTP 是一种明文传输协议，也就是在通信过程中都没有对数据进行加密，很容易泄露数据。HTTPS 是在 HTTP 上建立 SSL 加密层，并对传输数据进行加密，是 HTTP 的安全版。

3.3.1 HTTPS

HTTP 规定了浏览器和浏览器服务商之间相互通信的相关规则，也是当前各种网络数据传输过程中应用最广泛的基础性协议，但该协议存在一定的安全缺陷，导致个人信息很容易被窃取。本节将介绍 HTTPS 的原理和作用及 HTTPS 面临的安全威胁，最后通过构建一个基于 HTTPS 的安全认证系统的案例让读者对 HTTPS 有更深入的了解。

1. HTTPS 的原理和作用

HTTPS[39]是传统 HTTP 的升级版，也被称为安全版，是指以安全为最终目标的 HTTP 通道。与传统的 HTTP 相比，HTTPS 具有高安全性的加密传输协议，而传统 HTTP 的信息传输属于明文传输，其安全性不能与 HTTPS 同日而语。此外，HTTP 与 HTTPS 使用的是不同的连接方式，二者使用的端口也各不相同，HTTP 使用的是 80 端口，而 HTTPS 使用的则是 443 端口。并且，HTTP 的连接较为简单，HTTPS 则是由 SSL 加上 HTTP 共同构建而成的，其在信息传输的过程中可以进行加密、身份认证等操作，比 HTTP 更加安全可靠。

（1）HTTPS 的原理

① HTTPS 工作流程。想要实现数据交互，HTTPS 需通过 SSL 协议协商一个具有对称性质的密钥，这个密钥主要负责日后通信数据的加密工作。HTTPS 工作的流程分为以下几个部分。第一，客户端发起 HTTPS 请求，当用户输入 HTTPS 网址后，客户端就会连接到服务器的 443

端口。第二，运行 HTTPS 的服务器拥有一套有效的数字证书，它会把证书发给客户端。第三，客户端解析证书，SSL 需要验证收到的公钥是否是有效的，若有异常则会直接弹出警告，若正常就会生成一个随机值，并使用证书对该随机值进行加密。第四，对加密信息进行传送，传送的内容是先前加密后的随机值，以便客户端与服务端通过随机值进行加密与解密。第五，服务端解密信息，服务端可以利用私钥对随机值进行解密，然后将数据内容通过该值进行对称加密，只要将加密算法及私钥的生成算法复杂化，加密数据就会有足够的安全性。

② HTTPS 加密方法[40]。常用的 HTTPS 加密方法有两种：对称与不对称加密。其中，对称加密主要指的是加密与解密使用的是相同的密钥，而不对称加密指的是加密与解密使用的是不同的密钥。一般来说，对称加密的内容，加密强度都十分高，很少会被破解。但其安全性存在一定问题，如客户端与服务端都采用对称的密钥进行加密与解密工作，而对称密钥又被他人获取，那么整个数据交换过程的安全性就无法保障。不对称加密在此类问题上将更加有利，不对称加密两端所采用的密钥只会在内存当中生成与存储，并且每次使用的密钥都不相同，其在安全问题上要比对称加密更加优秀。

（2）HTTPS 的作用

① 良好的安全性，防止隐私泄露。HTTPS[41]是一种安全协议，无论是对于网站自身还是访问网站的人员来说，都具有更好的安全性，在防止隐私泄露方面有着天然的优越性。从网站自身角度来说，HTTPS 可以有效地避免第三方对信息数据的窃取及网络流量的阻断，在保护用户隐私和信息数据安全上有着良好的口碑。从 HTTPS 的工作流程可得出，其在加密方面采用对称与非对称两种方式，密钥的安全性得以增强。在信息数据飞速发展的背景下，HTTPS 为数据的传输提供了安全环境，使用户隐私得到了保障。总体来讲，HTTPS 在信息时代的洪流中发挥的作用是巨大的，为推动互联网技术的快速发展提供了有效保障。

② 数据独享保护，网站流量提升。现代社会已经正式进入了大数据时代，掌握数据就等于掌握了财富。由于 HTTPS 带来的卓越安全性，近年来谷歌开始针对启用 HTTPS 的网站授予更高的搜索引擎权重，这使得网站流量的提升有了一个质的飞跃，使数据传输在享受安全保障功能的同时，传输速度更快更稳定。HTTP 是基于 WWW 服务器传输超文本到本地浏览器的传送协议，HTTPS 不仅能够稳定快速地传输超文本文档，并且还能够通过安全套接字层（SSL）对传输数据进行独享保护，通过用户请求与响应，形成一个标准的客户端服务器模型，在保证数据独享保护与网站流量提升方面起着重要作用。此外，伴随着网站流量的提升，未来 HTTPS 在数据传输加密工作方面所发挥的作用将更具优势，对大数据时代的发展起到良好促进作用。

2. HTTPS 面临的安全威胁

由于 Web 访问的数据安全问题日益凸显，越来越多的服务器通过应用 HTTPS 来提高客户端与服务器数据通信的安全性[42]。HTTPS 基于 SSL 协议，SSL 协议是 HTTPS 的核心并为其提供安全服务，用于保证通信数据在网络中的保密性和完整性。但是 SSL 协议在其设计和实现的过程中均存在安全性缺陷，针对 SSL 协议的攻击也在不断地出现。

① HTTPS 嵌入 HTTP 的情况，HTTPS 网页中是可以混入 HTTP 资源的，如可以在打开的 HTTPS 网页的外链中插入一张 HTTP 的图片。其中的风险在于，敌手可通过篡改 HTTP 的明文资源文件，如插入一段 JavaScript 代码，加载到 HTTPS 网页上，那么整个 HTTPS 网页数据都可以通过 JavaScript 代码获取到。

② 可利用 DNS 与 SSL 证书进行攻击。无论访问的是 HTTP 还是 HTTPS，DNS 服务器返回的都是明文的 IP 地址。在 DNS 污染攻击中，攻击者可通过网络窃取到 DNS 的明文 IP，再将其篡改为有恶意的 IP。例如，受害者想访问百度网站，DNS 本应该告知该网站的服务器在 39.156.69.**，但攻击者却将其篡改为 66.66.66.**，导致受害者访问了其构建的虚假服务器。虽然域名系统安全扩展（DNSSEC）有意识地对 DNS 加签名防篡改，但依然无法解决最后一站的 DNS 攻击，即递归 DNS 服务器到用户计算机依然是无签名明文 IP。目前绝大部分国内用户，甚至还包括一些国内大型金融机构、国有银行在使用国外的认证机构颁发的 SSL 证书。如果敌手拥有了 SSL 证书就能局部小规模地开展中间人攻击，拥有 SSL 再加上 DNS 污染，就能够大规模地实施中间人攻击。

其中提到的中间人攻击问题是个典型的威胁，攻击者通过伪造自己身份，与客户端和服务器分别建立 SSL 连接，连接建立成功后可以任意篡改双方的收发数据内容。因为现阶段普遍采用 HTTPS 来保障 Web 通信的安全，所以中间人攻击研究对于目前网络空间安全具有现实意义。

（1）HTTPS 中间人攻击步骤

目前针对 HTTPS 的中间人攻击过程[43]主要通过以下 3 个步骤。

步骤 1：攻击者主要通过对客户端进行攻击，将自己布置在客户端与 Web 服务器的中间，使双方将通信数据发往中间人攻击者。该步骤主要获取通信双方发出的数据，是普通的中间人攻击理论。其常见的攻击手段是 ARP 欺骗及 DNS 污染等。

步骤 2：由于步骤 1 对用户流量进行了劫持，中间人于是伪装成用户要连接的 Web 服务器，并与其建立 TCP 连接，让客户端以为正在通信的就是真实的 Web 服务器。客户端在 TCP 三次握手后会首先将 ClientHello 报文发送给服务器，中间人截取该数据后会生成新的 ClientHello 发送给真正的服务器。服务器解析该报文后回复 ServerHello 及 Certificate 报文等。这时攻击者收到报文后会用自己伪造的证书替换 Certificate 报文中的证书，客户端收到该证书以后，会提示用户是否接受该证书，部分用户由于安全意识不强等，选择接受该证书。通过该步骤以后，中间人攻击者就达到了与客户端之间建立 SSL 会话的目的。

步骤 3：在当前对 HTTPS 的实际应用中，基于对其应用成本及使用方便性等因素的综合比较，服务器端通常不会要求验证客户端的证书，即采取 SSL 协议的单向认证方式，对于客户端的认证主要依靠让客户端输入密码等其他方式进行认证。而在攻击情境下，中间人截获客户端发送的信息后，能够像普通客户端一样与服务器建立 SSL 会话，而服务器无法有效地认证客户端身份，导致中间人成功实施攻击。

（2）HTTPS 中间人攻击问题分析

根据前文中对 HTTPS 中间人攻击步骤的描述，可以看出其主要通过会话劫持、修改握手过程重要参数和伪造数字证书等过程完成 HTTPS 中间人攻击。中间人通过截取 SSL 协商会话，重新生成用于计算会话密钥的客户端与服务器端的随机数，并且伪造服务器的证书充当中间人。中间人用伪造的证书替换数据包内容并重新放入链路中发送给客户端，导致客户端以为与其通信的就是真实的 Web 服务器。于是，中间人攻击者与客户端建立一个 SSL 会话，同时也与服务器建立一个 SSL 会话，可以直接窃取双方的通信数据。根据以上分析，HTTPS 连接遭受中间人攻击主要有以下两个原因。第一，在 HTTPS 中，SSL 协议虽然进行了通信数据加密，但是其握手过程缺少对协商过程数据的保护机制，而通过数据包截取的方式可以获取其中的敏感数据，导致中间人有机可乘。第二，目前除金融等领域采用硬件 USBkey 对用户身份进行验证外，从成本及使用方便性上考虑，大部分的 Web 服务器对 HTTPS 的应用为单向认证，因此服务器无法验证客户端身份的有效性，并且根据前文中中间人攻击步骤的步骤 2 所提到客户端对服务器端提供证书的检查缺陷，攻击者伪造服务器证书获取用户信任，导致了 HTTPS 中间人攻击成功实施。

（3）HTTPS 中间人攻击防御方法

针对 HTTPS 中间人攻击，在已有的防御方法研究中，主要有以下 3 种方法来防御 HTTPS 中间人攻击。

① 采用共享秘密增强服务器认证

该方法将与网站用户提前协商的秘密作为 SSL 会话时的认证标志，实现其对用户身份的鉴别，该秘密可以是用户用于登录服务器的账户和密码或者其他口令。在协商握手阶段，客户端每次都将计算秘密 MAC 添加到 SSL 握手消息尾部，然后发送给服务器，服务器收到消息后与数据库中存储的该用户的秘密 MAC 进行对比，以防止中间人攻击。

② 采用临时验证码增强服务器认证

该方法中服务器端通过其他通信手段，比如发送短信等形式向客户端发送一个临时的消息验证码，用于确保没有中间人攻击者替换真实的服务器证书。当客户端通过手机等方式收到验证码后，基于验证码计算一个哈希值发送给服务器。当服务器收到该消息后，将回应一个消息，该消息是利用临时验证码和服务器的数字证书共同计算的哈希值。这种方法通过短信认证等方式不仅确认了用户的真实性，也保证了服务器证书的真实性，中间人攻击者由于无法得到通过其他方式传递的关键数据，无法计算证书与关键信息的哈希值，所以无法完成中间人攻击。

③ 采用可信计算平台改进 SSL 握手协议

该方法是基于可信计算平台的对 SSL 协议的改进方法，在 SSL 协议的握手过程中引入可信密码模块，并且在该过程中加入了对其支撑平台的关键信息的校验，但是中间人攻击者无法得到其可信计算平台中的关键数据，因此该方法在 SSL 握手阶段增强了通信双方的身份认证及关键信息的加密保护，提高了其防御中间人攻击的能力，增强了 SSL 协议的安全性。

在以上 3 种方法中，第一种方法需要服务器端与客户端事前协商一个共享秘密；第二种防御方法属于带外认证，需要手机短信等其他通信方式；而第三种不仅需要其他专用硬件的支持，还需要对 SSL 通信双方硬件平台环境进行认证。

3. 基于 HTTPS 的安全认证系统构建案例

计算机网络和信息技术的迅速发展使得企业或政府部门拥有越来越多的信息化应用系统[44]，如政府门户网站中的网上办事系统会涉及工商网上年检、地税网上报税、财政网上招标等应用系统。各应用系统经常由不同的机构或部门管理，且由不同的厂商开发、使用不同的数据库，各个应用系统都有自己的认证体系，通常随着应用系统的不断增加，用户在业务系统的访问过程中不得不记忆大量的账户口令，一方面极易造成口令遗忘或泄露，进而给用户带来损失；另一方面用户每访问一个应用系统都需要登录一次，大大降低了工作效率。原用户访问应用系统示意图如图 3-27 所示。因此，根据政府门户网站的网上办事系统探讨，设计一个安全的、高效率的统一登录系统来有效地解决以上问题具有重要的现实意义。

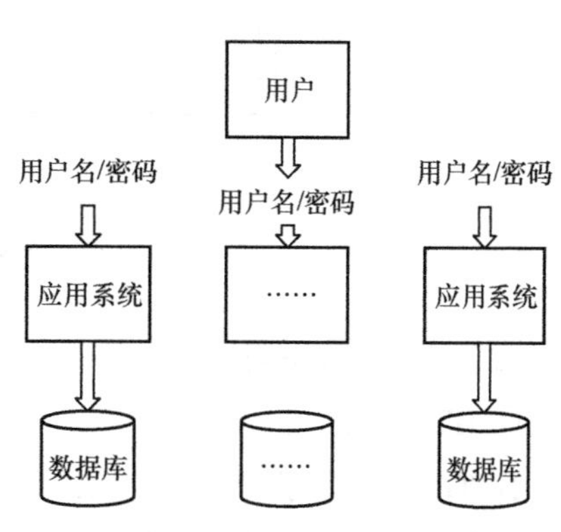

图 3-27　原用户访问应用系统示意图

（1）设计需求

统一登录系统设计需求包括以下要点。

统一登录：针对应用系统各不相同的用户名和口令，用户只需登录一次，通过统一登录系统访问所接入的多个应用系统在切换应用时无须重新登录。

安装简便：使用该统一登录系统后所属各应用系统无须修改源代码或只进行简单修改。

接入简便：当有新的应用系统需要接入统一登录系统时只需在统一登录系统的管理界面中进行简单设置即可实现。

安全可靠：采用认证中心（CA）的公私钥技术和 HTTPS 技术来解决用户的身份认证、安全传输等问题。

（2）结构及设计

在设计中，整个应用系统分为 3 个区域。

第一个区域为用户访问区，包括 HTTPS 服务端模块、服务器证书模块、注册模块、管理模块。其主要功能是提供接口供用户访问。

第二个区域为控制区，包括认证模块、访问控制模块、数据库连接池模块、数据库。此区域为核心区域。

第三个区域为映射区，包括映射模块（负责与应用服务器建立通信）。

统一登录系统结构如图 3-28 所示。

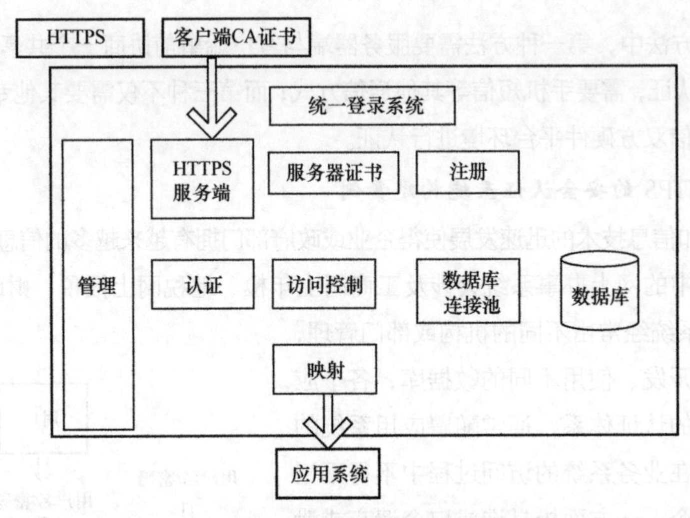

图 3-28　统一登录系统结构

（3）工作流程说明

① HTTPS 流程

HTTPS[45]采用了安全套接字层（SSL），是最广泛使用的基于 PKI（公钥基础设施）的信任体系解决方案，是建立在传输层协议之上的安全协议标准，用来在客户端和服务器之间建立安全的 TCP 连接。使用前要求用户在客户端安装 CA 证书，在服务器安装服务器证书，具体流程如图 3-29 所示。

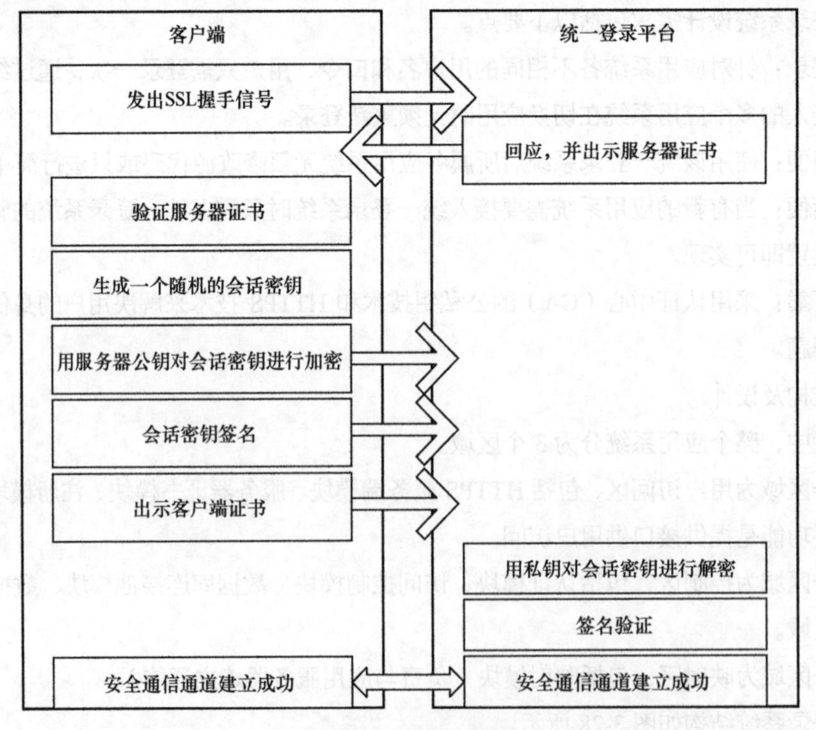

图 3-29　HTTPS 流程

具体说明如下。

a. 客户端向服务器提出请求，发出 SSL 握手信号。

b. 服务器发出回应并出示服务器证书（公钥）显示服务器站点身份。

c. 客户端验证服务器证书并生成一个随机的会话密钥，密钥长度达到 128 bit。

d. 客户端用服务器公钥对该会话密钥进行加密，产生加密会话密钥。

e. 客户端对该会话密钥进行签名，产生客户端签名。

f. 客户端将加密会话密钥发送给服务器。

g. 客户端将客户端签名与客户端证书（公钥）发送给服务器。

h. 服务器用自己的私钥对加密的会话密钥进行解密，得出真正的会话密钥。

i. 服务器通过会话密钥、客户端签名、客户端公钥验证客户端身份。

j. 客户端和服务器都拥有同样的会话密钥，并且确认了对方的身份，双方使用这个会话密钥来加密通信内容。

k. 安全通信通道建立成功。

应用访问控制及映射流程如下。

统一登录平台接收用户登录信息，根据设置改写 HTTP 头后转发到应用服务，从应用服务收到返回信息，并将其转发给用户。通信流程如图 3-30 所示。

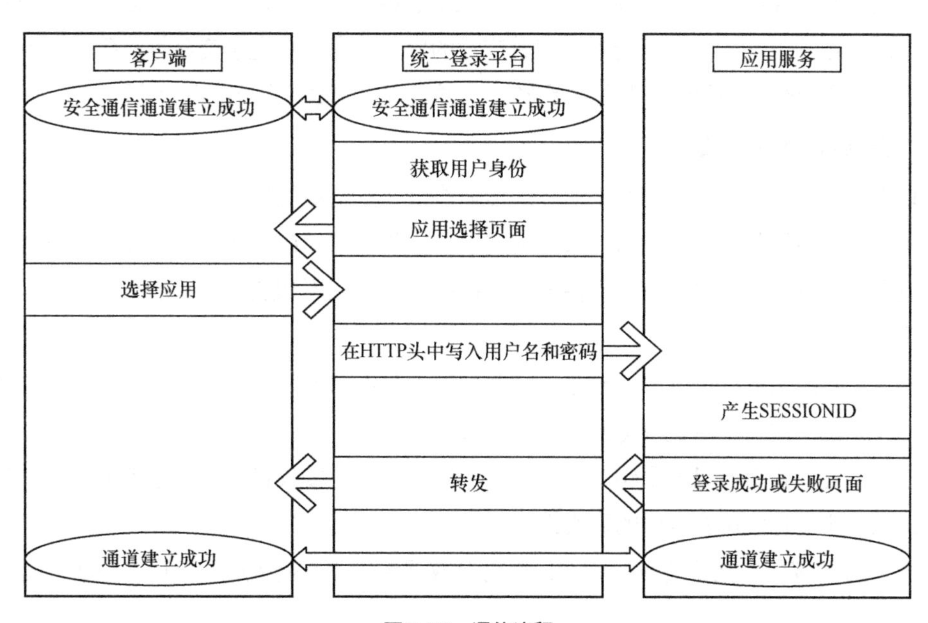

图 3-30　通信流程

具体说明如下。

a. 从 HTTPS 服务端获取用户身份。

b. 从数据库中获取用户应用列表，形成 HTML 页面，并将其返回给用户，由用户选择。

c. 用户选择应用。

d. 获取映射地址，在 HTTP 头中写入用户的用户名和密码。

e. 向应用服务器发送 HTTP 请求。

f. 获取应用服务器 SESSIONID（会话标识）和返回页面。

g. 向用户发送 SESSIONID 和返回页面。

h. 用户与应用服务器之间的通道建立完成。

② 管理机制

a. 接入管理：接入应用的增加、修改、删除；接入应用的 HTTP 类型；HTTP 传输字段等。

b. 用户管理：用户的注册、修改、删除；权限控制；访问控制等。

c. 应用管理：接入应用的增加、修改、删除；接入应用的 HTTP 类型；HTTP 传输字段等。应用系统也极为简便，只需在应用系统前放置统一登录服务器即可。

3.3.2 SSL 协议

SSL 是支持在 Internet 上进行安全通信的标准，并且将数据密码术集成到协议之中。数据在离开计算机前就已经被加密，只有到达它预定的目标后才被解密，SSL 提供的安全机制可以保证应用层数据在网络传输时不被监听、伪造和篡改。

本节主要介绍 SSL 协议的应用背景、工作原理、相关技术知识等内容。通过本节的分析可以了解到，SSL 协议在网络数据传输中有着广泛的应用，尤其在电子交易等业务中，不仅确保了数据传输的安全性，还保证了数据的完整性，并且提供了数字签名的不可抵赖性。

1. SSL 协议及其应用

SSL 协议[46]是面向传输控制协议连接的传输协议，主要功能特点如下。

保密性：对原始数据进行加密，只有发送端和接收端才知道具体内容。即，在整个传输过程中，数据都以密文的形式存在，即使密文数据被截取，在不知道密钥的前提下，也是无法获取数据内容的。

完整性：对原始数据进行哈希校验。同时，哈希算法保证不同的传输数据产生的哈希值是不同的，且无法通过哈希值逆推得到原始数据。

鉴权性：发送者用自己的私钥对原始数据进行签名，而接收者则用发送者的证书对签名进行校验，以确定消息发送者身份的真实性。

基于 SSL 协议的安全传输解决方案，为用户数据传输、音视频通话及用户注册等提供了安全保证。

（1）背景技术

SSL 协议使用了很多基础知识与方法，如数据加解密、数字签名与数字证书等，本节将重点介绍几种技术。

① 加密与解密

加密与解密是一对孪生兄弟，一个是将明文转换成密文，保护原始数据；另一个则是将密文变成明文，恢复原始数据。在整个加解密的过程中，关键的是密钥，密钥的重要性类似于现实生活中的钥匙，一旦丢失，就需要及时通知相关方，并且更新密钥，但由此带来的损失可能无法估量。加密与解密不是最终目的，而是确保数据共享的安全，即数据信息只在相关方之间共享，其他无关方无法获取信息，即使得到密文，在不知道密钥的前提下，也无法破解。数据传输（共享）流程如图 3-31 所示。

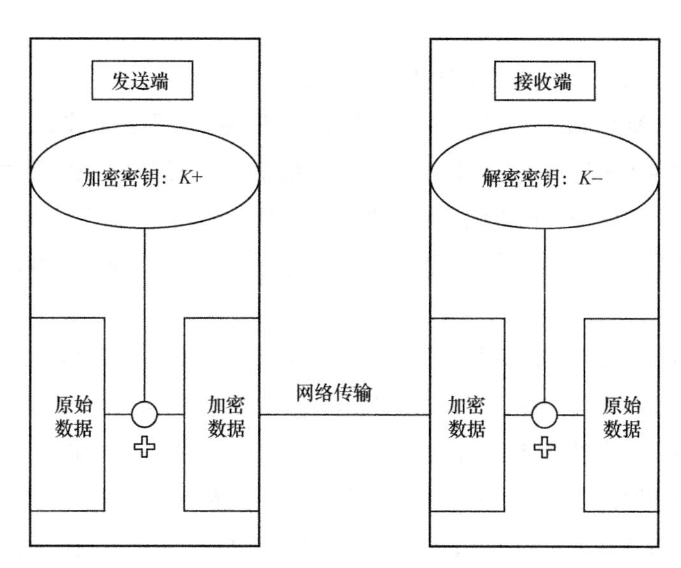

图 3-31　数据传输（共享）流程

其中，涉及 3 个步骤，具体如下。

a. 加密：发送端使用密钥 *K*+对原始数据进行加密，然后将密文发送出去。

b. 传输：数据以密文的形式由发送端流向接收端，在传输过程中，数据有可能会被截获。

c. 解密：接收端使用密钥 *K*−对密文进行解密，恢复原始数据，进而处理请求并发送响应消息（过程类似）。如果 *K*+≡*K*−，称为对称加（解）密，即加密与解密使用同一个密钥，类似于生活中的钥匙。由于密钥是共享的，这就带来很大的安全隐患，如在复制（共享）过程中，密钥有可能被截获。如果 *K*+≠*K*−，称为非对称加（解）密，即加密使用一个密钥，而解密使用另外一个密钥。其中，最典型的就是 PKI 技术，使用一对公私钥来进行加解密，如 RSA 算法等。在 PKI 技术中，公钥和私钥是一一对应的，同时，私钥只有一份，且不可复制，而公钥是公开的、可复制的，且不受数量限制。另外，使用公钥加密的数据只有对应的私钥才能解密，反之亦然。

② 签名

私钥只有一份，且使用私钥加密的数据只有使用配套的公钥才能解密，另外，公钥是可公开的，因此，使用私钥对数据进行加密的过程称为数字签名，使用公钥对数据进行解密并校验的过程称为签名验证。数字签名提供了一种验证身份的机制，类似于日常生活中的签字，以确保数据来源的真实性。虽然数字签名能提供安全验证，但是签名与校验过程非常耗时，时间复杂度是对称加（解）密的$O(n^3)$倍。同时，数据越长，加解密过程需要的时间就越长。因此，在实际应用中，需要减少待加密数据的长度，尤其是非对称加密数据的长度，同时保持原有数据的信息量不变。解决此类问题的典型技术是哈希函数，如安全哈希算法（SHA1）、消息摘要算法（MD5）。通过哈希函数可以计算出待加密数据的 MAC 值。哈希算法需要具有如下特征。

a. 不管原始数据的长度是多少，哈希值的长度是固定的。

b. 不同数据计算出的哈希值是不同的，即若哈希值相同，则原始数据也一定相同。

c. 无法通过哈希值恢复原始数据，保证了数据的安全性。因此，只需要对数据的哈希值进行非对称加密，就可以保证数据来源的真实性，从而极大地降低了时间开销。另外，接收端可以计算数据的哈希值，与收到的哈希值进行比较，进而可以判断数据的完整性。

③ 证书

虽然加密与签名技术可以保证数据的保密性与完整性，以及消息源的唯一性，但是无法验证发送者身份的真实性与可靠性，即无法判断是否相信发送者。类似于现实生活中，无法通过某人的外表与自我介绍来判断其身份的合法性，但可以通过各种证件判断，如身份证、驾驶证或工作证等。在网络世界中，可以根据数字证书（DC）判断持有者身份的真实性和合法性。数字证书记录着持有者与发证者的信息，以及证书的有效期限、用途与用法等。只要发证者的身份是真实可信的，那么发证者签发的证书也是真实可信的，这是因为发证者对自己签发的证书负责。可以用一个证书签发其他证书，且签发的证书又可以签发证书，那么这个过程就像一棵树，是发散的。证书间具有树状关系，根证书属于自签发证书，即自己是证书的签发者。根证书的拥有者必须具有广泛的认知度和权威性，还需对自己的签发行为负完全法律责任，因此，根证书的数量很少。在证书的校验过程中，首先验证证书的签发者是否可信，如果不可信，就继续校验签发者的证书，直至验证到根证书，如果校验过程中有一个证书是可信的，那么该校验链上的所有证书也是可信的，否则，就认为其不可信。在数字证书的生命周期内，证书的签发、发布与注销等都是由认证中心（CA）管理的。当收到证书申请时，CA 负责审核，如果校验通过，CA 就用自己的私钥对证书进行签名与发布，同时，保证证书能被用户检索，如放在轻型目录访问协议（LDAP）服务器上。如果遇到私钥失窃等状况，CA 需及时注销有效期内的数字证书，如定期发布证书作废表（CRL），或者提供证书有效性的实时在线查询等。不同证书的格式不同，数字证书的格式满足 X.509 v3 标准，持有者与签发者的名字满足 X.500 标准。X.509 证书的主要内容如图 3-32 所示。

（2）SSL 协议及其工作流程

① SSL 协议功能与组成介绍

SSL 协议是一个协议族，处于 TCP/IP 协议层与应用层协议之间，主要负责网络通信的安全性与数据的完整性。SSL 协议的内容如图 3-33 所示。

字段	含义
版本号	版本号(V1,V2,V3)
序列号	证书ID，同一个签发者签发的证书的序列号都是不同的
签名算法	签发者使用的签名算法，包括哈希算法与加密算法
签发者	证书签发者的名字，符合X.500标准
有效期	证书的有效期限，包括生效与失效时期
持有者	证书持有者的名字，符合X.500标准
公钥	证书的公钥信息，包括加密算法与公钥值等
扩展字段[0…*n*]	扩展字段[0…*n*]
签名信息	证书的数字签名

图 3-32　X.509 证书的主要内容

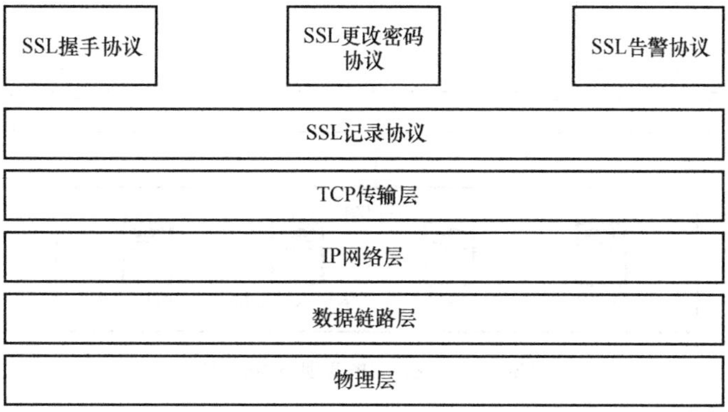

SSL握手协议　SSL更改密码协议　SSL告警协议

SSL记录协议

TCP传输层

IP网络层

数据链路层

物理层

图 3-33　SSL 协议的内容

SSL 协议主要包括 4 个部分，分别为 SSL 握手协议、SSL 更改密码协议、SSL 告警协议和 SSL 记录协议。每个协议的具体功能如下。

a. SSL 握手协议：主要协商双方的加密算法、哈希算法、会话 ID 及主密钥等。

b. SSL 更改密码协议：非常简单，仅仅是握手过程结束时的一条确认消息，表明将使用双方协商好的加密算法与主密钥等。

c. SSL 告警协议：主要表明传输过程中发生的告警或错误行为。

d. SSL 记录协议：主要负责数据的切割与合并、压缩与加密等。

② 工作流程

SSL 协议的工作流程主要就是完成双方的身份认证，以及协商密钥算法和主密钥等。具体流程如下。

a. 客户端向服务端发送请求消息，同时表明自己支持的加密算法列表、哈希算法与压缩算法等；根据请求内容，服务端反馈响应消息，表明连接将使用的会话 ID、加密算法、哈希算法与压缩算法等。

b. 服务端发送自己的证书，以及将要使用的主密钥的参数列表。如果需要，可请求客户端鉴权。

c. 如果针对服务端的鉴权通过，客户端根据服务端发送的主密钥的参数列表生成对称主密钥。如果需要，客户端还需要发送自己的证书。

d. 双方互发协商确认消息，接下来的数据传输将使用协商好的主密钥、压缩算法、哈希算法。

（3）基于 SSL 协议的安全传输与身份认证

在以往的应急通信中，过分地强调了稳定性而忽视了安全性，尤其在重要数据的安全传输方面。针对应急通信在安全方面的不足，提出了基于 SSL 协议的安全传输与身份认证解决方案。解决方案的实现与物理部署如图 3-34 所示。

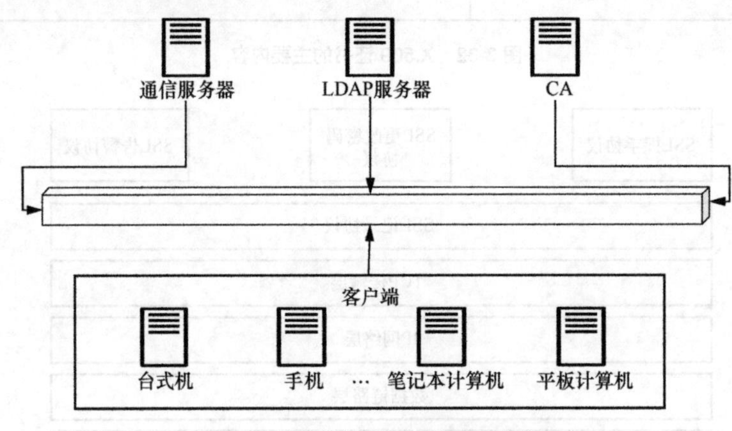

图 3-34　解决方案的实现与物理部署

其中，通信服务器负责客户端的登录鉴权、身份认证、会话初始协议会话及会议的创建与释放、录制、交互语音应答和呼叫中心等；LDAP 服务器负责存储用户及服务器证书，供证书检索及存储等；CA 负责证书申请的审核和签发，以及证书有效性的在线查询等；客户端指的是安装有客户端软件的终端设备，包括台式机、手机、笔记本计算机及平板计算机等，用户通过客户端登录服务器，就可以发起或接听会话等。

在实现方案中，整个通信层都是基于 SSL 协议实现的，从而确保了数据通信的安全性及数据的完整性，有效避免了数据被窃取与篡改。另外，SSL 协议的主要功能就是双方身份认证，以及协商出数据传输使用的主密钥。因为效率问题，主密钥使用的是对称加密技术，而非 PKI 技术。

2. 基于 SSL 协议的计算机网络安全设计

SSL 协议[47]是快捷、经济、安全防护性能比较好的计算机网络系统安全访问协议，主要通过加密和认证两种方法来实现点对点的安全保护，既能保证计算机网络的安全性，又能提升计算机系统的运行速度，值得大力推广应用。

（1）加密与验证

SSL 协议在计算机网络安全设计中应用时，核心技术为握手协议、记录协议、警告协议等。握手协议最为重要，是整个 SSL 协议中的主要安全控制中心。握手协议是通过算法协商、身份验证、密钥等方法实现的。

在具体运行过程中，为最大限度地保证数据传输的安全性，需要在传输之前进行加密处理。通过握手协议，可对计算机网络中的传输信息进行加密，并自动形成加密密钥，密钥的主要作用是进行用户的身份验证。通过握手协议就可以对用户的身份进行确认，在接收文件时需要先输入密钥中的内容，进一步提升网络信息传输的安全性。保证用户和服务器之间数据传输和信息交流的安全性，具体而言，可以从以下几个方面入手。

先进行服务器和客户端之间的信息交换，当验证通过以后，再把信息传递给其他用户；服务器把相应的安全证书和密钥信息传递给用户；服务器对用户输入的密钥信息进行验证，验证通过以后，才能获取相关内容和数据；SSL 协议在具体应用过程中，并不是每次传递过程都需要设置密钥和验证安全证书，也可以设置用户信息验证等。

（2）数据记录、分类及压缩

数据记录、分类及压缩是 SSL 协议最基础的功能，主要实现方法为：通过相应的记录协议，把服务器接收到的数据进行全面记录、分类、压缩，进而优化数据的传输过程，提升整个传输过程的响应速度，为数据的安全、高效传输奠定坚实基础。通过对记录数据进行分类处理，可保证数据的完整性，避免在传输过程中发生失真、丢失、损坏等问题。经过 SSL 协议压缩后数据包普遍在 214 B 以下，为避免发生误传和混乱现象，压缩完成后还要设置专属的认证码，并进行标注。

此种方法可促使每个 SSL 协议浏览器在接收信息和数据的同时，通过调动数据压缩包的方法，提升信息传输速度。

（3）密钥与安全认证的安全防护

SSL 协议的计算机网络安全系统总体结构如图 3-35 所示。

身份认证模块	客户端与服务端身份认证
握手处理模块	处理客户端和服务端的握手流程
记录层处理模块	主要完成数据的分段、组装、填充、恢复及数据的完整性检查等

图 3-35　SSL 协议的计算机网络安全系统总体结构

充分发挥 SSL 协议的作用和价值，提升安全防护[47]效果，需要通过握手协议、安全认证、密钥等方式实现。如果用户在接收数据时安全认证和密钥还未通过，则无法接收和浏览数据包中的内容，警告协议会立即启动，把没有通过的信息反馈给用户，用户及时断开连接进行处理，避免数据包被窃取。由于计算机系统中的外部网络需要经过 SSL 协议处理器处理以后，才能将数据包传输到用户计算机系统中，如果在处理过程中发现了病毒、木马等，也会发出警告，提醒相关人员不要接收此类数据包，如果检测到大量病毒，则 SSL 协议可立即终止和此网站之间的信息交互，并根据危害程度进行酌情处理，如果是第一次认证错误，则会发出警告，用户接收到验证不通过的反馈后可继续操作；如果反复多次发生错误，则会发出严重警告，并强制性地中断客户端和用户之间的操作，避免危害进一步扩大。

（4）访问控制

在虚拟专用网络中，用户只要通过验证，就可以无限制地浏览网站中的全部信息，但无论是企业还是个人，并不是所有的信息都对人员开放，难以满足实际需求。但 SSL 协议则能有效解决这一问题。通过安全协议只能对某一部分用户开放，并给出特定的权限。就一个企业而言，领导层和普通员工的权限是分开的，高层领导和中层领导所接触的企业机密也各不相同，传统虚拟网络技术无法实现这一目的，但通过 SSL 协议就能轻松实现，从而保证企业信息的安全性。

3.3.3 端到端加密通信

1. 什么是端到端加密通信

端到端加密（E2EE）（又称脱线加密或包加密）是一种安全通信方法，可防止第三方访问数据。端到端加密在源节点和目的节点中对传送的协议数据单元（PDU）进行加密和解密，因此报文的安全性不会因中间节点的不可靠而受到影响。

端到端加密通信的结构如图 3-36 所示，端到端加密允许数据在从源点到终点的传输过程中始终以密文形式存在。采用端到端加密，消息在被传输到终点之前不进行解密，因为消息在整个传输过程中均受到保护，所以即使有节点被损坏也不会使消息泄露。与链路加密和节点加密相比，端到端加密系统更可靠，更容易设计、实现和维护。

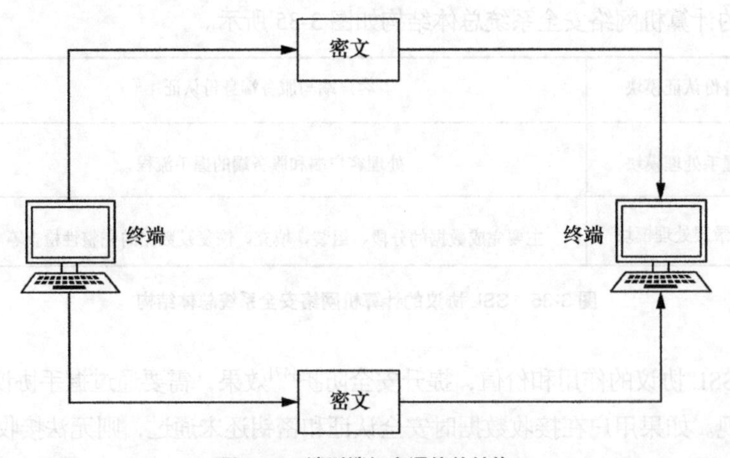

图 3-36　端到端加密通信的结构

端到端加密不仅适用于互联网环境，还适用于广播网。

在端到端加密的情况下，PDU 的控制信息部分不能被加密，否则中间节点就不能正确选择路由。这就使得这种方法易受到通信量分析的攻击。虽然也可以通过发送一些假的 PDU 来掩盖有意义的报文流动，但这要以降低网络性能为代价。由于各节点必须持有与其他节点相同的密钥，这就需要在全网范围内进行密钥管理和分配。

为了获得更好的安全性，可将链路加密与端到端加密结合在一起使用。链路加密用来对 PDU 的目的地址进行加密，而端到端加密则提供了端到端的数据保护。

端到端加密在传输层易遭受传输层以上的攻击。当选择在应用层实现加密时，用户可根据自己的特殊要求选择不同的加密算法，而不会影响其他用户。这样，端到端加密更容易满足不同用户的要求。

端到端加密主要有以下几种加密方式。

（1）对称加密

对称加密[48]算法又叫传统密码算法，是应用较早的加密算法，技术也比较成熟。在对称加密算法中，数据发送方将明文原始数据和加密密钥一起使用特殊加密算法处理后，将其变成复杂的加密密文发送出去。数据接收方接收到密文后，若想读懂原文，则需要使用加密用过的密钥和其相同算法的逆算法对密文进行解密处理，这样才能使密文恢复成可读明文。在对称加密算法中，使用的密钥只有一个，收发数据双方都使用同一密钥对数据进行加密和解密，这就要求解密方解密前必须知道加密的密钥。

对称加密算法主要包括 DES、3DES、RC2、RC4、Blowfish 等算法。

（2）非对称加密

非对称加密需要两把密钥，即公钥和私钥，它们是一对，如果用公钥对数据加密，那么只能用对应的私钥解密；如果用私钥对数据加密，则只能用对应的公钥进行解密。因为加密和解密用的是不同的密钥，所以被称为非对称加密。

常见的非对称加密算法如下。

① RSA：是一个支持变长密钥的公共密钥算法，需要加密的文件块的长度也是可变的。

② DSA：是一种数字签名标准（DSS）。

③ ECC：椭圆曲线密码编码学。

（3）密钥协商

Diffie-Hellman 算法，简称 DH 算法，是 Whitfield Diffie 和 Martin Hellman 在 1976 年公布的一个公开密钥算法。确切地说，DH 算法实现的是密钥交换或者密钥协商，DH 算法在进行密钥协商时，通信双方的任何一方无法独自计算出一个会话密钥，通信双方各自保留一部分关键信息，再将另外一部分信息告诉对方，双方有了全部信息才能共同计算出相同的会话密钥。

客户端和服务器端协商会话密钥时，需要互相传递消息，消息即使被劫持，攻击者也无法计算出会话密钥，因为攻击者没有足够的信息（通信双方各自保留的信息）计算出同样的会话密钥。

2. **端到端加密的优缺点**

（1）端到端加密的优点

① 传输中的安全性

公钥密码术将私钥保存在端点设备上，用于端到端加密。只有有权访问端点设备的人才能使用这些密钥解密消息。因此，只有有权访问端点设备的人才能查看消息。

② 防篡改

解密密钥不需要与 E2EE 一起发送，这是因为收件人已经拥有它。如果消息在传输过程中被更改或篡改，接收者将无法解密使用公钥加密的消息。因此，被更改或篡改的内容将不可见。

③ 合规性

端到端加密确保对加密密钥和数据本身的控制权掌握在所有者手中，从而为企业提供对其数据的最终控制权。任何第三方都无法访问端到端的加密数据，甚至服务提供商本身也无法访问。因此，E2EE 可帮助企业满足严格的数据保护合规要求，并降低数据泄露的风险。

（2）端到端加密的缺点

① 端点定义困难

在传输的特定阶段，一些 E2EE 实现允许对加密数据进行解密和重新加密。因此，正确描述和区分通信电路的端点至关重要。

② 隐私太多

因为服务提供商无法为执法部门提供访问内容的权限，政府和执法机构担心端到端加密可以保护那些传输非法内容的人。

③ 可见的元数据

尽管传输中的消息经过加密且难以阅读，但有关消息的信息仍然可用，如发送日期和接收者，这对闯入者可能很有价值。

3. **端到端加密的应用**

端到端加密机制在很多方面得到了应用，具体如下。

（1）传感器安全

端到端加密机制使用传感器节点和基站共享的密钥加密，聚集节点不能解密，能够较好地应对内部攻击和外部攻击。与逐跳加密机制相比，端到端加密机制的中间节点节省了加解密计算代价，减少了时延。端到端加密机制需要在加密数据上实现数据聚集。使用同态加密模式可以实现在密文上进行求和或乘积操作，能够有效地支持在加密数据上实现数据聚集。

（2）通信软件应用

端到端加密机制在 WhatsApp、Signal、Telegram、钉钉等即时通信软件中有所应用。Telegram 团队使用自己设计的加密协议，基于 MTProto 协议的 Telegram，采用点对点信息传输机制，除信息交互的双方以外，没有任何用户节点或者服务器参与到信息传递过程中，而且在用户退出时自动删除聊天记录，从根本上实现了信息传递的安全可靠。可以对其他用户发起一对一的加密聊天，这一功能必须要求两个人同时在线，同时互相开启 secret chat 功能。进入聊天界面会有如下提示：本服务使用端到端加密；聊天内容不会被存储；支持阅后即焚；不允许转发聊天内容。

3.3.4 匿名通信

匿名通信，指采取一定的措施隐蔽通信流中的通信关系，使窃听者难以获取或推知通信双方的关系及内容。匿名通信的目的是隐蔽通信双方的身份或通信关系，保护网络用户的个人通信隐私。匿名通信系统是提供匿名通信服务的一套完整网络，主要由提供加密服务的节点组成。暗网是匿名通信系统的一种表现形式。

1. 匿名通信的起源

匿名通信是一种通过数据转发、内容加密、流量混淆等措施来隐藏通信内容及关系的隐私保护技术[49]。

为了提高通信的匿名性，这些数据转发链路通常由多跳加密代理服务节点构成，而这些节点构成了匿名通信系统（或称匿名通信网络）。匿名通信系统本质上是一种提供匿名通信服务的覆盖网络，可以向普通用户提供 Internet 匿名访问功能以掩盖其网络通信源和目标，向服务提供商提供隐藏服务机制，从而将匿名化的网络服务部署作为匿名通信系统的核心功能，隐藏服务机制通常利用多跳反向代理或通过资源共享存储来掩盖服务提供商的真实地址，可以保证匿名服务不可追踪和定位。

2. 匿名通信基本框架

按照转发代理数量的不同，匿名通信系统大致可分为单跳匿名通信系统和多跳匿名通信系统。

（1）单跳匿名通信系统

单跳匿名通信系统的结构如图 3-37 所示，单跳匿名通信系统[50]由客户端、匿名服务器和应用服务器 3 个部分组成。在客户端和匿名服务器建立加密隧道，由匿名服务器将用户数据解密并转发给应用服务器。应用服务器并不知道用户真正的 IP，只是将响应数据返回给匿名服务器，再由匿名服务器将其返回给客户端。

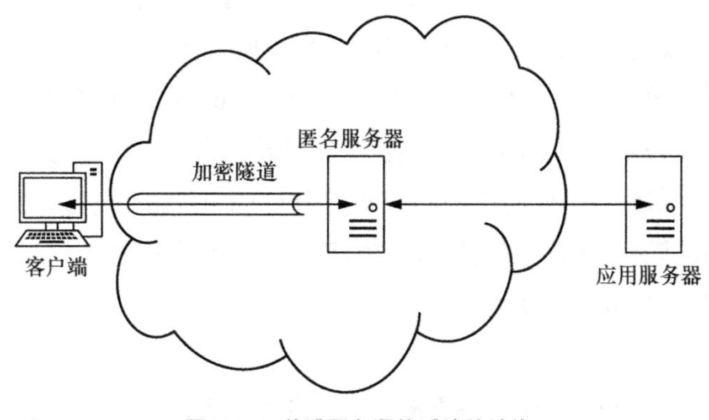

图 3-37 单跳匿名通信系统的结构

（2）多跳匿名通信系统

多跳匿名通信系统的结构如图 3-38 所示。相对于单跳匿名通信系统，多跳匿名通信系统的网络拓扑更为复杂，协议更为完善。多跳匿名通信系统由客户端、洋葱路由器（OR）节点、目录服务器和应用服务器 4 个部分组成。其中客户端从目录服务器处下载所有 OR 节点信息构建链路，并将通信数据发送给本地 SOCKS 代理；OR 节点负责转发客户端与应用服务器间的数据单元；目录服务器负责收集所有 OR 节点信息；应用服务器则为用户真正的通信目的地。多跳匿名通信系统在通信时，由客户端发起请求，与每个 OR 节点分别协商生成密钥从而逐跳构建匿名电路。然后，客户端利用 TLS 加密链路传输已层层加密的数据，并由每一跳节点分别解密，最终在出口节点处以明文形式发送给应用服务器。

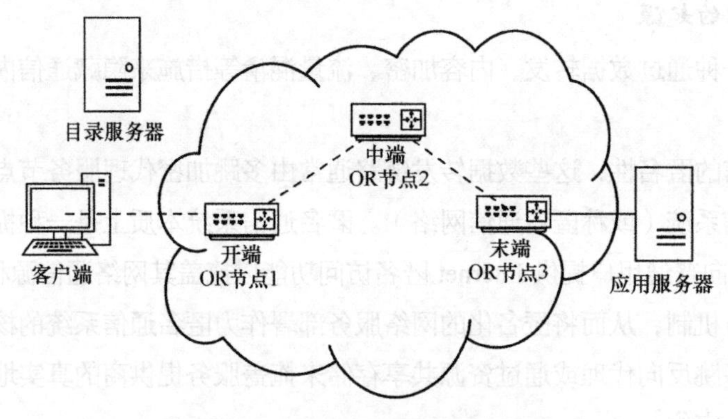

图 3-38　多跳匿名通信系统的结构

3. **匿名通信系统**

（1）Tor 匿名通信系统

Tor 匿名通信系统[51]是目前广泛使用的匿名通信系统之一，其核心技术“洋葱路由”在 20 世纪 90 年代中期被提出，2003 年 Tor 正式版发布，2004 年 Tor 设计文档在 13 届 USENIX 安全讨论会上被正式发表，并在同年公开其源代码。Tor 工作流程如图 3-39 所示，Tor 使用多跳代理机制对用户通信隐私进行保护。首先，客户端使用基于加权随机的路由选择算法分别选择 3 个中继节点，并逐跳与这些中继节点建立链路。在数据传输过程中，客户端对数据进行 3 层加密，由各个中继节点依次进行解密。由于中继节点和目标服务器无法同时获知客户端 IP 地址、目标服务器 IP 地址及数据内容，从而保障了用户隐私，Tor 于 2004 年开始支持隐藏服务，为 Tor 暗网的出现提供了技术支撑。Tor 暗网是目前规模最大的暗网之一，其中包含大量的敏感内容与恶意内容。Tor 隐藏服务是仅能在 Tor 暗网中通过特定形式的域名访问的网络服务。Tor 匿名通信系统如图 3-40 所示，Tor 匿名通信系统的基本组件包括客户端、目录服务器、隐藏服务目录服务器、洋葱路由器和网桥服务器。

① 客户端

Tor 客户端也被称为 OP，用于在建立链路（也称为电路）时从目录服务器下载路由描述符信息和网络共识文件。

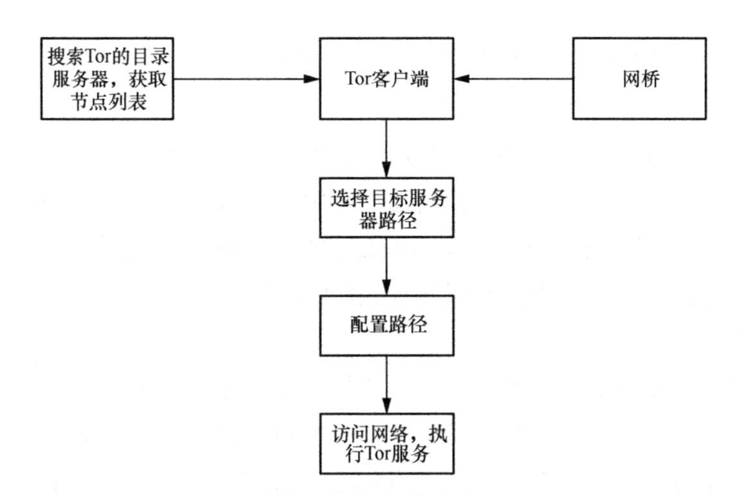

图 3-39　Tor 工作流程

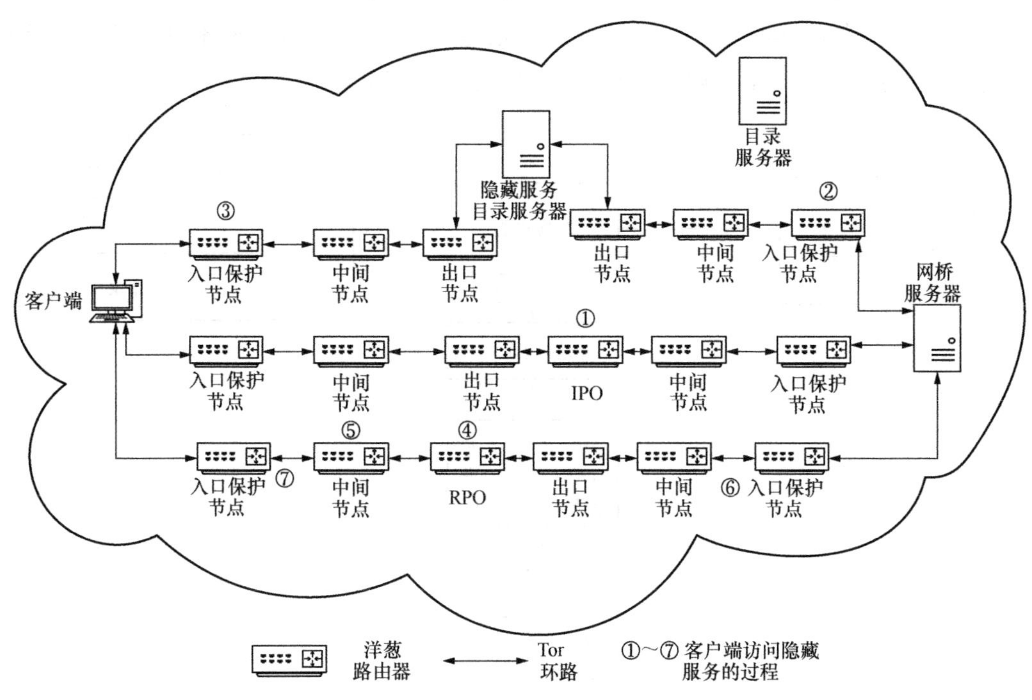

图 3-40　Tor 匿名通信系统

② 洋葱路由器（OR）

OR 即洋葱路由节点，主要用于链路的构建及洋葱数据单元的转发。构建链路过程中，洋葱路由节点之间的链路是通过 TLS 协议进行加密的。洋葱路由节点不仅可以完成链路的中断、链路的更换和链路的扩展功能，还可以完成洋葱数据单元的加密和解密功能，以及洋葱数据单元在匿名链路中的转发功能。所以，洋葱路由节点是 Tor 系统的核心部分，每一条匿名链路由 3 个洋葱路由节点组成，分别为入口保护节点、出口节点及中间节点。

③ 目录服务器

目录服务器也是 Tor 洋葱路由器，与普通洋葱路由器的区别是，其处于 Tor 网络的最顶层，主要功能是存储和管理 Tor 网络中所有路由节点的路由信息。

④ 网桥服务器

网桥服务器也是 Tor 洋葱路由器，与普通洋葱路由器的区别是，没有在权威目录服务器中记录其路由信息，由于网桥没有对外公开自己的路由信息，纵然 ISP（因特网服务提供商）把全部在线的 Tor 路由节点屏蔽，但还有一些没有公开的网桥服务器不能被屏蔽。如果怀疑 Tor 网络访问被 ISP 屏蔽了，就可以使用网桥服务器连接 Tor 网络。

（2）I2P 匿名网络

I2P 是一种基于 P2P 的匿名通信系统[52]，其上运行着多种安全匿名程序，支持的应用包括匿名的 Web、博客、电子邮件、在线聊天软件、文件分享工具等。与其他匿名访问工具不同的是，I2P 通过不同的隧道将中间节点和目标节点分隔出来，某个节点运行了 I2P 并不是一个秘密，秘密的是节点用户通过 I2P 匿名网络发送了什么消息，消息发送给了谁。

I2P 工作流程如图 3-41 所示，I2P 匿名的核心是大蒜路由（一种洋葱路由的变体），将多个消息层层加密、打包，经过传输隧道层层解密后到达目标节点。

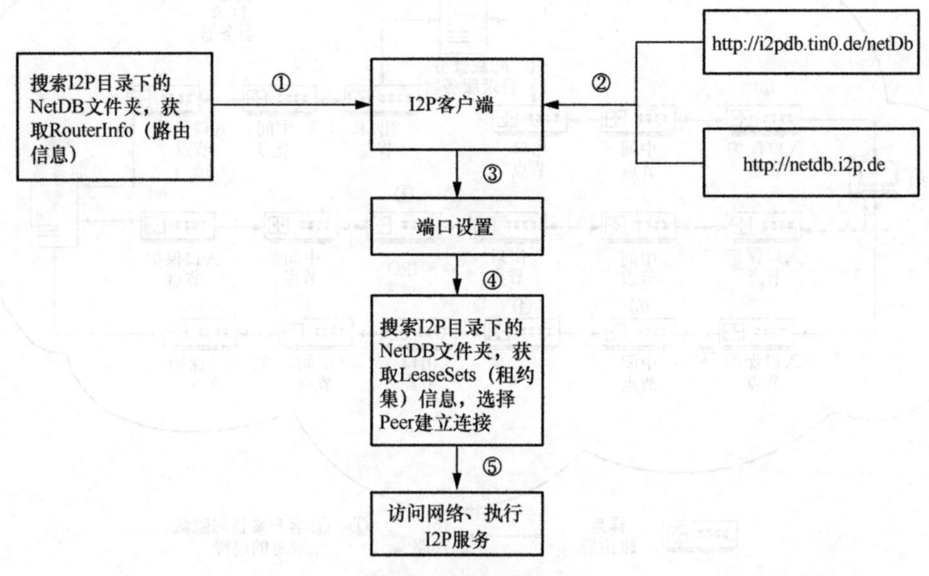

图 3-41　I2P 工作流程

I2P 的拓扑结构如图 3-42 所示，I2P 中存在 Floodfill 和 Nonfloodfill 两种节点类型。Nonfloodfill 为节点的默认初始身份，当节点的性能达到一定要求之后自适应地成为 Floodfill 节点，也可以手动配置为 Floodfill 节点，I2P 中 Floodfill 节点的个数占整体的 6%左右。Floodfill 节点保存 RouterInfo 和 LeaseSets 两类数据信息，其中 RouterInfo 包括节点的 ID、通信协议及端口、公钥、签名、更新时间等信息，LeaseSets 包括隐藏服务哈希值、多个隧道入口节点哈希值信息、起止有效时间、签名等信息。根据 Kademlia 算法组织所有的 Floodfill 节点，形成 I2P 的网络数据库以提供对所有 RouterInfo 和 LeaseSets 信息的保存、查询等功能。

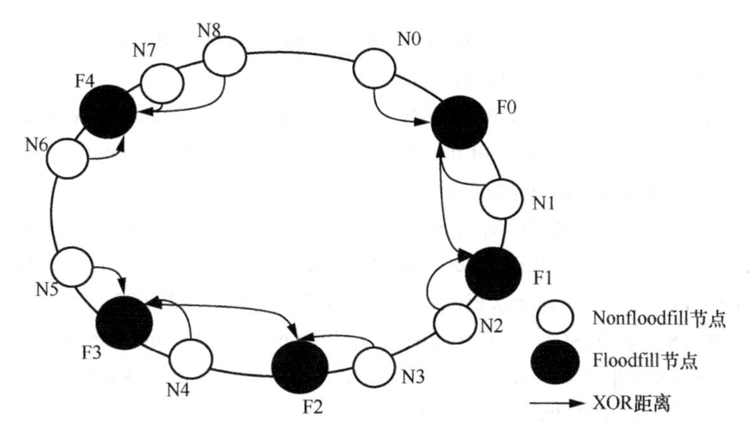

图 3-42　I2P 的拓扑结构

3.4 本章小结

本章主要围绕数据采集过程中的安全问题，对传感器安全、无线电接入网安全和数据传输网络安全这 3 个方面开展论述。具体来说，本章首先分析了传感器在采集数据时可能面临的窃取攻击和注入攻击，并提出了相应的防御策略。进一步地，就数据通过无线电接入网上载时的安全防护策略展开了描述。最后，本章介绍了数据传输网络中的安全策略和应用实例。

参考文献

[1] 中华人民共和国国家质量监督检验检疫总局，中国国家标准化管理委员会. 传感器通用术语: GB/T 7665—2005[S]. 2005.

[2] MICHALEVSKY Y, BONEH D, NAKIBLY G. Gyrophone: recognizing speech from gyroscope signals[C]//Proceedings of the 23rd USENIX Security Symposium. [S.l.:s.n.], 2014: 1053-1067.

[3] ZHANG L, PATHAK P H, WU M C, et al. AccelWord: energy efficient hotword detection through accelerometer[C]//Proceedings of the 13th Annual International Conference on Mobile Systems, Applications, and Services. New York: ACM Press, 2015: 301-315.

[4] BA Z J, ZHENG T H, ZHANG X Y, et al. Learning-based practical smartphone eavesdropping with built-in accelerometer[C]//Proceedings of the 2020 Network and Distributed System Security Symposium. Reston: Internet Society. [S.l.:s.n.], 2020.

[5] ANAND S A, SAXENA N. Speechless: analyzing the threat to speech privacy from smartphone motion sensors[C]//Proceedings of the 2018 IEEE Symposium on Security and Privacy (SP). Piscataway: IEEE Press, 2018: 1000-1017.

[6] CAI L, CHEN H. TouchLogger: inferring keystrokes on touch screen from smartphone motion[C]//Proceedings of the 6th USENIX Workshop on Hot Topics in Security. [S.l.:s.n.], 2011: 9.

[7] XU Z, BAI K, ZHU S C. TapLogger: inferring user inputs on smartphone touchscreens using on-board mo-

tion sensors[C]//Proceedings of the 5th ACM conference on Security and Privacy in Wireless and Mobile Networks. New York: ACM Press, 2012: 113-124.

[8] SARKISYAN A, DEBBINY R, NAHAPETIAN A. WristSnoop: smartphone PINs prediction using smartwatch motion sensors[C]//Proceedings of the 2015 IEEE International Workshop on Information Forensics and Security (WIFS). Piscataway: IEEE Press, 2015: 1-6.

[9] SEN S, GROVER K, SUBBARAJU V, et al. Inferring smartphone keypress via smartwatch inertial sensing[C]//Proceedings of the 2017 IEEE International Conference on Pervasive Computing and Communications Workshops (PerCom Workshops). Piscataway: IEEE Press, 2017: 685-690.

[10] BEREND D, BHASIN S, JUNGK B. There goes your PIN: exploiting smartphone sensor fusion under single and cross user setting[C]//Proceedings of the 13th International Conference on Availability, Reliability and Security. New York: ACM Press, 2018: 1-10.

[11] ALI K, LIU A X, WANG W, et al. Keystroke recognition using WiFi signals[C]//Proceedings of the 21st Annual International Conference on Mobile Computing and Networking. New York: ACM Press, 2015: 90-102.

[12] LING K, LIU Y T, SUN K, et al. SpiderMon: towards using cell towers as illuminating sources for keystroke monitoring[C]//Proceedings of the IEEE INFOCOM 2020 - IEEE Conference on Computer Communications. Piscataway: IEEE Press, 2020: 666-675.

[13] JIN W Q, MURALI S, ZHU H D, et al. Periscope: a keystroke inference attack using human coupled electromagnetic emanations[C]//Proceedings of the 2021 ACM SIGSAC Conference on Computer and Communications Security. New York: ACM Press, 2021: 700-714.

[14] SZEGEDY C, ZAREMBA W, SUTSKEVER I, et al. Intriguing properties of neural networks[J]. arXiv Preprint, 2013, arXiv: 1312.6199.

[15] LI Z H, WU Y, LIU J, et al. AdvPulse: universal, synchronization-free, and targeted audio adversarial attacks via subsecond perturbations[C]//Proceedings of the 2020 ACM SIGSAC Conference on Computer and Communications Security. New York: ACM Press, 2020: 1121-1134.

[16] GONG Y, POELLABAUER C, GONG Y, et al. An overview of vulnerabilities of voice controlled systems[J]. arXiv Preprint, 2018, arXiv: 1803.09156.

[17] VAIDYA T, ZHANG Y, SHERR M, et al. Cocaine noodles: exploiting the gap between human and machine speech recognition[C]//Proceedings of the USENIX Workshop on Offensive Technologies. [S.l.:s.n.], 2015.

[18] CARLINI N, MISHRA P, VAIDYA T, et al. Hidden voice commands[C]//Proceedings of the 9th USENIX Workshop on Offensive Technologies. [S.l.:s.n.], 2016: 513-530.

[19] YUAN X J, CHEN Y X, ZHAO Y, et al. CommanderSong: a systematic approach for practical adversarial voice recognition[J]. arXiv Preprint, 2018, arXiv: 1801.08535.

[20] CARLINI N, WAGNER D. Audio adversarial examples: targeted attacks on speech-to-text[C]//Proceedings of the 2018 IEEE Security and Privacy Workshops (SPW). Piscataway: IEEE Press, 2018: 1-7.

[21] KASMI C, LOPES ESTEVES J. IEMI threats for information security: remote command injection on modern smartphones[J]. IEEE Transactions on Electromagnetic Compatibility, 2015, 57(6): 1752-1755.

[22] ZHANG G M, YAN C, JI X Y, et al. DolphinAttack: inaudible voice commands[C]//Proceedings of the 2017 ACM SIGSAC Conference on Computer and Communications Security. New York: ACM Press, 2017: 103-117.

[23] JONES D, BERNSTEIN C. What is a radio access network (RAN)?[EB/OL]. 2021

[24] 王志勤, 魏然, 王小云. 全球移动通信系统(GSM)的技术及发展[J]. 电信科学, 1996, 12(4): 9-18.

[25] 朱伯鹏, 詹晓飞. 全球移动通信系统(GSM)浅析[J]. 湖南通信技术, 1997(2): 1-5.

[26] IEEE. Wireless local area network (WLAN) standard: IEEE 802.11a[S]. 1999.
[27] IEEE. Wireless local area network (WLAN) standard: IEEE 802.11b[S]. 1999.
[28] IEEE. Wireless local area network (WLAN) standard: IEEE 802.11g[S]. 2003.
[29] IEEE. Wireless local area network (WLAN) standard: IEEE 802.11n[S]. 2009.
[30] IEEE. Wireless local area network (WLAN) standard: IEEE 802.11ac[S]. 2013.
[31] IEEE. Wireless local area network (WLAN) standard: IEEE 802.11ax[S]. 2019.
[32] 中国电信上海公司. 云 Wi-Fi, 让企业用户更优雅的上网[EB/OL]. 2019.
[33] LI Q, NIU H N, PAPATHANASSIOU A, et al. Edge cloud and underlay networks: empowering 5G cell-less wireless architecture[C]//Proceedings of the European Wireless 2014; 20th European Wireless Conference. [S.l.:s.n.], 2014: 1-6.
[34] BOYLE A. SpaceX is planning to spin out Starlink satellite broadband network and take it public[R]. 2020.
[35] ANDERSON C. Elon Musk's SpaceX Starlink Internet launch - EVERYTHING to know[EB/OL]. 2019.
[36] FOUST J. SpaceX passes 2,000 Starlink satellites launched[EB/OL]. 2022.
[37] HENRY C. SpaceX submits paperwork for 30,000 more Starlink satellites[EB/OL]. 2019.
[38] RAINBOW J. SpaceX goes all-in on Starship configuration for second-gen Starlink[EB/OL]. 2022.
[39] 雷凯屹. 关于"https"的原理和作用之刍议[J]. 数字通信世界, 2019(2): 248.
[40] 钱康. 对 HTTPS 加密通信技术的信息安全监管研究[J]. 电信技术, 2018(7): 25-27.
[41] 张宝玉. 浅析 HTTPS 协议的原理及应用[J]. 网络安全技术与应用, 2016(7): 36-37, 39.
[42] CALLEGATI F, CERRONI W, RAMILLI M. Man-in-the-middle attack to the HTTPS protocol[J]. IEEE Security & Privacy, 2009, 7(1): 78-81.
[43] 张明, 许博义, 郭艳来. 针对 SSL/TLS 的典型攻击[J]. 计算机科学, 2015, 42(S1): 408-412, 419.
[44] BHARGAVAN K, LEURENT G. Transcript collision attacks: breaking authentication in TLS, IKE, and SSH[C]//Proceedings 2016 Network and Distributed System Security Symposium. Reston: Internet Society, 2016: 41(7): 8-13.
[45] 刘新亮, 杜瑞颖, 陈晶, 等. 针对 SSL/TLS 协议会话密钥的安全威胁与防御方法[J]. 计算机工程, 2017, 43(3): 147-153.
[46] BEURDOUCHE B, BHARGAVAN K, DELIGNAT-LAVAUD A, et al. A messy state of the union: taming the composite state machines of TLS[C]//Proceedings of the 2015 IEEE Symposium on Security and Privacy. Piscataway: IEEE Press, 2015: 535-552.
[47] 胡德启. 针对 SSL 协议攻击方法的研究[D]. 合肥: 合肥工业大学, 2013.
[48] 范永健, 陈红, 张晓莹. 无线传感器网络数据隐私保护技术[J]. 计算机学报, 2012, 35(6): 16.
[49] 王秀翠. 数据加密技术在计算机网络通信安全中的应用[J]. 软件导刊, 2011, 3(2): 149-150.
[50] 罗军舟. 网络空间安全体系与关键技术[J]. 中国科学: 信息科学, 2016, 46(8): 939-968.
[51] 周彦伟, 吴振强, 杨波. 多样化的可控匿名通信系统[J]. 通信学报, 2015, 36(6): 105-115.
[52] 罗军舟, 杨明, 凌振, 等. 匿名通信与暗网研究综述[J]. 计算机研究与发展, 2019, 56(1): 103-130.

第 4 章 数据存储安全技术

数据存储安全是数据全生命周期安全保护中的重要环节。在传统数据存储安全技术中，文件级加密、安全中间层、访问安全代理等技术是保护数据安全与隐私的主要手段；但随着信息技术的高速发展及云计算、大数据、区块链等新兴应用的出现，传统手段已不能很好满足数据安全存储及计算要求，而同态加密、安全多方计算以其能提供更加丰富的安全功能而受到广泛青睐。此外，在数据容灾备份方面，纠删码等技术能够为存储系统提供高效可靠的数据恢复功能。因此，本章首先介绍传统数据存储安全技术，再介绍同态加密和安全多方计算，然后介绍基于纠删码的数据容灾技术，最后结合云计算和边缘计算两类场景，介绍基于区块链的安全存储和数据完整性验证技术。

4.1 数据加密与安全计算

数据加密是保证数据存储安全的常用手段，在数据库安全、云存储安全等领域被广泛应用。此外，当数据被加密后，如何对数据密文进行分析处理并返回处理结果，同时确保数据和处理的安全性，也是当前国内外研究的热点问题。本节首先介绍文件级加密、安全中间层、访问安全代理等传统数据存储安全技术，然后介绍同态加密与安全多方计算，其中同态加密可用于处理加密数据，并维护数据的机密性，安全多方计算可用于参与方共同完成分布式计算任务而不泄露各自的敏感输入，并且保证计算结果的正确性。

4.1.1 传统数据存储安全技术

1. **文件级加密**

目前人们已经研发出许多优秀的密码算法，如数据加密标准（DES）、高级加密标准（AES）等对称加密算法和 RSA、椭圆曲线密码体制（ECC）等非对称加密算法。加密文件系统（EFS）将加密算法集成到文件系统上，通过文件系统加密文件或文件夹，即使文件被窃取，非法用户也几乎无法得到文件的明文。

下面针对两类主流操作系统 Windows 和 Linux，介绍两种文件加密技术。

（1）Windows 加密文件系统

Windows 加密文件系统是 Windows 操作系统的一个安全功能[1]，对于新技术文件系统（NTFS）卷上的文件和数据，都可以直接加密保存，提高数据的安全性。使用 EFS 加密文件或数据后，系统授权用户对这些数据的访问不会受到任何限制，但其他非授权用户如果试图访问这些加密过的文件或数据，则会收到拒绝访问的提示。

Windows EFS 的加密步骤如下。

① 用户在一个文件上设置加密标识后，EFS 驱动程序调用微软密码服务 Microsoft Crypto Provider 生成一个文件加密密钥（FEK）；在生成 FEK 过程中，Microsoft Crypto Provider 调用随机数生成器产生用于生成 FEK 的随机数；如果首次加密文件，系统还需从证书颁发机构申请 EFS 公钥证书，若找不到证书颁发机构，Microsoft Crypto Provider 将直接颁发 EFS 证书。

② EFS 使用 FEK 以对称加密算法加密文件数据，而文件名、属性、时间戳等则保持明文状态。

③ EFS 使用其公钥证书中的公钥对 FEK 进行加密，将结果存储到数据解密字段（DDF）。

④ EFS 使用域管理员账户（DRA）公钥对 FEK 进行加密，将结果存储到数据恢复字段（DRF）。

⑤ EFS 将被 FEK 加密的文件密文，以及 DDF 和 DRF 发送给 NTFS，NTFS 像对待来自应用程序的数据那样保存加密数据。具体而言，NTFS 在$Data 属性中添加文件密文，在$Logged_Utility_Stream 的特殊类型的属性中添加 DDF 和 DRF。

⑥ 在解密时，用户先从 DDF 或 DRF 中解密出 FEK，然后使用 FEK 恢复数据。因为只有用户掌握 DDF 的解密私钥、DRA 掌握 DRF 的解密私钥，所以只有他们能够最终访问文件。

Windows EFS 加密流程如图 4-1 所示。

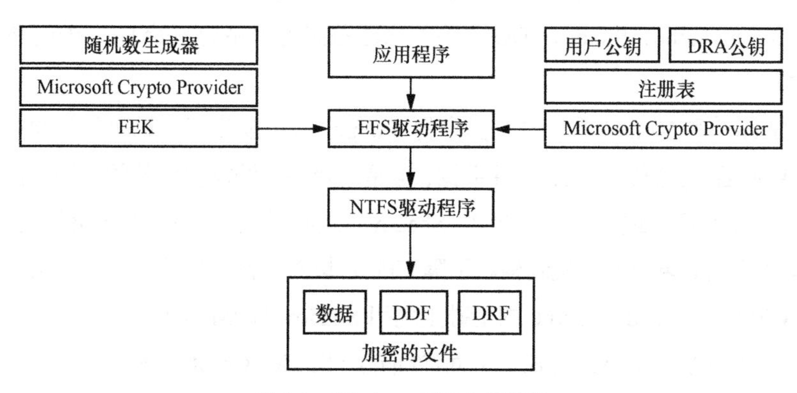

图 4-1　Windows EFS 加密流程

（2）eCryptFS

eCryptFS[2]是比较流行的作用于Linux内核空间的加密文件系统，类似于内核的颇好保密性（PGP）服务。eCryptFS使用堆叠式文件系统的接口方法来引入一个可以容纳任何底层文件系统中的加密层。eCryptFS在每个文件的基础上执行加密，并提供共享支持，并且用户可以使用PKI。eCryptFS还提供了基于键控哈希的文件完整性校验，同时也支持基于网络文件系统（NFS）的远程使用。

在eCryptFS的加密流程中，用户空间的应用程序对文件系统的调用是通过内核的虚拟文件系统（VFS）进行的，并且eCryptFS和低级的文件系统，如第三代扩展文件系统（EXT3）、日志文件系统（JFS）、NFS等，都在VFS注册。用户空间的应用程序对加密文件的写请求，先经过系统调用层到达VFS，VFS转给eCryptFS组件处理，处理完毕后，再转给下层物理文件系统；读请求流程则相反[3]。在eCryptFS挂载点下的具体操作首先转到eCryptFS，然后eCryptFS从用户会话密钥存储空间中检索密钥，并使用内核Crypto API来执行对文件内容的加密和解密。eCryptFS可通过用户空间的守护进程eCryptFSD进行密钥管理，并且读取和写入存储在较低级文件系统内的加密文件。

eCryptFS加密流程如图4-2所示。

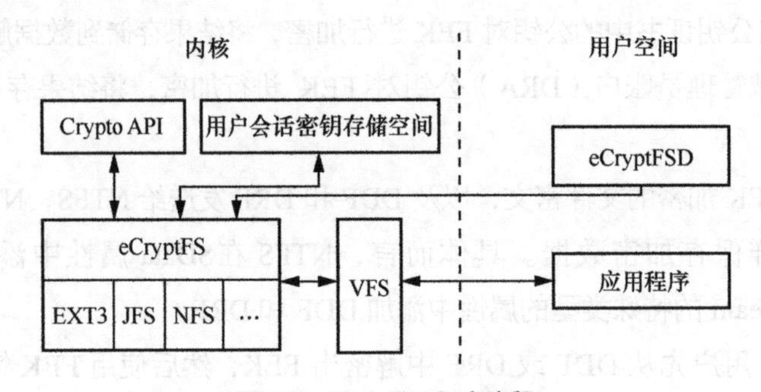

图4-2 eCryptFS加密流程

2. 安全中间层

安全中间层是一种可以让用户安全查看和交互敏感数据的技术。该技术使用用户界面（UI）中间层（如iFrame、Shadow DOM等）来覆盖应用程序的原始UI，进而在中间层上实现数据保护[4]。

MessageGuard[5]和Virtru[6]利用浏览器中的iFrame组件，实现了一种可代替原有应用文件上传功能的UI中间层，从而保护敏感文件数据；但是这两种方法需要额外的文件存储服务器来存储加密数据，丧失了原有的文件搜索功能。ShadowCrypt[7]作为一个浏览器插件，基于浏览器的Shadow DOM（文档对象模型）机制构建了隔离的文本输入/输出环境，进而对文件安全性进行保护；ShadowFPE[8]在ShadowCrypt的基础上利用Shadow DOM与DOM树技术，实现了支持格式保全加密与文本加密的高效方法。下面详细介绍ShadowCrypt技术。

ShadowCrypt作为一种页面输入保护方法，利用Shadow DOM技术抵抗恶意网页脚本代码对数据的威胁。ShadowCrypt 本身以浏览器扩展的形式实现，采用具有隔离功能的 Shadow DOM 代替 DOM 与用户进行敏感数据交互。ShadowCrypt JavaScript 代码运行在浏览器扩展中，它将与自己创建的 Shadow DOM 相关的共享对象重定义为空。因此，只有 ShadowCrypt 可以读取 Shadow DOM 元素中的数据。ShadowCrypt 巧妙地利用了 Shadow DOM 独特的渲染机制，用 Shadow DOM 元素代替原来接收用户输入的 DOM 元素参加浏览器图形渲染；利用 Shadow DOM 接收明文数据并进行加密，然后将密文传给 DOM 元素，防止恶意 JavaScript 代码获取敏感数据。

Shadow DOM 作为用户访问 Web 应用的中间层，隔离了用户敏感数据（如口令）与 Web 应用，使 Web 应用无法获取 Shadow DOM 中的数据。在 HTML（超文本标记语言）页面代码中有 DOM 树，树上的各个节点代表 HTML 文档上的各个标签。如果 DOM 树中的某个节点包含一个 Shadow Tree，那么该节点就是 Shadow Host 节点，也是 Shadow Tree 的持有节点。Shadow Host 节点在 DOM 树中对外只是一个正常的节点，事实上其内部可以由许多节点构成，这些内部节点不受 HTML 中的 CSS、JavaScript 等脚本代码影响，但是内部节点的脚本可以通过 Shadow Host 影响 DOM 树中的节点。Shadow DOM 在 HTML 文档中的结构如图 4-3 所示。

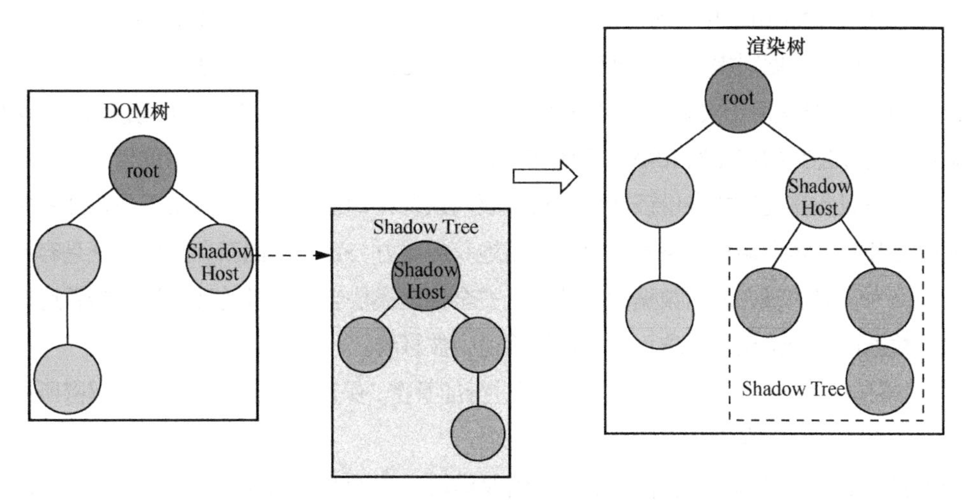

图 4-3　Shadow DOM 在 HTML 文档中的结构

在页面加载时，基于 Shadow DOM 技术的 ShadowCrypt 监听到用于接收用户数据的 DOM 元素的创建，然后创建相应的 Shadow DOM 代替原来的 DOM 元素并参加浏览器渲染。当用户将数据输入 Shadow DOM 时，ShadowCrypt 对数据进行安全处理，然后再取出数据交给浏览器。ShadowCrypt 由于只更改了代码的执行环境，并没有改变业务逻辑，因此对 Web 应用是透明的。

3. 访问安全代理

各类基于网络的应用都采用数据库存储和处理用户数据，但网络的开放性可能导致数据库中的数据泄露[9]。为了保护数据库安全，传统数据库产品采用访问安全代理技术，将所有的用户请求都通过访问安全代理转发，并完成用户身份认证和数据加密传输。访问安全代理的客户端接收用户的数据库访问请求（包括数据库与用户的连接建立和连接断开请求），并负责向用户传送数据库访问结果；服务器端向数据库转发用户的数据访问请求，并负责接收应答，执行真正的数据库操作。

随着云计算技术的发展及数据量的增多，越来越多的企业使用云计算对数据进行存储和处理，以减轻本地的数据管理负担。为保证云存储数据的安全，原来在传统数据库中部署的访问代理技术开始与云计算结合，产生各种云访问安全代理方案。云访问安全代理位于云计算用户与云计算服务提供商之间，可对云数据进行加密保护。CryptDB[10]是一款云访问安全代理产品，部署在服务器和数据库服务器之间，将用户数据加密后存储到数据库，可有效防范内部恶意管理员对数据的窥探。Mylar[11]提出了一种基于 Meteor JavaScript 的 Web 应用框架，开发人员可调用该框架接口实现用户数据的加密。DataBlinder[12]为软件服务开发商提供分布式数据访问安全代理，保护其开发的软件服务中云数据的安全性。

访问安全代理包含客户端安全代理和服务器安全代理，主要功能如下。

（1）客户端安全代理：主要包含访问代理模块、安全代理模块和网络代理模块，具体如下。

① 访问代理模块用于接收所有的客户数据访问请求，并向用户传递数据库访问结果，如果访问请求涉及加密数据则提交给安全代理模块，否则直接提交给网络代理模块。

② 安全代理模块用于实现用户身份认证、防篡改保护、处理加密数据访问请求等；用户身份认证可以通过公钥加密（如 RSA）系统实现，用户提供能证明其真实身份的信息（如数字签名），并且与服务器提供的身份证明信息进行双向认证，确认对方身份；由于公钥加密系统中的公钥是公开的，客户端与服务器可以很容易地获得对方公钥，因此双向身份认证是容易实现的。此外，为了保护双方通信数据的完整性，安全代理模块会对发送的数据进行哈希运算，并对接收的数据进行哈希校验，防止数据在传输途中被篡改。

③ 网络代理模块用于对网上传输的数据进行加解密，保证网络通信安全，加解密所用的密钥由用户与服务器经过身份认证之后协商产生。

（2）服务器安全代理：同样包含访问代理模块、安全代理模块和网络代理模块，具体如下。

① 访问代理模块主要向数据库服务器提出所代理客户的访问请求，并接收应答，执行数据库操作（如执行 SQL 语句等）。

② 安全代理模块主要用于双向身份认证、数据加解密，并提供权限管理和安全服务功能，同时调用网络服务。

③ 网络代理模块用于监听用户的连接请求，当发现连接请求时通过安全代理模块进行身份认证，并且当客户端与服务器完成身份认证并建立连接后，负责数据访问连接的建立与断开。

数据库访问安全代理基本结构如图 4-4 所示。

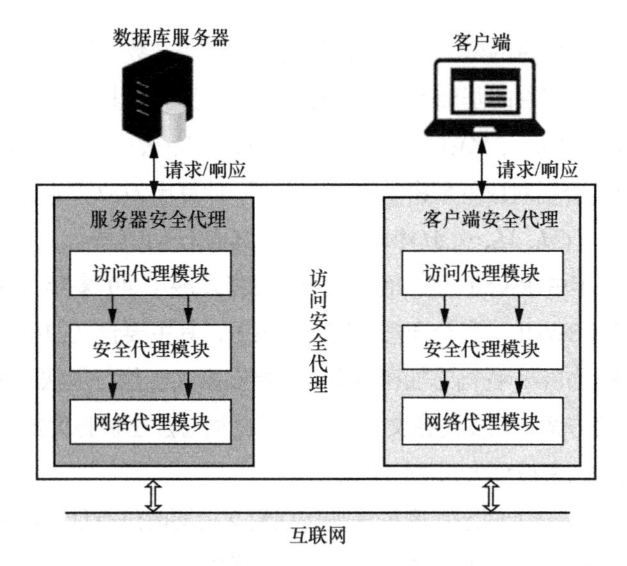

图 4-4　数据库访问安全代理基本结构

除上述功能外，客户端安全代理还可以在本地执行一些数据操作以减少与服务器安全代理的通信，进而降低被攻击的概率。例如，客户端安全代理可以根据数据字典确定访问源的数据结构，建立本地数据库，完成对服务器上数据的映像；客户端和服务器维护每个数据的映像表，记录最后的数据修改时间。当客户端向服务器请求查询数据时，客户端安全代理先接受该数据请求，然后查询本地库，如果发现该查询请求的子集，并且本地数据映像表与服务器映像表版本一致，则客户端代理直接从映像表中返回所请求的数据；如果没有，则向服务器代理请求数据并更新本地映像表。上述方法可有效减少客户端安全代理与服务器安全代理的通信开销，提高访问速度，并且，因为所有的操作都在安全代理内执行，所以也减少了数据泄露风险。

4.1.2　同态加密

随着云计算成为互联网中的主要应用服务，使用云服务提供商的计算资源对数据进行处理成为方便而经济的选择。但是，包含用户商业机密和隐私信息的数据有可能被他人窃取。目前，使用密码学加密算法可以防止个人存放在云服务器上的数据被他人窃取，但是如果要求云服务提供商对数据进行计算操作则必须向云服务提供商提供用户密钥，云服务提供商使用用户密钥解密数据后进行相应的计算，这样做的后果是用户的隐私数据被彻底暴露给云服务提供商。因此，隐私安全成为云计算中需要解决的重要问题，而同态加密作为一种比较特殊的公钥加密方案可以解决上述云计算面临的问题，是当前密码学界的研究热点。

同态加密的特性是明文经过同态加密变为密文后，对密文进行若干次加法或乘法操作后再进行解密，得到的结果与直接对明文执行相同运算后得到的结果是一样的。如果用户使用同态加密算法加密其存放在云服务器上的数据，云服务器无须事先解密就可以在密文上直接执行各种计算函数，用户下载处理后的密文并解密，就能得到对明文数据运行相同计算的结果，这样一来，用户在保证数据机密性的基础上实现了对数据的计算。就其形式化而言，同态加密可描述为：假设一组消息$(M_1, M_2,\cdots, M_t)$在公钥下的密文为$(C_1, C_2,\cdots, C_t)$，给定任意函数f，在不知道消息$(M_1, M_2,\cdots, M_t)$及与公钥对应的解密私钥的前提下，计算出$f(M_1, M_2,\cdots, M_t)$在公钥作用下的密文，并且不泄露关于$f(M_1, M_2,\cdots, M_t)$和$(M_1, M_2,\cdots, M_t)$的任何信息。

同态加密从 1978 年由 Rivest 等[13]提出至今，已经发展了 40 多年，经历了部分同态加密（PHE）、类同态加密（SWHE）和全同态加密（FHE），其主要含义如下。

① 部分同态加密：如果一种同态加密方案只支持在密文上执行加法或乘法运算，则这种方案被称为部分同态加密方案；只支持密文上加法运算的同态加密被称为加法同态加密，只支持密文上乘法运算的同态加密被称为乘法同态加密。

② 类同态加密：如果一种同态加密算法支持在密文上同时进行加法和乘法运算，但只能进行有限次的密文运算，则这种算法被称为类同态加密算法。

③ 全同态加密：如果一种同态加密算法支持在密文上同时进行加法和乘法操作，并且能够支持无限次的密文运算，则这种算法被称为全同态加密算法。

自同态加密概念被提出以来，许多密码学者开始了同态加密技术的研究，并提出了大量部分同态或类同态加密方案。例如，支持任意次乘法运算的 RSA 加密方案[14]、ElGamal 加密方案[15]，支持任意次加法运算的 Paillier 加密方案[16]、GM 加密方案[17]、NS 加密方案[18]、DJ 加密方案[19]等，以及支持任意次密文加密运算和一次乘法运算的 BGN 方案[20]。但是，全同态加密方案的构造却一直困扰全世界的密码学者。直到 2009 年，斯坦福大学博士生 Gentry 基于理想格构造出第一个全同态加密方案[21]，解决了这一被誉为“密码学圣杯”的问题，ACM 协会在其旗舰期刊 *Communications of the ACM* 2010 年第 3 期以《一睹密码学圣杯芳容》为题介绍了这一重大研究进展。Gentry 构造第一个全同态加密方案的基本思想可概括为：首先，构造一个类同态加密方案，该方案只支持有限次加法和乘法同态运算；其次，设计一种将类同态加密方案转化为自举同态加密方案的方法；最后，通过递归自嵌入将自举同态加密方案转化为全同态加密方案。

从 2009 年至今，全同态加密在效率和复杂度方面已经取得了重大改进，其研究进展可归纳为以下几个方面。首先是对全同态加密方案设计的研究，如基于整数的设计[22-24]、基于编码的设计[25]、基于近似特征向量的设计[26]；其次是在效率提升和算法改进方面的研究，如基于容错学习（LWE）和 ring-LWE 的全同态加密方案[27-30]、对 Gentry 初始方案的改进方案[31-33]；最后是对全同态加密实现和应用的研究，包括全同态加密的软硬件实现[34-36]，以及开源代码 HElib[37]、PALISADE[38]等。

鉴于 Gentry 提出的全同态加密在密码学发展进程上的重要推动作用，以及对同态加密技术后续发展的影响，下面开始介绍 Gentry 全同态加密的基本概念和实现方法，相关内容取材于文献[22]与文献[39]。

1．同态加密定义

同态加密方案包括对称同态加密与非对称（公钥）同态加密，目前同态加密的研究大多针对非对称同态加密，因此，除非特别说明，本书所指同态加密均指非对称同态加密。下面介绍基于布尔电路的同态加密，一个布尔电路由模 2 的加法门和乘法门构成。基于布尔电路的同态加密由以下 4 个算法组成。

① 密钥生成（KeyGen）算法：选择某个安全参数，生成公私钥对(PK, SK)。

② 加密（Encrypt）算法：使用公钥 PK，将明文 $M\{0,1\}$加密成密文 CT。

③ 解密（Decrypt）算法：使用私钥 SK，将密文 CT 解密，得到明文 M。

④ 求值（Evaluate）算法：使用公钥 PK、t 比特输入的布尔电路 C，以及一组关于消息$(M_1, M_2,\cdots, M_t)$的密文$(\mathrm{CT}_1, \mathrm{CT}_2,\cdots, \mathrm{CT}_t)$，得到另一个密文 CT^*。

定义 4-1 正确性　如果一个同态加密方案对于一个给定的 t 比特输入的布尔电路 C 是正确的，则对于密钥生成算法输出的任意公私钥对(PK, SK），任意 t 比特明文$(M_1, M_2,\cdots, M_t)$及其对应的密文$(\mathrm{CT}_1, \mathrm{CT}_2,\cdots, \mathrm{CT}_t)$，都有 $\mathrm{Decrypt}(\mathrm{SK}, \mathrm{Evaluate}(\mathrm{PK}, C, (\mathrm{CT}_1, \mathrm{CT}_2,\cdots, \mathrm{CT}_t)))=C(M_1, M_2,\cdots, M_t)$成立。

上述定义表示，对求值算法的输出结果 CT^*解密，得到的是布尔电路 C 在输入$(M_1, M_2,\cdots, M_t)$下的输出结果。

定义 4-2 同态加密　如果一个同态加密方案 Σ=(KeyGen, Encrypt, Decrypt, Evaluate)对于一类布尔电路$\mathcal{C}$ 是同态的，则对于任意布尔电路 $C\in\mathcal{C}$，Σ 都是正确的。

定义 4-3 全同态加密　如果一个同态加密方案 Σ=(KeyGen, Encrypt, Decrypt, Evaluate)是全同态的，则对于所有的布尔电路，Σ 都是正确的。

同态加密的安全性与其他加密方案一样，由语义安全定义。语义安全主要针对被动敌手，这类敌手只会被动获取密文而非主动攻击。语义安全性要求敌手无法确定一个密文是由两个明文中的哪一个生成的，即使这两个明文是由敌手自己选择的。一个同态加密方案 Σ=(KeyGen, Encrypt, Decrypt, Evaluate)的语义安全通常以下面的游戏定义，该游戏的参与方为敌手与困难问题挑战者。

① 挑战者运行密钥生成算法产生公私钥对(PK, SK)，并将 PK 发送给敌手。

② 敌手挑选一对等长的消息(M_0, M_1)，并将(M_0, M_1)发送给挑战者。

③ 挑战者随机选择 $b\in\{0,1\}$，使用 PK 加密 M_b，并将生成的密文 CT^*发送给敌手。

④ 敌手输出 $b'\in\{0,1\}$，如果 $b=b'$，则敌手获胜。

敌手在上述游戏中的优势定义为 $\mathrm{Adv_A}=|\Pr[b=b']-1/2|$。

定义 4-4 语义安全性　如果一个同态加密方案 Σ=(KeyGen, Encrypt, Decrypt, Evaluate)是语义安全的，则任意多项式时间敌手在上述游戏中的优势 $\mathrm{Adv_A}$ 都是可忽略的。

在同态加密的语义安全性定义中，没有考虑 Evaluate，这是因为 Evaluate 是一个没有秘密的公开函数，其输入输出对敌手来说都是可见的。

构造全同态加密方案的挑战性主要来自紧凑性，即由 Evaluate 产生的密文的大小与布尔电路 C 无关，只与普通密文一样。

定义 4-5 紧凑同态加密 如果一个同态加密方案 Σ=(KeyGen, Encrypt, Decrypt, Evaluate)是紧凑的，则存在一个固定的多项式界 $b(\lambda)$，使得任意由 KeyGen 生成的公私钥对(PK,SK)、任意布尔电路 C 及由 PK 产生的密文序列($CT_1, CT_2, \cdots, CT_t$)、算法 Evaluate(PK, C, ($CT_1, CT_2, \cdots, CT_t$))产生的密文大小不超过 $b(\lambda)$，即独立于 C 的规模。

2. **全同态加密**

Gentry 构造全同态加密方案的主要思路是将类同态加密方案转化为全同态加密方案，为此，Gentry 提出了两种重要的技术，即自举同态加密和压缩解密电路。自举同态加密主要用来降低噪声，压缩解密电路主要用来压缩类同态加密方案的解密电路，使得一部分解密任务由加密者预计算，以减轻解密者的计算负担，实现同态计算过程中对自身解密电路的调用。

为了定义自举同态加密，首先需要引入增强解密电路概念。

定义 4-6 增强解密电路 对于同态加密方案 Σ=(KeyGen, Encrypt, Decrypt, Evaluate)，其中 Decrypt 由一个仅依赖于安全参数的电路来实现。对于给定的安全参数 λ，对应的增强解密电路由两个电路组成，这两个电路的输入参数都是一个私钥和两个密文，其中一个电路将两个密文分别解密并对恢复出的两个明文进行模 2 加操作，而另一个电路将两个密文分别解密并对恢复出的两个明文进行模 2 乘操作。记所有增强解密电路的集合为 $D_{\Sigma}(\lambda)$。

定义 4-7 自举同态加密 设同态加密方案 Σ =(KeyGen, Encrypt, Decrypt, Evaluate)，对于每个安全参数 λ，记使得 Σ 是正确的电路集合为 $\mathcal{C}_{\Sigma}(\lambda)$，称 Σ 是自举的，对于所有的安全参数 λ，$D_{\Sigma}(\lambda) \subseteq \mathcal{C}_{\Sigma}(\lambda)$成立。

已经证明，任何一个自举同态加密方案都可以转化为一个紧凑的、对所有指定深度的电路都是同态的加密方案。

下面介绍 Gentry 提出的将任何一个自举同态加密方案转化为一个对任意深度的电路都是同态加密方案的方法，称为 Gentry 转化方法。

设 Σ=(KeyGen, Encrypt, Decrypt, Evaluate)是自举的，对任何整数 $d \geqslant 1$，用 $\Sigma^{(d)}$=(KeyGen$^{(d)}$, Encrypt$^{(d)}$, Decrypt$^{(d)}$, Evaluate$^{(d)}$)表示电路深度不超过 d 的都是同态加密方案。从 Σ 构造 $\Sigma^{(d)}$的过程如下。

① KeyGen$^{(d)}$：输入安全参数 λ 和正整数 d，设(PK_i, SK_i)是 KeyGen 输出的公私钥对，其中 i=1,2,$\cdots$,d。使用公钥 PK_{i-1} 加密 SK_i 的每个比特，将所有的密文合成一个密文向量 $\mathbf{SK}_i$，i=1,2,$\cdots$,d。输出公钥 $PK^{(d)}=(\{PK_i\}_{i=0}^{d}, \{\mathbf{SK}_i\}_{i=1}^{d})$，私钥 $SK^{(d)}=SK_0$。

② Encrypt$^{(d)}$：输入公钥 $PK^{(d)}$和消息 $M \in \{0,1\}$，得到密文 CT。

③ Decrypt$^{(d)}$：输入私钥 $SK^{(d)}$和被公钥 PK_0 加密的密文 CT，输出明文 M。

④ Evaluate$^{(d)}$：输入公钥 $PK^{(\delta \leqslant d)}$、深度至多为 δ 的电路 C_δ 和一组被 PK_δ 加密的密文 CT_δ。如果 δ=0，输出 CT_δ 并终止；否则，执行下列操作。

a. 记 Σ 解密电路的增强解密电路为 $C_{\delta-1}^{+}$。

b. 对于 CT_δ 中的每个密文 CT，使用方案 $\Sigma^{(d-1)}$ 及公钥 $PK^{(\delta-1)}$ 加密 CT 的每个比特，将所有密文合成一个密文向量 **CT**。

c. 设 $C_{\delta-1}^{+}=\{\mathbf{SK}_\delta\}\cup\{\mathbf{CT}:\mathbf{CT}\in\mathbf{CK}_\delta\}$。

d. 输出 $\text{Augment}^{(\delta)}(PK^{(\delta)}, C_\delta, CT_\delta)\to(C_{\delta-1}^{+}, C_{\delta-1}^{+})$。

e. 输出 $\text{Reduce}^{(\delta-1)}(PK^{(\delta-1)},\ C_{\delta-1}^{+}, C_{\delta-1}^{+})\to(C_{\delta-1}, CT_{\delta-1})$：设电路 $C_{\delta-1}^{+}\in D_\Sigma(\delta)$，$D_\Sigma(\delta)$ 表示由 D_Σ 增强的深度均为 δ 的电路的集合。取 $C_{\delta-1}^{+}$ 的前 $\delta-1$ 层子电路作为 $C_{\delta-1}$，把 $C_{\delta-1}$ 的输入密文设为 $CT_{\delta-1}$。

f. 运行 $\text{Evaluate}^{(\delta-1)}(PK^{(\delta-1)},\ C_{\delta-1}, CT_{\delta-1})$。

Gentry 转化方法将自举同态加密转化成全同态加密，剩下的问题就是如何设计自举同态加密方案。Dijk 等[22]提出的全同态加密方案基于整数环上的平凡运算构造，给出构造自举同态加密方案的一个思路：首先，基于近似 GCD 问题假设构造一个类同态对称加密方案 Σ_2；其次，通过实施一个简单变换将 Σ_2 转化为一个类同态非对称加密方案 Σ_1；再次，使用压缩解密电路技术将 Σ_1 转化为一个自举同态加密方案 Σ；最后，使用 Gentry 转化方法将 Σ 转化为一个全同态加密方案。压缩解密电路技术给公钥增加了私钥的额外信息，利用该信息对密文进行处理，处理后的密文相比原密文可更有效地被解密。

4.1.3　安全多方计算

在如今的互联网时代，数据已经成为企业的核心竞争力，掌握海量数据的企业在竞争中往往能处于有利位置。而数据作为一种新生产要素，只有对其进行分析利用才能产生价值。不过，互联网中的数据分散式、碎片化地存储在不同企业或机构，如何对分散数据进行有效处理和利用颇具难度。而且，保存数据的不同企业和机构从保护自身利益及用户隐私出发，对数据共享非常谨慎，造成大量数据得不到有效利用，形成“数据孤岛”现象。安全多方计算的出现提供了一种解决方案，为实现数据的安全利用发挥了积极作用。

安全多方计算的目的是让多个参与方在不信任彼此的情况下正确执行分布式计算任务，每个参与方除自己的输入和输出及由此可能推导出的信息外，得不到任何额外信息。具体而言，假设 n 个计算参与方分别持有数据 $x_1, x_2,\cdots, x_n$，安全多方计算的目的是利用各方秘密数据计算一个预先达成共识的函数 $y_1,\cdots,y_n=f(x_1,\cdots,x_n)$，此时任意一方可以得到对应的结果 y_i，但无法获得其他任何信息。例如，假设有 3 个参与方分别拥有数据 x、y、z，他们同意计算最大值函数 $F(x, y, z)=\text{Max}(x, y, z)$。如果本次计算结果为 z，那么第三个参与方知道他的输入值是最大值，而另外两方知道他们的输入值小于最大值 z。这个简单的例子可以推广到每一方都有一些输入和输出，以及函数对不同参与方的输出不同的情景。安全多方计算的目标可通过如下理想模型达到：所有参与方将他们各自的数据发送给一个可信第三方，第三方在本地进行函数计算并将计算结果返回给发送方；而安全多方计算则代替这个场景下的可信第三方。

Yao 于 1986 年提出安全多方计算协议[40]，他使用混淆电路技术实现了安全两方计算，混淆电路在计算过程中始终处于加密状态，不泄露参与计算双方的任何私有信息，但能计算出正确的结果，在理论上解决了两方参与的隐私计算问题。随后，Goldwasser[41]提出了可以计算任意函数的安全多方计算协议，同样使用混淆电路将计算函数表示为由比特异或（XOR）门和与（AND）门组成的布尔电路。Ben-Or 等[42]与 Chaum 等[43]几乎同时提出了信息论安全的安全多方计算协议，该协议将计算函数表示为由有限域上的加法门和乘法门组成的算术电路。

布尔电路的计算方法绝大多数基于 Yao 式混淆电路，使用一种被称为不经意传输或者茫然传输（OT）的密码学原语。简单地说，不经意传输协议包含一个发送方与接收方，发送方拥有两个秘密消息（M_0、M_1），接收方拥有一个比特 $b\in\{0,1\}$；不经意传输的结果是接收方收到消息 M_b，但发送方不知道接收方具体收到的是哪个消息。

Yao 式安全两方计算可以安全地计算布尔电路，包含两个参与方 Alice 与 Bob，其中 Alice 是电路生成方，Bob 是电路计算方。对电路中的每条线路，Alice 随机选择两个密钥，一个对应输入比特 0，另一个对应输入比特 1。对电路中的每个门，Alice 创建一个关于输入密钥与输出密钥的真值表，其中输出线路的密钥被两个输入线路对应的密钥加密。Alice 随机改变真值表中行的顺序，然后把表及与其输入对应的密钥发送给 Bob。因为这些密钥是随机选择的，所以它们不会向 Bob 泄露 Alice 的输入值。通过使用不经意传输协议，Bob 从 Alice 处获得 Bob 每一个输入值所对应的密钥，并且不让 Alice 知道 Bob 的输入值。对于电路中的每一个门，Bob 解密真值表中对应的元素以获得输出线路的密钥。通过计算整个电路，Bob 告诉 Alice 其输出的密钥，而 Alice 则根据该密钥判断输出是 0 还是 1。在上述整个过程中，Alice 和 Bob 除电路的输出结果外，不知道对方的真实输入。后续对 Yao 式安全多方计算的改进可大致分为 3 类，即减少密文长度、减少计算开销、扩展安全模型[44]。

① 减少密文长度：Yao 式安全多方计算要求对每个门的真值表传输 4 份密文，后续工作主要减少真值表的密文份数。Naor 等[45]将每个门的真值表密文数减少到 3 份，Pinkas 等[46]进一步将其密文数减少到 2 份。Kolesnikov 等[47]提出了包含异或（XOR）门的电路，并且异或门无须密文，但与（AND）门仍需要 3 份密文。Kolesnikov 等[48]提出一种方法使得 XOR 门只需要 0～2 的密文数，并且 AND 门只需要 2 个密文。Zahur 等[49]给出了一种方法使得 XOR 门无须密文，且 AND 门只需要 2 个密文。Rosulek 等[50]最近提出的方法则将 AND 门所需密文长度降低到 1.5 个密文+5 bit，而 XOR 门不需要密文。

② 减少计算开销：Yao 式安全多方计算的计算开销主要来源于加密输出线路的密钥。Naor 等[45]提出了使用 2 次哈希运算以达到保护输出线路密钥的目的，与加密运算相比，哈希运算的计算开销更低。Lindell 等[51]进一步将哈希运算减少到 1 次。Shelat 等[52]使用一次简单的分组加密运算取代哈希运算，Bellare 等[53]去除了分组加密运算中的密钥编排过程，进一步提高了效率。Huang 等[54]则将电路生成和电路计算流水线化，使得在计算之前不必一次生成和存储整个电路，

从而降低计算开销。Wang 等[55]提出认证混淆技术，并用其降低恶意攻击模型中的计算开销；Katz 等[56]进一步将其计算开销降低 50%。

③ 扩展安全模型：Yao 式安全多方计算在恶意攻击模型中是不安全的，因为电路生成方 Alice 有可能向电路计算方 Bob 发送一个针对不同计算函数的电路。Lindell 等[57]提出了一种抵抗恶意攻击的方法——“Cut and Choose”，即 Alice 生成针对某个计算函数电路的多个副本，然后发送给 Bob，Bob 从中随机选择一部分进行计算，并同时与另一部分的计算结果进行对比，当发现不一致时，Bob 可以发现 Alice 的欺骗行为。Nielsen 等[58]提出的 LEGO 方法将“Cut and Choose”技术应用到电路门，要求电路生成方将很多电路门发给电路计算方，并打开其中一部分进行检测，使所有门能被正确拼接以组成完整电路。Frederiksen 等[59]提出了一种新的基于不经意传输的 XOR-同态承诺方案，在保持原有 LEGO 良好复杂性和统计安全性的同时，获得了安全性仅依赖于对称基元的 MiniLEGO。Frederiksen 等在后续工作[60]中提出了 TinyLEGO，提出将交互式混淆电路与通用组合安全的不经意传输方案进行组合，从而构造能够抵抗恶意攻击的通用组合安全的两方计算协议。

除了面向布尔电路的 Yao 式安全多方计算，还有一部分安全多方计算是面向算术电路的，这部分方案主要使用秘密分享技术。一个 t-out-of-n 的秘密分享方案将秘密信息 x 分割成 n 份，保证任意大于或等于 t 份的子秘密可以恢复出秘密信息 x，而小于 t 份的子秘密则不可以恢复。Rabin 等[61]提出的 BGW 安全多方计算协议是基于秘密分享技术的。假设两两信道是安全的，BGW 方案可以在半诚实模型（参与双方中有一方是敌手，另一方是诚实者）中抵抗最多 1/2 的参与方被攻陷，在恶意模型中抵抗最多 1/3 的参与方被攻陷。Rabin 等[61]以及 Beaver[62]分别对 BGW 方案进行了改进，使其在恶意模型中能抵抗 1/2 恶意参与方。Bendlin 等[63]与 Damgård 等[64]进一步提高了 BGW 方案的安全性，使其在恶意模型中能够抵抗除一个参与方之外的其他所有参与方，他们主要使用一种计算安全的离线预处理方式来计算所有的公钥操作，然后再使用一种信息论安全的在线方式来执行所需计算。

在安全多方计算程序实现和应用优化方面，学者开展了许多积极研究。Fairplay 是使用基于混淆电路技术的安全两方计算的第一个应用化示例[65]；FairplayMP 是 Fairplay 在多方参与情况下的扩展[66]。Poddar 等[67]提出了安全多方计算系统 Senate，允许参与方在不泄露自身数据的情况下协作执行 SQL 查询分析语句。Zhu 等[68]开发了可用于大规模运算的安全多方计算工具 NANOPI。Hastings 等[69]针对不同的安全多方计算编辑器制定了一系列评估标准，包括语言表达能力、加密后端的能力及开发人员的可访问性等，并对 11 个主要的安全多方计算系统进行了工程实现及评估测试。Reich 等[70]开发了基于安全多方计算的短信分类工具，使工具本身不知道任何有关文本的信息，并且发信人也不知道工具使用的文本分类模型。Knott 等[71]开发了面向机器学习的安全多方计算工具 CrypTen，该工具支持任意数量参与方之间的高性能通信及机器学习模型下的高效安全计算。

下面介绍安全多方计算的安全性及两个主要的安全多方计算协议。

1. **安全多方计算的安全性**

安全多方计算协议主要面临的安全风险是敌手控制了部分参与方，并试图破坏协议的正确执行。为了证明一个安全多方计算协议的安全性，首先需要明确安全多方计算协议的安全性质。以下列出一些基本的安全属性[72]。

① 隐私性：任何参与方都不能获得除输出之外的其他信息。例如，在一次拍卖中，只有出价最高者的出价被披露，任何出价者可以推断出所有其他出价都低于中标人的出价；但是，未中标的出价信息没有被披露。

② 正确性：每个参与方都能确保其收到的输出结果是正确的。在上述拍卖例子中，正确性确保出价最高者获胜，而其他竞标者及拍卖员都无法影响此结果。

③ 输入独立性：被敌手攻陷的参与方必须独立于诚实参与方的输入而选择自己的输入。在密封拍卖中，这种性质非常重要，因为在这种拍卖中，出价是保密的，各方必须独立于其他方确定其出价。

④ 保证输出交付：被攻陷的参与方不能阻止诚实方获得输出结果，换句话说，敌手不能通过实施“拒绝服务”攻击来中断计算。

⑤ 公平性：当且仅当诚实方收到输出时，被攻陷的参与方才能收到输出，不允许出现被攻陷的参与方获得输出而诚实方没有获得输出的情况。例如，在多方签订合同时，如果被攻陷的参与方收到了已签署的合同，而诚实方没有收到，则问题将非常严重。

上述安全性质并不能完全构成安全多方计算的安全性定义，但是如果一个安全多方计算协议是安全的，那么它必须满足上述性质。安全多方计算的安全性必须结合敌手的攻击能力来定义，即一个安全多方计算协议在具备何种能力的敌手攻击下能够满足上述安全性质。这里介绍两种在安全多方计算中被广泛研究的攻击模型[73]。

（1）半诚实模型

在半诚实模型中，敌手可以攻陷参与方，但仍会遵守协议规则执行协议，也就是说，被攻陷的参与方虽然会试图尽可能地获得更多的秘密信息，但仍会诚实地执行协议。半诚实攻击者也被称为被动攻击者，因为其主要通过观察协议执行过程获得相关信息，但不会采取主动式的入侵行动。

给定一个安全多方计算协议 π，F 是其实现的计算函数，假设存在一个仿真者 Sim 可以向敌手仿真出安全多方计算协议过程，设 e 是被敌手攻陷的参与方集合。两个随机变量的概率分布定义如下。

① $\mathrm{Real}_\pi(\kappa, \mathcal{C}; x_1,\cdots,x_n)$：在安全参数 κ 下执行协议，其中每个参与方 P_i 都将使用自己的私有输入 x_i 诚实地执行协议。设 VIEW_i 为参与方 P_i 的视角或视图（包括其私有输入、随机带及执行协议期间收到的所有消息构成的消息列表），设 y_i 是 P_i 的最终输出。输出($\{\mathrm{VIEW}_i | i\in\mathcal{C}\}, (y_1,\cdots,y_n)$)。

② $\mathrm{Ideal}_{F,\mathrm{Sim}}(\kappa, \mathcal{C}; x_1,\cdots, x_n)$：计算 $F(x_1,\cdots, x_n)\to(y_1,\cdots, y_n)$。输出($\mathrm{Sim}(\mathcal{C}, \{(x_i, y_i) | i\in\mathcal{C}\}), (y_1,\cdots, y_n)$)。

定义 4-8 半诚实安全性　给定安全多方计算协议 π，如果存在一个仿真者 Sim，使得对于被攻陷的参与方集合 $\mathcal{C}$ 的所有子集，对于所有输入 $x_1,\cdots, x_n$，概率分布 $\text{Real}_\pi(\kappa, \mathcal{C}; x_1,\cdots, x_n)$和 $\text{Ideal}_{F,\text{Sim}}(\kappa, \mathcal{C}; x_1,\cdots, x_n)$在安全参数 κ 下是不可区分的，则称 π 在半诚实模型下安全地实现了 F。

在定义 Real 和 Ideal 时，包含了所有参与方的输出，甚至包含了诚实方的输出，这是将正确性纳入安全性定义的一种方法。在没有被攻陷的参与方（$\mathcal{C}=\varnothing$）时，Real 和 Ideal 的输出只包含所有参与方的输出$(y_1,\cdots, y_n)$，因此，安全性定义意味着协议在现实世界中给出的输出概率分布与理想功能函数 F 给出的输出概率分布相同。当 $\mathcal{C}\neq\varnothing$ 时，因为 Real 中$(y_1,\cdots, y_n)$的概率分布不依赖于集合 $\mathcal{C}$（无论攻陷了多少参与方，所有参与方都会诚实执行协议），所以 Real 和 Ideal 的输出不需要严格包含$(y_1,\cdots, y_n)$，但为了统一定义，仍将其包含在输出之中。

初看半诚实模型，会感觉此模型安全性较弱——简单地读取和分析收到的消息却不主动攻击看起来似乎不是一种攻击方法。但是，要构造半诚实安全的协议并非易事，更重要的是，在构造更复杂环境下可抵御更强大攻击者的协议时，一般都在半诚实安全协议的基础上进行改进。此外，很多现实场景确实可以与半诚实模型对应。一种典型的应用场景是，参与方在计算过程中的行为是可信的，但是无法保证参与方的存储环境在未来一定不会遭到攻击。

（2）恶意模型

在恶意模型中，敌手除了攻陷参与方，还可以让被攻陷的参与方任意偏离协议规则执行协议。恶意攻击者分析协议执行过程的能力与半诚实攻击者相同，但恶意攻击者可以在协议执行期间采取主动攻击行为，这意味着攻击者可以控制或操作网络，或在网络中注入任意消息。

可用 A 表示攻击者，用 $\text{corrupt}(A)$表示现实世界中被攻击者攻陷的参与方集合，用 corrupt(Sim) 表示理想世界中被仿真者 Sim 攻陷的参与方集合。与定义半诚实安全类似，依然通过定义现实世界与理想世界的概率分布来描述恶意攻击模型下协议的安全性。

① $\text{Real}_{\pi,A}(\kappa;\{x_i \mid i\notin \text{corrupt}(A)\})$：在安全参数 κ 下执行协议，其中每个诚实参与方 P_i 都将使用自己的私有输入 x_i 诚实地执行协议，而被攻陷参与方的消息将由 A 选取。设 y_i 是每个诚实参与方 P_i 的输出，设 VIEW_i 为参与方 P_i 的最终视角或视图（包括其私有输入、随机带及执行协议期间收到的所有消息构成的消息列表）。输出$(\{\text{VIEW}_i \mid i\in \text{corrupt}(A)\}, \{y_i \mid i\notin \text{corrupt}(A)\})$。

② $\text{Ideal}_{F,\text{Sim}}(\kappa; \{x_i \mid i\notin \text{corrupt}(A)\})$：Sim 输出集合$\{x_i \mid i\in \text{corrupt}(A)\}$。计算 $F(x_1,\cdots, x_n)\to(y_1,\cdots, y_n)$。将$\{y_i \mid i\in \text{corrupt}(A)\}$作为 Sim 的输出，令 VIEW^*表示 Sim 的最终输出（输出是参与方的仿真视角集合）。输出$(\text{VIEW}^*,\{y_i \mid i\notin \text{corrupt}(\text{Sim})\})$。

定义 4-9 恶意安全性　给定安全多方计算协议 π，如果对于任意一个现实世界中的攻击者 A，存在一个满足 $\text{corrupt}(A)=\text{corrupt}(\text{Sim})$的仿真者 Sim，使得对于诚实参与方的所有输入$\{x_i \mid i\notin \text{corrupt}(A)\}$，概率分布 $\text{Real}_{\pi,A}(\kappa;\{x_i \mid i\notin \text{corrupt}(A)\})$和 $\text{Ideal}_{F,\text{Sim}}(\kappa; \{x_i \mid i\notin \text{corrupt}(A)\})$在安全参数 κ 下是不可区分的，则称 π 在恶意攻击模型下安全地实现了 F。

需要注意的是，上述定义仅描述了诚实参与方的输入$\{x_i \mid i\notin \text{corrupt}(A)\}$。被攻陷参与方与现实世界 Real 交互时不需要提供任何输入，而在与仿真者 Sim 交互时，被攻陷参与方的输入是间接确定的（仿真者需要根据被攻陷参与方的行为来选择将何种输入发送给 F）。

2. **安全多方计算协议**

本节介绍两个重要的安全多方计算协议，分别是 Yao 提出的第一个面向布尔电路的安全两方计算协议与 Ben-Or 提出的面向算术电路的 BGW 协议。

（1）Yao 协议

上文简单描述了 Yao 协议，下面对 Yao 协议进行详细介绍。Yao 协议使用混淆电路来执行计算函数，电路中每个线路对应两个混淆密钥，每个门对应一个真值表及 4 份密文。下面以构造混淆或（OR）门为例，介绍如何构造 Yao 协议中的混淆电路。

图 4-5 展示了混淆 OR 门生成过程。设 w_1,w_2 为 OR 门的两个输入线路，w_3 为 OR 门的输出线路；线路 w_1 和 w_2 对应的输入比特分别是 $b_1, b_2 \in \{0,1\}$。

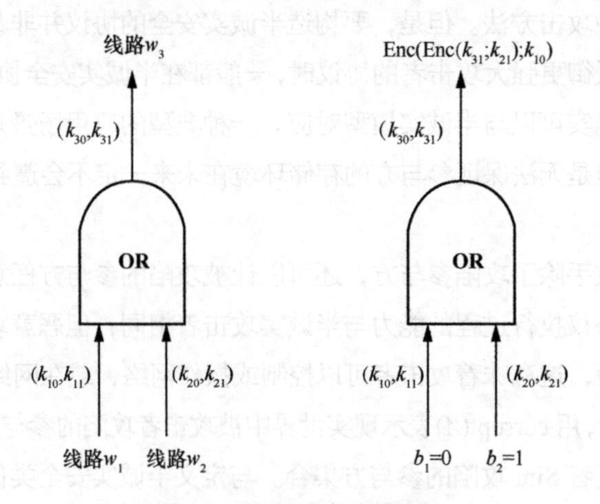

图 4-5 混淆 OR 门生成过程

① 每条线路分配两个密钥，即对线路 w_i（i=1,2,3），产生密钥 k_{i0} 与 k_{i1}，分别对应比特 0 与 1。

② 使用两条输入线路的密钥双重加密输出线路的密钥，用 **Enc(*m*;*x*)** 表示用密钥 x 加密消息 m。因为比特逻辑门有 4 种不同的输入、输出组合，所以产生 4 份密文，将 4 份密文的先后顺序随机打乱，便得到原始 OR 门对应的混淆 OR 门，如表 4-1 所示。

表 4-1 混淆 OR 门对应的密文

线路 w_1 密钥	线路 w_2 密钥	线路 w_3 密钥的密文
k_{10}	k_{20}	Enc(Enc(k_{30}; k_{20}); k_{10})
k_{10}	k_{21}	Enc(Enc(k_{31}; k_{21}); k_{10})
k_{11}	k_{20}	Enc(Enc(k_{30}; k_{20}); k_{11})
k_{11}	k_{21}	Enc(Enc(k_{31}; k_{21}); k_{11})

在包含多个逻辑门的布尔电路中，其对应的混淆电路可以通过上述方法将逐个逻辑门混淆

得到。因为上一个逻辑门的输出线路是下一个逻辑门的输入线路，那么上一个门的输出线路对应的密钥也就是下一个门所使用的输入线路密钥。一旦一个门的两个输入线路密钥确定，那么其对应的混淆门电路也就能确定。

在 Yao 协议中，电路生成方将生成的混淆电路及初始输入线路的密钥发送给电路计算方，因为电路生成方并没有将密钥与比特值的对应关系发送给电路计算方，后者并不知道电路生成方的输入值。之后，电路计算方通过不经意传输协议从电路生成方获得另一个初始输入线路对应的密钥，因为不经意传输协议保证信息发送方不知道接收方获得的是什么信息，电路生成方也不知道电路计算方的输入值，电路计算方随后开始计算整个混淆电路。最后，电路计算方获得混淆电路的输出，即最后的输出密钥，并展示给电路生成方；电路生成方根据输出密钥判断电路最后的输出是 0 还是 1。因为 Yao 协议是半诚实安全的，所以假设电路生成方和电路计算方都诚实地执行协议。

（2）BGW 协议

BGW 协议可用于对有限域上包含加法、乘法、常数乘法门的算术电路求值。此协议主要运用了 Shamir 秘密分享方案的同态特性——对各个秘密份额（子秘密）进行适当的处理，就可以在秘密值上实现安全计算。

给定 $v \in \mathbb{F}$，令$[v]$表示各个参与方持有 v 的秘密份额。具体来说，某一参与方选择一个阶最高为 t 的随机多项式 p，并令常数项 $p(0)=v$。参与方 P_i把 $p(i)$作为 v 的秘密份额。t 是秘密分享方案的阈值。BGW 协议对于算术电路的每一条输入导线 w，为每个参与方分配与其线路值 v_w对应的秘密份额$[v_w]$。接下来，简要描述 BGW 协议。

输入导线。对于属于参与方 P_i的输入导线，P_i知道明文导线值 v。参与方 P_i将秘密份额$[v]$分发给其他所有参与方。

加法门。考虑输入导线为 a 和 b，输出导线为 c 的加法门。各个参与方共同持有输入导线秘密份额$[v_a]$和$[v_b]$。参与方的目标是获得输入导线值 v_a和 v_b求和的秘密份额$[v_a+v_b]$。假设输入导线值 v_a和 v_b所对应的多项式分别为 p_a和 p_b。如果参与方 P_i在本地对秘密份额求和，得到 $p_a(i)+p_b(i)$，则各个参与方将共同持有多项式 $p_a(x)+p_b(x)$上的一个点。由于 p_c的阶最高也是 t，因此参与方 P_i所持有的 $p_a(i)+p_b(i)$构成了 $p_c(0)=p_a(0)+p_b(0)=v_a+v_b$ 的有效秘密份额。

乘法门。考虑输入导线为 a 和 b，输出导线为 c 的乘法门。各个参与方共同持有输入导线秘密份额$[v_a]$和$[v_b]$。参与方的目标是获得输入导线值 v_a和 v_b乘积的秘密份额$[v_a \cdot v_b]$。如上所述，参与方可以在本地将秘密份额相乘，使得各个参与方共同持有多项式 $q(x)=p_a(x) \cdot p_b(x)$上的一个点。然而，得到的多项式阶数最高可达到 $2t$，超过了秘密分享的阈值。

为了解决秘密分享阈值溢出问题，各个参与方需要一起完成多项式降阶步骤。设每个参与方持有的秘密份额是 $q(i)$，其中 q 是一个阶最高为 $2t$ 的多项式。参与方的目标是得到 $q(0)$的有效秘密份额，且对应多项式的阶不超过阈值 t。

这里要用到的核心结论是，可以用各个参与方秘密份额的线性函数表示 $q(0)$。具体来说，$q(0)=\sum_{i=1}^{2t+1}\lambda_i q(i)$，其中 λ_i 表示对应的拉格朗日系数。降阶步骤执行过程如下。

① 参与方 P_i 生成 $q(i)$的 t 阶秘密分享，并将秘密份额$[q(i)]$分发给其他参与方。需要注意的是，参与方 P_i 选择了最高为 t 阶的多项式，且此多项式的常数项为 $q(i)$。

② 各个参与方在本地计算 $q(0)=\sum_{i=1}^{2t+1}\lambda_i[q(i)]$。注意该表达式仅涉及秘密份额的加法和常数乘法运算。

由于$[q(i)]$ 的秘密分享阈值为 t，因此$[q(0)]$的秘密分享阈值也为 t，这就完成了乘法门中的降阶。在 BGW 协议中，参与方对乘法门求值时需要进行交互，即各个参与方需要发送秘密份额$[q(i)]$。此外，BGW 协议要求 $2t+1\leqslant n$，否则由于 q 的阶可能会达到 $2t$，n 个参与方没有足够的信息确定 $q(0)$值，因此当 $2t<n$ 时，BGW 协议在 t 个参与方被攻陷的条件下是安全的。

输出导线。电路求值完成后，参与方最终会持有导线 a 的秘密份额$[v_a]$。每个参与方将秘密份额广播给其他参与方，使得所有参与方都能得到 v_a。

4.2 基于纠删码的数据容灾技术

本节针对当前分布式存储系统中几种不同类型的纠删码技术进行介绍，重点介绍范德蒙 RS 码。RS 类纠删码是基于有限域的纠删码，具有很强的纠错能力。在分布式存储系统中，经过编码处理的文件块被分别存放到不同的节点，即使某些存储文件的节点基于某种原因而失效，利用纠删码技术的用户依然能够根据剩余文件恢复失效文件，即一定数量的节点失效并不会造成用户数据丢失。

4.2.1 纠删码概述

纠删码是一种数据编码方式，最早应用于通信领域。通信双方在经过有损信道传输数据时，信道中可能存在干扰和噪声，造成数据的丢失。因此需要对数据进行信道编码，增加一定的数据冗余，使得数据接收端可以根据数据冗余恢复出丢失的数据，或者检查出数据丢失的发生。目前，纠删码技术在分布式存储系统中主要有 3 类，即阵列纠删码、RS 类纠删码和 LDPC 纠删码[74]。

纠删码定义如下。k 个数据块经过某种编码运算，被编码为 $n(n>k)$个数据块，如果取这 n 个数据块中的任意 k 个，都可以恢复出 k 个原始的数据块，那么这种编码就是(n,k)纠删码。

一般情况下，用以下 4 个变量描述纠删码，即 n、k、b、k'，其中 n 是编码后所得的文件块的总数目，k 是编码前文件块的数目，b 是每个文件块所含有的比特数，k' 是一个大于 k 的整数。纠删码的执行步骤主要有以下 3 步。

第一步：将客户文件分割为 k 个文件块，用集合 $D=(D_1,D_2,\cdots,D_k)$ 表示，其中 $D_i\,(1\leqslant i\leqslant k)$ 是一个包含 b 个字节的文件块。

第二步：使用函数 Encode()对文件进行编码：$\text{Encode}(D)=(D'_1, D'_2,\cdots, D'_n)$，$D'_i(1\leqslant i\leqslant n)$的大小仍然是 b 个字节。

第三步：设 Encode(D')是 Encode(D)中任意 k' ($k' \geqslant k$)个文件块所构成的一个子文件，那么通过函数解码文件（Decode(Encode(D'))= D ），即可以通过编码后的文件 Encode(D)中任何 k' 个文件块恢复出原文件[75-76]。

用数学方式可以进行如下描述：假设文件 D 是($D_1, D_2, \cdots, D_k$)的集合，其中 D_i ($1 \leqslant i \leqslant k$)是一个固定长度的字符串，选择 n 个向量 $\boldsymbol{a}_i$ ($a_{i1}, a_{i2}, \cdots, a_{ik}$)($1 \leqslant i \leqslant n$)，每个向量的长度为 k ，保证这 n 个向量中任意 k 个是线性无关的，则有 $c_i = a_{i1} \cdot D_1 + \cdots + a_{ik} \cdot D_k (1 \leqslant i \leqslant n)$ 。设 $\boldsymbol{A}=(a_{ij})$，其中 $1 \leqslant i \leqslant n$ ， $1 \leqslant j \leqslant k$ ，则有 $\boldsymbol{A} \cdot [D_1, D_2, \cdots, D_k]^{\mathrm{T}} = [c_1, c_2, \cdots, c_n]^{\mathrm{T}}$。

上式得到的 c_i ($1 \leqslant i \leqslant n$)就是编码后的文件集合，其中含有 $m=n-k$ 个冗余向量。如果 c_i 中有 m 个文件块（即这里的向量）由于某种原因丢失了，那么通过剩下的 k 个文件块能够恢复出原文件。设 $\boldsymbol{A}_1$ 是删除矩阵 $\boldsymbol{A}$ 中丢失的向量所对应行后得到的矩阵，由于任意 k 个向量是线性无关的，所以 $\boldsymbol{A}_1$ 可逆。解码过程为 $[D_1, D_2, \cdots, D_k]^{\mathrm{T}} = (\boldsymbol{A}_1)^{-1} \cdot [c_1, c_2, \cdots, c_k]^{\mathrm{T}}$。

4.2.2　RS 算法

RS 算法由里德（Reed）和索罗蒙（Solomon）于 1960 年提出。RS 纠删码是 BCH 码（由 Bose、Ray-Chaudhuri 与 Hocquenghem 3 人提出）的多进制形式，具有很强的纠错能力。RS 类纠删码包括范德蒙码和柯西码。目前，RS 纠删码不仅用于避免数据包丢失，而且在计算机其他领域也是提高存储可靠性的一种重要技术[77]。

以最简单的有限域 GF(2^3)说明 RS 纠删码。对于 GF(2^3)来说，它的本原多项式为 $P(x)=x^3+x+1$；定义 a 为 $P(x)=0$ 的根，即 $a^3+a+1=0$。有限域 GF(2^w)生成矩阵所在空间及运算原理如下：GF(2^w)={0, a^0, a^1, $\cdots$, a^m}， $m=2^w-2$， $a^{(2^w-1)} = a^0 = 1, a^{2^w} = a^1, \cdots$ 。

有限域 GF(2^3)里的元素如表 4-2 所示。

表 4-2　有限域 GF(2^3)里的元素

GF(2^3)域元素	多项式表示
0	0
α^0	1
α^1	α^1
α^2	α^2
α^3	$\alpha+1$
α^4	$\alpha^2+\alpha$
α^5	$\alpha^2+\alpha+1$
α^6	α^2+1
α^7	1
…	…

$\alpha^3+\alpha+1=0$
为本原多项式

用二进制数、十进制数分别表示有限域 $GF(2^3)$里的域元素，如表 4-3 所示。

表 4-3　有限域 $GF(2^3)$里元素对应的二进制数、十进制数

$GF(2^3)$域元素	二进制表示	十进制表示
0	(000)	0
α^0	(001)	1
α^1	(010)	2
α^2	(100)	4
α^3	(011)	3
α^4	(110)	6
α^5	(111)	7
α^6	(101)	5
α^7	(001)	1
…	…	…

根据表 4-2 及表 4-3 进行有限域 $GF(2^w)$运算，域的运算一般是先转为二进制（或者多项式运算）再查表。以下是 $GF(2^3)$域中的加、减、乘、除运算方法。

加法：$\alpha^0+\alpha^3=001\oplus 011=010=\alpha^1$。

减法：在模 2 运算中与加法相同。

乘法：$\alpha^5\cdot\alpha^4=\alpha^{(5+4)\bmod 7}=\alpha^2$，回归到 $GF(2^3)$中。

除法：$\alpha^5/\alpha^3=\alpha^2$。

$\alpha^3/\alpha^5=\alpha^{-2}=\alpha^{(-2+7)}=\alpha^5$，回归到 $GF(2^3)$中。

由此可以看出，一个拥有 2^m 个元素的有限域提供了这样的计算可能性：2^m 个 m 位 0、1 比特流在加、减、乘、除的运算中能任意相互转换，运算的结果不会落到有限域的范围之外，这一性质恰好符合计算机进行数据存储的要求。这种运算被称为 RS 算法。

4.2.3　范德蒙 RS 编码

1．*范德蒙 RS 编码原理*

范德蒙矩阵是法国数学家范德蒙提出的一种各列为几何级数的矩阵。范德蒙矩阵应用之一就是纠删码，其中冗余块的编码采用范德蒙矩阵[78]。范德蒙矩阵形式如图 4-6 所示。

$$\begin{bmatrix} f_{1,1} & f_{1,2} & \cdots & f_{1,n} \\ f_{2,1} & f_{2,2} & \cdots & f_{2,n} \\ \vdots & \vdots & \vdots & \vdots \\ f_{m,1} & f_{m,2} & \cdots & f_{m,n} \end{bmatrix}$$

图 4-6　范德蒙矩阵形式

范德蒙矩阵用 $\boldsymbol{F}_{m\times n}$ 表示，$\boldsymbol{F}$ 中的第 i 行、第 j 列表示为 $f_{i,j}=j^{i-1}$。假设文件被划分为 k 个数据块，那么有 $\boldsymbol{D}=(d_1,d_2,\cdots,d_n)$，文件数据块经过范德蒙矩阵生成的检验块为 $\boldsymbol{C}=(c_1,c_2\cdots,c_m)$。生成冗余校验块的等式为 $\boldsymbol{FD}=\boldsymbol{C}$。范德蒙 RS 编码原理如式（4-1）所示。

$$\begin{bmatrix} f_{1,1} & f_{1,2} & \cdots & f_{1,n} \\ f_{2.1} & f_{2.2} & \cdots & f_{2.n} \\ \vdots & \vdots & \vdots & \vdots \\ f_{m,1} & f_{m,2} & \cdots & f_{m,n} \end{bmatrix} \cdot \begin{bmatrix} d_1 \\ d_2 \\ \vdots \\ d_n \end{bmatrix} = \begin{bmatrix} 1 & 1 & 1 & \cdots & 1 \\ 1 & 2 & 3 & \cdots & n \\ \vdots & \vdots & \vdots & \vdots & \vdots \\ 1 & 2^{m-1} & 3^{m-1} & \cdots & n^{m-1} \end{bmatrix} \cdot \begin{bmatrix} d_1 \\ d_2 \\ \vdots \\ d_n \end{bmatrix} = \begin{bmatrix} c_1 \\ c_2 \\ \vdots \\ c_m \end{bmatrix} \tag{4-1}$$

假如 $\boldsymbol{I}$ 是一个 n 行 n 列的单位矩阵，范德蒙的扩展矩阵如式（4-2）所示。

$$\boldsymbol{A}=\begin{bmatrix} 1 & 0 & 0 & \cdots & 0 \\ 0 & 1 & 0 & \cdots & 0 \\ \vdots & \vdots & \vdots & \vdots & \vdots \\ 0 & 0 & 0 & \cdots & 1 \\ 1 & 1 & 1 & \cdots & 1 \\ 1 & 2 & 3 & \cdots & n \\ \vdots & \vdots & \vdots & \vdots & \vdots \\ 1 & 2^{m-1} & 3^{m-1} & \cdots & n^{m-1} \end{bmatrix}, \quad \boldsymbol{E}=\begin{bmatrix} d_1 \\ d_2 \\ \vdots \\ d_n \\ c_1 \\ c_2 \\ \vdots \\ c_m \end{bmatrix} \tag{4-2}$$

从而得到范德蒙 RS 编码的扩展原理 $\boldsymbol{AD}=\boldsymbol{E}$，如式（4-3）所示。

$$\begin{bmatrix} 1 & 0 & 0 & \cdots & 0 \\ 0 & 1 & 0 & \cdots & 0 \\ \vdots & \vdots & \vdots & \vdots & \vdots \\ 0 & 0 & 0 & \cdots & 1 \\ 1 & 1 & 1 & \cdots & 1 \\ 1 & 2 & 3 & \cdots & n \\ \vdots & \vdots & \vdots & \vdots & \vdots \\ 1^{m-1} & 2^{m-1} & 3^{m-1} & \cdots & n^{m-1} \end{bmatrix} \cdot \begin{bmatrix} d_1 \\ d_2 \\ \vdots \\ d_n \end{bmatrix} = \begin{bmatrix} d_1 \\ d_2 \\ \vdots \\ d_n \\ c_1 \\ c_2 \\ \vdots \\ c_m \end{bmatrix} \tag{4-3}$$

2. 范德蒙 RS 译码原理

如果数据块或者冗余校验块丢失，只要丢失的数据块数目小于或等于 m，运用 RS 译码算法就可以恢复出原始数据块。例如，d_1 和 d_n 丢失，删除掉矩阵 $\boldsymbol{A}$ 中对应于 d_1 和 d_n 的行，生成另一个矩阵 $\boldsymbol{A}'$。同时，删除掉列矩阵 $\boldsymbol{E}$ 中的 d_1 和 d_n 的行，生成另一个矩阵 $\boldsymbol{E}'$。$\boldsymbol{E}'$ 乘以 $\boldsymbol{A}'$ 的逆矩阵就可以得到 $\boldsymbol{D}=(d_1,d_2,\cdots,d_n)$，从而恢复出 d_1 和 d_n。这是因为，范德蒙矩阵 $\boldsymbol{F}_{m\times n}$ 的秩为 $\min(m,n)$，m 的值总是小于或等于 n 的值，所以删除小于或等于 m 行的任何 $\boldsymbol{A}'$ 总是可逆的。根据矩阵在有限域里面的加减乘除运算法则，就能计算出原始数据块 $\boldsymbol{D}=(d_1,d_2,\cdots,d_n)$，从而达到恢复原始数据的目标。

3. 范德蒙 RS-Raid 系统编码/译码

在范德蒙 RS-Raid 系统中，一个文件被分割后分别存放在不同的磁盘上。例如，在(n, k)的

RS-Raid 系统中，存放数据块磁盘的数量为 k，存放冗余校验块的磁盘数量为 $n-k$。假设每个数据块的大小为 w bit，如果一个磁盘上面存放了 L 个字节的信息，那么磁盘上包含的数据块数目为 $t=8\cdot L/w$。在范德蒙 RS-Raid 系统中，校验块的计算式如式（4-4）所示。

$$c_i=\boldsymbol{F}_i(d_1, d_2,\cdots, d_n) \tag{4-4}$$

下面详细说明范德蒙 RS-Raid 的原理。将磁盘 D_1、D_2 中大小为 w bit 的数据块与 2 行 2 列的 GF(2^3)上的范德蒙矩阵相乘，编码生成大小为 w bit 的冗余数据块存放在检验磁盘 C_1、C_2 上。D_1、D_2、C_1、C_2 磁盘上相应的任何 2 个大小为 w bit 的数据块发生丢失，都能通过剩下的大小为 w bit 数据块恢复出来。例如，D_1 和 C_1 上的数据块丢失，通过对 D_2、C_2 上留下的数据块求逆矩阵来恢复出 D_1，再通过原来的 D_1、D_2 上的数据块计算出 C_1，最后把恢复出和计算出的数据块存放到相应的磁盘 D_1、C_1 上[6]。

同理，对于(n, k)的 RS-Raid 系统，存放数据块的磁盘数目为 k，存放冗余校验块磁盘数目为($n-k$)，在 $k\geqslant n-k$ 的前提条件下，n 个磁盘中任何($n-k$)个磁盘上面的数据丢失，都能通过剩下的 k 个磁盘恢复出来[79-80]。

RS-Raid 存储结构如图 4-7 所示。

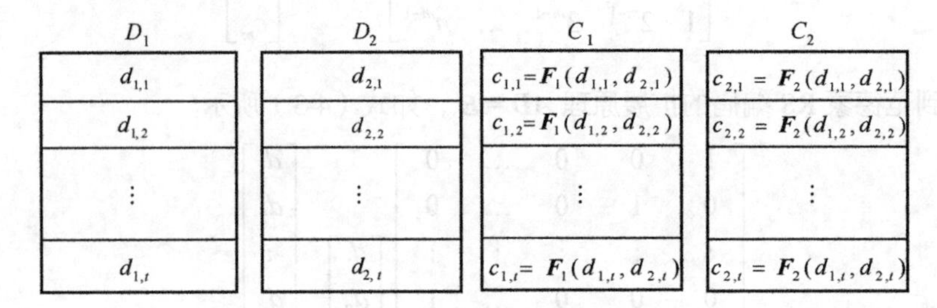

图 4-7　RS-Raid 存储结构

4.2.4　非均匀纠删码容灾技术

1. 背景介绍

近年来，以大型数据中心为代表的云存储系统发展迅猛，累积的数据量从 PB 级到 EB 级，甚至到 ZB 级，使得云存储网络规模和节点数量呈爆炸式增长，随之而来的就是数据失效率越来越高。例如，Google 云存储中心每执行一个 MapReduce 作业平均有 5 个节点失效，大约 4 000 个节点的 Hadoop 系统平均 6 h 就有一个磁盘失效，且其失效率随系统规模增大而迅速增大。存储节点（指存储服务器或磁盘）失效将导致数据不可访问，如果其中关键数据丢失，将会给用户带来巨大损失。所以，需要采用数据纠删或灾备技术来保证数据存储的可靠性，在一部分数据删除（即丢失）后，能够进行纠删操作，保证存储系统正常服务。

多副本技术（通常是 3 副本）是众多云存储系统的默认存储标准，是常用的数据灾备技术，其基本思想是在原始数据丢失后，用剩余副本进行替换。Google File System、Hadoop Distributed File System 和 Cloud File Storage 等云存储系统均采用多副本技术，基本策略是在文件对象写入时，将其拆分为固定大小的数据块（如 64 MB）并进行分布式存储，且每个数据块在写入时复制为多个副本，采用链式方式依次推送到云存储网络中的不同存储节点；当某些存储节点失效时，可对冗余副本进行复制操作，恢复出数据块。总体来看，n 副本技术的主要优点体现在：一是能很好地支持并发读操作，在数据读取率高时具有性能优势；二是数据重构/恢复开销不大，若丢失一个数据块，只要复制一个数据块即可。但是缺点也较明显，数据副本的存储开销巨大，其存储开销是正常情况的 n 倍，当对系统容错删除能力要求高时，该问题尤为突出。

基于有限域运算的(n, k)纠删码能将 n 个数据块编码为$(n+k)$个纠删码分块（多出 k 个冗余校验数据块），只要获取其中任意 n 个纠删码分块就可恢复出所有 n 个原始数据块，能最多容忍删除 k 个数据块。代表性的 RS 编码，即 RS(n, k)纠删码，是一种系统性编码，编码后原 n 个数据块保持不变，剩余 k 个冗余校验数据块由原始数据块计算得来。与多副本技术相比，在容错能力相同条件下，纠删码技术的存储效率更高、成本更低。例如，若按照 100 PB 数据（Windows Azure Storage 2012 年左右规模）、每年 1 美元/GB 的存储花费、容错能力为 1 来计算（多副本技术和纠删码各需要 2 倍和 1.5 倍存储空间），纠删码每年可节省存储费用 52 428 800 美元。

因此，为了在保障数据高可靠性的同时，尽可能地降低系统的存储开销和运营成本，各主流云服务提供商采用的典型技术是将逐渐冷却后的数据块编码为纠删码，并删除多余副本，即在热数据块存储早期采用多副本冗余（如标准的 3 副本机制）以保证并发读操作性能，而当数据块逐渐冷却后（用户访问率低时）则采用纠删码技术将其转换为纠删码分块存储。例如，微软的 Windows Azure Storage 采用 LRC 纠删码处理冷数据块，Google 的 GFS II(colossus)系统采用 RS(6, 3)纠删码处理冷数据块，Facebook 的 f4 云存储系统则采用 Xorbas 和 Hitchhiker 纠删码，DiskReduce 系统和 ATMOS 系统则采用 RS(10, 6)或 RS(9, 3)纠删码。然而，纠删码技术的缺点也很明显，(n, k)纠删码需要获取至少 n 个数据块才能恢复原始数据，即使只恢复一个数据块，仍然需要获取 n 个数据块，这将导致数据恢复时的系统 I/O 和网络带宽成本太高，远超多副本技术中恢复一个数据块的开销。目前纠删码技术的主要研究点是如何在存储空间开销和数据修复流量开销之间进行权衡。近年来产生了多种新技术，如再生码、本地重构码 LRC 等可用于解决数据修复流量开销大的问题。

然而，目前云存储中心的纠删码技术均沿袭传统通信领域的编码方法，没有针对数据失效模式的特点进行设计。近年来，已经有不少研究表明，各个存储节点的失效率是不一致的，受到多种物理参数（如存储节点所在机柜的水槽温度、磁盘工作温度、磁盘工作年龄等）的影响，存储节点失效率呈现出一种非均匀分布的特点。微软公司进行了大量的实验分析，得出的实验结果表明，不同磁盘的年平均失效率随平均工作温度变化有较大的波动，年平均失效率最高可达 12%，最低时则为 3%左右；而存储节点的年平均失效率与所在机柜的水槽温度有较大关联，在2%～14%波动。由于各个存储节点的失效率不同，所存储数据的失效率呈现出非均匀分布特点。

针对云存储系统中的存储节点失效率非均匀分布的特点，下面介绍一种非均匀纠删编码方法，可以在保持相同容错删除能力的前提下，有效降低数据重构开销，包括磁盘I/O开销和网络流量开销，从而提升云存储系统的性能。

2. **面向云存储的非均匀纠删码设计**

为了描述方便，后文把存储在高失效率存储节点上的数据块称为“易失效数据块”，包括原始数据块和编码后生成的冗余校验数据块。本节介绍的编码方法UFP-LRC分为以下3个步骤。第一步是找出要编码的冷数据块，并对它们进行分组，将易失数据块放入较小分组，不易失效的数据块放入较大分组。第二步是构造非均匀编码生成矩阵，并利用编码生成矩阵对冷数据块进行编码。第三步是对编码后的数据块和冗余校验块进行部署。

对于编码方案UFP-LRC(k_0, l, r)而言，具体编码实施过程如下。

第一步：采用通用的冷数据判断方法找出需要处理的冷数据块集合C，分批对冷数据块进行处理，每次处理一个子集$SC=\{D_0, D_1,\cdots, D_i\}\subset C$，其中$D_i$表示冷数据块。

第二步：对子集SC包含的数据块分别进行随机映射，即采用通用的随机哈希函数，将冷数据映射到某个存储节点（通常将不同的数据块映射到不同的存储节点，避免关联失效），该存储节点即冷数据块在编码处理后要迁往的目标节点，记录存储节点标识。

第三步：利用已获得的存储节点的失效率对冷数据进行排序，将那些存储在高失效率节点上的易失效数据块排在最前面，存储在较低失效率节点上的不易失效数据块排后面。

第四步：把数据块分为l个分组。将最前面k_0个数据块（即$D_0\sim D_{k_0-1}$）放入第一组，将随后的（k_0+1）个数据块（即$D_{k_0}\sim D_{2k_0}$）放入第二组，再将随后的（k_0+2）个数据块放入第三组，依次类推，直到把最后的（k_0+l-1）个数据块放入第l个分组，且$|SC|=\sum_{i=0}^{l-1}(k_0+i)$。

第五步：构建校验码生成矩阵$\boldsymbol{G}$，即系数矩阵。通过$\boldsymbol{G}$编码后可以让第（i+1）个分组有一个本地校验数据块$p_i(i=0,1,\cdots,l-1)$，此外，所有分组共享r个全局校验数据块$P_i(i=0,1,\cdots,r-1)$。p_i由各个组内的数据块异或生成，P_i由所有的数据块乘以编码系数后再异或生成。$\boldsymbol{G}$满足式（4-5），运算在有限域上进行。

$$\boldsymbol{G}\cdot\begin{pmatrix} D_0 \\ D_1 \\ \vdots \\ D_{|SC|-1} \end{pmatrix}=\begin{pmatrix} p_0 \\ p_1 \\ \vdots \\ p_{l-1} \\ P_0 \\ P_1 \\ \vdots \\ P_{r-1} \end{pmatrix} \tag{4-5}$$

式（4-5）用线性方程组表示为式（4-6）。

$$\begin{cases} D_0 + D_1 + \cdots + D_{k_0-1} = p_0 \\ D_{k_0} + D_{k_0+1} + \cdots + D_{2k_0} = p_1 \\ \qquad \cdots \\ D_{|SC|-k_0-l+1} + \cdots + D_{|SC|-1} = p_{l-1} \\ a_0 D_0 + a_1 D_1 + \cdots + a_{k_0-1} D_{k_0-1} + b_0 D_{k_0} + \cdots + b_{k_0} D_{2k_0} + c_0 \cdots = P_0 \\ a_0^2 D_0 + a_1^2 D_1 + \cdots + a_{k_0-1}^2 D_{k_0-1} + b_0^2 D_{k_0} + \cdots + b_{k_0}^2 D_{2k_0} + c_0^2 \cdots = P_1 \\ \qquad \cdots \\ a_0^{r-2} D_0 + a_1^{r-2} D_1 + \cdots + a_{k_0-1}^{r-2} D_{k_0-1} + b_0^{r-2} D_{k_0} + \cdots + b_{k_0}^{r-2} D_{2k_0} + c_0^{r-2} \cdots = P_{r-1} \end{cases} \tag{4-6}$$

其中，$a, b, c,\cdots$为需要构造的有限域上的编码系数，参数 a 对应的是第一组数据的编码系数，b 对应的是第二组数据的编码系数，c 为第三组的编码系数，依次类推。这些编码系数在下一轮数据块子集处理时，可以重复使用；编码系数需要满足式（4-7）。

$$\begin{aligned} & a_i, a_j, b_s, b_t, c_v, c_w \cdots \neq 0 \\ & a_i \neq a_j, b_s \neq b_t, c_v \neq c_w, \cdots \\ & a_i, a_j \neq b_s, b_t \neq c_v, c_w \neq \cdots \\ & a_i + a_j \neq b_s + b_t \neq c_v + c_w \neq \cdots \\ & a_i \neq b_s + b_t, b_s \neq a_i + a_j, c_v \neq a_i + a_j, \cdots \end{aligned} \tag{4-7}$$

上式表明：所有编码系数 a，b，$c,\cdots$都不为 0；任意组内和组间的两个编码系数都不相等；任意组内的两个系数之和都不等于另外一个组内的两个系数之和；任意一个系数都不等于其他组内的任意两个系数之和（注意：这里的和运算表示有限域上的异或运算）。通过选择满足上式的编码系数，UFP-LRC(k_0, l, r)具有以下 4 点容错能力。

① 所构造的 UFP-LRC 编码具有最大可恢复性，即只要线性方程组理论上能解码，即可进行数据恢复。

② 具有非均匀纠删编码保护能力，即前（$r-k_0+1$）个分组能容忍删除任意（$r+2$）个原始数据块，而后面的分组没有此特性。

③ 能够容忍删除任意（$r+1$）个数据块（包括原始数据块和校验数据块）。

④ 最多容忍删除（$l+r$）个块（包括原始数据块和校验数据块）。

第六步：利用 $\boldsymbol{G}$ 生成冗余的校验数据块，最后得到编码后的数据块集合 $\overline{SC}=\{D_0, D_1,\cdots, D_{|SC|-1}, p_0, p_1,\cdots, p_{l-1}, P_0, P_1,\cdots, P_{r-1}\}$。将它们部署到相应的存储节点，原数据块 D 根据已记录的存储节点标识进行部署，校验数据块按随机映射方法或其他常用映射方法进行部署。

第七步：假设有 m 个数据块，n 个校验数据块丢失，将失效的校验数据块 p_i 或 P_i 对应的方程式删除，并删除对应的 n 个方程，再从剩余的线性方程中找出任意 m 个方程构建一个新的方程组（要求该方程组理论上有确定唯一解，即对应的线性矩阵可逆），求解该方程组即可得出所有 $|SC|$ 个原始数据块 $D_0, D_1,\cdots, D_{|SC|-1}$，完成数据修复。

下面以 UFP-LRC(2, 2, 2)为例，详细说明具体的编码和修复过程。

第一步：采用通用的冷数据块判断方法（如根据最近访问时间，将长时间没有访问的数据标记为冷数据），找出需要编码的 5 个冷数据块子集 $SC=\{D_0',D_1',\cdots,D_4'\}$。

第二步：对子集 SC 包含的数据块分别进行随机映射，让不同的数据块映射到不同的存储节点，记录目标存储节点的标识。

第三步：利用目标存储节点的失效率（失效率可由相关物理参数估计出）对冷数据块进行排序，设排序后为$\{D_0, D_1,\cdots, D_4\}$，D_0为最易失效数据块，D_4为最不易失效数据块。

第四步：把数据块分为 2 个分组。将最前面 2 个数据块（D_0～D_1）放入第一组，再将随后的 3 个数据块（D_2～D_4）放入第二组。

第五步：构建校验码生成矩阵 $\boldsymbol{G}$。构建 $\boldsymbol{G}$ 的关键是在有限域空间选择有效的编码系数 a、b。具体的选择方法是采用一种交错的方式，让第一组的编码系数的高位为 0、低位为 1，而第二组编码系数的高位为 1、低位为 0。因此，在有限域 GF(2^5)空间中选择系数：a_0=00011、a_1=00010、b_0=11000、b_1=10000、b_2=01000，以后每轮数据块编码都用这些系数。校验数据块生成矩阵由式（4-8）表示。

$$\boldsymbol{G}=\begin{pmatrix}1 & 1 & 0 & 0 & 0\\ 0 & 0 & 1 & 1 & 1\\ a_0 & a_1 & b_0 & b_1 & b_2\\ a_0^2 & a_1^2 & b_0^2 & b_1^2 & b_2^2\end{pmatrix} \tag{4-8}$$

生成校验数据块的方程组由式（4-9）表示。

$$\begin{cases}D_0+D_1=p_0\\ D_2+D_3+D_4=p_1\\ a_0D_0+a_1D_1+b_0D_2+b_1D_3+b_2D_4=P_0\\ a_0^2D_0+a_1^2D_1+b_0^2D_2+b_1^2D_3+b_2^2D_4=P_1\end{cases} \tag{4-9}$$

UFP-LRC(2, 2, 2)编码分组示意图如图 4-8 所示。

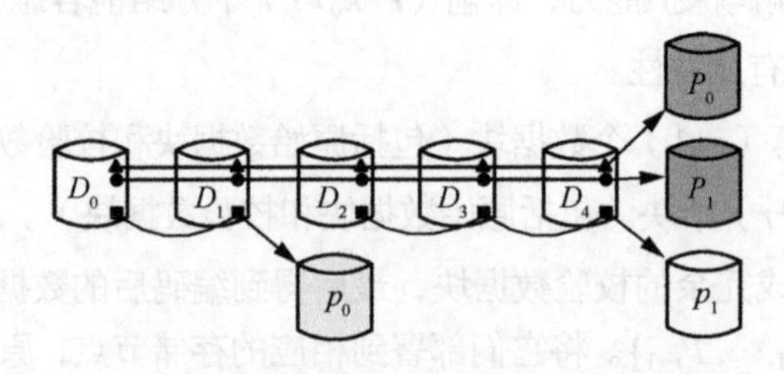

图 4-8　UFP-LRC(2, 2, 2)编码分组示意图

第六步：利用 $\boldsymbol{G}$ 生成冗余的校验数据块。采用循环方式每次选取数据块的一小块进行编码处理（如从每个数据块 D 中取 16 bit），得到编码后的数据块集合 $\overline{SC}=\{D_0, D_1, D_2, D_3, D_4, p_0, p_1, P_0, P_1\}$。将它们部署到相应的存储节点，原数据块 D 根据已记录的存储节点标识值进行部署，校验数据块按随机映射方法或其他常用映射方法进行部署。

第七步：设数据块 D_0、D_1、D_2 都丢失。当校验数据块 p_0 丢失时，将失效的校验数据块 p_0 对应的方程删除，再从剩余的线性方程中找出 3 个方程构建一个新的方程组，D_3、D_4 作为常数，解出式（4-10）所示方程组即可恢复出 D_0、D_1、D_2。

$$\begin{cases} D_2 = p_1 - D_3 - D_4 \\ a_0 D_0 + a_1 D_1 + b_0 D_2 = P_0 - b_1 D_3 - b_2 D_4 \\ a_0^2 D_0 + a_1^2 D_1 + b_0^2 D_2 = P_1 - b_1^2 D_3 - b_2^2 D_4 \end{cases} \tag{4-10}$$

式（4-10）也可表示为式（4-11）。

$$\boldsymbol{G}' \cdot \begin{pmatrix} D_0 \\ D_1 \\ D_2 \end{pmatrix} = \begin{pmatrix} p_1 - D_3 - D_4 \\ P_0 - b_1 D_3 - b_2 D_4 \\ P_1 - b_1^2 D_3 - b_2^2 D_4 \end{pmatrix} \tag{4-11}$$

由于有效地选择了编码系数，系数矩阵的向量是线性无关的，即$|\boldsymbol{G}'|=a_0a_1(a_1-a_0)\neq 0$，故式（4-11）有唯一确定解。

最后，通过式（4-12）恢复原数据 D_0、D_1、D_2。其他情况下的数据丢失采用类似的方法进行恢复。

$$\begin{pmatrix} D_0 \\ D_1 \\ D_2 \end{pmatrix} = \begin{pmatrix} 0 & 0 & 1 \\ a_0 & a_1 & b_0 \\ a_0^2 & a_1^2 & b_0^2 \end{pmatrix}^{-1} \cdot \begin{pmatrix} p_1 - D_3 - D_4 \\ P_0 - b_1 D_3 - b_2 D_4 \\ P_1 - b_1^2 D_3 - b_2^2 D_4 \end{pmatrix} \tag{4-12}$$

相对于现有的 RS 和 LRC 编码技术，UFP-LRC 改进了数据的分组方案，每组大小不均匀，并把易失效的数据块放在较小的组。由于同时采用本地校验数据块和全局校验数据块对数据进行保护，UFP-LRC 带来了两方面的优势，具体如下。

① 可以在易失效的数据块丢失时，消耗少量开销恢复数据，从而总体上降低恢复失效数据的开销。

② 提高易失效数据的容错能力，抵抗更多的数据失效模式，从而总体上提高数据恢复成功率和存储系统的可靠性。

与经典的 RS 编码和 Windows Server 使用的 LRC 编码相比，UFP-LRC 具有较好的恢复性能和可用性。

4.3 其他数据保护措施

4.3.1 区块链

1. 区块链概述

区块链是一种去中心化的分布式电子记账系统，使用密码学技术保证数据完整性和不可否认性。区块链中的交易信息按照发生的时间顺序记录在区块链系统中，并附带相应的时间戳；区块链必须经过大多数参与方一致同意后才可以更新，因此不容易被攻击者修改或删除，具有去中心化、可追溯、防篡改、安全可信等特点。

区块链 1.0 被称为可编程“货币”，主要以比特币为核心展开诸多业务及周边服务。为了使比特币更广泛地应用到各领域，研究人员在区块链 1.0 中增加了可以自动执行一系列操作的系统——“智能合约”，区块链从此进入 2.0 时代。智能合约是一套形式定义的承诺，合约的参与方可以在上面执行这些承诺的协议。区块链 2.0 时代以以太坊为代表，以太坊区块链的核心与比特币区块链本身没有本质区别，不同之处在于以太坊智能合约的实现。以太坊协议层面和应用层面的创新使得开发人员能够轻松地在一个全新的应用程序集上创建新的协议，利用智能合约在区块链上构建新的功能。区块链 3.0 是一种支持图灵完备智能合约的分布式架构，具有高传输速度和高吞吐量等优点，在金融以外的领域，如医疗、工业、物流、交通等，有广泛应用前景。

在区块链中，区块是记录交易信息的主要媒介。区块由区块头和区块体两部分组成，区块头存储了区块的相关参数，包括上一个区块哈希值、版本、随机数、时间戳和 Merkle 树根节点值等；区块体则存储了节点的交易信息。区块头存储着上一个区块的哈希值，从而与上一个区块产生关联，即每个区块都与前置的区块有所联系，这些区块形成一条长链，如果攻击者要篡改第 i 个区块存储的交易信息，则需要篡改第一个到第 i 个区块之间所有区块的信息。

一般来说，区块链具有以下主要特点[81]。

① 去中心化：在区块链中事务的全过程可以不需要第三方参与，包括创建账号、创建事务、验证事务、记录事务、查询事务等。

② 去信任化：区块链的安全不依赖可信机构的背书，可提供一种基于密码学的、低成本的可信交易；一般来说，公有链的代码是开源的，整个区块链的数据是公开的，节点间不存在互相欺骗的情况。

③ 集体维护：所有参与节点共同维护区块链系统，包括对数据的维护、对网络架构的维护、对共识机制的维护等。

④ 匿名性：在区块链中，每个用户都可以与一个已创建的地址进行交互。系统不会披露用户的实际详细信息，但是成员可以查看事务详细信息。

⑤ 不易篡改性：用户所有的交易记录都保存在相应的区块中，这些记录一旦生成就无法修改，这是因为其他区块不会认可所修改的信息，除非攻击者拥有超过 51%的总网络算力，才能实现对区块信息的修改，以现今的网络规模而言，这是无法实现的[82]。

⑥ 可溯源性：区块链带有时间戳和数字签名，可以追溯每个交易的时间，并进一步区分区块链上的相关方。

2. 基于区块链的数据安全存储

典型区块链系统使用到的存储系统包括文件系统、嵌入式键值数据库及关系数据库（如 MySQL）。文件系统主要存储区块数据，一般将数据进行二进制编码并存储在文件中，按照文件编号查找数据，其写性能尚可，但读性能差，主要用于存储区块数据；嵌入式链值数据库，如 LevelDB[83]、RocksDB[84]和 CouchDB[85]，都是基于 Key-Value 结构的键值数据库，LevelDB 和 RocksDB 被用于存储链上的各种数据，CouchDB 因具有较好的读性能并且支持复杂查询而被用于存储状态数据；关系数据库读写性能均衡，但弱于其他存储系统，可以用来处理复杂查询场景。

云计算技术的普及使得数据汇集存储于云存储系统中。尽管云计算给人们带来很大便利，但需要采用隐私保护技术确保数据安全。云计算可以从区块链中获得数据保护功能，因为区块链可以在保证数据完整性的同时保存数字资产[82,86-88]；采用区块链技术还有助于抵御分布式拒绝服务，防止用户存储的数据被操纵[89-91]。例如，在基于云计算的电子医疗系统中，区块链可以实现电子医疗数据的安全存储[88,92-93]，为患者提供去中心化、防篡改的数据库服务，包括对医疗数据进行永久的存储以保证病史的完整，防止攻击者篡改患者电子病历或者攻击数据中心使其无法访问。

图 4-9 展示了一种基于区块链的医疗数据管理系统架构[92]。系统由系统处理层和用户层组成，系统处理层包含 7 个主要部分，即密钥中心、连接池、发布中心、共识中心、数据交互系统、医疗区块链账本、数据库；用户层由所有从系统获取数据的用户组成，如患者、医生等。患者在医院就诊后，医生通过医疗区块链将患者的医疗元数据块和医疗数据块分别上传至医疗区块链账本和数据库，以保证数据的完整性和不易篡改；之后，患者通过自己的私钥在发布中心检索电子医疗数据；数据交互系统处理用户请求并从医疗区块链账本与数据库获得用户请求数据。医疗区块链中的网络节点由各级医院组成，根据医院等级，分为普通节点和共识节点，普通节点不参与全局账本的记账，但是需要同步整个账本，并且可以对患者的医疗数据进行签名并将其提交给参与共识的上级医院来发布；共识节点主要由高水平医疗机构组成，主要负责将数据打包成医疗元数据块和医疗数据块，并将所有医疗元数据块打包进区块，通过共识添加至医疗区块链，再将医疗数据块加密存储到数据库中。

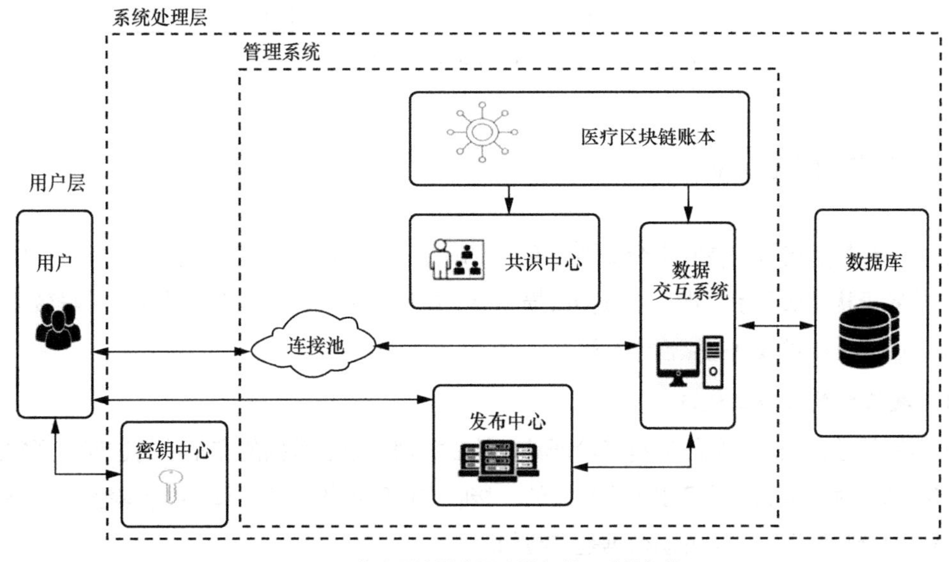

图 4-9　基于区块链的医疗数据管理系统架构

此外，物联网（IoT）的飞速发展给云环境下的数据存储带来诸多挑战。物联网设备的存储、计算能力有限，感知数据需要外包给功能强大的远程服务器进行处理，而数据长距离传输会导致数据处理过程中的响应延迟。边缘计算基于网络边缘的设备为终端用户提供计算和存储的服务，可以为用户提供更快的网络服务，解决物联网设备与云之间高时延数据传输和不安全数据存储的挑战。然而，边缘计算还不能直接处理物联网数据，因为其还存在计算能力低、动态性高和设备异质等问题。结合区块链技术提高边缘计算的服务质量是当前的一个研究热点[94-97]。基于区块链和边缘计算架构的物联网设备数据存储方案，将边缘计算服务器作为节点，形成星状文件系统（IPFS）网络，实现了数据的分布式存储，提高了数据存储安全性和边缘计算的服务效率。

基于边缘计算和区块链的数据存储系统[95]将具有一定计算和存储能力的边缘计算服务器作为区块链节点，形成分布式计算和存储网络。数据被存储在边缘计算服务器中，边缘计算服务器对原始数据进行处理和分析，将需要存储的原始数据分割成规定体量进行存储；然后，边缘计算服务器计算数据的哈希值，将数据索引和哈希值存放在分布式哈希表中，并且记录数据存储地址、时间戳和用户信息等，随后将分布式哈希表分发给每个节点。区块链保证了链上数据的一致性，防止了恶意篡改，而数据只以哈希值的形式存储在链上，节省了区块链空间，也保证了数据的隐私。基于边缘计算服务器的区块链数据存储结构如图 4-10 所示。

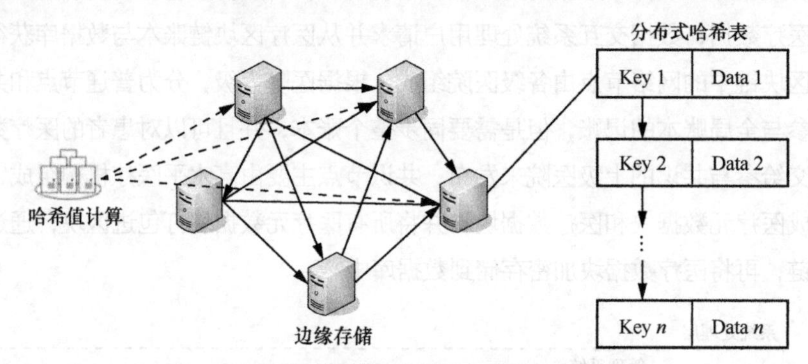

图 4-10　基于边缘计算服务器的区块链数据存储结构

4.3.2　数据完整性验证

数据完整性是指数据在其生命周期中保持准确性和一致性。数据在存储和传输过程中，可能遇到外界干扰（如敌手攻击、传输接口损坏等）或程序错误，甚至系统被入侵等导致完整性被破坏，因此需要对数据完整性进行验证。

1. 数据完整性验证概述

数据完整性验证是指数据所有者验证其存储在数据库中的数据的完整性的过程。通常用一种特定的算法对原始数据计算出一个校验值，接收方用同样的算法计算一次校验值，如果两次计算得到的检验值相同，则说明数据是完整的。

完整性验证包括私有性验证和第三方验证两种[98]。

（1）私有性验证

私有性验证的主体是用户（数据所有者）和云服务提供商。用户先将数据块和生成的标签发送给云服务提供商；当需要验证数据完整性时，用户向云服务提供商发出一个质询消息，云服务提供商接收消息后将一个证据返回给用户；基于收到的证据，用户通过验证算法判断存储于云服务提供商的数据是否完整。私有性验证流程如图 4-11 所示。

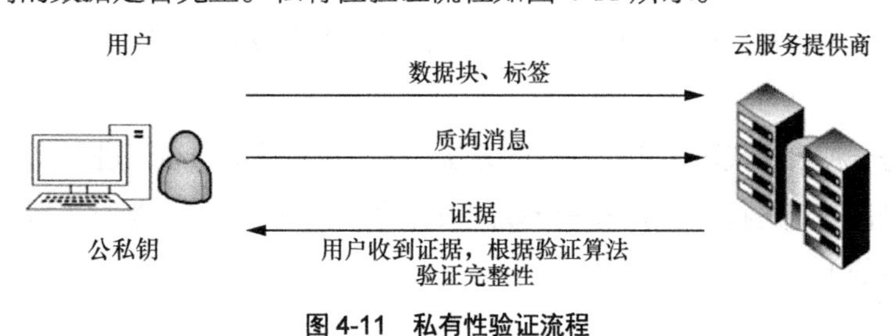

图 4-11　私有性验证流程

（2）第三方验证

第三方验证由第三方提供完整性验证服务。用户是数据所有者，对数据生成数据标签后将数据块及标签发送给云服务提供商；当需要验证数据的完整性时，用户向可信第三方授权，可信第三方负责完成用户数据的完整性验证任务，并将验证结果发送给用户。第三方验证流程如图 4-12 所示。

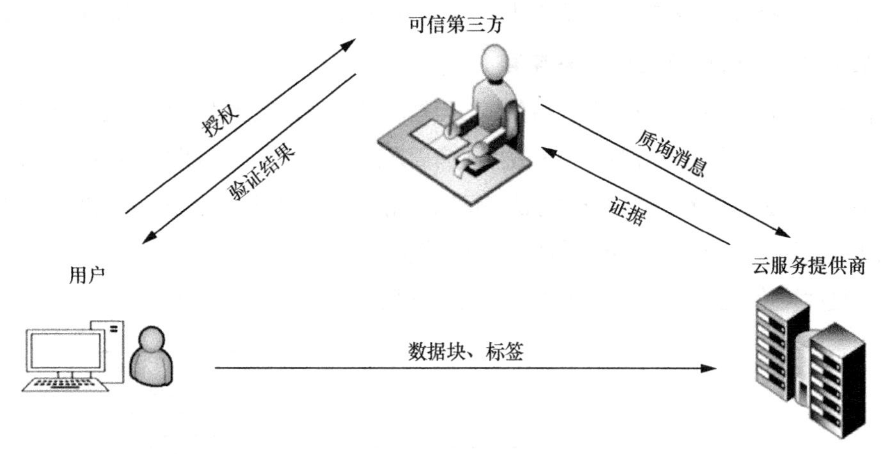

图 4-12　第三方验证流程

下面介绍数据完整性验证的威胁模型和校验技术。

（1）威胁模型

针对数据完整性的安全隐患主要表现为以下两个方面。

① 数据删除或代替

实际上，提供存储的服务器不一定是可信的。云服务提供商可能会因自身硬件存储条件或为节省成本而在未经数据所有者许可的情况下删除用户长期未访问的数据；为了节省计算资源，云服务提供商可能会忽略数据所有者提出的更新请求，以此前缓存的响应结果应答；数据遭到未经数据所有者授权的删改时，云服务提供商为了己方的信誉不受损，可能会隐瞒数据完整性受到破坏的事实。

② 标签伪造

不可信的存储服务器可能会使用已经过期的标签和数据块应对用户或第三方的校验请求，甚至与第三方联合伪造校验结果。

（2）校验技术

常用的校验技术有奇偶校验、CRC（循环冗余校验）和校验和[99]。

① 奇偶校验

奇偶校验是一种校验代码传输正确性的方法，根据被传输的一组二进制代码数位中“1”的个数是奇数还是偶数来进行校验。采用奇数的被称为奇校验，反之，被称为偶校验（采用何种校验是事先规定的）。

② 循环冗余校验

一种根据数据包或计算机文件等数据产生简短固定位数校验码的方法，主要用来检测或校验数据传输或者保存后可能出现的错误。生成的校验码在传输或者存储之前计算出来并且附加到原始数据后面，然后接收方进行检验确定数据是否发生变化。

③ 校验和

从信息数据中计算出一个确定值，对于给定信息的校验和总是不变的。信息接收者可以从该信息中生成校验和，如果生成的校验和与发送信息的校验和匹配，则认为信息未被篡改。

2. 基于完整性校验的数据安全存储

在云存储中，用户将数据发送至云端存储，但是用户无法确定云端在保持数据完整性上是否可信（假设用户端上传有效数据并暂不考虑数据生命周期的其他环节）。为了解决这个问题，许多研究人员提出了针对云环境的完整性校验方法，可以使用户以较少的开销验证云端数据的完整性。经过多年的研究发展，按能否恢复受损的数据，云环境的数据完整性校验可以划分为数据持有性校验和数据可恢复性校验。图 4-13 为根据这种划分方式对已有方案进行的分类[100]。

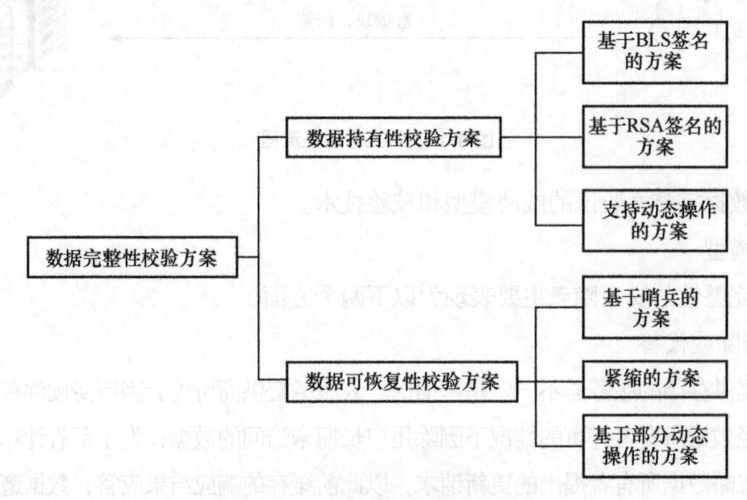

图 4-13 数据完整性校验方案分类

远程数据公共完整性校验可以将数据完整性验证任务委托给第三方[98-99]。第三方在不清楚整个数据集的情况下定期校验数据集的完整性，当检查结果失败时，通知云端数据可能受损。此时，云端摆脱了完整性校验的负担，而第三方则需要具备强大的计算能力承担验证的计算任务。同时，这样的第三方不一定是可信的，他们可以通过其强大的计算能力恢复原始数据。因此，远程数据公共完整性校验需要考虑面向第三方的数据隐私。

在边缘环境下，也有一些数据完整性校验方案被提出。图 4-14 介绍了一种边云混合的数据完整性校验方案[100]。在该方案中，边缘节点是半可信的，且拥有一定的数据管理权限，不同的边缘节点具有不同的职能（存储或审计），但可能会试图恢复原始数据；云端是不可信的，有可能破坏用户数据。用户将数据上传至边缘节点或云端进行存储，并将校验任务外包给边缘服务器；接近用户侧的边缘节点负责数据交互，具有存储和计算功能。密钥生成中心部署在边缘层，负责在初始化阶段使用主密钥为其他用户生成基于身份的部分私钥。云端为用户提供数据存储服务，并且接收用户通过边缘端发送的数据完整性校验请求；用户接收校验结果并对数据完整性进行判断。

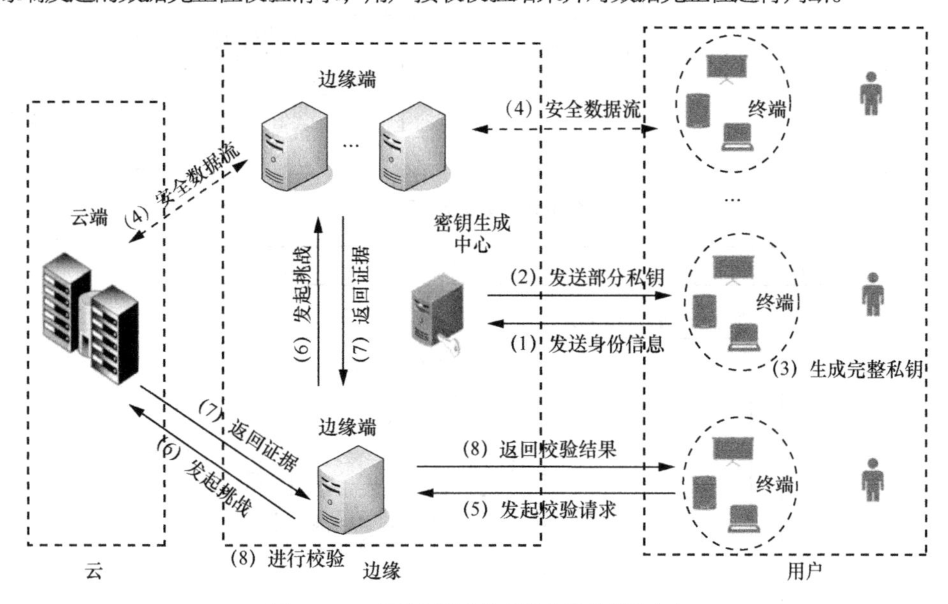

图 4-14　一种边云混合的数据完整性校验方案

在数据上传阶段（如图 4-15 所示），用户终端设备接入网络后，密钥生成中心根据用户身份和设备身份生成部分私钥，交由终端生成完整私钥。在数据传输过程中，终端在离线阶段预先生成数据部分标签，在线阶段只需进行轻量级计算以生成完整标签，然后将数据、标签上传至边缘端存储。边缘端根据用户需求将数据上传至云端或者删除数据。

在数据完整性校验阶段（如图 4-16 所示），用户终端向边缘端发起校验请求；拥有校验职能的边缘节点代表用户对数据进行数据完整性校验。该边缘节点对数据存储位置进行分析，若数据存储在正确的边缘节点中，则云端将相应标签返回给校验节点；接着，校验节点对存储相关数据的节点发起挑战，存储节点利用数据和节点私钥生成签名，将签名发送给校验数据的边缘节点进行校验。若校验结果失败，则说明数据完整性受损，边缘节点将校验结果返回给用户；

若校验结果成功，则说明数据完整性没有受损，且没有存储在错误的节点。边缘节点可以使用公共参数校验数据的完整性，不需要用户提供秘密值；拥有校验职能的边缘节点只会收到数据的哈希值，不会接触原始数据，从而保护了数据隐私。

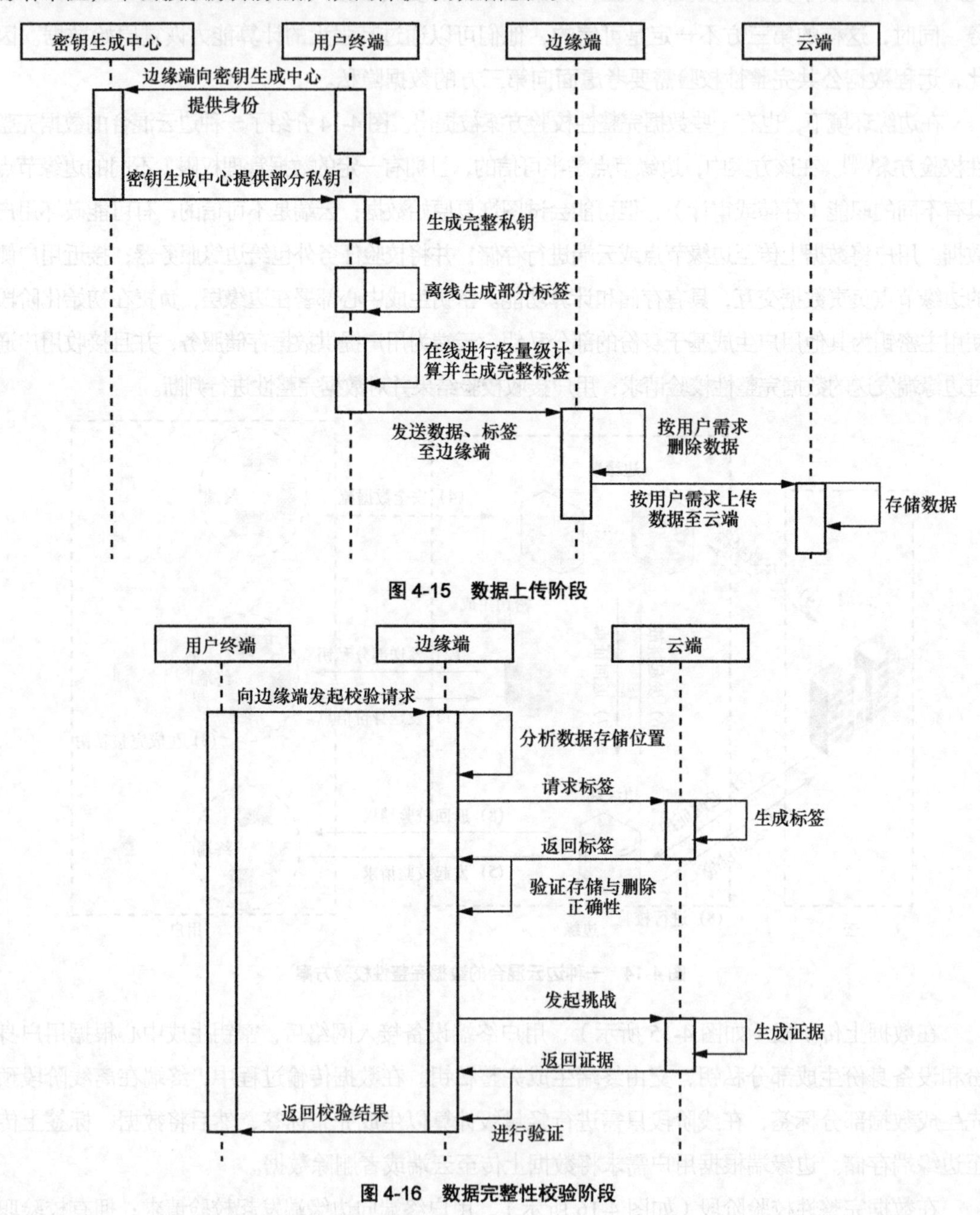

图 4-15　数据上传阶段

图 4-16　数据完整性校验阶段

4.3.3　基于区块链的数据完整性验证

数据完整性验证机制能够验证云存储中数据完整性是否受损。区块链具有不易篡改和去中心化等特性，为保证数据完整性提供了新的思路。基于区块链的数据完整性验证将提供完整性校验服务的第三方移除，取而代之的是区块链，使得验证任务更加开放、透明和可审计。由于区块链为分布式架构，多个节点共同维护区块链，因此不存在单点故障。同时，区块链的记录由区块链中的所有节点决定，使得区块链上的记录更加安全和可信。因此，基于区块链的数据完整性验证是安全的、可行的。

1. **基于区块链的云存储数据完整性验证**

图 4-17 展示了一种基于区块链的云存储数据完整性验证方案，该方案由用户、云服务提供商（CSP）、区块链网络（BCN）和第三方仲裁机构（TPAI）组成。用户将数据上传到 CSP 前生成数据完整性证明树（DIPT）和辅助验证信息树（AVIT），将 DIPT 和 AVIT 上传到 BCN，然后将数据上传到云端进行存储。随后，用户提出数据完整性校验的请求，BCN 收到请求后，通过智能合约向 CSP 转发请求；CSP 收到请求后进行应答，并将应答转发给 BCN 智能合约；智能合约根据存储的 AVIT 对应答进行验证，并将验证结果发送给用户。此外，引入一个对数据完整性校验结果进行仲裁的 TPAI，用户收到结果后，如果对结果表示怀疑，则向 TPAI 发起数据完整性仲裁；TPAI 根据存储在区块链中的 DIPT 对云端上的数据进行完整性校验，并将仲裁结果返回给用户。若有恶意用户对云端发起非法请求，云端也可以向 TPAI 提出仲裁来验证数据完整性。区块链提供了可溯源的数据完整性证据，根据其不易篡改的特性，恶意攻击者无法通过篡改区块链中的完整性证明达到其攻击目的；而引入第三方仲裁则使得当数据被篡改或破坏时，用户可向 CSP 索赔，促使 CSP 提供安全可靠的存储服务。

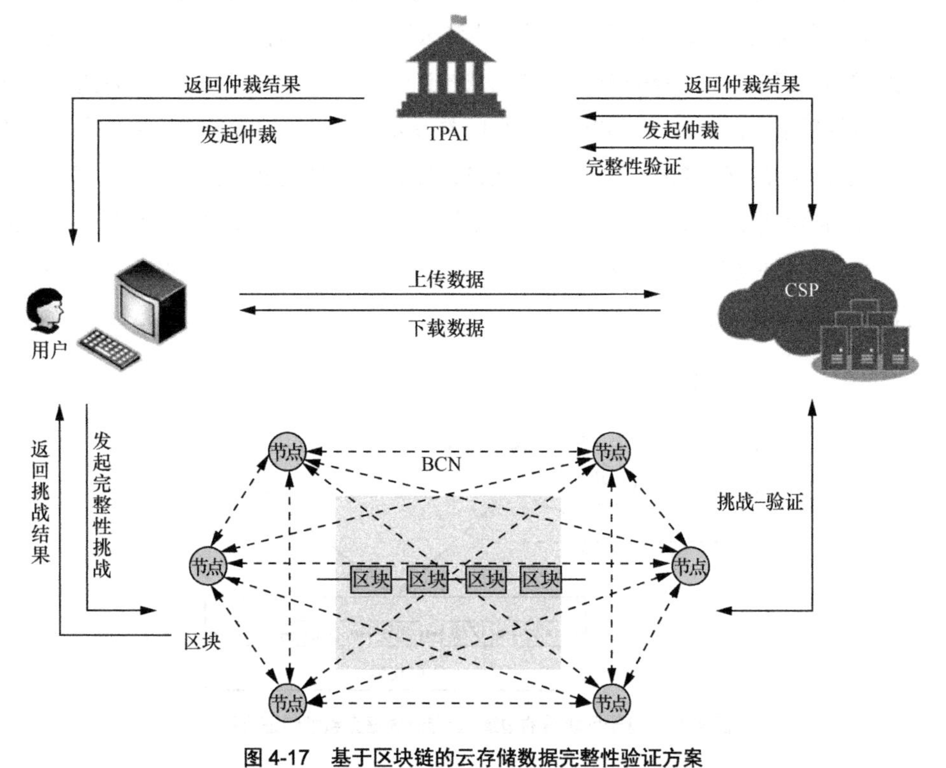

图 4-17 基于区块链的云存储数据完整性验证方案

2. 基于区块链的边缘-云存储数据完整性验证

在边缘-云存储环境中[83]，用户端提交的计算或存储任务由邻近的边缘节点执行；边缘节点根据云服务器的任务调配，将结果返回给云服务器或用户端。

用户将数据上传至边缘云的大致流程如下。首先，用户将数据分割成几片，并使用这些数据分片来构造一个哈希 Merkle 树；其次，用户和边缘节点对哈希 Merkle 树达成一致；再次，用户将此 Merkle 树的根存储在区块链中；然后，用户将数据和 Merkle 树上传到边缘节点；最后，边缘节点将数据存储地址返回给用户，并将任务执行结果返回给云服务器。边缘-云存储数据上传流程如图 4-18 所示。

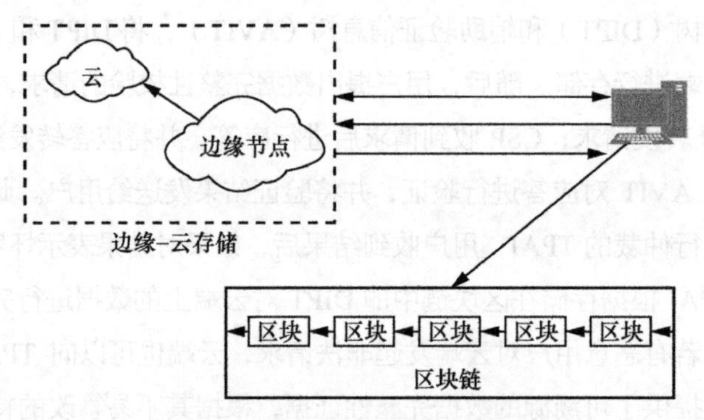

图 4-18 边缘-云存储数据上传流程

当用户申请对云存储数据进行完整性验证时，云服务器将数据完整性验证任务下发到边缘节点；边缘节点完成任务后，将结果返回给用户和云服务器。具体流程如下[101]。首先，用户向云服务器发送验证请求，云服务器转发用户请求给边缘节点，边缘节点选择碎片进行验证；其次，边缘节点使用哈希函数对请求和碎片计算哈希摘要；然后，边缘节点将摘要和相应的辅助信息（即验证所需要的必要数据）发送给区块链；接着，区块链上的智能合约计算一个新的哈希根，并与原始哈希根进行对比，如果相等，则证明数据完整性未被破坏，否则说明数据完整性被破坏；最后，区块链将验证结果返回给用户和云服务器。基于区块链的边缘-云存储数据完整性验证流程如图 4-19 所示。

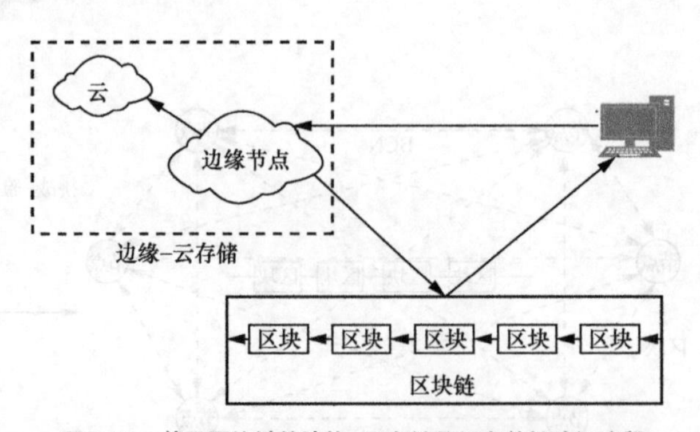

图 4-19 基于区块链的边缘-云存储数据完整性验证流程

4.4 本章小结

本章主要介绍了数据存储安全相关技术。首先介绍了传统数据存储安全技术，包括文件级加密、安全中间层和访问安全代理；然后结合云计算、区块链等新型应用场景，介绍了同态加密和安全多方计算；随后针对数据存储阶段面临的数据失效、丢失等风险，介绍了基于纠删码的数据容灾技术；最后结合云计算和边缘计算应用，介绍了基于区块链的数据完整性验证技术。

参考文献

[1] Microsoft Corp. Window 信息保护(WIP)[EB/OL]. 2022.

[2] HALCROW M A. eCryptFS: An enterprise-class encrypted filesystem for Linux[C]//Proceedings of the 2005 Linux Symposium. [S.l.:s.n.], 2005: 201-218.

[3] HALCROW M. eCryptFS: a stacked cryptographic filesystem[J]. Linux Journal, 2007, 2007: 2.

[4] 韩培义, 刘川意, 王佳慧, 等. 面向云存储的数据加密系统与技术研究[J]. 通信学报, 2020, 41(8): 55-65.

[5] RUOTI S, SEAMONS K, ZAPPALA D. Layering security at global control points to secure unmodified software[C]//Proceedings of the 2017 IEEE Cybersecurity Development (SecDev). Piscataway: IEEE Press, 2017: 42-49.

[6] VIRTRU CORPORATION TERMS. Virtru: email encryption and data security for business privacy[R]. 2017.

[7] HE W, AKHAWE D, JAIN S, et al. ShadowCrypt: encrypted web applications for everyone[C]//Proceedings of the 2014 ACM SIGSAC Conference on Computer and Communications Security. New York: ACM Press, 2014: 1028-1039.

[8] GUO X J, HUANG Y Y, YE J H, et al. ShadowFPE: new encrypted web application solution based on shadow DOM[J]. Mobile Networks and Applications, 2021, 26(4): 1733-1746.

[9] 王国峰, 刘川意, 韩培义, 等. 基于访问代理的数据加密及搜索技术研究[J]. 通信学报, 2018, 39(7): 1-14.

[10] POPA R A, REDFIELD C M S, ZELDOVICH N, et al. CryptDB: protecting confidentiality with encrypted query processing[C]//Proceedings of the 23rd ACM Symposium on Operating Systems Principles. New York: ACM Press, 2011: 85-100.

[11] POPA R A, STARK E, HELFER J, et al. Building web applications on top of encrypted data using Mylar[J]. Proceedings of the 11th USENIX Symposium on Networked Systems Design and Implementation. [S.l.:s.n.], 2014: 157-172.

[12] BENI E H, LAGAISSE B, JOOSEN W, et al. DataBlinder: a distributed data protection middleware supporting search and computation on encrypted data[C]//Proceedings of the 20th International Middleware Conference Industrial Track. New York: ACM Press, 2019: 50-57.

[13] RIVEST R L, ADLEMAN L, DERTOUZOS M L. On data banks and privacy homomorphisms[J]. Foundations of secure computation, 1978, 4(11): 169-180.

[14] RIVEST R L, SHAMIR A, ADLEMAN L. A method for obtaining digital signatures and public-key cryptosystems[J]. Communications of the ACM, 1978, 21(2): 120-126.

[15] ELGAMAL T. A public key cryptosystem and a signature scheme based on discrete logarithms[J]. IEEE Transactions on Information Theory, 1985, 31(4): 469-472.

[16] PAILLIER P. Public-key cryptosystems based on composite degree residuosity classes[C]//Proceedings of the International Conference on the Theory and Application of Cryptographic Techniques. [S.l.:s.n.], 1999: 223-238.

[17] GOLDWASSER S, MICALI S. Probabilistic encryption[J]. Journal of Computer and System Sciences, 1984, 28(2): 270-299.

[18] NACCACHE D, STERN J. A new public key cryptosystem based on higher residues[C]//Proceedings of the 5th ACM conference on Computer and communications security. New York: ACM Press, 1998: 59-66.

[19] DAMGRD I, JURIK M. A generalisation, a simplification and some applications of Paillier's probabilistic public-key system[C]//Proceedings of the 2001 International Conference on Practice and Theory in Public Key Cryptography. [S.l.:s.n.], 2001: 119-136.

[20] BONEH D, GOH E J, NISSIM K. Evaluating 2-DNF formulas on ciphertexts[C]//Proceedings of the Theory of Cryptography Conference. Heidelberg: Springer, 2005: 325-341.

[21] GENTRY C. Fully homomorphic encryption using ideal lattices[C]//Proceedings of the 41st Annual ACM Symposium on Theory of computing. New York: ACM Press, 2009: 169-178.

[22] DIJK M, GENTRY C, HALEVI S, et al. Fully homomorphic encryption over the integers[C]//Proceedings of the Annual International Conference on the Theory and Applications of Cryptographic Techniques. Heidelberg: Springer, 2010: 24-43.

[23] PEREIRA H V L. Bootstrapping fully homomorphic encryption over the integers in less than one second[C]//Proceedings of the IACR International Conference on Public-Key Cryptography. Cham: Springer, 2021: 331-359.

[24] NUIDA K, KUROSAWA K. (batch) fully homomorphic encryption over integers for non-binary message spaces[C]//Proceedings of the Annual International Conference on the Theory and Applications of Cryptographic Techniques. Heidelberg: Springer, 2015: 537-555.

[25] SILVA D, HARMON L, DELAVIGNETTE G, et al. Leveled fully homomorphic encryption schemes with hensel codes[J]. IACR Cryptology ePrint Archive, 2021: 1281.

[26] GENTRY C, SAHAI A, WATERS B. Homomorphic encryption from learning with errors: conceptually-simpler, asymptotically-faster, attribute-based[C]//Proceedings of the 33rd Annual Cryptology Conference. [S.l.:s.n.], 2013: 75-92.

[27] BRAKERSKI Z, VAIKUNTANATHAN V. Efficient fully homomorphic encryption from (standard) LWE[J]. SIAM Journal on Computing, 2014, 43(2): 831-871.

[28] BRAKERSKI Z, GENTRY C, HALEVI S. Packed ciphertexts in LWE-based homomorphic encryption[C]//Proceedings of the 16th International Conference on Practice and Theory in Public-Key Cryptography. Heidelberg: Springer, 2013: 1-13.

[29] CHILLOTTI I, GAMA N, GEORGIEVA M, et al. TFHE: fast fully homomorphic encryption over the torus[J]. Journal of Cryptology, 2020, 33(1): 34-91.

[30] BOURA C, GAMA N, GEORGIEVA M, et al. CHIMERA: combining ring-LWE-based fully homomorphic encryption schemes[J]. Journal of Mathematical Cryptology, 2020, 14(1): 316-338.

[31] BEUNARDEAU M, CONNOLLY A, GERAUD R, et al. Fully homomorphic encryption: computations with a blindfold[J]. IEEE Security & Privacy, 2016, 14(1): 63-67.

[32] CHEON J H, HAN K, KIM A, et al. Bootstrapping for approximate homomorphic encryption[C]// Proceedings of the 37th Annual International Conference on the Theory and Applications of Cryptographic Techniques. [S.l.:s.n.], 2018: 360-384.

[33] GENTRY C, HALEVI S. Fully homomorphic encryption without squashing using depth-3 arithmetic circuits[C]//Proceedings of the 2011 IEEE 52nd Annual Symposium on Foundations of Computer Science. Piscataway: IEEE Press, 2011: 107-109.

[34] JUNG W, KIM S, AHN J H, et al. Over 100x faster bootstrapping in fully homomorphic encryption through memory-centric optimization with GPUs[J]. IACR Transactions on Cryptographic Hardware and Embedded Systems, 2021: 114-148.

[35] HALLMAN R A, LAINE K, DAI W, et al. Building applications with homomorphic encryption[C]// Proceedings of the 2018 ACM SIGSAC Conference on Computer and Communications Security. New York: ACM Press, 2018: 2160-2162.

[36] VIAND A, JATTKE P, HITHNAWI A. SoK: fully homomorphic encryption compilers[C]//Proceedings of the 2021 IEEE Symposium on Security and Privacy (SP). Piscataway: IEEE Press, 2021: 1092-1108.

[37] HALEVI S, SHOUP V. An implementation of homomorphic encryption[EB/OL]. 2018.

[38] PALISADE Organization. PALISADE homomorphic encryption software library v1.11.7[EB/OL]. 2022.

[39] 冯登国, 张敏, 李昊. 大数据安全与隐私保护[M]. 北京: 清华大学出版社, 2018.

[40] YAO A C C. How to generate and exchange secrets[C]//Proceedings of the 27th Annual Symposium on Foundations of Computer Science (SFCS 1986). Piscataway: IEEE Press, 1986: 162-167.

[41] GOLDWASSER S. How to play any mental game, or a completeness theorem for protocols with an honest majority[C]//Proceedings of the 1987 Annual ACM Symposium on Theory of Computing. New York: ACM Press, 1987: 218-229.

[42] BEN-OR M, GOLDWASSER S, WIGDERSON A. Completeness theorems for non-cryptographic fault-tolerant distributed computation[C]//Proceedings of the twentieth annual ACM symposium on Theory of computing – STOC'88. New York: ACM Press, 1988: 1-10.

[43] CHAUM D, CRÉPEAU C, DAMGARD I. Multiparty unconditionally secure protocols[C]//Proceedings of the twentieth annual ACM symposium on Theory of computing – STOC'88. New York: ACM Press, 1988: 11-19.

[44] HAMLIN A, SCHEAR N, SHEN E, et al. Cryptography for big data security[M]//Big Data: Storage, Sharing And Security (3S). Boca Raton: CRC Press. 2016: 241-288.

[45] NAOR M, PINKAS B, SUMNER R. Privacy preserving auctions and mechanism design[C]//Proceedings of the 1st ACM Conference on Electronic Commerce. New York: ACM Press, 1999: 129-139.

[46] PINKAS B, SCHNEIDER T, SMART N P, et al. Secure two-party computation is practical[C]//Proceedings of the 15th International Conference on the Theory and Application of Cryptology and Information Security. Heidelberg: Springer, 2009: 250-267.

[47] KOLESNIKOV V, SCHNEIDER T. Improved garbled circuit: free XOR gates and applications[C]// Proceedings of the International Colloquium on Automata, Languages, and Programming. Heidelberg: Springer, 2008: 486-498.

[48] KOLESNIKOV V, MOHASSEL P, ROSULEK M. FleXOR: flexible garbling for XOR gates that beats free-XOR[C]//Proceedings of the Annual Cryptology Conference. Heidelberg: Springer, 2014: 440-457.

[49] ZAHUR S, ROSULEK M, EVANS D. Two halves make a whole: reducing data transfer in garbled circuits using half gates[C]//Proceedings of the 34th Annual International Conference on the Theory and Applications of Cryptographic Techniques. Heidelberg: Springer, 2015: 220-250.

[50] ROSULEK M, ROY L. Three halves make a whole? beating the half-gates lower bound for garbled circuits[C]//Proceedings of the 41st Annual International Cryptology Conference. Cham: Springer, 2021: 94-124.

[51] LINDELL Y, PINKAS B, SMART N P. Implementing two-party computation efficiently with security against malicious adversaries[C]//Proceedings of the International Conference on Security and Cryptography for Networks. Heidelberg: Springer, 2008: 2-20.

[52] SHELAT A, SHEN C H. Fast two-party secure computation with minimal assumptions[C]//Proceedings of the 2013 ACM SIGSAC Conference on Computer & Communications Security. New York: ACM Press, 2013: 523-534.

[53] BELLARE M, HOANG V T, KEELVEEDHI S, et al. Efficient garbling from a fixed-key blockcipher[C]//Proceedings of the 2013 IEEE Symposium on Security and Privacy. Piscataway: IEEE Press, 2013: 478-492.

[54] HUANG Y, EVANS D, KATZ J, et al. Faster secure two-party computation using garbled circuits[C]//Proceedings of the 20th USENIX Security Symposium. [S.l.:s.n.], 2011: 35-35.

[55] WANG X, RANELLUCCI S, KATZ J. Authenticated garbling and efficient maliciously secure two-party computation[C]//Proceedings of the 2017 ACM SIGSAC Conference on Computer and Communications Security. New York: ACM Press, 2017: 21-37.

[56] KATZ J, RANELLUCCI S, ROSULEK M, et al. Optimizing authenticated garbling for faster secure two-party computation[C]//Proceedings of the Annual International Cryptology Conference. Cham: Springer, 2018: 365-391.

[57] LINDELL Y, PINKAS B. Secure two-party computation via cut-and-choose oblivious transfer[J]. Journal of Cryptology, 2012, 25(4): 680-722.

[58] NIELSEN J B, NORDHOLT P S, ORLANDI C, et al. A new approach to practical active-secure two-party computation[C]//Proceedings of the Annual Cryptology Conference. Heidelberg: Springer, 2012: 681-700.

[59] FREDERIKSEN T K, JAKOBSEN T P, NIELSEN J B, et al. MiniLEGO: efficient secure two-party computation from general assumptions[C]//Proceedings of the Annual International Conference on the Theory and Applications of Cryptographic Techniques. Heidelberg: Springer, 2013: 537-556.

[60] FREDERIKSEN T, JAKOBSEN T P, NIELSEN J, et al. TinyLEGO: an interactive garbling scheme for maliciously secure two-party computation[J]. IACR Cryptology ePrint Archive, 2015: 309.

[61] RABIN T, BEN-OR M. Verifiable secret sharing and multiparty protocols with honest majority[C]//Proceedings of the 21st annual ACM symposium on Theory of computing – STOC'89. New York: ACM Press, 1989: 73-85.

[62] BEAVER D. Secure multiparty protocols and zero-knowledge proof systems tolerating a faulty minority[J]. Journal of Cryptology, 1991, 4(2): 75-122.

[63] BENDLIN R, DAMGÅRD I, ORLANDI C, et al. Semi-homomorphic encryption and multiparty computation[C]//Proceedings of the Annual International Conference on the Theory and Applications of Cryptographic Techniques. Heidelberg: Springer, 2011: 169-188.

[64] DAMGÅRD I, PASTRO V, SMART N, et al. Multiparty computation from somewhat homomorphic encryption[C]//Proceedings of the Annual Cryptology Conference. Heidelberg: Springer, 2012: 643-662.

[65] MALKHI D, NISAN N, PINKAS B, et al. Fairplay-secure two-party computation system[C]//Proceedings of the USENIX Security Symposium. [S.l.:s.n.], 2004: 287-302.

[66] BEN-DAVID A, NISAN N, PINKAS B. FairplayMP: a system for secure multi-party computation[C]//Proceedings of the 15th ACM Conference on Computer and Communications Security. New York:

ACM Press, 2008: 257-266.
[67] PODDAR R, KALRA S, YANAI A, et al. Senate: a maliciously-secure MPC platform for collaborative analytics[C]//Proceedings of the 30th USENIX Security Symposium. [S.l.:s.n.], 2021: 2129-2146.
[68] ZHU R Y, CASSEL D, SABRY A, et al. NANOPI: extreme-scale actively-secure multi-party computation[C]//Proceedings of the 2018 ACM SIGSAC Conference on Computer and Communications Security. New York: ACM Press, 2018: 862-879.
[69] HASTINGS M, HEMENWAY B, NOBLE D, et al. SoK: general purpose compilers for secure multi-party computation[C]//Proceedings of the 2019 IEEE Symposium on Security and Privacy (SP). Piscataway: IEEE Press, 2019: 1220-1237.
[70] REICH D, TODOKI A, DOWSLEY R, et al. Privacy-preserving classification of personal text messages with secure multi-party computation[C]//Proceedings of the 33th Conference on Neural Information Processing Systems (NeurIPS 2019). [S.l.:s.n.], 2019: 3752-3765.
[71] KNOTT B, VENKATARAMAN S, HANNUN A, et al. CrypTen: secure multi-party computation meets machine learning[C]//Proceedings of the 35th Conference on Neural Information Processing Systems (NeurIPS 2021). [S.l.:s.n.], 2021: 4961-4973.
[72] LINDELL Y. Secure multiparty computation[J]. Communications of the ACM, 2021, 64(1): 86-96.
[73] EVANS D, KOLESNIKOV V, ROSULEK M. 实用安全多方计算导论[M]. 刘巍然, 丁晟超, 译. 北京: 机械工业出版社, 2021.
[74] 王意洁, 许方亮, 裴晓强. 分布式存储中的纠删码容错技术研究[J]. 计算机学报, 2017, 40(1): 236-255.
[75] 慕建君, 路成业, 王新梅. 关于纠删码的研究与进展[J]. 电子与信息学报, 2002, 24(9): 1276-1281.
[76] 傅颖勋, 文士林, 马礼, 等. 纠删码存储系统单磁盘错误重构优化方法综述[J]. 计算机研究与发展, 2018, 55(1): 1-13.
[77] 蒲建发, 苏凯雄. 基于 FPGA 的 RS 编码器的设计与实现[J]. 福州大学学报, 2004, 32(2): 150-153.
[78] PLANK J S. A turorial for Fault-Tolerate in RAID-like system[R]. 1996.
[79] PAMIES-JUAREZ L, DATTA A, OGGIER F. RapidRAID: Pipelined erasure codes for fast data archival in distributed storage systems[C]//Proceedings of the 2013 Proceedings IEEE INFOCOM. Piscataway: IEEE Press, 2013: 1294-1302.
[80] 陈华英. 磁盘阵列 RAID 可靠性分析[J]. 电子科技大学学报, 2006, 35(3): 403-406.
[81] 刘滋润, 王点, 王斌. 区块链隐私保护技术[J]. 计算机工程与设计, 2019(6): 1567-1573.
[82] REHMAN H U, YAFI E, NAZIR M, et al. Security assurance against cybercrime ransomware[C]//Proceedings of the International Conference on Intelligent Computing & Optimization. Cham: Springer, 2019: 21-34.
[83] GERVAIS A, CAPKUN S, KARAME G O, et al. On the privacy provisions of Bloom filters in lightweight Bitcoin clients[C]//Proceedings of the 30th Annual Computer Security Applications Conference. New York: ACM Press, 2014: 326-335.
[84] Meta. RocksDB, a persistent key-value store[EB/OL]. 2021.
[85] ANDERSON J C, LEHNARDT J, SLATER N. CouchDB: the definitive guide: time to relax[M]. Sebastopol: O'Reilly Media, Inc., 2010.
[86] 刘睿瑄, 陈红, 郭若杨, 等. 机器学习中的隐私攻击与防御[J]. 软件学报, 2020, 31(3): 866-892.
[87] ZIKRATOV I, KUZMIN A, AKIMENKO V, et al. Ensuring data integrity using blockchain technology[C]//Proceedings of the 2017 20th Conference of Open Innovations Association (FRUCT). Piscataway: IEEE Press, 2017: 534-539.
[88] 谭朋柳, 王雪娇, 唐伟强, 等. 基于区块链的 MCPS 数据安全架构设计[J]. 计算机工程与设计, 2020,

41(12): 3339-3345.
[89] 刘峰, 赵俊峰. 基于区块链的云存储数据完整性验证方案[J]. 应用科学学报, 2021, 39(1): 164-173.
[90] DEY N, ASHOUR A S, SHI F Q, et al. Medical cyber-physical systems: a survey[J]. Journal of Medical Systems, 2018, 42(4): 74.
[91] WANG H, SONG Y J. Secure cloud-based EHR system using attribute-based cryptosystem and blockchain[J]. Journal of Medical Systems, 2018, 42(8): 152.
[92] 王辉，刘玉祥，曹顺湘，等. 融入区块链技术的医疗数据存储机制[J]. 计算机科学，2020, 47(4): 285-291.
[93] WANG Z W. Blockchain-based edge computing data storage protocol under simplified group signature[J]. IEEE Transactions on Emerging Topics in Computing, 2022, 10(2): 1009-1019.
[94] ZHANG L J, PENG M H, WANG W Z, et al. Secure and efficient data storage and sharing scheme for blockchain-based mobile-edge computing[J]. Transactions on Emerging Telecommunications Technologies, 2021, 32(10): e4315.
[95] ZHOU L, LIU J H. IOT data storage solution based on hybrid blockchain edge architecture[C]//Proceedings of the 2021 4th International Conference on Artificial Intelligence and Pattern Recognition. New York: ACM Press, 2021: 466-471.
[96] LIU D Z, ZHANG Y, JIA D B, et al. Toward secure distributed data storage with error locating in blockchain enabled edge computing[J]. Computer Standards & Interfaces, 2022, 79: 103560.
[97] SALTZER J H, REED D P, CLARK D D. End-to-end arguments in system design[J]. ACM Transactions on Computer Systems, 1984, 2(4): 277-288.
[98] ZHANG X J, ZHAO J, XU C X, et al. DOPIV: post-quantum secure identity-based data outsourcing with public integrity verification in cloud storage[J]. IEEE Transactions on Services Computing, 2022, 15(1): 334-345.
[99] BLUM M, EVANS W, GEMMELL P, et al. Checking the correctness of memories[J]. Algorithmica, 1994, 12(2): 225-244.
[100]王子园，杜瑞忠. 边缘环境下基于无证书公钥密码的数据完整性审计方案[J]. 通信学报，2022, 43(7): 62-72.
[101]张桂鹏. 基于区块链的云数据安全存储技术研究[D]. 广州：广东工业大学, 2022.

第5章 数据共享与使用安全技术

在数据共享与使用过程中，如何在不影响数据使用性的前提下保护数据安全与隐私是关键问题。本章首先从传统的数据脱敏技术出发，介绍数据脱敏在保护数据共享与使用安全中的作用及应用场景。其次，结合云计算环境，介绍主流的密码学访问控制技术，包括属性基加密和代理重加密，并且针对不同加密系统用户间的数据共享问题，介绍跨密码体制代理重加密。再次，针对数据发布和查询时的隐私保护需求，分别介绍差分隐私和可搜索加密。最后，面向数据共享与使用中的违法违规行为，介绍深度伪造视频数据取证技术。

5.1 数据脱敏技术

5.1.1 数据脱敏定义

数据脱敏是指对原始数据中包含的秘密或隐私信息进行变形处理，使得恶意篡改者无法从经过脱敏处理后的数据中直接获取敏感信息，从而实现对机密及隐私信息的保护[1]。

5.1.2 数据脱敏原则

为了确保数据脱敏的过程可控，且满足业务需要，在数据脱敏时，需满足以下原则[2]。

1. **有效性**

数据脱敏技术应该确保脱敏工作的有效性，去除数据中的敏感信息，保证数据安全。原始数据经脱敏处理后，其包含的敏感信息已经被移除，恶意攻击者无法通过处理后的数据得到敏感信息，并且无法使用非敏感数据推断、重建敏感原始数据。

2. **真实性**

数据脱敏技术应该确保脱敏工作的真实性，脱敏后的数据应该尽可能真实地体现原始数据的特征，且应该尽可能多地保留原始数据中的有意义信息。在开展数据脱敏工作时，需注意以下方面：① 保持原始数据的格式；② 保持原始数据的类型；③ 保持原始数据间的依存关系；④ 保持语义完整性；⑤ 保持引用完整性；⑥ 保持数据的统计、聚合等特征；⑦ 保持频率分布；⑧ 保持唯一性。

3. **高效性**

数据脱敏技术应该确保脱敏工作的高效性，应该通过程序自动化实现，且可重复执行脱敏工作。在不影响有效性的前提下，需要注意平衡脱敏的力度与所花费的代价，将数据脱敏控制在一定的时间和经济成本内。

4. **稳定性**

数据脱敏技术应该确保脱敏工作的稳定性，需要保证对相同的原始数据，在各输入条件一致的情况下，无论脱敏多少次，其最终结果都相同。

5. **可配置性**

数据脱敏技术应该确保脱敏工作的可配置性，按照不同输入条件生成不同的脱敏结果，从而可根据数据使用场景等因素为不同的用户提供不同的脱敏数据。

5.1.3 数据脱敏全生命周期过程

数据脱敏全生命周期过程包括数据脱敏规程制定和数据脱敏工作流程执行两部分[3]。

1. **数据脱敏规程制定**

相关机构需要制定完备的数据脱敏规范和流程，对可能接触到脱敏数据的相关方进行数据脱敏规程的培训，并定期评估和维护数据脱敏规程内容，以保证数据脱敏工作执行的规范性和有效性。在制定数据脱敏规程时，应考虑以下因素：① 明确指定敏感数据管理部门，并明确其安全责任和义务；② 根据安全合规需求，建立敏感数据的分类分级制度、数据脱敏的工作流程、脱敏工具的运维管理制度，并定期维护更新；③ 根据敏感数据的重要程度定义其安全级别，并建立数据安全管控机制；④ 定期对数据脱敏工具进行安全检测，以保证数据脱敏工具自身的安全性；⑤ 定期对数据脱敏工作的相关方，如数据管理方、数据使用方、脱敏工具运维方，开展培训工作；⑥ 制定完备的敏感数据使用审批流程，确保敏感数据的使用安全合规；⑦ 明确数据脱敏流程，并实现自动化管理，提升数据脱敏工作的效率。

2. **数据脱敏工作流程执行**

数据脱敏工作流程执行包括发现敏感数据、标识敏感数据、确定脱敏方法、制定脱敏规则、执行脱敏操作和评估脱敏效果等步骤，如图 5-1 所示。

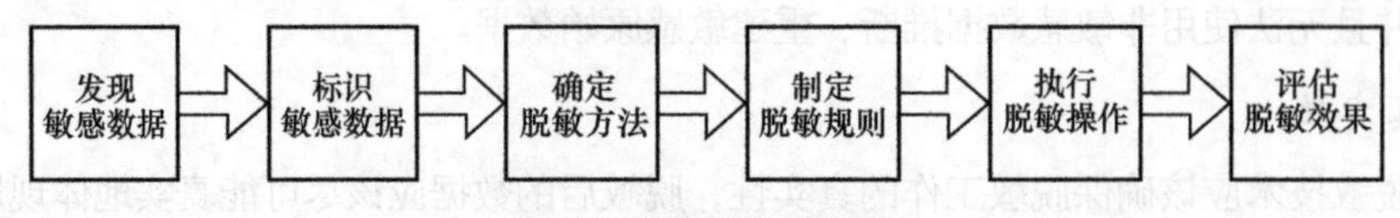

图 5-1　数据脱敏工作流程

（1）发现敏感数据

为了有效开展数据脱敏工作，不仅需要建立敏感数据分类分级制度，对机构所拥有的数据进行梳理、分类和分级，通过建立有效的数据发现手段，在机构完整的数据范围内查找并发现敏感数据，明确敏感数据结构化或非结构化的数据表现形态；还需要分析建立完整的敏感数据位置和关系库，确保数据脱敏工作能够充分考虑到必需的业务范围及脱敏后数据对原数据业务特性的继承。

在发现敏感数据的过程中，需要考虑以下因素。

① 定义数据脱敏工作执行的范围，在该范围内执行敏感数据的发现工作。

② 通过数据表名称、字段名称、数据记录内容、数据表备注、数据文件内容等，采用直接匹配或者正则表达式匹配的方式发现敏感数据。

③ 考虑数据引用的完整性，如保证数据库的引用完整性约束。

④ 数据发现手段应支持主流的数据库系统、数据仓库系统、文件系统，同时应支持云计算主流新型存储系统。

⑤ 尽量利用自动化工具执行数据发现工作，降低该过程对生产系统的影响。

⑥ 数据发现工具应具有扩展机制，以便根据业务需要自定义敏感数据的发现逻辑。

⑦ 固化常用的敏感数据发现规则，避免重复定义数据发现规则。

（2）标识敏感数据

发现敏感数据后，需要进行敏感数据标识，即标识敏感数据的位置、敏感数据的格式等信息，以便进行后续的敏感数据访问、传输和处理。在标识敏感数据的过程中，需要考虑以下因素。

① 在数据收集阶段需对敏感数据进行识别和标识，便于在数据的整个生命周期阶段对敏感数据进行有效管理。

② 敏感数据的标识方法必须考虑到便捷性和安全性，使得标识后的数据很容易被识别。同时，要确保标识的敏感数据不被恶意攻击者删除和篡改，确保敏感数据的安全合法性。

③ 敏感数据的标识方法应支持静态数据的敏感标识和动态流数据的敏感标识。

（3）确定脱敏方法

在对标识的敏感数据进行脱敏前，应首先确定脱敏方法。数据脱敏方法分为静态数据脱敏和动态数据脱敏，不同的数据脱敏方法对数据源的影响不同，脱敏的时效性也不一样。确定脱敏方法后，需选择对应的数据脱敏工具。在确定数据脱敏方法的过程中，需要考虑以下因素。

① 静态数据脱敏方法对原始数据进行一次脱敏，脱敏后的结果数据可以多次使用，适合使用场景比较单一的情况。

② 动态数据脱敏方法是在敏感数据显示时，针对不同用户需求，对显示数据进行屏蔽处理的数据脱敏方式，它要求系统有安全措施，以确保用户不能绕过数据脱敏层次直接接触敏感数据。动态数据脱敏比较适合用户需求不确定、使用场景复杂的情形。

（4）制定脱敏规则

针对已识别和标识出的敏感数据，需建立敏感数据在相关业务场景下的脱敏规则。在敏感数据生命周期识别的基础上，明确存在数据脱敏需求的业务场景，并结合行业法规的要求和业务场景的需求，制定相应业务场景下有效的数据脱敏规则。在制定脱敏规则的过程中，需要考虑以下因素。

① 识别业务开展过程中应遵循的个人隐私保护、数据安全保护等关键领域国内外法规、行业监管规范或标准，以此作为数据脱敏规则必须遵循的原则。

② 对已识别出的敏感数据进行生命周期（产生、采集、使用、交换、销毁）流程的梳理，明确在生命周期各阶段，用户对数据的访问需求和当前的权限设置情况，分析整理出存在数据脱敏需求的业务场景。

③ 进一步分析存在数据脱敏需求的业务场景，在“最小够用”原则下明确待脱敏的数据内容、符合业务需求的脱敏方式，以及该业务的服务水平方面的要求，以便制定脱敏规则。

④ 数据脱敏工具应提供扩展机制，以便用户根据需求自定义脱敏方法。

⑤ 通过数据脱敏工具选择数据脱敏方法时，脱敏工具中应对各类方法的使用进行详细的说明，说明应包括但不限于规则的实现原理、数据引用完整性影响、数据语义完整性影响、数据分布频率影响、约束和限制等，以支撑脱敏工具的使用者在选择脱敏方式时做出正确的选择。

⑥ 应固化常用的敏感数据脱敏规则，避免在数据脱敏项目实施过程中重复定义数据脱敏规则。

（5）执行脱敏操作

执行数据脱敏，包括执行条数据脱敏和执行块数据脱敏。条数据脱敏是对单条数据根据脱敏规则实施脱敏，块数据脱敏是对聚合数据实施脱敏。在执行脱敏操作的过程中，需要考虑以下因素。

① 支持将数据源复制数据到新环境，并在新环境中执行脱敏操作。同时，也支持在数据源端直接进行脱敏。

② 对脱敏任务的管理，考虑采用自动化管理的方式，以提升管理效率。

③ 执行对脱敏任务的运行监控，关注任务执行的稳定性和脱敏任务对业务的影响。

④ 设置专人定期对数据脱敏的相关日志记录进行安全审计，审计应重点关注高权限账号的操作日志和脱敏工作的记录日志；发布审计报告，并跟进审计中发现的例外和异常。

（6）评估脱敏效果

通过收集、整理数据脱敏工作执行的数据，如相关监控数据、审计数据，对数据脱敏的前期工作开展情况进行反馈，从而优化相关规程和数据脱敏流程。在评估脱敏效果的过程中，应考虑以下因素。

① 利用测试工具评估脱敏后数据对应用系统的功能、性能的影响，从而明确对整体业务服务水平的影响。

② 测试负载应尽量保证与生产环境一致，应尽量提供从生产环境复制数据到脱敏系统进行

脱敏测试的功能。

③ 根据业务发展的情况和脱敏工作执行的反馈，优化数据脱敏工作规程，旨在增强数据安全能力，并满足合法要求。

5.1.4　数据脱敏技术

1. 面向数据库的数据脱敏技术

在企业和金融机构的后台数据库中存储着海量数据，这些数据创造了巨大的商业价值。然而，如身份信息、位置信息、银行账户信息等敏感信息在使用的过程中存在较大的安全风险，如果发生信息泄露，不仅会造成重大的财产损失，也会对企业的名誉造成严重影响。

数据库脱敏系统采用专门的脱敏算法对敏感数据进行变形、屏蔽、替换、随机化、加密，将敏感数据转化为虚构数据，为数据的安全使用提供基础保障[4]。数据脱敏系统主要包括 6 个模块，即自动识别敏感数据、脱敏策略和方案管理、数据子集管理、脱敏任务管理、脱敏数据验证和动态数据脱敏。具体描述如下。

（1）自动识别敏感数据

依据用户指定的一部分敏感数据或预定义的敏感数据特征，在执行任务的过程中对抽取的数据进行自动识别，避免按照字段定义敏感数据元的烦琐工作，同时对敏感数据进行自动脱敏。

（2）脱敏策略和方案管理

根据不同的数据特征，采用不同的数据脱敏算法，可对常见数据，如姓名、证件号、银行账户、金额、手机号、车牌号、住址、E-mail 地址等进行脱敏。常见的数据脱敏算法如表 5-1 所示。

表 5-1　常见的数据脱敏算法

脱敏算法	算法描述	示例
掩码	用通用字符替换原始数据中的部分信息，掩码后数据长度与原始数据一致	手机号：12345678912 掩码：123****8912
替换	用虚构的数据代替真实的数据	姓名：张三 替换：王二
随机化	对敏感数据进行重新随机分布，混淆原始数值和其他字段的联系	金额：1332 随机化：3231
格式保留加密	保证密文与明文具有相同格式与长度的加密方式，使用字符到数字和数字到字符的映射函数，将明文转换为无符号数存储	身份证号：120101197901122365 格式保留加密： 120101198601225638
强加密	使用对称加密算法对数据进行强加密，将明文转换为随机化密文	身份证号：120101197901122365 AES 强加密： lja&2924KUEF65%QarotugDF2390^32KNqL

这些算法具有如下特征。

① 同义替换：使用相同含义的数据替换原有的敏感数据，如姓名脱敏后仍然是有意义的姓

名，住址脱敏后仍然为有意义的住址。

② 部分数据遮蔽：将原始数据中的部分或全部内容，用“*”或“#”等字符进行替换，遮盖部分或全部原始数据。

③ 混合屏蔽：将相关的列作为一个组进行屏蔽，以保证这些相关列中被屏蔽的数据保持同样的关系。例如，城市、省、邮编在屏蔽后保持一致。

④ 确定性屏蔽：确保在屏蔽后生成可重复的屏蔽值。可确保特定的值，如客户号、银行卡号、身份证号等，在所有数据库中被屏蔽为同一个值。

⑤ 可逆脱敏：确保脱敏后的数据可还原，便于第三方分析机构和内部经分团队将脱敏后的数据还原为业务数据。

数据库脱敏系统根据各类数据应用场景，如系统开发、功能测试、性能测试、数据分析等，制定不同的脱敏方案。针对开发及测试环境的脱敏方案，保证脱敏后数据的唯一性和确定性；针对数据分析场景的脱敏方案，保证脱敏后数据的可还原性。

（3）数据子集管理

支持对目标数据库中一部分数据进行脱敏，用户可指定过滤条件，对数据来源进行过滤筛选并形成数据子集，以适应不同场景下的脱敏需求。

（4）脱敏任务管理

针对目标数据库系统或结构化文件进行，通过脱敏任务，将提供原始数据的业务系统和使用脱敏后数据的系统连接起来，用户可在任务内选择脱敏数据来源、脱敏数据去向和最适合的数据脱敏方案。

（5）脱敏数据验证

对脱敏后的数据进行“验证”，确定哪些数据是“漏网”的真实数据，从而在使用这些数据前，能及时发现并弥补脱敏脚本的不足。

（6）动态数据脱敏

采用代理部署的策略，部署在业务应用系统、ETL 数据仓库、报表和开发、运维工具和生产数据库之间，通过在数据库协议层的处理，根据用户角色和规则进行筛选，实时地屏蔽敏感数据（即数据脱敏）。

2. 面向地理空间数据的脱敏技术

地理空间数据是国家重要的基础性、战略性资源，在社会、经济和国防建设等领域发挥着重要的作用，其关键信息一旦泄露，将对国家利益和安全产生重大影响。面对已获得的大量高分辨率地理空间图形图像，高分辨率影像能“看到”很多秘密机构、核设施等敏感目标，需要对这些敏感目标进行脱敏处理操作，才能保证数据的安全保护与共享应用。本节提出两种面向地理空间图像的数据脱敏技术，使得脱敏后图像在视觉上合理与自然，促进地理空间数据的共享应用。

（1）基于 KDTree 的地理空间数据脱敏

地理空间数据中包含空间要素的位置和属性信息，其通常会被存储为文件地理数据库

（GDB）格式。待处理的 GDB 格式数据中包含由多条单字构成的地图标注信息，对此难以用简单的搜索方式识别出其中的敏感信息。首先，基于 KDTree 和各单字标注的坐标进行建模，将适当范围内的单字标注整合为一条完整的标注信息，以便进行敏感信息的筛选。基于构建好的敏感词库，将预处理后的标注信息与敏感词库进行匹配，将包含敏感词的疑似敏感标注信息交给人工进行确认，决定最终是否执行相应的脱敏处理，并采用日志记录处理过程。

基于 KDTree 的 GDB 图像数据脱敏技术路线如图 5-2 所示，包含 3 个步骤。

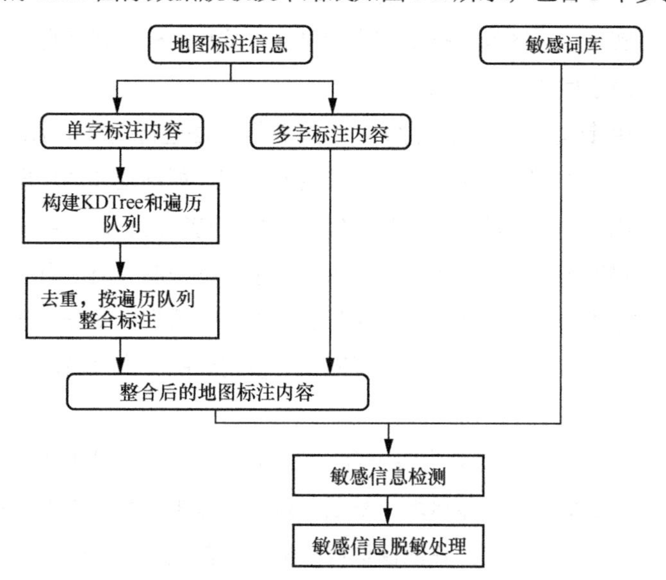

图 5-2　基于 KDTree 的 GDB 图像数据脱敏技术路线

① 标注信息预处理：首先对地图标注信息进行遍历，对每张注记表，筛选出其中的所有单字标注，根据其坐标信息基于 KDTree 进行位置关系建模，以快速地查找出各单字标注在一定范围内的最近邻。

② 单字标注整合：地图标注信息往往以从上到下、从左到右的顺序分布，因此按照该顺序构建单字标注的遍历队列，并去除现实数据中包含的重叠字的影响，将一定范围内的单字标注整合为一条完整的标注内容，与原本完整的多字标注内容一起进行敏感信息检测和脱敏处理。

③ 敏感信息检测和脱敏处理：对整合好的所有标注内容，基于构建的敏感词库进行匹配，突出显示其中包含敏感词的疑似敏感标注内容，由人工进行审核处理，并采用日志记录处理过程。

（2）基于 OCR 的地理空间图形图像数据脱敏

地理空间图形图像主要以 JPG、PNG、PDF 等形式进行存储，地图标注的文字信息隐含于图像中，无法直接对其进行文字的搜索和定位。采用光学字符识别（OCR）技术对图像中的文字信息进行定位和识别，将得到的地图标注的文字信息与构建的敏感词库进行匹配，在原始图中高亮显示包含敏感词的疑似敏感标注内容，交付给人工审核。对需要脱敏处理的文字标注信息，基于图像脱敏处理算法将原始图中的相应文字标注擦除，并采用日志记录处理过程。

基于 OCR 的地理空间图形图像数据脱敏技术路线如图 5-3 所示，主要包含以下 3 个步骤。

图 5-3　基于 OCR 的地理空间图形图像数据脱敏技术路线

① 文本检测：采用主流的基于分割的文本检测算法——DB，构建一个特征金字塔结构，原始图像通过金字塔结构生成特征图，并利用特征图同时预测文本概率图和阈值图。然后根据概率图和阈值图生成近似的二值图，利用边界信息进一步从近似二值图或概率图中得到最终的文本框区域。该过程实现了对图像数据中文字信息的定位和坐标位置信息输出，并裁剪出各个文本框区域的图片，用于后续文字识别。

② 文字识别：采用针对不定长文本序列的文本识别算法进行文字识别，整个卷积循环神经网络（CRNN）结构包含 3 部分，从下到上依次为卷积层、循环层和转化层。其中卷积层使用深度卷积神经网络（CNN），对输入图像提取特征，生成特征图；循环层使用深度双向长短期记忆（LSTM）网络对特征序列进行预测，并输出预测标签分布；转化层使用 CTC（可以理解为基于神经网络的时序类分类）损失，把从循环层获取的一系列标签分布通过去重、整合等操作转换成最终的标签序列。该部分主要实现了对上一步得到的文本区域图片进行文字识别，输出对应的文字信息。

③ 图像脱敏：将待处理图像划分为多个合适大小的子图，将识别出的文本内容与敏感词库进行匹配，突出其中的疑似敏感文本区域，然后对这些区域进行脱敏处理，具体步骤包括图像边缘检测、图像闭运算和图像修复。在图像边缘检测中，首先利用 Canny 边缘检测算子，计算图像梯度，得到图像边缘；其次，抑制非极大值，同时进行双阈值筛选，保留图像强边缘轮廓。在图像闭运算中，首先对图像进行膨胀处理，通过在图像的边缘添加像素值，扩张整体像素值；其次对图像进行腐蚀处理，选择适当的结构元素，过滤不能完全包含结构元素的噪声点，获取图像掩码。在图像修复中，采用快速修复算法，从掩码区域边缘出发靠近内部，然后逐一取代区域边缘处的全部像素，从而实现对敏感词的覆盖。该部分主要实现了对疑似敏感词的脱敏处理，输出脱敏处理后的结果图像。

3. 面向异构数据的数据脱敏技术

随着数字化时代的到来，一方面数据成为重要的生产要素和基础资源，另一方面数据往往包含敏感、隐私信息，一旦发生泄露或被恶意篡改，可能产生重大损失。然而，不同应用场景下数据类型的脱敏需求存在差异，传统数据脱敏方法难以满足大数据背景下的用户隐私保护需求。如何对异构大数据中的敏感信息进行精准定向和高效脱敏是研究难点。本节介绍一种异构大数据环境下基于文本、图片、音频和数据库等的异构数据脱敏模型[5]。该模型主要包括 4 个模块，即脱敏数据预处理、脱敏策略定制化、脱敏任务调度及脱敏数据恢复。

（1）脱敏数据预处理

利用数据信息提取和敏感信息设置子模块实现敏感数据的选择，允许用户自定义指定需要处理的敏感数据，而其他未指定的数据保持不变。

① 在数据信息提取中，采用人工配置或语句查询等方式，从文本、图片、音频和数据库中提取需进行脱敏的数据源名称、数据库名称列表、对应数据库中存储的数据库表列表、特定数据库表结构对应的数据字段及相应属性等信息。

② 在敏感信息设置中，按照法律法规等要求对敏感数据预设分类，并依据不同的应用场景需求构建原始敏感数据知识库和分级规则。对于待脱敏数据，依据其数据类型的不同，分别采用自然语言处理和文本识别、多媒体内容理解和识别等技术进行实时处理，识别出敏感数据。同时设计人工反馈机制，针对敏感数据识别结果进行修正，并逐步达到最优识别。此外，明确各类敏感数据的具体数据类型，如中文字符、英文字符、特殊字符等。

（2）脱敏策略定制化

包括可恢复性选择、脱敏方法选择和脱敏参数设置。

① 在可恢复性选择中，按照脱敏后的数据能否恢复到原始数据来划分，采用可恢复脱敏方法或不可恢复脱敏方法，以满足不同任务需求。

② 在脱敏方法选择中，针对数据库脱敏，一般采用加密算法对数据源进行脱敏；对于文本数据，主要有 8 种主流脱敏算法，分别是 *k*-匿名、*l*-多样性、*t*-保密、差分隐私、对称加密、非对称加密、保形加密和全同态加密，其中前 4 种属于不可恢复脱敏方法，后 4 种属于可恢复脱敏方法；对于图片数据，一般采用替换和高斯模糊脱敏方式；对于音频数据，采用空白音频替换敏感音频。

③ 脱敏参数设置：某些脱敏方法具有可调节的参数，使用不同参数，敏感数据隐藏效果不同，用户可根据具体需求进行参数设置，从而具有针对性地定制脱敏方法。

（3）脱敏任务调度

通过对脱敏任务的数据量、各算法的执行效率、各节点的计算性能进行评估，将总体脱敏任务分解为若干个子任务并分配给对应子节点执行。根据任务调度结果，将脱敏方法下发至各对应子节点，子节点接收方法后开始对分配的敏感数据进行脱敏。脱敏完成后，将结果返回并整合汇总形成最终的脱敏数据。

（4）脱敏数据恢复

为保护敏感数据，在对部分脱敏数据进行恢复时，需要进行严格的审查及相应的权限认证。

5.2 密码学访问控制技术

密码学访问控制技术的安全性依赖于密钥的安全，只要用户的密钥没有泄露，访问控制措施就保持有效。相比传统访问控制技术[6]，密码学访问控制技术不需要引入可信任的监控机构来监督访问控制策略的正确执行，而是通过密钥生成与分发来保证数据只能被指定用户访问。根据密码体制的不同，密码学访问控制技术可分为基于对称（私钥）加密体制的访问控制技术和基于非对称（公钥）加密体制的访问控制技术。

基于对称加密体制的访问控制技术一般要求数据发送者掌握接收者的对称密钥，然后在加密时使用指定接收者的对称密钥加密数据，使得只有指定接收者才能访问数据。不难看出，这种方式只能实现单接收者的访问控制。广播加密技术最早由 Fiat 等[7]提出，可以实现多接收者访问控制。广播加密保证多个授权的参与者可以访问数据，而未授权的参与者无法获得关于数据的有用信息，甚至多个未授权的参与者合作也无法获得数据的信息。广播加密减少了与多个用户传递数据时的加密开销，但是基于对称加密体制的广播加密需要数据发送者保管所有接收者的密钥，这对数据发送者的可信任度及存储能力都提出了较高要求。

Dodist 等[8]提出了基于公钥加密体制的广播加密技术，它将广播加密技术拓展到公钥体制，使得数据发送者不必保管接收者密钥，从而提高了方案的安全性并减少了密钥存储开销。Boneh 等[9]提出了基于双线性对的公钥广播加密方案，将密钥和密文的存储开销降低至常数级，同时能够抵抗合谋攻击。随后，Boneh 等[10-11]基于伪随机函数和多线性映射提出了新的公钥广播加密，进一步降低了广播加密的负载。

然而，无论是基于对称加密体制的广播加密还是基于非对称加密体制的广播加密，都需要数据发送者在加密时知晓接收者的身份，使用接收者的对称密钥或者非对称密钥来加密数据。随着云计算、大数据应用的推广普及，用户数量急剧增多，数据所有者越来越难以确定潜在的数据访问者，因而难以使用广播加密对数据实行访问控制。另一种密码技术——属性基加密（ABE）提供了实现访问控制的新途径。它允许用户使用属性集合而非授权访问者的密钥加密数据，从而实现基于属性的密码学访问控制。

ABE 在 2005 年由 Sahai 等[12]在欧密会上首次提出，它将属性集合作为公钥加密数据，要求只有具有该属性集合的用户才能解密，即解密用户所具有的属性个数必须超过数据所有者在加密时所指定的属性个数。这种基于门限策略的访问控制方式表达能力相对较弱，因此 Goyal 等[13]和 Bethencourt 等[14]将访问控制策略扩展为布尔表达形式，同时 Goyal 等将 ABE 划分为基于密钥策略的属性基加密（KP-ABE）和基于密文策略的属性基加密（CP-ABE）。两者的区别在于，KP-ABE 将密钥与访问控制策略关联，将密文与属性集合关联；而 CP-ABE 则将密文与访问控制策略关联，将密钥与属性集合关联。针对属性基加密中属性个数受限的问题，Agrawal 等[15]提出了一种不限制密文和密钥中属性个数，且允许使用任意字符串表示属性的属性基加密方案。Tomida 等[16]进一步提高 Agrawal 等[15]所提方案的灵活性，支持包含“非”门的访问控制策略并允许对单个属性的重复使用，并且在标准假设下证明了适应性安全。Koppula 等[17]提出一种针对属性基加密安全性的黑盒转换方法，使用该方法可以将任何选择明文安全的属性基加密方案转换成选择密文安全的方案。Goyal 等[18]和 Wang 等[19]关注以前属性基加密方案中安全性假设过强的问题，提出了依赖于较弱安全性假设的属性基加密方案。

下面对属性基加密的基本原理和实现方法进行介绍。

5.2.1 属性基加密

属性基加密通过灵活的属性管理实现访问控制，与普通的公钥加密技术相比，属性基加密允许数据所有者在不知道潜在访问者身份的前提下对数据进行加密，从而极大提高了访问控制的灵活性。下面对属性基加密技术进行详细介绍。

1. 基本定义

定义 5-1 访问结构　令 $\{P_1,P_2,\cdots,P_n\}$ 是一个参与者集合；令 $\boldsymbol{A}\subseteq 2^{\{P_1,P_2,\cdots,P_n\}}$，若 $\forall B,C$，有 $B\in\boldsymbol{A}$，且 $B\subseteq C$，那么 $C\in\boldsymbol{A}$，则称 $\boldsymbol{A}$ 是单调的。若 $\boldsymbol{A}$ 单调且非空，则称 $\boldsymbol{A}$ 是一个访问结构。$\boldsymbol{A}$ 中的元素被称为授权集合，不在 $\boldsymbol{A}$ 中的元素称为非授权集合。

访问结构主要分为门限结构、属性值与操作结构、访问树结构和 LSSS（线性秘密共享方案）矩阵结构等。目前，在 ABE 中使用最多的是访问树结构和 LSSS 矩阵结构。访问树结构可以看作对单层 (t,n) 门限结构的扩展，支持“AND”“OR”和 (t,n) 门限 3 种操作。其中，(t,n) 门限是指秘密信息被分为 n 份，必须有其中的 t 份才能重构出秘密信息；而“AND”操作可以被看作 (n,n) 门限，“OR”操作可以被看作 $(1,n)$ 门限。

定义 5-2 访问树结构　设 T 为一个访问树，树中的每个节点被记为 x，该节点的子节点数记为 n_x，其对应的门限值记为 k_x。每个叶子节点代表一个属性，且门限值 k_x=1、n_x=0。非叶子节点的门限值和子节点数目的关系则可用来表示叶子节点所表示的属性之间的“AND”、“OR”、(t,n) 门限关系，k_x=n_x 表示“AND”操作，k_x=1 表示“OR”操作，$0<k_x<n_x$ 表示 (t,n) 门限。

根据上述定义，访问控制策略“计算机学院的教师或者外语学院的学生”对应的访问树结构如图 5-4 所示。

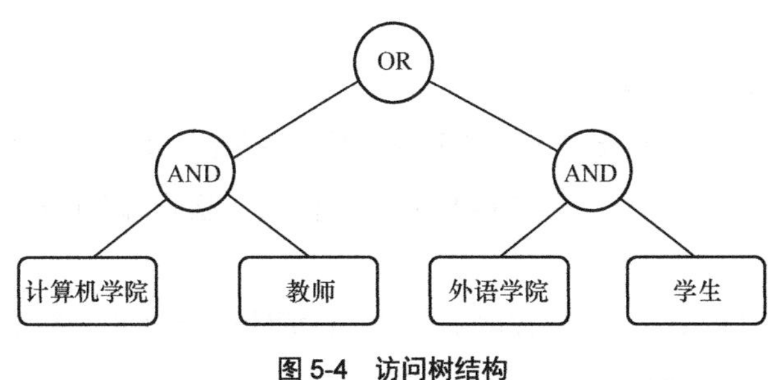

图 5-4　访问树结构

定义 5-3 线性秘密共享方案[20]　在一个参与者集 P 之上的秘密分割方案 $\boldsymbol{\Pi}$，如果满足以下条件，则称 $\boldsymbol{\Pi}$ 是线性的：① 所有参与者的子秘密构成 Z_p 上的一个向量；② 存在一个 $l\times n$ 的子秘密生成矩阵 $\boldsymbol{A}$ 和映射函数 ρ，对所有的 $i=1,2,\cdots,l$，ρ 将 $\boldsymbol{A}$ 的第 i 行 $\boldsymbol{A}_i$ 映射到集合 P 中的某个参与者。对于一个包含秘密 s 的列向量 $\boldsymbol{v}=(s,r_2,\cdots,r_n)$，其中 $r_2,\cdots,r_n$ 是从 Z_p 中随机选择的元素，内积 $\lambda_i=\boldsymbol{A}_i\cdot\boldsymbol{v}$ 即为矩阵第 i 行 $\boldsymbol{A}_i$ 对应参与者 $\rho(i)$ 的子秘密。

线性秘密共享方案具有秘密可重构性质，即对于访问结构 $\boldsymbol{A}$ 的一个 LSSS($\boldsymbol{A}$, ρ)，如果存在一个 $\boldsymbol{A}$ 中的授权集合 S，那么可以在多项式时间内找到常数 $\omega_i\in Z_p$，使得 $\sum_{i\in I}\omega_i\boldsymbol{A}_i=s$，其中 $I=\{i:\rho(i)\in S\}\subseteq\{1,2,\cdots,l\}$。

2. 基于密文策略的属性基加密

CP-ABE 将密文与访问控制策略关联，将密钥与属性集关联，要求密钥属性集必须满足密文访问控制策略才能够解密。CP-ABE 通常包含以下 4 个算法。

① 初始化（Setup）算法：生成系统公开参数 PK 与主私钥 MSK。PK 向所有参与者公开，MSK 则须严格保密。

② 密钥生成（Key Generation）算法：使用 PK 和属性集 S，生成关联 S 的私钥 SK_S。

③ 加密（Encryption）算法：使用 PK 和访问结构 $\boldsymbol{A}$，将消息 M 加密成密文 CT。

④ 解密（Decryption）算法：使用私钥 SK_S 解密密文 CT。当且仅当 S 满足 $\boldsymbol{A}$，表示为 $S \in \boldsymbol{A}$，该算法输出明文 M。

CP-ABE 以其灵活的密文访问控制机制在云计算等环境中有广泛的应用。图 5-5 基于 CP-ABE 的云存储数据访问控制。

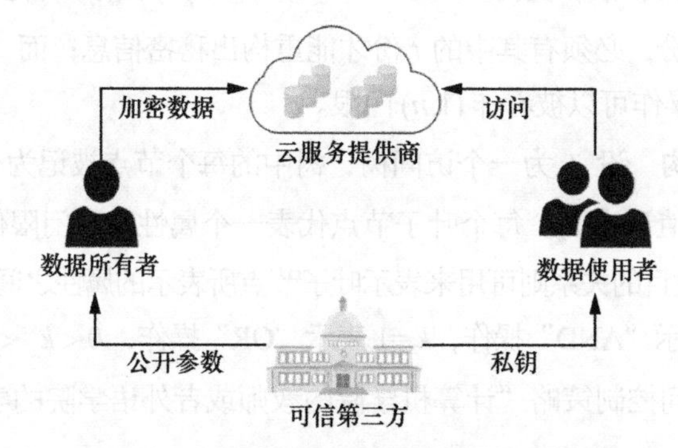

图 5-5 基于 CP-ABE 的云存储数据访问控制

该方案的参与方包括以下 4 个。

① 可信第三方（TTP）。负责产生系统公开参数与主私钥，即执行上述 CP-ABE 算法的①；同时，为用户颁发私钥，即执行上述 CP-ABE 算法的②，基于每个用户的属性集合生成用户私钥。

② 云服务提供商（CSP）。响应数据所有者和数据使用者的服务请求，为数据所有者提供数据存储服务，并响应数据使用者的数据访问请求。从安全性来说，CSP 一般被认为是“诚实而好奇”的，即 CSP 会诚实地执行各种算法协议，并希望尽可能多地获得数据的有用信息。

③ 数据所有者（DO）。具有数据的所有权，并将数据外包给 CSP 以减轻本地数据管理负担。在将数据上传给 CSP 前，可以指定访问控制策略，并执行 CP-ABE 算法的③以加密数据，然后将密文结果发送给 CSP。

④ 数据使用者（DU）。即数据的访问者，拥有 TTP 所颁发的属性基私钥。如果其属性集满足 CSP 中密文数据所绑定的访问控制策略，那么就可以成功执行 CP-ABE 算法中的④解密出明文，实现对数据的访问。

5.2.2 代理重加密

属性基加密实现了云计算环境下细粒度的访问控制，使得数据所有者在加密时不用知晓潜在的数据访问者身份，从而可以灵活且方便地在云计算等用户规模较大的场景中进行数据共享。但是，属性基加密对于加密数据共享仍存在一些限制。具体来说，属性基加密不允许更改密文中的属性集，即数据一旦被加密后，对其所实施的访问控制策略不能再被修改。在云计算环境中，可能有不同的用户请求访问云服务器存储的数据，而这些用户的属性未包含在加密时指定的属性集中。例如，一家公司可以通过属性基加密技术实现公司内部的数据共享，保证数据只能被内部员工访问；随着业务拓展和合作需要，该公司有可能想要将数据分享给其他合作企业的员工，而这些员工并不具有该公司内部员工所拥有的属性，因此也无法访问该公司的加密数据。如果在属性基加密系统中解决上述问题，需要内部员工将其私钥分享给外部合作企业的员工，或者先使用私钥解密密文后再使用外部员工的属性加密数据并发送，前一种方法存在安全隐患，而后一种方法复杂且低效。

为了解决将加密数据的访问权限安全高效地分享给新指定的用户，Blaze 等[21]提出了代理重加密（PRE）技术，它允许数据所有者授权代理机构将密文的公钥转换为新的公钥，并且在转换过程中代理不知道明文的任何信息。通过代理重加密，新指定的用户可以直接使用自身的私钥解密转换后的密文，从而在既不泄露私钥又无须执行“解密再加密”复杂操作的情况下实现了与新用户的数据分享。最初的代理重加密是基于普通公钥加密体制的，随着公钥加密技术的发展，代理重加密也与其他公钥加密技术相结合，产生了不同的代理重加密方案。

Green 等[22]提出身份基代理重加密（IBPRE），通过结合身份基加密，IBPRE 避免了传统公钥加密系统中的证书管理问题。Chu 等[23]提出了支持多次重加密的 IBPRE 方案，使得同一密文可以被重加密多次。Wang 等[24]提出了单向多次 IBPRE，单向意味着密文的公钥只能由 A 转换成 B，而不能由 B 转换成 A，避免了 B 的数据被泄露。通过将代理重加密与属性基加密结合，Liang 等[25]提出了属性基代理重加密方案（ABPRE），允许使用属性集而非公钥证书或身份标识加密数据，并且支持单向多次重加密。在一般的代理重加密中，代理可以转换用户的所有密文；为了限制代理权限、提高重加密的灵活性，文献[26]提出条件代理重加密，即用户在生成重加密密钥时指定条件，只有满足该条件的密文才能被转换；文献[27]使用访问控制策略来指定重加密的密文范围。随着对代理重加密研究的深入，国内外学者相继提出了各种功能丰富、安全性更高的方案，如可撤销代理重加密[28]、可审计代理重加密[29]、属性基条件代理重加密[30]、适应性安全代理重加密[31]等。

下面以普通公钥加密为例，介绍代理重加密的主要算法。基于普通公钥加密的代理重加密包含以下 5 个算法。

① 密钥生成（Key Generation）算法：选择某个安全参数，生成用户公私钥对(PK, SK)。

② 加密（Encryption）算法：使用 PK 将消息 M 加密成密文 CT。

③ 重加密密钥生成（Re-Encryption Key Generation）算法：使用私钥 SK 及新公钥 PK′，生成重加密密钥 $\mathrm{RK}_{\mathrm{PK}\to\mathrm{PK}'}$。

④ 重加密（Re-Encryption）算法：使用重加密密钥 $RK_{PK\rightarrow PK'}$，将公钥 PK 下的密文 CT 转换为新公钥 PK′ 下的密文 CT′。

⑤ 解密（Decryption）算法：使用私钥 SK（或 SK′）解密公钥 PK（或 PK′）下的密文 CT（或 CT′）。

IBPRE 和 ABPRE 算法的定义只需在上述算法基础上稍作修改即可得到，不同在于 IBPRE 和 ABPRE 引入可信第三方生成系统的公开参数与主私钥，并且分别用身份标识与属性集代替加密与重加密密钥生成算法中的公钥。

代理重加密可以将已经被加密的数据重新分享给新用户，并且不需要下载或解密数据，在云计算数据分享中有广泛应用前景。图 5-6 展示了基于 PRE 方案的云存储数据分享。

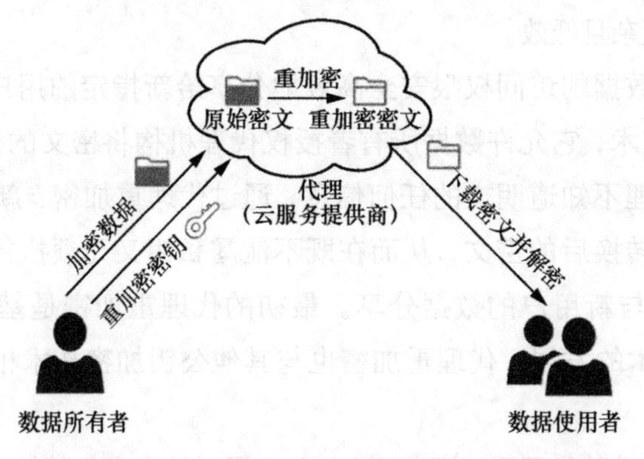

图 5-6　基于 PRE 方案的云存储数据分享

该方案的参与方包括以下 3 个。

① 云服务提供商（CSP）。即代理重加密中的代理。为数据所有者提供数据存储服务，并响应数据使用者的数据访问请求。同时，CSP 负责执行上述 PRE 算法的④，将数据所有者密文进行重加密。

② 数据所有者（DO）。在将数据上传给 CSP 前，先执行上述 PRE 算法的①产生自己的公私钥对（该步骤只需执行一次），然后执行上述 PRE 算法的②加密数据，最后将加密数据发送给 CSP。此外，当需要将 CSP 中的加密数据分享给除最初指定者之外的新数据使用者时，数据所有者执行上述 PRE 算法的③，使用自己私钥及新指定的数据使用者公钥，产生重加密密钥并将该密钥发送给 CSP。

③ 数据使用者（DU）。即数据的访问者，拥有自己产生的公私钥对。如果该用户的公钥被数据所有者在加密或者生成重加密密钥时使用，那么该用户可以成功执行 PRE 算法的⑤解密出明文，实现对数据的访问。

5.2.3　跨密码体制代理重加密

属性基加密实现了对云存储数据的灵活访问控制；代理重加密则实现了对云计算中加密数

据的安全分享。在上述两种及其他加密方案中，数据使用者与数据所有者必须部署相同的加密系统才能实现数据访问，也就是说数据使用者的解密私钥必须与数据所有者的加密公钥属于同一套加密系统。然而，在云计算环境中，用户规模庞大、类型众多，不同类型用户可以根据数据共享需求及终端计算能力选择合适的加密系统对数据进行保护，如计算资源丰富的台式计算机用户可以使用属性基加密，计算资源有限的移动端用户可以选择使用身份基加密。而且，随着数据共享需求、使用目的等发生变化，用户也需要将云端的加密数据与部署了不同加密系统的其他类型用户进行共享，这就要求在不同加密体制用户之间实现加密数据共享。

图 5-7 展示了跨密码体制的加密数据共享。为讨论方便，假设有不同用户分别使用了加密系统 A 和加密系统 B 保护数据，其中，加密系统 A（如身份基加密）功能较简单，其密文只能被单个用户解密，适合在小范围内共享数据的个人用户；加密系统 B（如属性基加密）可以实现大范围内的数据共享，多个用户可同时解密一份密文，适合经常需要协同合作的企业机构。在某些时刻，加密系统 A 的用户需要将一部分加密数据共享给系统 B 中的指定用户（如便携式健康监测设备的用户要将云端加密存储的个人健康数据共享给指定的几位医生），或者加密系统 B 的用户需要将部分数据与系统 A 中的指定用户共享（如某公司将其部分项目的加密文档共享给外部专家进行项目咨询）。现有的加密方案要求数据所有者将自己的解密密钥交给指定用户，或者先使用自己的密钥解密密文，然后再将数据加密发送给指定用户。这两种方法要么可能导致数据所有者密钥泄露，危害其数据安全，要么需要大量的计算操作，效率较低，都不太适合云计算环境下的数据共享。

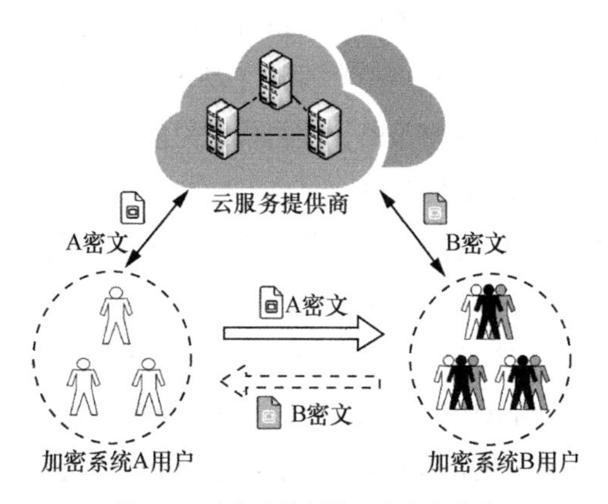

图 5-7 跨密码体制的加密数据分享

解决上述问题的一种可行方法是跨密码体制代理重加密，直接将加密系统 A 的密文转换为加密系统 B 的密文，使得加密系统 B 的用户可以使用自身私钥访问原来被加密系统 A 保护的数据。目前，国内外针对跨密码体制代理重加密的研究正在兴起，并取得了一定的进展。Mizuno 等[32]提出了 ABE-IBE 代理重加密方案，将 CP-ABE 中的密文转换为身份基加密（IBE）密文。在他们的方案中，ABE 系统中的数据所有者需要与 IBE 系统中的数据使用者交互以获得后者的部分秘密信息，而且还需存储 IBE 系统的公开参数以生成重加密密钥。此外，受其所采用的

CP-ABE 方案的限制，数据所有者制定的访问控制策略只支持“与”门。Matsuo[33]提出了从普通公钥加密到 IBE 的代理重加密方案，能够将密文中的公钥证书转换成 IBE 系统中的身份标识。在该方案中，IBE 系统中的数据使用者也需要与数据所有者交互，向后者提供了一个与身份标识相关的秘密信息以生成重加密密钥。Jiang 等[34]提出了一种在普通公钥加密系统与 IBE 系统间进行双向密文转换的方案，通过引入可信机构生成转换密钥的方式实现从普通公钥加密系统到 IBE 系统或者从 IBE 系统到普通公钥加密系统的密文转换。该方案虽然较好地保证了密文转换的安全性，但是当处理众多的密文转换请求时，可信机构有可能成为系统的性能瓶颈。在用户规模庞大的云计算等场景中，无论是用户间频繁交互还是可信机构处理海量密文转换请求，都会极大降低跨密码体制代理重加密方案的效率。因此，研究免交互且无第三方机构参与的跨密码体制代理重加密更适合云计算数据安全发展的方向。

Deng 等[35]提出了从 IBE 系统到 IBBE（身份基广播加密）系统的跨密码体制代理重加密方案，主要解决加密数据与更多新用户共享的问题。该方案无须数据所有者与数据使用者交互，而是直接使用（IBBE 系统中）数据使用者的身份标识集合生成重加密密钥；云服务器使用该密钥将 IBE 密文转换成 IBBE 密文，使得在身份标识集合中的用户可以直接解密。针对资源受限的移动端用户难以承受 ABE 系统密文解密开销的问题，Deng 等[36]提出了 ABE-IBE 的跨密码体制代理重加密方案，将复杂的 ABE 密文转换为简单的 IBE 密文，使移动端用户只需执行简单的解密操作即可访问 ABE 加密数据。上述两种跨密码体制代理重加密方案的密文转换是粗粒度的，即数据所有者如果要转换密文就只能将其所有密文全部转换，但是在实际应用中，数据所有者有可能只愿意将一部分数据分享给不同加密系统中的数据使用者，因此，需要一种细粒度的密文转换机制。为解决该问题，Deng 等[37-38]提出了基于分享策略的代理重加密方案，允许数据所有者在生成重加密密钥时指定分享策略，使得代理只能转换满足该分享策略的密文，从而实现了一种更加灵活的跨密码体制数据分享。

下面以从 CP-ABE 系统到 IBE 系统密文转换为例，介绍跨密码体制代理重加密方案。该跨密码体制代理重加密方案包括以下 7 个算法。

① 初始化（Setup）算法：选择某个安全参数，生成系统公开参数 PK 与主私钥 MSK；该系统公开参数与主私钥分别包括 ABE 与 IBE 系统的公开参数与主私钥。

② IBE 密钥生成（Key Generation-IBE）算法：使用 PK、MSK 及 IBE 系统中用户的身份标识 ID，生成用户私钥 SK_{ID}。

③ ABE 密钥生成（Key Generation-ABE）算法：使用 PK、MSK 及 ABE 系统中用户的属性集 S，生成用户私钥 SK_S。

④ 加密（Encryption）算法：使用 PK 和访问控制策略 A，将消息 M 加密成 ABE 系统密文 CT_A。

⑤ 重加密密钥生成（Re-Encryption Key Generation）算法：使用 PK、IBE 用户身份标识 ID，以及 ABE 用户私钥 SK_S，生成重加密密钥 $RK_{S\to ID}$。

⑥ 重加密（Re-Encryption）算法：使用 PK 与 $RK_{S\to ID}$，如果 S 满足 A，则将 ABE 系统密文 CT_A 转换为 IBE 系统密文 CT_{ID}。

⑦ 解密（Decryption）算法：使用 PK、IBE 系统私钥 SK_{ID}，解密密文 CT_{ID}，恢复消息 M。

上述跨密码体制代理重加密支持普通 ABE 与 IBE 系统的加解密，但为了简约，没有列出，而只将关注点放在跨密码体制密文转换方面。

跨密码体制代理重加密可以在不同加密系统用户间分享数据，在云计算中有广泛应用前景。图 5-8 展示了基于 ABE-IBE 跨密码体制代理重加密的云存储数据分享。在 ABE-IBE 跨密码体制代理重加密方案中，计算资源充足的用户（如台式计算机用户）可以使用 ABE 实现对云存储数据的灵活访问控制；计算资源有限的用户（如移动端用户）可以部署 IBE 实现安全高效的访问控制。当 ABE 系统中的用户（数据所有者）想要将其加密数据分享给 IBE 系统用户（数据使用者）时，可以调用跨密码体制代理重加密中的重加密密钥生成算法；云服务提供商使用重加密密钥就可以将数据所有者的 ABE 密文转换为 IBE 密文，使得 IBE 系统用户使用自身私钥即可解密，实现跨密码体制的加密数据共享。

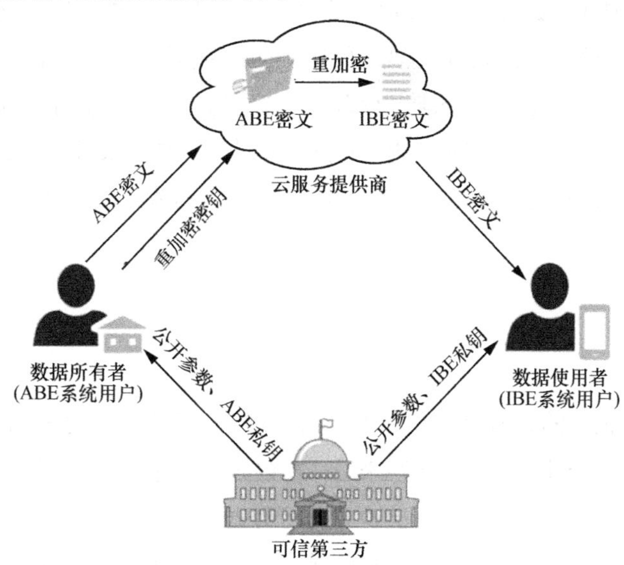

图 5-8　基于 ABE-IBE 跨密码体制代理重加密的云存储数据分享

该方案的参与方包括以下 4 个。

① 可信第三方。负责产生系统公开参数与主私钥，即执行上述跨密码体制代理重加密算法的①；同时，为 IBE 与 ABE 系统用户颁发私钥，即执行上述跨密码体制代理重加密算法的②、③，根据用户身份标识或属性集生成用户私钥。

② 云服务提供商。为数据所有者提供数据存储服务，并且负责执行上述跨密码体制代理重加密算法的⑥，利用数据所有者提供的重加密密钥转换其密文。

③ 数据所有者。在将数据上传给 CSP 前，执行上述跨密码体制代理重加密算法的④加密数据，最后将密文发送给 CSP。此外，当需要将 CSP 中的密文分享给 IBE 系统中的数据使用者

时，数据所有者执行上述跨密码体制代理重加密算法的⑤，使用自己私钥及数据使用者身份标识，产生重加密密钥并将该密钥发送给 CSP。

④ 数据使用者。即数据的访问者，如果其身份标识与 CSP 中密文关联的身份标识一致，那么该用户可以成功执行上述跨密码体制代理重加密算法的⑦解密出明文，实现对数据的访问。

在上述方案中，数据所有者在生成重加密密钥时既不需要可信第三方的参与，也不需要与数据使用者交互，而只需知道数据使用者的身份标识（电子邮箱地址、电话号码等），因此，上述方案在密文转换方面是简单有效的。此外，可信第三方生成的系统公开参数与主私钥，应当同时包含 IBE 系统与 ABE 系统的公开参数与主私钥，而且为了保持方案紧凑，这两种系统的公开参数与主私钥是兼容的，因此需要寻找或设计在参数选择和算法设计上具有最大相似度的加密系统[36]。

5.3 差分隐私技术

差分隐私（DP）技术是数据共享与使用过程中常见的隐私保护技术之一。维基百科对它的解释是，差分隐私是一个数据共享手段，可以实现仅分享描述数据库的一些统计特征而不公开具体到个人的信息。其背后的直观想法是：如果随机修改数据库中的一个记录造成的影响足够小，求得的统计特征就不能被用来反推出单一记录的内容；这一特性可以被用来保护隐私。差分隐私技术自 2006 年被 Dwork 提出以来，已受到广泛研究。本节将介绍差分隐私技术的模型框架和典型机制。

5.3.1 相关模型

1. 计算模型

假设存在一个可信任的数据管理者拥有一个由 n 行数据组成的数据库 D。一般来说，D 中每一行数据包含了单个个体的数据。直观来说，在数据发布过程中隐私保护的目标是，在将数据库作为整体进行统计分析的同时，保护 D 中每行数据的隐私，即保护个体隐私。

在通常情况下，数据发布过程存在两种情况：一种是非交互模式或者离线情况，另一种是交互模式或者在线情况。

为实现数据的隐私保护，在非交互模式或者离线情况下，数据管理者可生成某种类型的数据库，如“合成的数据库”“被清洗的数据库”。但是在这些数据发布之后，数据管理者就无法再对这些数据进行处理，并且原始数据可能已被损坏。

在交互模式或者在线情况下，数据分析者可进行执行查询操作，并且通过先前的查询结果确定未来需要发起何种查询操作。通常，一次查询操作是一个被应用于数据库的函数。

如果事先知道所有查询的信息，非交互模式下隐私保护应该提供最高准确度的查询。因为在这种模式下，查询的结果可通过关联噪声获取。反之，如果事先不知道查询的信息，必须为所有可能的查询提供相应的查询结果，那么将给非交互模式下隐私保护带来严峻的挑战。事实上，为确保隐私不被泄露，查询结果的准确度必然会随着查询操作的数量增多而明显降低，因此为所有可能的查询操作提供准确的查询结果将会变得不可行。如何权衡数据隐私保护和数据查询之间的关系是在实现隐私保护过程中必须考虑的问题之一。

2. *具有隐私保护的数据分析*

在数据分析过程中，隐私保护的一个最直接定义是，数据分析者在完成分析后所知道的数据集中任何个体的信息不多于在开始分析时所掌握的信息。因此，形式化隐私保护的目标是，使得敌手在访问数据库之前和之后，对数据库中某个个体的观点保持一致。换言之，敌手的数据库访问不应该改变敌手关于任何个体的观点“太多”。反之，假如数据库告诉敌手的信息与敌手所知道的信息不同，那么不可达到隐私保护的目的。例如，假设一个敌手在未访问数据库之前，拥有一个不正确的信息，如每个人有两只左脚。通过对数据库统计分析以后，敌手可获取一个信息：几乎每个人有一只左脚和一只右脚。那么与访问数据库之前相比较，现在敌手就有一个与之前完全不同的信息。

因此，可运用敌手访问数据库前后所拥有的信息量，或者“没有获取任何额外信息”的方法来定义隐私保护。直观来说，如果个体的信息没有被敌手获取，那么数据分析将不会泄露个体隐私。然而，该方法存在一定的缺陷，如辅助信息将会造成个体的隐私泄露。

运用此类“没有获取任何额外信息”的方法来定义隐私保护，这将令人想起密码系统中的语义安全。粗略地说，语义安全指的是敌手无法从密文中恢复关于明文的任何信息。所以，假如辅助信息指的是信息“猫”被加密后的密文，那么密文不会泄露关于“猫”的任何其他信息。

如果在标准模型假设下，存在语义安全的加密系统。那么，是否可以模仿语义安全的加密系统来构建语义安全的数据库隐私保护机制，使得既能进行准确的查询，又能够保护个体的隐私。

首先，此类类比是不完美的，这是因为语义安全的加密系统的参与实体与隐私保护的数据分析的参与实体是不同的。在语义安全的加密系统中存在3个实体。第一个实体为消息发送者，其职责为加密明文消息。第二个实体为消息接收者，其职责为解密密文。第三个实体为窃听者，其无法获取明文的任何信息。然而，在具有隐私保护的数据分析情况下，仅存在两个实体。一个实体是数据管理者，其类似于消息发送者，执行隐私保护机制。另一个实体是数据分析者，其如同消息接收者，接收查询的反馈信息。此外，数据分析者还类似于窃听者，试图挖掘出与个体相关的隐私信息。由于合法的消息接收者和正在窃听的敌手是属于同一个派系的，那么向敌手否认所有信息意味着向数据分析者否认所有信息，因此采用类似于加密的方法来解决数据分析过程中隐私保护问题是不可行的。

其次，正如加密策略一样，要求隐私保护机制是有用的，这就意味着隐私保护机制将告诉数据分析者一些额外的信息。但是，敌手不能 “预测”数据分析者是否已经获取此类额外信息。因此，数据库可被看作一个不可预测随机字节的微弱来源。从这些随机字节中能够提取一些高质量的随机性信息。这些随机性信息能够被用在加密技术中，一个消息被加入一个随机值中，生成一个信息理论上隐藏秘密的字符串。只有知道随机性信息的人能够学习这个秘密信息。任何不知道关于随机性信息的一方，都不能获取到与秘密相关的任何信息。如果考虑数据库访问，那么数据分析者能获取随机性信息，但是敌手不能获取；如果不考虑数据库访问，那么数据分析者不能获取任何随机性信息。因此，运用随机性信息，数据分析者能够解密秘密信息，但是敌手不能学习关于秘密的任何信息。这就使得数据分析者学习秘密的能力和敌手学习获取秘密信息的能力之间具有巨大不同，消除了类似语义安全的隐私保护机制的缺陷。

5.3.2 形式化差分隐私

差分隐私通过随机化过程来提供隐私保护。由随机化过程获得隐私保护的一个早期例子是随机应答。随机应答是一个在社会科学中发展起来的技术，可用来收集与令人难堪的内容或非法行为相关的统计信息。

随机化是必要的，对于其他数据库、网站、在线社区、报纸和政府统计数据等任何辅助信息来说，非单一的隐私保护都需要随机化。非单一性是指在一个查询条件下会输出两个不同查询结果。

因此，下面将讨论随机化算法的输入和输出空间。本节所有的假设都在离散概率空间中。有些情况下，算法为连续分布的抽样，但是这应该总是以一个适当严谨的方式离散化为有限的精确度。一般来说，一个具有域 A 和离散范围 B 的随机化算法将会与从 A 到 B 上的概率单一性的映射有关联。

定义 5-4 概率单一性 给定一个离散集合 B，B 上的概率单一性标记为$\Delta(B)$，其定义为

$$\Delta(B)=\left\{x\in\mathbb{R}^{|B|}\text{：对于所有的}i,\ x_i\geqslant 0,\ \text{并且}\sum_{i=1}^{|B|}x_i=1\right\} \tag{5-1}$$

定义 5-5 随机化算法 一个具有域 A 的随机化算法 $\mathcal{M}$，其与离散范围 B 可关联为一个映射 $\mathcal{M}:A\rightarrow\Delta(B)$。在输入 $a\in A$ 上，每个 $b\in B$，算法 $\mathcal{M}$ 输出 $\mathcal{M}(a)=b$ 的概率为 $\mathcal{M}(a)_b$。其概率空间在算法 $\mathcal{M}$ 的抛硬币的概率空间上。

假设数据库 x 是领域全集 $\mathcal{X}$ 上的记录集合，则便于用直方图表示数据库：$x\in\mathbf{N}^{|\mathcal{X}|}$，其中每个词条 x_i 表示数据库 x 中类型为 $i\in\chi$ 的元素数量（其中，$\mathbf{N}$ 表示包含数值 0 在内的所有非负整数集。在这种表示形式中，两个数据库 x 和 y 之间距离的最直接测量方法为两者的 ℓ_1 距离。

定义 5-6 数据库间距离 数据库 x 的 ℓ_1 范式用 $\|x\|_1$ 来表示，定义为

$$\|x\|_1=\sum_{i=1}^{|\mathcal{X}|}|x_i| \tag{5-2}$$

两个数据库 x 和 y 之间的 ℓ_1 距离为 $\|x-y\|_1$。

值得注意的是，$\|x\|_1$ 是数据库 x 的规模的度量值（即数据库包含的记录的数量），$\|x-y\|_1$ 用来度量数据库 x 和 y 之间有多少个记录不同。

数据库也可以由行（χ 的元素）的多重集或者行的有序列表表示，作为集合的一个特殊情况，其中行号、序列号成为元素名的一部分。在这种情况下，数据库间的距离通常使用汉明距离测量，即数据库之间不同的行的数量。

接下来，正式定义差分隐私（DP）。DP 可在具有相似输入的数据库上，直观地保证随机化算法表现相似。

定义 5-7 差分隐私　一个域为 $\mathbf{N}^{|x|}$ 的随机化算法 $\mathcal{M}$ 是 $(\varepsilon,\delta)-$ 差分隐私的，当所有 $S\subseteq \text{Range}(\mathcal{M})$ 并且对于所有的 $x,\ y\in \mathbf{N}^{|x|}$，$\|x-y\|_1\leqslant 1$，且满足以下条件

$$\Pr[\mathcal{M}(x)\in S]\leqslant \exp(\varepsilon)\Pr[\mathcal{M}(y)\in S]+\delta \tag{5-3}$$

其中，概率空间是 $\mathcal{M}$ 的抛硬币事件。如果 $\delta=0$，那么 $\mathcal{M}$ 是 $\varepsilon-$ 差分隐私的。

差分隐私对后处理是免疫的。一个不具备关于隐私数据库额外知识的数据分析者，不能计算隐私算法 $\mathcal{M}$ 的输出函数。换言之，如果一个算法保护个体的隐私，那么数据分析者不能增加隐私的损失。

命题 5-1 后处理　$\mathcal{M}:\mathbf{N}^{|x|}\to R$ 是一个满足 $(\varepsilon,\delta)-$ 差分隐私的随机化算法，使得 $f:R\to R'$ 为任意的随机映射，那么 $f\bigcirc\mathcal{M}:\text{¥}^{|x|}\to R'$ 是 $(\varepsilon,\delta)-$ 差分隐私的。

定理 5-1　对于规模均为 k 的组来说，任意 $(\varepsilon,\delta)-$ 差分隐私的机制 $\mathcal{M}$ 是 $(k\varepsilon,\ 0)-$ 差分隐私的。也就是说，对于所有 $\|x-y\|_1\leqslant k$ 和所有的 $S\subseteq \text{Range}(\mathcal{M})$，

$$\Pr[\mathcal{M}(x)\in S]\leqslant \exp(k\varepsilon)\Pr[\mathcal{M}(y)\in S] \tag{5-4}$$

其中，概率空间为机制 $\mathcal{M}$ 的抛硬币事件。

5.3.3 典型机制

1. 拉普拉斯机制

数值型查询是数据库查询中最基本的一种查询，其函数为 $f:\mathbf{N}^{|x|}\to R^k$。这些查询将数据库映射到 k 个真实的数字上。ℓ_1–敏感度是重要参数之一，可决定查询结果的准确度。

函数 $f:\mathbf{N}^{|x|}\to R^k$ 的 ℓ_1–敏感度为

$$\Delta f=\max_{x,y\in\mathbf{N}^{|x|},\|x-y\|_1=1}\|f(x)-f(y)\|_1 \tag{5-5}$$

函数 f 的 ℓ_1- 敏感度可捕捉到一个单一个体的数据在最坏情况下改变函数 f 的量级。因此，直观地说，必须引入响应的不确定性，以隐藏单个个体的数据。形式化地说，一个函数的敏感度指出了关于该函数输出的扰乱上限，以达到隐私保护。若一种噪声分布自然而然是满足差分隐私的，则其为拉普拉斯分布，定义如下。

定义 5-8 拉普拉斯分布　假设存在一个拉普拉斯分布，其居中于 0 点并且规模为 b，那么它的概率密度函数为

$$\text{Lap}(x\mid b)=\exp(-|x|/b)/2b \tag{5-6}$$

该分布的方差为 $\sigma^2=2b^2$。一般来说，Lap(b)表示规模为 b 的拉普拉斯分布，并且 Lap(b)表示一个随机变量 $X\sim\text{Lap}(b)$。由此可见，拉普拉斯分布是对称的指数分布。

拉普拉斯机制将计算函数 f，并且运用具有拉普拉斯分布的噪声来扰动每个坐标。噪声的规模由函数 f 的敏感度决定，定义如下。

定义 5-9 拉普拉斯机制 对于任意的函数 $f:\mathbf{N}^{|\mathcal{X}|}\to R^k$，拉普拉斯机制如下。

$$\mathcal{M}(x,f(\cdot),\varepsilon)=f(x)+(Y_1,\cdots,Y_k) \tag{5-7}$$

其中，Y_i是由 $\mathrm{Lap}(\Delta f/\varepsilon)$ 描绘的独立同分布随机变量。

定理 5-2 拉普拉斯机制满足 $(\varepsilon,0)$ – 差分隐私。

2. **指数机制**

指数机制的定义如下。

定义 5-10 指数机制 存在一个指数机制 $(x,u,\mathcal{R})$，其选择和输出一个元素 $r\in\mathcal{R}$ 的概率为 $\exp\{\varepsilon u(x,r)/(2\Delta u)\}$。

定理 5-3 指数机制满足$(\varepsilon,0)$–差分隐私。

3. **组合理论**

当利用满足 ε–差分隐私的拉普拉斯机制重复计算同一个统计值时，参数 ε 和 δ 必然会被不断消耗掉。因此，此机制给出的关于每个实例应答的结果将最终逼近于统计值的真实值。此类隐私保护机制的效力将会随着重复使用而不断降低，这是无法避免的。在设计差分隐私算法时，需要组合各种差分隐私的算法，以设计更加灵活的算法。

假设有两个差分隐私算法，其分别满足 $(\varepsilon_1,0)$ – 差分隐私和 $(\varepsilon_2,0)$ – 差分隐私。当有序地使用这两个算法查询同一个数据库时，由这两个算法组合成的算法是满足差分隐私的，定理如下。

串行定理。假设 $\mathcal{M}_1:\mathbf{N}^{|\mathcal{X}|}\to R_1$ 是 $(\varepsilon_1,0)$ – 差分隐私的算法，$\mathcal{M}_2:\mathbf{N}^{|\mathcal{X}|}\to R_2$ 是 $(\varepsilon_2,0)$ – 差分隐私的算法。其组合算法为 $\mathcal{M}_{1,2}:\mathbf{N}^{|\mathcal{X}|}\to R_1\times R_2$，那么 $\mathcal{M}_{1,2}=(\mathcal{M}_1(x),\mathcal{M}_2(x))$ 是 $(\varepsilon_1+\varepsilon_2)$ – 差分隐私的。

假设有两个差分隐私算法，其分别满足 ε_1 – 差分隐私和 ε_2 – 差分隐私。当这两个算法分别同时查询两个不相交的数据库时，由这两个算法组合成的算法是满足差分隐私的，定理如下。

并行定理。假设 $\mathcal{M}_1:\mathbf{N}^{|\mathcal{X}|}\to R_1$ 是 $(\varepsilon_1,0)$ – 差分隐私的算法，$\mathcal{M}_2:\mathbf{N}^{|\mathcal{X}|}\to R_2$ 是 $(\varepsilon_2,0)$ – 差分隐私算法。那么，$\mathcal{M}_{1,2}=(\mathcal{M}_1(x),\mathcal{M}_2(x))$ 是 $(\varepsilon_1,\varepsilon_2)$ – 差分隐私的。

5.4 可搜索加密

数据加密是保证数据机密性的关键措施。传统的加密使基于关键字的信息检索系统不再可用，极大限制了云计算外包数据的安全分享和使用。可搜索加密技术是近些年产业界和学术界共同关注的焦点之一，主要研究如何在加密的数据上进行高效的信息检索。在云计算时代，随着数据开放和共享利用的需求越来越迫切，无论是企业业务数据、个人社交数据，还是来自物联网的传感器数据，都开始由传统的本地分散存储向大规模云存储模式进行转变。密文搜索是保障数据安全和数据共享利用的核心工具，其研究在推动云计算的发展和深入应用上具有重要的科学价值和现实意义。

可搜索加密技术源于如下应用场景。假设用户 Alice 为了减少本地 IT 设施建设投入，将个人数据文件存储在不完全可信的第三方服务器上，如云服务器。为了防止外部攻击或服务器提供商窃取数据，Alice 采用加密技术将数据加密后远程存储。如果使用传统的分组加密，由于随机密钥对信息内容进行了充分的随机化和扰乱，Alice 无法使用传统的基于关键字的信息检索技术获取感兴趣的数据。虽然 Alice 能够下载所有的密文，在本地解密后获取数据，但这将导致不切实际的通信和计算开销，特别是在大数据环境下。可搜索加密作为近年流行的密码学原语，能够很好地解决此问题。它允许搜索服务器通过一个令牌在加密的数据上进行基于关键字的查询，在保护数据机密性的同时实现高效的信息检索。

5.4.1　技术背景

作为信息基础设施的一项核心支撑技术，云计算技术已经被广泛应用于当今世界的各个领域之中。云计算通过聚合海量软件和硬件资源，依托虚拟化、网络化、集群化和分布式计算等技术向用户提供按需交付的计算存储服务。从信息资源利用的全局来看，云计算通过资源虚拟化和共享资源池技术极大提升了信息资源的重复利用率。与此同时，云计算利用大规模数据集中管理技术大范围地减轻了信息系统的总体运维负担。IBM 测算，云计算在全球范围内的普及将会节省 70%的硬件投资，减少 60%的系统管理负担。从用户获取信息服务的局部来看，云计算按需付费、弹性可扩展的服务交付模式使得用户能够低廉、快捷和灵活地部署具备强大计算存储能力的信息系统。

数据和计算外包是云计算的一个重要应用模式。随着云计算的快速发展和普及，越来越多的个人和企业用户开始考虑把自己的私有数据外包给云服务提供商以享受廉价的数据存储和计算服务。然而，任何新事物的产生和发展都是一把双刃剑，云计算也不例外，相比传统信息技术，它具有巨大的技术优势和商业潜能，同时也带来了许多新的问题和挑战。其中，云安全问题已经成为制约云计算进一步发展和应用推广的主要因素[39]。Gartner 组织在 2009 年的云计算调查报告显示，70%以上的企业高管不建议采用云计算的首要原因就是存在数据安全顾虑。用户数据一旦被外包于远程的云服务提供商，数据将脱离数据用户的直接物理控制，存储于云端的用户数据将面临云服务提供商和外部恶意攻击者的双重威胁[40]。

目前，对数据进行加密是业界公认最有效的数据安全保护措施[41]。云安全联盟（CSA）强烈建议用户采用加密技术保护自己的私有数据。在实际的云平台中，像 Amazon 等云服务提供商也为用户提供了相应的数据加密服务接口。然而，由于密文不再具有其明文的计算特性，数据加密使得有效的数据利用和数据操作成为难题，如如何在加密的云数据上进行搜索、查询、排序、数值计算等，这不但极大地削弱了云计算强大的信息处理能力，而且严重阻碍云计算的发展和深入应用。

信息检索作为最常见的用户操作之一，在明文环境中已经得到了充分的研究。然而，数据加密破坏了明文数据的原始结构，使得传统的信息检索技术在密文环境下不再适用。可搜索加密技术[42]正是在这样的背景下得到了快速发展。总体来讲，可搜索加密原语允许数据提供者对数据进行加密后，外包给云服务提供商进行存储和处理，在保证数据机密性的同时，为数据使用者提供了一种在加密的数据上进行高效的隐私保护的途径。可搜索加密技术极大地提高了云计算的服务能力，扩大了云计算的服务范畴，推动了云计算数据外包模式的进一步发展和广泛应用。

5.4.2 系统模型和威胁模型

可搜索加密属于应用密码学范畴，具有具体的应用场景和系统模型，以及在该应用场景下的安全性要求，本节主要介绍可搜索加密的系统模型和威胁模型，提出可搜索加密的一般安全性要求。

1. 系统模型

典型的可搜索加密系统模型如图 5-9 所示，主要包括 3 种实体，即数据所有者、数据使用者和云服务器。该系统模型主要描述了如下基于云的安全存储应用场景：为了保证外包数据的机密性和实现加密数据的可检索性，数据所有者使用语义安全的对称加密技术加密数据，并使用可搜索加密技术为外包数据建立安全的可搜索索引；密文及安全索引存储在第三方云服务器上。当数据使用者希望获取包含某个关键字的所有数据时，他使用授权密钥对关键字进行加密生成相应的查询令牌，并将查询令牌提交给第三方云服务器。云服务器收到查询令牌后，在安全索引中执行索引与令牌之间的匹配。如果匹配成功，云服务器将所有包含查询令牌的加密数据返回给数据使用者。数据使用者收到查询结果后，在本地进行解密获取最终的明文。需要说明的是，数据所有者需要通过安全通道将对称密钥发送给数据使用者，如果数据所有者和数据使用者为同一实体，那么系统模型中不存在安全通道。在整个查询中，除了一些允许泄露给云服务器的信息，云服务器无法获取数据和查询的任何明文信息。通常，使用一组预定义的泄露函数来形式化一个可搜索加密方案能够泄露给云服务器的信息。下面将在威胁模型中进一步讨论泄露函数。

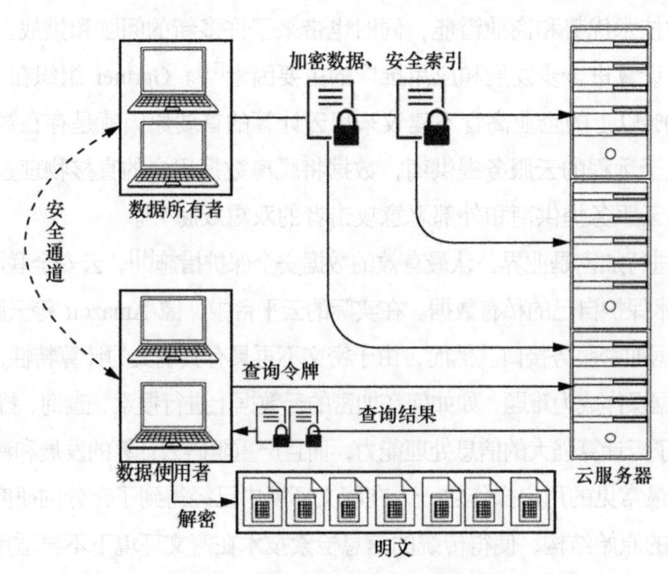

图 5-9 典型的可搜索加密系统模型

2. 威胁模型

可搜索加密等基于云计算外包模式的应用密码技术一般只考虑云服务提供商是“诚实而好奇”的被动攻击敌手。这意味着，云服务提供商承诺遵守与数据用户签订的数据安全协议和条款，并按正确的方式存储和处理数据；但云服务器往往处于数据所有者的信任域之外，云服务器具有数据的直接访问权，因此不能排除云服务器非法访问数据的可能性。例如，在利益的诱导下，恶意的云服务内部管理人员可能向数据所有者的竞争对手出卖数据。实质上，由于云服务器具有数据的物理控制权，这种威胁性比一般外部攻击者的攻击性更大，因为外部攻击者很难突破云服务器本身的安全防御机制，如防火墙等。可搜索加密的威胁模型如图 5-10 所示。一般地，假设云服务器好奇地分析加密数据、安全索引及查询令牌，并试图从外包的密文中推测出有用的信息。

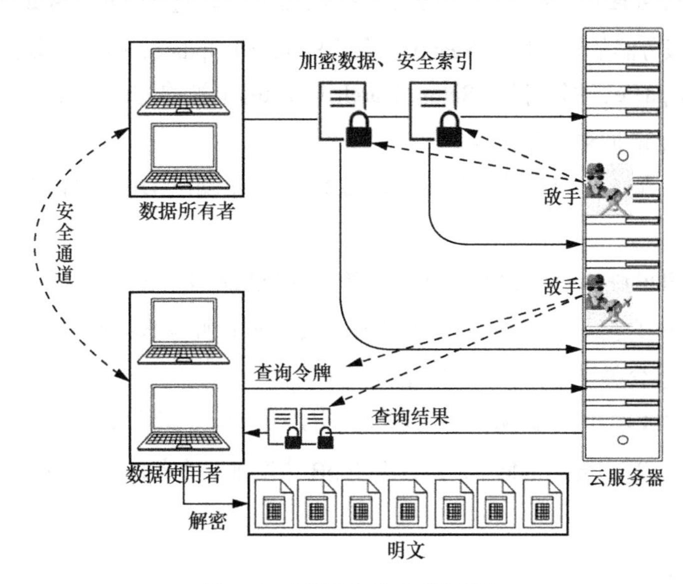

图 5-10　可搜索加密的威胁模型

5.4.3　对称环境下的可搜索加密

对称可搜索加密的构造通常基于伪随机函数，具有计算开销小、算法简单、速度快的特点，除加解密过程采用相同的密钥外，其查询令牌生成也需要密钥的参与，主要解决如下应用场景问题：数据所有者使用对称密钥加密个人文件并上传至服务器，检索时，数据使用者通过密钥生成待检索关键词令牌，服务器根据令牌执行检索过程后将目标密文返回给数据使用者。在该场景中，如果数据所有者和数据使用者为同一实体，则无须进行密钥分发；否则，数据所有者需要通过安全通道将对称密钥发送给数据使用者。

1. 方案定义

一般地，使用 $(\text{ind}_f,\text{DB}(\text{ind}_f))$ 表示文档 f，ind_f和 $\text{DB}(\text{ind}_f)$ 分别是文档 f 的文件标识符和文档 f 包含的关键字集合。相应地，规模为 n 的数据集 DB 被定义为 $(\text{ind}_i,\text{DB}(\text{ind}_i))_{i=1}^{n}$，关键字全

集表示为$W=\bigcup_{i=1}^{n}\mathrm{DB}(\mathrm{ind}_i)$。包含关键字 w 的所有文档用符号$\mathrm{DB}(w)=\{\mathrm{ind}_i \mid w\in \mathrm{DB}(\mathrm{ind}_i)\}$表示。简单起见，用 n 表示文档集合的规模，$m=|W|$ 表示关键字的总数量，$N=\sum_{i=1}^{n}|\mathrm{DB}(\mathrm{ind}_i)|=\sum_{w\in W}|\mathrm{DB}(w)|$表示文档/关键字对的总数量。

用$r \Leftarrow X$表示从集合 X 中随机均匀地选择一个元素 r，$\{0,1\}^l$ 表示所有长度为 l bit 的二进制串，$\{0,1\}^*$ 表示所有任意长度的二进制串，$a\,\|\,b$ 表示两个串 a 和 b 的连接。令 λ 为系统安全参数，如果对于任意的正多项式 p，函数 v 满足$v(\lambda)<1/p(\lambda)$，那么可以说函数 v 是可忽略的。简单起见，使用符号$\mathrm{negl}(\lambda)$表示关于安全参数 λ 的可忽略函数。对于一个集合 S，$|S|$表示集合 S 的基，对于二进制串 a，$|a|$表示 a 的位长度。

定义 5-11 静态可搜索加密　一个静态可搜索加密方案$\Pi=(\mathrm{Setup},\mathrm{Search})$主要包含算法 Setup 和客服端与服务器的查询协议 Search。除了 Setup 和 Update，如果方案还包含客服端与服务器的更新协议 Update，那么$\Pi=(\mathrm{Setup},\mathrm{Search},\mathrm{Update})$也被称为动态可搜索加密方案，它允许服务器动态安全地增加和删除文件[43]。

$\mathrm{Setup}(\lambda, \mathrm{DB})$：输入安全参数 λ 和数据集 DB，该算法输出 DB 的加密版本 EDB，以及对称密钥 K。

$\mathrm{Search}(K, w; \mathrm{EDB})$：Search 是客户端与服务器的交互协议。客户端使用密钥 K 加密搜索关键字 w，生成关于 w 的查询令牌，并将令牌发送给服务器；服务器收到令牌后，在 EDB 上进行搜索，最后将所有包含关键字 w 的文档返回给客户端。

$\mathrm{Update}(K, f, \mathrm{op}; \mathrm{EDB})$：在动态可搜索加密中，Update 协议通过客户端与服务器的交互实现对 EDB 的更新。如果 op=“add”，协议在 EDB 中增加一个新的文档 f；如果 op=“del”，协议从 EDB 中删除文档 f。

2. **安全性定义**

为了在效率和安全之间获得一个权衡，所有的对称可搜索加密方案允许向服务器泄露指定的信息。指定信息的泄露不会影响数据和查询令牌的机密性，同时可以保证方案获得较高的搜索效率。一般地，采用泄露函数量化方案能够向服务器泄露信息的类型和数量。

定义 5-12 适应性安全的可搜索加密　设$\Pi=(\mathrm{Setup},\mathrm{Search},\mathrm{Update})$是一个可搜索加密方案，$A$ 表示一个多项式时间敌手，S 表示一个多项式模拟器，通常被参数化为一组泄露函数$L=(L_{\mathrm{Setup}}, L_{\mathrm{Search}}, L_{\mathrm{Update}})$。可搜索加密方案的安全性通常被定义为真实世界实验与理想世界实验的对抗游戏。

$\mathrm{RealExp}_A^{\Pi}(\lambda)$：输入安全参数 λ，敌手 A 选择数据库（DB），真实世界实验 RealExp 首先运行 Setup 算法加密数据库（DB），并将数据库的加密版本（EDB）返回给敌手 A。敌手 A 收到 EDB 后，重复地执行算法 Search(w)和 Update(f)，其中 w 和 f 分别表示敌手 A 选择的查询关键字和更新的数据文件。在实验过程中，敌手 A 被允许观察算法的执行脚本和输出结果。最后，敌手 A 输出一个二进制位$b\in\{0,1\}$。

$\mathrm{IdealExp}_{A,S}^{\Pi}(\lambda)$：理想世界实验与真实世界实验的区别是，敌手不是获取真实算法运行的输出结果，而是观察泄露函数的执行脚本。具体而言，模拟器 S 运行泄露函数 L_{Setup} 生成 EDB，并发送给敌手 A。敌手 A 进一步观察模拟器 S 运行泄露函数的脚本 $S(L_{\text{Search}}(w))$和 $S(L_{\text{Update}}(f))$。最后，敌手 A 输出一个二进制位 $b\in\{0,1\}$。

如果方案 $\Pi=(\text{Setup},\text{Search},\text{Update})$ 基于泄露函数 L 是适应性的，那么对于任何概率多项式敌手 A，存在一个概率多项式模拟器 S，满足

$$|\Pr(\text{RealExp}_A^{\Pi}(\lambda)=1)-\Pr(\text{IdealExp}_{A,S}^{\Pi}(\lambda)=1)|\leqslant \text{negl}(\lambda) \tag{5-8}$$

另一种更通俗的表达是，对于任意的概率多项式敌手 A，若 A 不能在多项式时间内区分实验输出来自真实世界实验还是理想世界实验，那么可搜索加密方案是基于泄露函数 L 的适应性安全可搜索加密。

3. **基于全文扫描的对称可搜索加密结构**

2000 年，Song 等[44]提出了第一个对称可搜索加密结构。该方案的核心思想是对文档进行分组加密，将分组加密密文与一个伪随机值进行异或运算，得到支持关键字检索功能的结构。检索时，检索服务器根据数据使用者提交的查询令牌，对所有密文依次进行匹配。虽然这种方案的查询复杂度与文档长度成正比，但开辟了对称可搜索加密的新领域。因为该方案是静态可搜索加密，下面从 Setup 算法和 Search 协议两个方面描述该结构。

① 密钥生成。数据所有者生成随机密钥 $k1$ 和 $k2$，定义 l 个伪随机数 $S_1,S_2,\cdots,S_l$，以及伪随机置换 E 和伪随机函数 F、f。

② 关键字加密。一个文档由关键字序列组成，表示为 $w_1,w_2,\cdots,w_l$。对于关键字 w_i，数据所有者使用伪随机置换 E 计算 $E_{k2}(w_i)$，并将密文 $E_{k2}(w_i)$ 拆分为 L_i和 R_i两个部分；然后使用 f 计算一个伪随机值 $k_i=f_{k1}(L_i)$，并使用伪随机数 S_i计算 $F_{ki}(S_i)$；最后 (L_i,R_i) 与 $\left(S_i,F_{ki}(S_i)\right)$ 相异或，生成最终密文 C_i。

$$C_i=(L_i,\ R_i)\oplus\left(S_i,F_{ki}(S_i)\right) \tag{5-9}$$

③ 密文搜索。数据使用者使用 E 加密查询关键字 w 生成查询令牌 $E_{k2}(w)=(L,R)$，并使用 f 生成一个伪随机值 $k=f_{k1}(L)$；将 $E_{k2}(w)$和 k 发送给查询服务器。查询服务器全文顺序扫描密文 $C_i(1\leqslant i\leqslant l)$，依次将密文 C_i与查询令牌 $E_{k2}(w)$进行异或，并判断异或结果是否满足 $\left(S,F_k(S)\right)$ 的形式。如果满足，则说明文档中存在关键字 w，查询服务器将该文档返回给数据使用者。图 5-11 展示了基于全文扫描的可搜索加密方案。

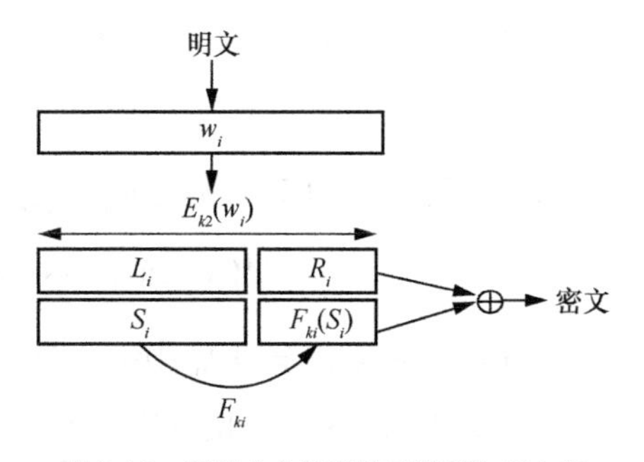

图 5-11　基于全文扫描的可搜索加密方案

4. **基于加密倒排索引的对称可搜索加密结构**

本节介绍一个典型的对称可搜索加密结构 SSE-1[45]。为了实现次线性搜索复杂度，SSE-1 方案首次引入加密倒排索引数据结构，并为对称可搜索加密定义了新的适应性安全和非适应性

安全概念。由于实现了最佳的次线性搜索复杂度，SSE-1 是可搜索加密领域的里程碑式工作，加密的倒排索引成为构造对称可搜索加密结构的基本工具，是很多后来工作遵循的基本思想。这里的次线性搜索复杂度是指方案的搜索时间仅仅与匹配文档的数量相关，与关键字规模和数据文件规模无关。

因为 SSE-1 是静态可搜索加密，下面从 Setup 算法和 Search 协议两个方面描述该结构。Setup 算法主要包括密钥生成和加密倒排搜索构造两个过程，其细节描述如下。

① 密钥生成。让 SKE=(Gen, Enc, Dec)表示一个对称加密算法。从 $\{0,1\}^\lambda$ 随机抽样 3 个密钥 $K_1, K_2, K_3 \Leftarrow \{0,1\}^\lambda$，调用 SKE.Gen 生成对称密钥 $K_4 = \text{SKE.Gen}(1^\lambda)$。另外，定义 3 个伪随机函数。

$$\begin{aligned} f &: \{0,1\}^\lambda \times \{0,1\}^* \to \{0,1\}^{2\lambda} \\ \pi &: \{0,1\}^\lambda \times \{0,1\}^* \to \{0,1\}^\lambda \\ N &: \{0,1\}^\lambda \times \{0,1\}^* \to \{0,1\}^\lambda \end{aligned} \tag{5-10}$$

② 索引生成。扫描数据集 DB，生成关键字全集 W，对每一个关键字 $w \in W$，生成包含关键字 w 的数据集 $\text{DB}(w)$，初始化一个全局计数器 c、数组 M 和查找表 T（c 初始化为 0，M 和 T 初始化为空）。对每一个关键字 $w \in W$，生成一个加密的倒排链表 L_w。首先，生成随机密钥 $K_{w,0} \Leftarrow \{0,1\}^\lambda$；从集合 $\text{DB}(w)$ 中为每一个文档 $i(1 \leqslant i \leqslant |\text{DB}(W)|-1)$，不包括 $\text{DB}(w)$ 最后一个文档，生成节点

$$N_i = \langle \text{ind}_i \,\|\, K_{w,i} \,\|\, N_{K1}(w \,\|\, c+1) \rangle \tag{5-11}$$

其中，$K_{w,i} = \text{SKE.Gen}(1^\lambda)$。使用对称加密 SKE 和密钥 $K_{w,i-1}$ 加密 N_i，并将其密文存储在数组 M 中的位置 $N_{K1}(w \| c)$。

$$M(N_{K1}(w \,\|\, c)) \leftarrow \text{SKE}_{(K_{w,j-1})} \langle \text{ind}_i \,\|\, K_{w,i} \,\|\, N_{K1}(w \,\|\, c+1) \rangle \tag{5-12}$$

完成 N_i 的加密和存储后，计算 $c=c+1$，继续构造和加密节点 N_{i+1}，在最后一个节点构造前结束。因为最后一个节点没有后继节点，因此将其设置为

$$N_{|\text{DB}(w)|} = \langle \text{ind}_{|\text{DB}(w)|} \,\|\, 0^\lambda \,\|\, \text{NULL} \rangle \tag{5-13}$$

使用对称加密 SKE 和密钥 $K_{w,\,|\text{DB}(w)|-1}$ 加密，并保存在数组 M 中。

$$M(N_{K1}(w \,\|\, c)) \leftarrow \text{SKE}_{(K_{w,|\text{DB}(w)|-1})} \langle \text{ind}_i \,\|\, 0^\lambda \,\|\, \text{NULL} \rangle \tag{5-14}$$

关键字 w 的倒排链表 L_w 中每一个节点包含 3 个数据域，第 1 个数据域为文档表示符，第 2 个数据域为加密后驱节点的密钥，第 3 个数据域相当于一个指针，存储其后驱节点的地址。

需要为倒排链表 L_w 构造一个特殊的头节点，其结构信息为

$$H_w = \langle K_{w,0} \,\|\, N_{K1}(w \,\|\, 1) \rangle \tag{5-15}$$

包含两个数据域，即加密 L_w 第一个节点的密钥和指向第一个节点的指针。头节点生成以后采用伪随机函数 f 进行加密，并保存在查找表 T 中，位置由伪随机函数 π 指定。

$$T\left[\pi_{K_3}(w)\right] \leftarrow \left\langle K_{w,0} \| N_{K1}(w\|1)\right\rangle \oplus f_{K_2}(w) \tag{5-16}$$

对关键字全集 W 中的所有关键字 $w_1,\cdots,w_n$ 进行如上倒排链表构造，形成了 DB 的加密倒排索引，如图 5-12 所示。

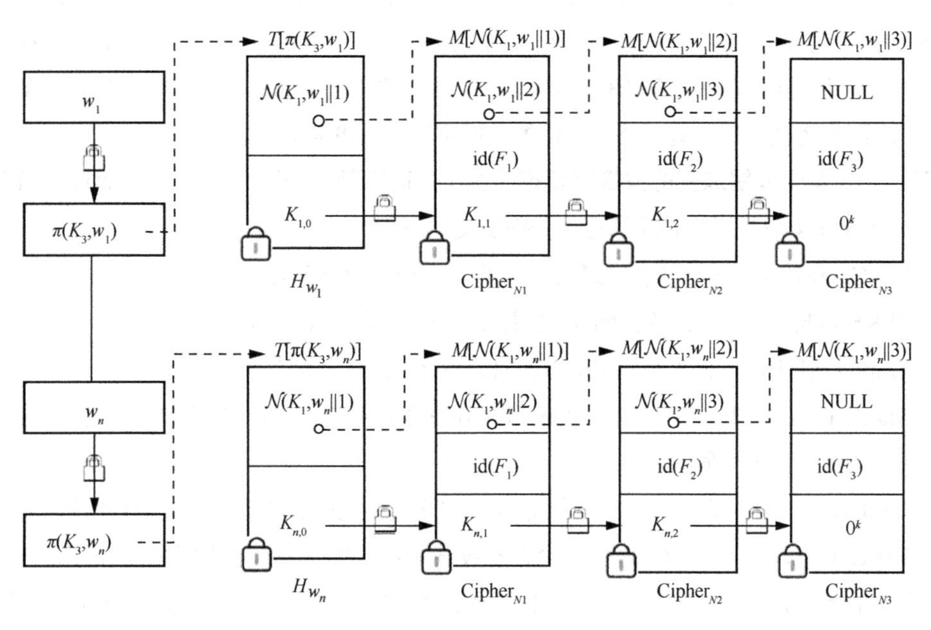

图 5-12　加密倒排索引结构

③ 密文搜索。数据使用者首先使用伪随机函数 π 和 f 加密搜索关键字 w，生成搜索关键字 w 的查询令牌 $t=(\pi_{K_3}(w), f_{K_2}(w))$，然后将 t 提交给查询服务器。查询服务器接收到查询令牌后，在安全索引上执行搜索，搜索过程如下。服务器检索查找表，以 $O(1)$ 的搜索复杂度定位 $T\left[\pi_{K_3}(w)\right]$，从查找表中 $\pi_{K_3}(w)$ 的位置中获取信息 $\left\langle K_{w,0} \| N_{K1}(w\|1)\right\rangle \oplus f_{K_2}(w)$，计算

$$\left\langle K_{w,0} \| N_{K1}(w\|1)\right\rangle \oplus f_{K_2}(w) \oplus f_{K_2}(w) \tag{5-17}$$

根据 $N_{K1}(w\|1)$ 找到目标链表，使用节点中的密钥依次解密节点，得到所有包含关键字 w 的文件标识符。

5.4.4　非对称环境下的可搜索加密

非对称可搜索加密使用两种密钥，即公钥和私钥。公钥用于明文信息的加密和目标密文的检索，私钥用于解密密文信息和生成关键字的查询令牌。非对称可搜索加密算法通常较为复杂，加解密速度较慢。然而，由于公私钥相互分离，公私钥非常适用于多用户体制下可搜索加密问题。发送者使用接收者的公钥加密文件和索引关键字；检索时，接收者使用私钥生成关键字的查询令牌；服务器根据陷门执行检索算法后将目标密文返回给接收者。

1．基于公钥加密的关键字查询技术

基于公钥加密的可搜索加密技术由Boneh等[46]提出，其动机是基于如下应用场景。假设用户 Alice 希望能随时随地地通过各种终端访问自己的电子邮件系统，邮件网关将根据电子邮件中的关键字将电子邮件路由到正确的设备上。为了保证电子邮件的机密性，当Bob将邮件发送给Alice之前，使用Alice的公钥对电子邮件内容进行加密并指定一些能够用于密文内容检索的关键字，允许邮件网关在不了解邮件内容的同时，能够根据 Alice 提交的查询令牌检索到正确的邮件。这种方案也被称为基于公钥加密的关键字查询（PEKS）技术。

定义 5-13 基于公钥加密的关键字查询　基于公钥加密的关键字查询包含 KeyGen、PEKS、Trapdoor、Match 4个多项式时间算法，分别定义如下。

① KeyGen(λ)。输入一个安全参数λ，输出一对公钥 Pub 和私钥 Pri。

② PEKS(Pub, w)。输入公钥 Pub 和索引关键字w，输出w的密文C_w。

③ Trapdoor(Pri, q)。输入私钥 Pri 和查询关键字q，输出查询令牌T_q。

④ Match(Pub, C_w, T_q)。输入公钥 Pub 和索引关键字密文C_w，以及查询令牌T_q，当w=q时，输出“真”，否则输出“假”。

Boneh提出的PEKS方案是公钥可搜索加密的开创性工作，本节介绍这个方案的实现细节。

① KeyGen(λ)。令G_1和G_2是两个阶为素数p的乘法循环群，g为群G_1的任意生成元，p的大小由安全参数λ决定。定义两个安全的哈希函数$H_1:\{0,1\}^*\to G_1$、$H_2:G_2\to\{0,1\}^{\lg p}$。算法从群$Z_q$中均匀随机选择一个元素$\alpha$，并计算$h=g^\alpha$，输出公钥Pub=[$G_1,G_2,p,g,H_1,H_2,h=g^\alpha$]和私钥Pri=$\alpha$。

② PEKS(Pub, w)。算法从群Z_q中均匀随机选择一个元素r，使用双线性映射计算$t=e(H_1(w),h^r)$，输出关键字w的可搜索密文$C_w=[g^r,H_2(t)]$。

③ Trapdoor(Pri, q)。算法输出q的查询令牌$T_q=H_1(w)^\alpha$。

④ Match(Pub, C_w, T_q)。输入$C_w=[g^r,H_2(t)]$和$T_q=H_1(w)^\alpha$，测试$H_2(e(H_1(w)^\alpha,g^r))$是否等于$H_2(t)$，如果是，则输出“真”，否则输出“假”。匹配的正确性可以通过以下推导进行验证。

$$H_2(e(H_1(w)^\alpha,g^r))=H_2(e(H_1(w),g^{\alpha r}))=H_2(e(H_1(w),h^r))=H_2(t) \tag{5-18}$$

2．属性基关键字安全查询技术

云计算是一个开放的系统，对数据进行访问控制是实际的应用需求。传统的可搜索加密技术并未考虑搜索系统中的数据访问控制问题，可能导致数据使用者通过密文检索后非法解密没有访问权限的数据。属性基关键字安全查询（ABKS）技术[47]通过引入属性加密原语[48-49]，解决了关键字查询授权和密文搜索的问题。ABKS 的基本原理为数据所有者根据索引关键字的查询权限，指定访问控制策略并与索引关键字密文进行绑定；数据使用者使用一组属性描述自己的角色，并持有嵌入属性集合的密钥；查询时，当数据使用者使用嵌入自己属性信息的密钥加密查询关键字时，数据使用者的属性信息也被嵌入生成的查询令牌中；如果一个数据使用者的属性集合满足索引关键字中的访问控制策略，则能够执行索引关键字与查询关键字的匹配操作，

如果匹配成功，则获取相应的数据文件。ABKS 技术同时实现了细粒度的数据访问控制及在密文上的信息检索功能。

定义 5-14 属性基关键字安全查询　属性基关键字安全查询一般包含 Setup、KeyGen、KeywordEnc、TokenGen、Search 5 个多项式算法，分别定义如下。

① Setup(λ)。输入一个安全参数 λ，算法输出一组系统公共参数 SPP 和主密钥 MK。

② KeyGen(SPP, MK, S)。输入系统公共参数 SPP、系统主密钥 MK，以及属性集合 S，该算法输出与属性集合 S 相关的私钥 K_s。

③ KeywordEnc(SPP, MK, w, A)。输入系统公共参数 SPP、系统主密钥 MK、索引关键字 w，以及关键字 w 的访问控制树 A，该算法输出关键字 w 的密文 I_w。该密文包含访问控制树 A、指定索引关键字的查询权限。

④ TokenGen(q, K_s)。输入查询关键字 q、K_s，该算法使用私钥 K_s 加密 q，生成关于 q 的查询令牌 T_q。该令牌中包含了属性集合 S。

⑤ Search(I_w, T_q)。输入索引关键字密文 I_w 和查询令牌 T_q，该算法执行 I_w 和 T_q 之间的匹配操作。如果 T_q 中包含的属性集合 S 满足与 I_w 关联的访问策略，并且索引关键字 w 等于 q，该算法将返回“真”。

根据以上方案算法框架，介绍一个具体的 ABKS 方案实现。

① Setup (λ)。令 G_1 和 G_2 是两个阶为素数 q 的循环乘法群，g 为群 G_1 的一个生成元。定义双线性映射 $e: G_1 \times G_1 \rightarrow G_2$ 和两个安全哈希函数 $H_1: \{0,1\}^* \rightarrow Z_q$、$H_2: \{0,1\}^* \rightarrow G_1$。显然，$H_1$ 和 H_2 分别哈希一个任意长度的字符串为群 Z_q 和群 G_1 上的一个元素。定义拉格朗日系数为 $\Delta_{i,S}(x) = \prod_{j \in S, j \neq i} \dfrac{x-j}{i-j}$，$S$ 表示群 Z_q 上的一个集合，$i, j \in Z_q$。数据所有者均匀随机地从群 Z_q 上选择两个元素 α、β，并计算 g^α、g^β、$e(g,g)^\alpha$。最终，系统公共参数表示为 SPP= $(G_1, G_2, e, g, q, H_1, H_2)$；数据所有者保存主密钥 $\text{MK} = (\text{dk}_1 = (e(g,g)^\alpha, g^\beta), \text{dk}_2 = (\beta, g^\alpha))$。

② KeyGen(SPP, MK, S)。密钥生成过程如下。首先，数据所有者根据数据使用者 u 的系统角色定义属性集合 S，然后利用 dk_2 和属性集合 S 为 u 生成私钥：选择随机元素 $r \in Z_q$，计算 $k_1 = g^{(\alpha+r)/\beta}$，$k_2 = g^{1/\beta}$，$k_3 = g^r$；之后对属性集合 S 中的每一个属性 a，随机选择 $r_a \in Z_q$，并计算 $k_a = k_3 H_2(a)^{r_a} = g^r H_2(a)^{r_a}, k'_a = g^{r_a}$。最终 u 的密钥表示为

$$K_s = (D = g^{(\alpha+r)/\beta}, \forall a \in S, k_a = g^r H_2(a)^{r_a}, k'_a = g^{r_a}) \tag{5-19}$$

③ KeywordEnc(SPP, MK, w, A)。为了防止云服务器从索引中获取关键字，索引关键字 w 加密如下：首先使用哈希函数 H_1，将 w 映射为群 Z_q 上的一个元素 $H_1(w)$，然后随机选择秘密值 $s \in Z_q$，并计算

$$I'_w = e(g^{H_1(w)s}, g)e(g,g)^{\alpha s}, \quad I''_w = g^{\beta s} \tag{5-20}$$

另外，为索引关键字 w 定义一棵访问控制树 A：从根节点开始，以自上而下的方式为 A 中的每一个节点 x 构造一个多项式 q_x，并设置 q_x 最高次项的次数为 k_x-1（k_x 为节点阈值），即 $d_x = k_x - 1$。

对于根节点 R，设置 $q_{R(0)}=s$，然后选择 d_R 个随机值，完整定义多项式 q_R；对任何其他节点 x，设置 $q_x(0)=q_{\text{parent}(x)}(\text{index}(x))$（$\text{parent}(x)$表示 x 节点的父节点），然后选择其余的 d_x 个随机值，完整定义多项式 q_x。令 X 为 A 的叶子节点集合，w 的加密形式为

$$I_w=(T(w),I'_w=e(g^{H_1(w)s},g)e(g,g)^{\alpha s},I''_w=g^{\beta s} \\ \forall x\in X: X_x=g^{q_x(0)},X'_x=H_2(\text{attr}(x))^{q_x(0)}) \tag{5-21}$$

④ TokenGen(q, K_s)。当数据使用者 u 希望从云服务器中查询索引包含关键字 q 的数据文件时，数据使用者使用私钥 K_s 对 q 进行加密，算法过程如下：u 首先使用哈希函数 H_1，将 q 映射为 Z_q 上的一个元素 $H_1(q)$，利用 K_s 计算 $k_2^{H_1(q)}=g^{\frac{H_1(q)}{\beta}}$，$k_1\cdot g^{\frac{H_1(q)}{\beta}}=g^{\frac{\alpha+\beta+H_1(q)}{\beta}}$，$q$ 的查询陷门表示为

$$T_u(q)=\left(T=g^{\frac{\alpha+\beta+H_1(q)}{\beta}},\forall a\in S,k_a=g^r H_2(a)^{r_a},k'_a=g^{r_a}\right) \tag{5-22}$$

⑤ Search(I_w, $T_u(q)$)。当查询服务器收到数据使用者的查询陷门 $T_u(q)$后，将在索引关键字密文 I_w 之间进行匹配。当同时满足 $T_u(q)$具有对安全索引 I_w 的查询权限和 $q=w$ 两个条件时，该算法将返回“真”。具体查询过程如下。

设 x 是访问控制树 A 的任意一个节点。

对于叶子节点 x，设 a 为该叶子节点表示的属性，即 $a=\text{attr}(x)$，如果 $a\in S$，则计算

$$F_x=\frac{e(k_a,X_x)}{e(k'_a,X'_x)}=\frac{e(g^r\cdot H_2(a)^{r_a},g^{q_x(0)})}{e(g^{r_a},H_2(a)^{q_x(0)})}=e(g,g)^{rq_x(0)} \tag{5-23}$$

如果 a 不属于 S，则定义 F_x=NULL。

对于每一个非叶子节点 x，其阈值为 k_x，如果存在一个包含 k_x 个 x 的孩子节点的集 S_x，且对每个孩子节点 $z\in S_x$ 都满足 F_z，则计算

$$F_x=\prod_{z\in S_x}F_z^{\Delta_{i,S_x(0)}}=\prod_{z\in S_x}(e(g,g)^{rq_z(0)})^{\Delta_{i,S_x(0)}}=\prod_{z\in S_x}(e(g,g)^{rq_{\text{parent}(z)}(\text{index}(z))})^{\Delta_{i,S_x(0)}}=\prod_{z\in S_x}e(g,g)^{rq_x(\Delta_{i,S_x(0)})}=e(g,g)^{rq_x(0)} \tag{5-24}$$

其中，$i=\text{index}(z)$，$S'_x=(\forall z\in S_x:\text{index}(z))$，$\Delta_{i,S'_x}$ 是拉格朗日系数。若不存在这样的集合，表明数据使用者的属性集合 S 不满足节点 x 的阈值，定义 F_x=NULL。

对于访问控制树 $T(w)$的根节点 R，执行以上递归操作后，如果 F_R=NULL，说明 u 的属性集合 S 不满足访问控制树 $T(w)$，则意味着数据使用者没有对索引关键字 w 的查询权限，查询结束。否则

$$F_R=e(g,g)^{rq_R(0)}=e(g,g)^{rs} \tag{5-25}$$

云服务器进一步通过以下等式判断查询关键字 q 是否等于索引关键字 w。

$$\frac{e(I''_w,T)}{F_R}=I'_w \tag{5-26}$$

如果上式成立，则说明查询关键字 q 等于索引关键字 w，云服务器将索引包含 w 的数据文件返回给数据使用者。通过以下推导可以验证查询的正确性。

$$\frac{e(I''_w,T)}{F_R}=\frac{e\left(g^{\beta s},g^{\frac{\alpha+\beta+H_1(q)}{\beta}}\right)}{e(g,g)^{rs}}=\frac{e(g^s,g^\alpha)e(g^s,g^r)e(g^s,g^{H_1(q)})}{e(g,g)^{rs}}= \tag{5-27}$$
$$e(g^s,g^{H_1(q)})e(g^s,g^\alpha)=e(g^{sH_1(q)},g)e(g,g)^{\alpha s}=I'_w(q=w)$$

根据上面的查询过程可以看出，关于查询关键字 q 的属性集合必须满足索引关键字 w 的访问控制策略，查询关键字和索引关键字才能进行相等性测试匹配，这样可以实现对索引关键字的搜索权限控制。由于单个索引关键字一般关联包含该关键字的数据文件，因此通过对索引关键字的搜索权限控制，可以实现对数据文件的细粒度访问控制。

5.5 深度伪造视频数据取证技术

数据共享使用行为与数据安全紧密相关。例如，当用户在使用数据的同时对数据进行了恶意篡改，数据安全性将遭到破坏。深度伪造视频数据取证是对视频内容数据的真伪性进行鉴别，以保证数据可信可用。深度伪造视频数据取证可发现对数据进行恶意修改和破坏的行为，并对恶意行为取证，以备日后追责或发起法律诉讼。本节主要对深度伪造视频数据取证技术进行介绍。

5.5.1 深度伪造视频数据取证的背景

根据思科视觉网络指数报告[50]，目前视频已占据互联网全部流量的 82%。人工智能和深度神经网络的飞速发展推动了深度伪造视频数据合成技术，该技术利用网络上大量的视频数据精确地生成人脸，替换视频中原有人脸，几乎不会留下明显的篡改痕迹。这类视频难以通过传统的方法检测，使得视频数据安全受到严重威胁。

深度合成服务是我国互联网信息内容治理的重要领域，因其对互联网信息内容安全存在巨大影响，是高敏感的算法推荐服务种类。中共中央印发的《法治社会建设实施纲要（2020—2025 年）》明确提出，将深度伪造立法作为完善网络信息服务法律法规的重要项目。2022 年制定的《互联网信息服务算法推荐管理规定》将生成合成类算法作为 5 类算法推荐服务之首进行规制。由此可见规范深度合成技术、应用及服务在我国互联网治理中的重要地位。2022 年《互联网信息服务深度合成管理规定》的颁布实施，标志着我国算法安全治理体系的进一步完善。《互联网信息服务深度合成管理规定》将以深度合成为代表的生成合成类算法作为算法安全治理体系细化的第一步，这一方面是由于深度合成属于高敏感性的与互联网信息内容安全息息相关的技术应用，另一方面是因为深度合成技术将成为网络虚拟空间与现实物理世界虚实结合、融为一体的关键技术应用，未来存在巨大发展空间。

深度合成技术能否被合法应用，是关系互联网信息内容安全的大事。虚假信息一直是互联网治理的痛点与难点，深度合成技术的广泛应用则对虚假信息的治理提出了更高的要求。俗话说“耳听为虚，眼见为实”“有图有真相”，可见照片、视频在公众潜意识中的真实性远胜于文字。而深度合成技术恰恰颠覆了这一公众认知，可以伪造音频、图片、视频，捏造人物的行为与语言。作为人工智能深度学习领域的一个分支，深度合成技术在近几年迅速兴起，带来严峻的安全挑战。基于深度合成技术一旦被滥用可能造成的巨大风险，近年来我国陆续颁布法律法规，回应深度合成技术带来的挑战。2020 年，国家互联网信息办公室、文化和旅游部、国家广播电视总局三部门联合颁布实施的《网络音视频信息服务管理规定》明确提出，对基于深度学习、虚拟现实等新技术、新应用上线具有媒体属性或社会动员功能的音视频信息服务开展安全评估，对非真实音视频信息进行标识，不得利用深度学习技术制作并传播虚假新闻信息，部署鉴别技术，尽快建立辟谣机制等措施。2020 年，《网络信息内容生态治理规定》要求网络信息内容服务使用者和网络信息内容生产者、网络信息内容服务平台不得利用深度学习、虚拟现实等新技术、新应用从事法律法规禁止的活动。2021 年开始实施的《中华人民共和国民法典》（人格权编）明确规定，不论是否出于营利目的，均不得利用信息技术手段伪造他人肖像、声音。2022 年，《互联网信息服务算法推荐管理规定》明确要求不得合成虚假新闻信息。此次《互联网信息服务算法推荐管理规定》聚焦深度合成服务，与既往法律法规一脉相承，以保障互联网信息内容安全为主要目标。《互联网信息服务算法推荐管理规定》要求深度合成服务提供者和使用者不得利用深度合成服务制作、复制、发布、传播虚假新闻信息。转载基于深度合成服务制作发布的新闻信息的，应当依法转载互联网新闻信息稿源单位发布的新闻信息。《互联网信息服务算法推荐管理规定》同时要求任何组织和个人不得利用深度合成服务制作、复制、发布、传播法律法规禁止的信息，并要求深度合成服务提供者建立健全辟谣机制。

深度伪造视频数据取证技术在研究领域已经取得了一定的进展，主要方法包括线索启发式方法、数据驱动式方法和多域融合式方法。

1. *线索启发式方法*

线索启发式方法主要发掘与人脸密切相关的取证线索，并设计一些具有针对性的取证特征。

最初在深度伪造视频数据取证方面，使用稀疏编码特征[51]、人脸表情特征[52]、细粒度全局特征[53]等进行人脸检测。随着深度伪造技术的发展，传统人脸检测算法不能满足深度伪造视频数据取证的要求，Ciftci 等[54]和 Hernandez-Ortega 等[55]通过提取视频人物的生物信号，心跳特征来检测真假视频。Li 等[56]检测到假视频的人物眨眼频率低于正常视频。Yang 等[57]从头部姿态的角度出发检测假视频。Li 等[58]基于不真实的细节伪影来提取特征进行视频检测。此外，纹理特征[59-60]、设备噪声[61]、色彩空间特征[62-63]等也被用于深度伪造视频数据的检测。

然而，随着视频生成技术的发展，视频生成技术可以在生成过程中修复这些特征，使得线索启发式方法无法取得进一步的发展。

2. *数据驱动式方法*

数据驱动式方法通过使用大量数据和卷积神经网络学习潜在的特征。以卷积神经网络为代表的深度学习算法在图像分类、语音识别及自然语言处理等方面已经取得了突出的效果。学者将卷积神经网络运用到深度伪造视频数据的取证领域。

Afchar 等[64]采用介观网络学习视频帧的特征，Nguyen 等[65]使用卷积神经网络提取特征，并将其输入胶囊网络用于视频分类。Rössler 等[66]发布了大型深度伪造视频数据集，并基于 Xception 进行视频检测。Tan 等[67]使用 Efficientnet 对真假视频进行分类。此外，通过多个任务结合[68]和多个网络结合[69-71]的方法，可以进一步提升检测性能。学者采用特定的网络设计和技巧进行视频检测。Chen 等[72]基于局部关系学习，通过网络度量局部区域特征之间的相似性。Chen 等[73]对 Xception 网络进行改进以提高深度伪造视频数据的检测准确率。Qian 等[74]利用频域信息进行学习，Zhao 等[75]使用注意力机制大幅提高了检测性能。

数据驱动式方法使用卷积神经网络提取了有效的特征，从而检测出伪造视频。然而，视频帧间信息作为视频的信息载体，包含着丰富的信息，数据驱动式方法没有联合多域信息，忽略了视频的关键特征。

3. *多域融合式方法*

多域融合式方法结合空域和其他域的特征进行深度伪造视频数据的取证。通过多种角度综合学习，提高深度伪造视频数据的检测性能。

Güera 等[76]通过将空域和时域结合进行视频检测。He 等[77]基于多种颜色空间的特征集合检测真伪。Liu 等[78]采用频域和空域结合的方法进行取证。此外，双流卷积神经网络[79-81]被用来提取多域特征，通过将语义级特征和噪声级特征结合、时间级特征与帧级特征结合、全局特征与局部特征结合的方式提高检测性能。为了提高泛化性能，Sun 等[82]通过元学习提取多域特征，Haliassos 等[83]通过唇语任务学习高级语义时空表征，捕捉唇部运动中的高级语义异常。

短视频、直播等新型社交媒体平台的兴起，使得一些虚假视频信息涌入大众视野，这些视频由先进的伪造技术生成，给伪造视频的取证带来了巨大的挑战。中商产业研究院发布的《中国视频内容行业市场前景及投资机会研究报告》显示，消费者正在扩大对各种形式的视频内容的消费。用户可参与、可互动的形式为视频内容市场创造了巨大的潜力。视频市场的发展改变了消费者的消费习惯，却也提供了网络防伪的发展空间。短视频、直播等新型社交媒体平台出现视频方式的虚假信息，这增加了对视频内容有效筛查、识别虚假信息的需求。为加强对具有舆论属性或社会动员能力的互联网信息服务和相关新技术、新应用的安全管理，规范互联网信息服务活动，切实维护国家安全、社会秩序和公共利益，按照《中华人民共和国网络安全法》《具有舆论属性或社会动员能力的互联网信息服务安全评估规定》等法律法规及政策要求，迫切需要发展深度伪造视频数据的取证技术，针对短视频、直播等新型社交媒体平台中的视频进行真实性验证，目前亟待研究可有效筛查、识别虚假信息的方法。

5.5.2 典型深度伪造视频数据取证模型

深度伪造视频数据取证模型可以验证数字视频的真实性，并为法律诉讼或其他使用数字视频证据的场合提供证据。典型深度伪造视频数据取证模型涉及以下步骤。

1. 收集和分析视频

深度伪造视频数据取证的第一步是收集有关视频并进行初步分析，以确定它是否是深度伪造的。这一步至关重要，因为它为取证过程中的后续步骤奠定了基础。下面对收集和分析视频过程进行简要概述。

首先，视频可以从各种来源获得，包括社交媒体、公共档案或私人收藏。重要的是，要确保视频的获取是合法的和符合道德的。这可能涉及获得视频所有者的同意，或者在执法调查的情况下获得授权。

其次，保存视频。一旦收集到视频，重要的是以原始形式保存它。这涉及在不改变原始数据的情况下制作一份可用于分析的视频的取证副本。取证副本应包括与视频相关的所有元数据，包括创建日期和地点，以及任何其他相关信息，如文件大小和格式。

最后，需要对视频进行初步的分析。视频被保存后，要进行初步分析以评估其整体质量和真实性。这可能涉及审查视频的视觉和音频内容，以及任何附带的数据。这一初步分析的目的是确定该视频是否适合进一步的取证检查，并确定任何潜在的关注领域。

2. 检测面部不一致的情况

检测面部不一致是对深度伪造视频数据进行取证分析的一个关键步骤。深度伪造视频数据通常是通过操纵现有视频中个人的面部特征而产生的，这种操纵往往会导致面部不一致，通过仔细分析可以识别。以下对典型的深度伪造视频取证中检测面部不一致过程进行简要概述。

首先，选择目标面部。检测面部不一致的第一步是确定深度伪造视频数据中的目标面部。这涉及选择视频中面部特征被篡改的个人。目标面部的选择至关重要，它为取证分析的后续步骤奠定了基础。

其次，识别面部不一致的地方。这涉及将深度伪造视频数据中的面部特征和动作与参考图像中的特征和动作进行比较。分析工作可能涉及逐帧审查视频，寻找面部动作和特征的异常之处。深度伪造视频数据中一些常见的面部不一致之处包括不自然的面部动作，如眨眼或微笑，其发生的时间间隔不固定。其他不一致之处包括面部特征的形状或大小变化，如眼睛或嘴巴。此外，面部的光线或阴影不一致，也可能是被篡改的迹象。

最后，对不一致之处进行量化。一旦确定了面部不一致，下一步就是对不一致之处进行量化。这可能涉及测量面部特征或动作的变化程度，以及变化的频率和时间。对不一致之处的量化很重要，因为它可以帮助确定深度伪造的严重程度，并为法律诉讼提供证据。

3. **结合其他取证技术**

除视觉分析外，深度伪造视频数据取证还可能涉及其他取证技术，如音频分析、元数据分析、来源识别，这些可以帮助提供更多的篡改证据，并提高分析的整体准确性。

对于音频分析，涉及识别音频中的任何异常情况，如音调的变化，这可能表明存在操纵行为。此外，音频分析可以帮助确定音频的来源并确定视频的真实性。

对于元数据分析，涉及检查与视频文件相关的元数据，如创建和修改的日期和时间，以及视频的创建地点。这可以帮助确定视频的真实性，并识别任何潜在的操纵来源。例如，如果元数据显示视频的创建地点与视频中声称的地点不同，这可能表明视频被篡改了。

对于来源识别，涉及确定视频的原始来源。这涉及追溯视频的原始创建者，或识别用于创建深度伪造视频数据的原始镜头。通过识别视频的来源，取证专家可以确定视频的真实性，并确定任何潜在的操纵来源。

5.5.3　深度伪造视频数据检测方法

本节介绍一种基于表征对比预测学习的深度伪造视频数据检测方法，可以检测不同视觉质量的深度伪造视频数据，并且具有较好的鲁棒性。

如图 5-13 所示，检测方法包括人脸数据预处理、人脸表征和对比预测。具体内容如下。

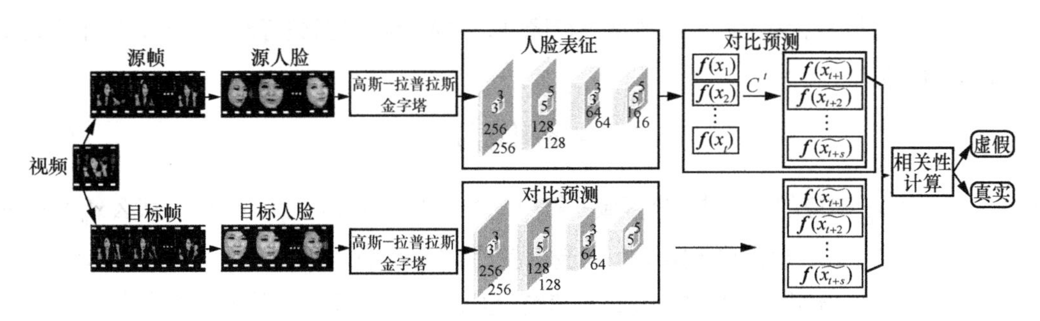

图 5-13　基于表征对比预测学习的深度伪造视频数据检测方法

1. **人脸数据预处理**

首先从视频中提取帧，将帧序列分成源帧和目标帧。由于深度伪造视频数据篡改的部分是人脸，于是得到源人脸和目标人脸，再对各人脸运用高斯–拉普拉斯金字塔进行预处理以更好地暴露被篡改痕迹。

2. **人脸表征，构建基于表征学习的卷积神经网络人脸表征模型**

该模型通过编码多个时间点共享的信息来学习特征，同时丢弃局部信息，得到人脸的向量表示。

该表征模型由 4 个模块构成，每个模块由 1 个卷积层、1 个激活层、1 个批归一化层、1 个池化层构成，各个模块的参数如图 5-13 所示，在第 4 个模块之后使用 1 个全连接层得到人脸的向量表示。

第一个模块的卷积核的大小是3×3，一幅256×256×3的人脸图像通过第一个卷积核之后得到254×254×8大小的特征图。卷积操作如式（5-28）所示。

$$X_j^l = \sum_i X_i^{l-1} * K_{ij}^l + B_j^l \tag{5-28}$$

其中，*表示卷积计算；X_j^l 表示第 l 层的第 j 幅人脸特征图；K_{ij}^l 表示用来连接第 l 层的第 i 幅输入人脸特征图和第 j 幅输出特征图的卷积核；B_j^l 表示第 l 层的第 j 幅人脸特征图的偏置量。卷积层之后使用 ReLU 函数作为激活函数，激活函数如式（5-29）所示。

$$R(x) = \max(0, x) \tag{5-29}$$

其中，x 代表输入的人脸特征图。为了对人脸特征图进行归一化，需要在激活层之后设置批归一化层。对于一个 k 维的人脸特征向量 $\boldsymbol{x} = \left(x^{(1)}, \cdots, x^{(k)}\right)$，对每一维进行归一化，其计算式如式（5-30）所示。

$$\hat{x}^{(k)} = \frac{x^{(k)} - E[x^{(k)}]}{\sqrt{\operatorname{Var}[x^{(k)}]}} \tag{5-30}$$

其中，$E[x^{(k)}]$ 表示对数据 $x^{(k)}$ 求平均值；$\sqrt{\operatorname{Var}[x^{(k)}]}$ 表示对数据 $x^{(k)}$ 求标准差。人脸特征图经过批归一化层之后，所有的数据都有确定的均值和方差，这样不仅加快了模型的收敛速度，也可以防止模型过拟合。为了对人脸数据进行降维，对人脸特征图进行池化操作，其计算式如式（5-31）所示。

$$x_{cd}^g = \max\left(x_{mn}^{g-1}\right) \tag{5-31}$$

其中，m、n 为 x_{cd}^g 对应的池化核覆盖区域，第一模块的池化层的核的大小为 2，那么 x_{cd}^g 覆盖的区域就是2×2 的区域。最大池化操作就是选择特征图中2×2 区域里的最大值，随后移动窗口，选择其他区域的值。池化层不仅能提高计算速度，也能提高所提取人脸特征的鲁棒性。经过 4 个模块的操作之后，使用全连接层把人脸特征编码成 128 维的特征向量。

3. **对比预测，构建基于对比预测学习的时序人脸回归预测模型**

得到人脸的向量表示之后，使用对比预测方法，对时序的人脸数据进行预测，真实视频中的人脸表情是自然丰富且具有感染力的，而虚假视频中的人脸表情是僵硬不自然的。经过预测之后，对于真实视频，预测帧会接近视频中真实存在的帧；而对于虚假视频，不自然的人脸表情会导致预测帧不准确，从而使得预测帧与视频中已存在的帧之间的相关性较低。最后根据预测帧和已存在帧之间的相关性来进行建模。

每个视频取 $t+s$ 帧人脸，经过表征学习，得到 $t+s$ 帧人脸的向量表示为 $\boldsymbol{F} = \left\{f(x_1), f(x_2), \cdots, f(x_t), \cdots, f(x_{t+s})\right\}$。取前 t 帧人脸数据预测 s 帧人脸数据。预测基于门控循

环单元（GRU）网络进行，该网络是一个时间记忆的卷积神经网络，经过 GRU 网络之后可以回归得到预测的人脸数据。其计算如式（5-32）所示。

$$c_t = g_{\text{pre}}\left(f(x_i)\right), i \leqslant t \tag{5-32}$$

在这个回归预测的过程中，前 t 帧人脸的向量表示在 GRU 网络中逐层传递信息，GRU 保证了时间信息在时间传播过程中不会丢失。预测模型将对 t 帧人脸编码信息进行总结，并生成上下文潜在表示 c_t，将 c_t 映射得到预测的后 s 帧人脸的信息，其计算如式（5-33）所示。

$$\boldsymbol{f}(\widetilde{x_i}) = \text{map}(c_i), t < i \leqslant t + s \tag{5-33}$$

4. **相关性计算**

将预测的人脸向量表示 $\boldsymbol{f}(\widetilde{x_{t+i}})$ 和视频中的人脸向量 $\boldsymbol{f}(x_{t+i})$ 进行相关性计算，其计算如式（5-34）所示。

$$r = \text{sigmoid}\left(\frac{\sum_i \boldsymbol{f}(\widetilde{x_{t+i}}), \boldsymbol{f}(x_{t+i})}{s}\right), 0 < i \leqslant s \tag{5-34}$$

如果是假视频，r 值接近 0；如果是真视频，r 值接近 1。模型的损失函数可表示为式（5-35）。

$$L_N = -\frac{1}{N}\sum_j \left((y_j \lg r) + (1 - y_j)\lg(1 - r)\right) \tag{5-35}$$

其中，y_j 代表视频的标签，将假视频的标签设为 0，真视频的标签设为 1。通过极小化 L_N 来训练模型。

接下来使用该方案在名为 DFDC 的深度伪造数据集上进行验证。DFDC 是一个深度伪造检测挑战赛，该比赛由脸书（Facebook）牵头，微软（Microsoft）、亚马逊（Amazon）和麻省理工学院（MIT）等知名企业与高校联合举办。主办方发布了深度伪造视频数据集[84]，该数据集包含超过 11 万个伪造人脸视频，涵盖了以 Deepfake、face2face 等方法为基础的多种面部伪造和表情操纵算法。

在 DFDC 数据集中进行验证时，具体步骤如下。

（1）人脸数据预处理

输入视频，输出连续的帧序列。首先下载 DFDC 数据集，在 Python 环境中安装 opencv-python 和 dlib，使用 opencv 对数据集的所有视频进行帧提取的操作，所有连续帧被保存在视频对应的文件夹中。使用 dlib 对所有的连续帧进行人脸提取的操作。然后进行数据清洗，如果 dlib 在一帧图像中提取出了两张人脸，那么人脸序列的顺序将会被打乱，数据清洗过程将删除这类视频数据。最后将数据集以 6:2:2 的比例划分为训练集、验证集和测试集。

（2）人脸表征

输入人脸数据，输出是人脸数据的向量表示。首先使用 opencv-python 将人脸数据处理成

256×256×3的统一大小，每个视频取 t+s 帧人脸，然后将人脸数据输入卷积神经网络人脸表征模型，经过4个卷积层、4个激活层、4个批归一化层、4个池化层、1个全连接层之后，每张人脸被转换成128维的向量表示 $\boldsymbol{F}=\{\boldsymbol{f}(x_1),\boldsymbol{f}(x_2),\cdots,\boldsymbol{f}(x_t),\cdots,\boldsymbol{f}(x_{t+s})\}$。

（3）人脸对比预测

输入人脸向量表示，输出预测人脸与视频中已存在的人脸的相关性值。如果是伪造视频，这个相关性值接近0；如果是真实视频，则相关性值接近1。首先将人脸的向量表示输入GRU网络中，GRU网络将集成前 t 帧的信息，对后 s 帧的人脸进行预测，预测得到后 s 帧的向量表示：$\boldsymbol{f}(\widetilde{x_{t+1}}),\boldsymbol{f}(\widetilde{x_{t+2}}),\cdots,\boldsymbol{f}(\widetilde{x_{t+s}})$，再计算 $\boldsymbol{f}(\widetilde{x_{t+1}}),\boldsymbol{f}(\widetilde{x_{t+2}}),\cdots,\boldsymbol{f}(\widetilde{x_{t+1}})$ 和 $\boldsymbol{f}(x_t),\cdots,\boldsymbol{f}(x_{t+s})$ 相关性值。

（4）模型训练

利用keras框架将步骤（1）～（3）按照图5-14所示的设计搭建模型，进行端到端的训练。设定网络模型的初始学习率是0.001，最小学习率为0.000 1，模型的目标是极小化损失值。当验证集的损失值连续两个epoch没有变化时，将学习率调整为原来的20%。损失函数未收敛时，模型将损失函数回传到人脸表征模块，重新调整人脸的向量表示，进而重新调整人脸的预测。当训练集损失函数收敛时保存模型。第一阶段训练得到4个二分类模型，第二阶段先将第一阶段训练参数迁移，再进行迭代优化训练，模型收敛时保存模型。

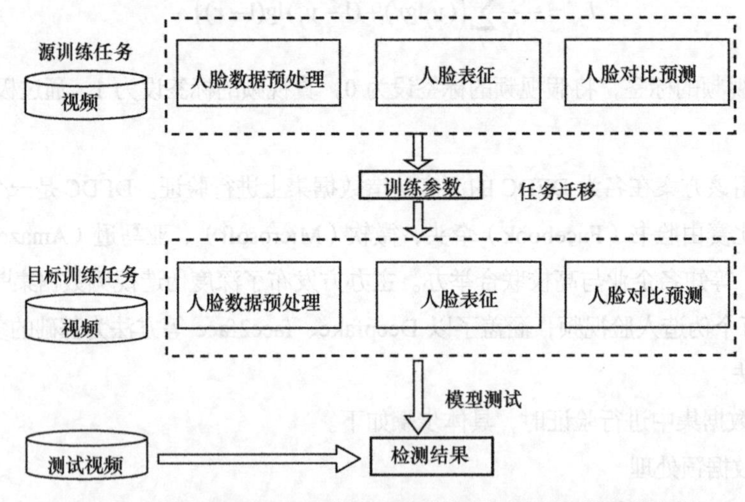

图5-14　基于表征对比预测学习的深度伪造视频数据检测的建模过程

（5）模型测试

输入DFDC数据集，输出视频标签，如果预测为真视频，则输出1；如果预测为假视频，则输出0。调用保存好的模型进行测试，得到预测人脸与视频中已存在的人脸的相关性值。如果相关性值大于0.5，那么最后输出1，表示该视频被预测为真视频；如果相关性值小于或者等于0.5，那么最后输出0，表示该视频被预测为假视频。

通过上述步骤，可以将上述基于表征对比预测学习的方案与深度伪造检测挑战赛获奖团队所提出的方案进行比较，结果如表 5-2 所示。

表 5-2　方案比较

方案	损失函数值
基于表征对比预测学习的方案	0.203 5
团队 5 的方案	0.215 7
团队 4 的方案	0.198 3
团队 3 的方案	0.188 2
团队 2 的方案	0.178 7
团队 1 的方案	0.170 3

团队 1 的解决方案由 3 个 EfficientNet-B7 模型组成。其中 1 个模型在帧序列上运行（每个 EfficientNet-B7 块都添加了 3D 卷积），另外 2 个模型是逐帧工作的。此外，还使用了以下数据增强：自动增强、随机擦除、随机作物、随机翻转和视频压缩增强。视频压缩增强是实时完成的。在推理阶段，通过简单的转换来增大模型的置信度。通过加权置信度成比例的模型预测的平均值得到最终预测。团队 2 的方案中骨干网络集成了 3 个关键组件，①使用一个注意力模块生成多个注意力地图；②使用密集连接的卷积层作为纹理增强块，可以从浅特征图中提取和增强纹理信息；③用双线性注意力池代替了全局平均池化层。采用双线性注意力池从浅层提取纹理特征矩阵，从深层保留语义特征。与基于单注意力结构的网络以视频级标签为显式指导进行训练不同，基于多注意力结构的网络由于缺乏区域级标签，只能以无监督或弱监督的方式进行训练。多个注意力地图集中在同一区域而忽略其他区域，可能会导致网络退化，而其他区域也可能提供区别性信息。为了解决这一问题，专门设计了一个区域独立损失函数，其目的是确保每个注意力地图都聚焦于一个特定的区域而不重叠，并且在不同样本中聚焦的区域是一致的。此外，使用注意力引导数据增强机制来降低最具鉴别性的特征的显著性，并迫使其他注意力地图挖掘更有用的信息。团队 3 的方案融合了 EfficientNet-b0、EfficientNet-b1、EfficientNet- b3、ResNet-34、Xception 及 SlowFast-50 得到的检测结果。团队 4 的方案主要基于 EfficientNet-B7 的网络，并在 ImageNet 上进行预训练，通过多尺度切割图像和随机删除部分区域进行数据增强。最终的损失函数值是 0.198 3。团队 5 的方案主要基于 3D CNN，该网络可以很好地迁移到不同的深度伪造视频中，也能很好地检测时域的问题，而不是专注于帧中的特定像素模式。该团队在 4 种不同的架构（I3D、3D ResNet-34、MC3 和 R2+1D）和 2 种不同的分辨率（224×224 和 112×112）中训练了 7 个不同的 3D CNN。不仅如此，还使用了数据增强，如亮度增强和随机裁剪。最终的检测模型的损失函数值是 0.215 7。

与其他方案融合多种模型不同，基于表征对比预测学习的方案在建模时使用轻量级模型，在保证检测性能的同时提高了检测效率。不仅如此，基于表征对比预测学习的方案不是直接从人脸直接提取特征，而是通过预测推断人脸的变化规律，提高了方法的鲁棒性。

5.6 本章小结

本章主要围绕数据共享与使用中的安全需求，对相关概念和技术展开论述。首先，介绍了数据脱敏技术，分析了数据脱敏技术在具体场景中的应用。其次，介绍了属性基加密、代理重加密和跨密码体制代理重加密技术，这些技术可应用于复杂云环境中实现数据的安全灵活共享。最后，介绍了深度伪造视频数据取证的背景、模型和方法，当行业出现数据违规使用时可快速准确地获得相关证据。

参考文献

[1] 数字中国研究院（福建），北京数牍科技有限公司，复旦大学数字与移动治理实验室. 隐私计算与公共数据开放白皮书2022[R]. 2023.

[2] 山东省市场监督管理局. 公共数据开放 第2部分：数据脱敏指南: DB37/T 3523.2—2019[S]. 2019.

[3] 贵州省质量技术监督局. 政府数据 数据脱敏工作指南: DB52/T 1126—2016[S]. 2016.

[4] 安华金和. 安华金和数据库脱敏系统白皮书[R]. 2023.

[5] 佟玲玲，李鹏霄，段东圣，等. 面向异构大数据环境的数据脱敏模型[J]. 北京航空航天大学学报, 2022, 48(2): 249-257.

[6] SANDHU R S, SAMARATI P. Access control: principle and practice[J]. IEEE Communications Magazine, 1994, 32(9): 40-48.

[7] FIAT A, NAOR M. Broadcast encryption[C]//Proceedings of the Annual International Cryptology Conference. [S.l:s.n.],1993: 480-491.

[8] DODIS Y, FAZIO N. Public key broadcast encryption for stateless receivers[C]//Proceedings of Digital Right Management. Heidelberg: Springer, 2003: 61-80.

[9] BONEH D, GENTRY C, WATERS B. Collusion resistant broadcast encryption with short ciphertext and private keys[C]//Proceedings of the Annual International Cryptology Conference. [S.l:s.n.], 2005: 258-275.

[10] BONEH D, WATERS B. Contrained pseudorandom functions and their application[C]//Proceedings of the International Conference on the Theory and Application of Cryptology and Information Security. 2013: 280-300.

[11] BONEH D, WATERS B, ZHANDRY M. Low overhead broadcast encryption from multilinear maps[C]//Proceedings of the Annual Cryptology Conference. [S.l:s.n.], 2014: 206-223.

[12] SAHAI A, WATERS B. Fuzzy identity-based encryption[C]//Proceedings of the International Conference on the Theory and Applications of Cryptographic Techniques. Heidelberg: Springer, 2005: 457-473.

[13] GOYAL V, PANDEY O, SAHAI A, et al. Attribute-based encryption for fine-grained access control of encrypted data[C]//Proceedings of the 13th ACM conference on Computer and communications security. New York: ACM Press, 2006: 89-98.

[14] BETHENCOURT J, SAHAI A, WATERS B. Ciphertext-policy attribute-based encryption[C]//Proceedings of the 2007 IEEE Symposium on Security and Privacy (SP'07). Piscataway: IEEE Press, 2007: 321-334.

[15] AGRAWAL S, CHASE M. FAME: fast attribute-based message encryption[C]//Proceedings of the 2017

ACM SIGSAC Conference on Computer and Communications Security. New York: ACM Press, 2017: 665-682.
[16] TOMIDA J, KAWAHARA Y, NISHIMAKI R. Fast, compact, and expressive attribute-based encryption[J]. Designs, Codes and Cryptography, 2021, 89(11): 2577-2626.
[17] KOPPULA V, WATERS B. Realizing chosen ciphertext security generically in attribute-based encryption and predicate encryption[M]//Advances in Cryptology - CRYPTO 2019. Cham: Springer International Publishing, 2019: 671-700.
[18] GOYAL R, LIU J H, WATERS B. Adaptive security via deletion in attribute-based encryption: solutions from search assumptions in bilinear groups[M]//Lecture Notes in Computer Science. Cham: Springer International Publishing, 2021: 311-341.
[19] WANG Y Y, PAN J X, CHEN Y. Fine-grained secure attribute-based encryption[M]//Advances in Cryptology – CRYPTO 2021. Cham: Springer International Publishing, 2021: 179-207.
[20] BEIMEL A. Secure schemes for secret sharing and key distribution[D]. Haifa: Technion-Israel Institute of Technology, 1996.
[21] BLAZE M, BLEUMER G, STRAUSS M. Divertible protocols and atomic proxy cryptography[M]//Lecture Notes in Computer Science. Heidelberg: Springer, 1998: 127-144.
[22] GREEN M, ATENIESE G. Identity-based proxy re-encryption[M]//Applied Cryptography and Network Security. Heidelberg: Springer, 2007: 288-306.
[23] CHU C K, TZENG W G. Identity-based proxy re-encryption without random oracles[M]//Lecture Notes in Computer Science. Heidelberg: Springer, 2007: 189-202.
[24] WANG H B, CAO Z F, WANG L C. Multi-use and unidirectional identity-based proxy re-encryption schemes[J]. Information Sciences, 2010, 180(20): 4042-4059.
[25] LIANG X H, CAO Z F, LIN H, et al. Attribute based proxy re-encryption with delegating capabilities[C]//Proceedings of the 4th International Symposium on Information, Computer, and Communications Security. New York: ACM Press, 2009: 276-286.
[26] WENG J, DENG R H, DING X H, et al. Conditional proxy re-encryption secure against chosen-ciphertext attack[C]//Proceedings of the 4th International Symposium on Information, Computer, and Communications Security. New York: ACM Press, 2009: 322-332.
[27] HUANG Q L, YANG Y X, FU J Y. Secure data group sharing and dissemination with attribute and time conditions in public cloud[J]. IEEE Transactions on Services Computing, 2021, 14(4): 1013-1025.
[28] GE C P, LIU Z, XIA J Y, et al. Revocable identity-based broadcast proxy re-encryption for data sharing in clouds[J]. IEEE Transactions on Dependable and Secure Computing, 2021, 18(3): 1214-1226.
[29] GUO H, ZHANG Z F, XU J, et al. Accountable proxy re-encryption for secure data sharing[J]. IEEE Transactions on Dependable and Secure Computing, 2021, 18(1): 145-159.
[30] LIANG X J, WENG J, YANG A J, et al. Attribute-based conditional proxy re-encryption in the standard model under LWE[M]//Computer Security - ESORICS 2021. Cham: Springer International Publishing, 2021: 147-168.
[31] FUCHSBAUER G, KAMATH C, KLEIN K, et al. Adaptively secure proxy re-encryption[M]//Public-Key Cryptography – PKC 2019. Cham: Springer International Publishing, 2019: 317-346.
[32] MIZUNO T, DOI H. Hybrid proxy re-encryption scheme for attribute-based encryption[M]//Information Security and Cryptology. Heidelberg: Springer, 2010: 288-302.
[33] MATSUO T. Proxy re-encryption systems for identity-based encryption[M]//Pairing-Based Cryptography – Pairing 2007. Heidelberg: Springer, 2007: 247-267.

[34] JIANG P, NING J T, LIANG K T, et al. Encryption switching service: securely switch your encrypted data to another format[J]. IEEE Transactions on Services Computing, 2021, 14(5): 1357-1369.

[35] DENG H, QIN Z, WU Q H, et al. Identity-based encryption transformation for flexible sharing of encrypted data in public cloud[J]. IEEE Transactions on Information Forensics and Security, 2020, 15: 3168-3180.

[36] DENG H, QIN Z, WU Q H, et al. Flexible attribute-based proxy re-encryption for efficient data sharing[J]. Information Sciences, 2020, 511: 94-113.

[37] DENG H, QIN Z, SHA L T, et al. A flexible privacy-preserving data sharing scheme in cloud-assisted IoT[J]. IEEE Internet of Things Journal, 2020, 7(12): 11601-11611.

[38] DENG H, ZHANG J X, QIN Z, et al. Policy-based broadcast access authorization for flexible data sharing in clouds[J]. IEEE Transactions on Dependable and Secure Computing, 2022, 19(5): 3024-3037.

[39] 冯登国，张敏，张妍，等. 云计算安全研究[J]. 软件学报, 2011, 22(1): 71-83.

[40] REN K, WANG C, WANG Q. Security challenges for the public cloud[J]. IEEE Internet Computing, 2012, 16(1): 69-73.

[41] KAMARA S, LAUTER K. Cryptographic cloud storage[M]//Financial Cryptography and Data Security. Heidelberg: Springer, 2010: 136-149.

[42] 沈志荣，薛巍，舒继武. 可搜索加密机制研究与进展[J]. 软件学报, 2014, 25(4): 880-895.

[43] KIM K S, KIM M, LEE D, et al. Forward secure dynamic searchable symmetric encryption with efficient updates[C]//Proceedings of the 2017 ACM SIGSAC Conference on Computer and Communications Security. New York: ACM Press, 2017: 1449-1463.

[44] SONG D X, WAGNER D, PERRIG A. Practical techniques for searches on encrypted data[C]//Proceedings of the Proceeding 2000 IEEE Symposium on Security and Privacy. Piscataway: IEEE Press, 2000: 44-55.

[45] CURTMOLA R, GARAY J, KAMARA S, et al. Searchable symmetric encryption: improved deinitions and efficient constructions[C]//Proceedings of 13th ACM Conference on Computer and Communications Security. New York: ACM Press, 2006: 79-88.

[46] BONEH D, CRESCENZO G, OSTROVSKY R, et al. Public key encryption with keyword search[M]// Advances in Cryptology - EUROCRYPT 2004. Heidelberg: Springer, 2004: 506-522.

[47] SUN W H, YU S C, LOU W J, et al. Protecting your right: Attribute-based keyword search with fine-grained owner-enforced search authorization in the cloud[C]//Proceedings of the IEEE INFOCOM 2014 - IEEE Conference on Computer Communications. Piscataway: IEEE Press, 2014: 226-234.

[48] WATERS B. Ciphertext-policy attribute-based encryption: an expressive, efficient, and provably secure realization[M]//Public Key Cryptography – PKC 2011. Heidelberg: Springer, 2011: 53-70.

[49] OSTROVSKY R, SAHAI A, WATERS B. Attribute-based encryption with non-monotonic access structures[C]//Proceedings of the 14th ACM Conference on Computer and Communications Security. New York: ACM Press, 2007: 195-203.

[50] Cisco. Cisco visual networking index: forecast and trends, 2017–2022[R]. 2018.

[51] 张抒，蔡勇，解梅. 基于局部区域稀疏编码的人脸检测[J]. 软件学报, 2013, 24 (11): 2747-2757.

[52] 吴晓军，鞠光亮. 一种无标记点人脸表情捕捉与重现算法[J]. 电子学报, 2016, 44 (9): 2141-2147.

[53] 贾海鹏，张云泉，袁良，等. 基于 OpenCL 的 Viola-Jones 人脸检测算法性能优化研究[J]. 计算机学报, 2016(9): 1775-1789.

[54] CIFTCI U A, DEMIR I, YIN L J. FakeCatcher: detection of synthetic portrait videos using biological signals[J]. IEEE Transactions on Pattern Analysis and Machine Intelligence, 2020, PP(99): 1.

[55] HERNANDEZ-ORTEGA J, TOLOSANA R, FIERREZ J, et al. DeepFakesON-Phys: DeepFakes detection based on heart rate estimation[C]//Proceedings of the 35th AAAI Conference on Artificial Intelligence.

[S.l.:s.n.], 2021.
[56] LI Y Z, CHANG M C, LYU S W. In ICTU oculi: exposing AI created fake videos by detecting eye blinking[C]//Proceedings of the 2018 IEEE International Workshop on Information Forensics and Security (WIFS). Piscataway: IEEE Press, 2018: 1-7.
[57] YANG X, LI Y Z, LYU S W. Exposing deep fakes using inconsistent head poses[C]//Proceedings of the ICASSP 2019 - 2019 IEEE International Conference on Acoustics, Speech and Signal Processing (ICASSP). Piscataway: IEEE Press, 2019: 8261-8265.
[58] LI Y, LYU S. Exposing deepfake videos by detecting face warping artifacts[C]//Proceedings of the IEEE Conference on Computer Vision and Pattern Recognition Workshops. Piscataway: IEEE Press, 2019: 46-52.
[59] XU B Z, LIU J R, LIANG J F, et al. DeepFake videos detection based on texture features[J]. Computers, Materials & Continua, 2021, 68(1): 1375-1388.
[60] LIU Z Z, QI X J, TORR P H S. Global texture enhancement for fake face detection in the wild[C]//Proceedings of the 2020 IEEE/CVF Conference on Computer Vision and Pattern Recognition (CVPR). Piscataway: IEEE Press, 2020: 8057-8066.
[61] KOOPMAN M, RODRIGUEZ A M, GERADTS Z. Detection of deepfake video manipulation[C]//Proceedings of the Irish Machine Vision and Image Processing Conference. [S.l.:s.n.], 2018: 133-136.
[62] CHEN B J, LIU X, ZHENG Y H, et al. A robust GAN-generated face detection method based on dual-color spaces and an improved Xception[J]. IEEE Transactions on Circuits and Systems for Video Technology, 2022, 32(6): 3527-3538.
[63] LI H D, LI B, TAN S Q, et al. Identification of deep network generated images using disparities in color components[J]. Signal Processing, 2020, 174: 107616.
[64] AFCHAR D, NOZICK V, YAMAGISHI J, et al. MesoNet: a compact facial video forgery detection network[C]//Proceedings of the 2018 IEEE International Workshop on Information Forensics and Security (WIFS). Piscataway: IEEE Press, 2018: 1-7.
[65] NGUYEN H H, YAMAGISHI J, ECHIZEN I. Capsule-forensics: using capsule networks to detect forged images and videos[C]//Proceedings of the ICASSP 2019 - 2019 IEEE International Conference on Acoustics, Speech and Signal Processing (ICASSP). Piscataway: IEEE Press, 2019: 2307-2311.
[66] RÖSSLER A, COZZOLINO D, VERDOLIVA L, et al. FaceForensics: learning to detect manipulated facial images[C]//Proceedings of the 2019 IEEE/CVF International Conference on Computer Vision (ICCV). Piscataway: IEEE Press, 2019: 1-11.
[67] TAN M, LE Q. EfficientNet: rethinking model scaling for convolutional neural networks[C]//Proceedings of the International Conference on Machine Learning. [S.l.:s.n.], 2019: 6105-6114.
[68] NGUYEN H H, FANG F M, YAMAGISHI J, et al. Multi-task learning for detecting and segmenting manipulated facial images and videos[C]//Proceedings of the 2019 IEEE 10th International Conference on Biometrics Theory, Applications and Systems (BTAS). Piscataway: IEEE Press, 2019: 1-8.
[69] MASI I, KILLEKAR A, MASCARENHAS R M, et al. Two-branch recurrent network for isolating deepfakes in videos[M]//Computer Vision - ECCV 2020. Cham: Springer International Publishing, 2020: 667-684.
[70] XU Z P, LIU J R, LU W, et al. Detecting facial manipulated videos based on set convolutional neural networks[J]. Journal of Visual Communication and Image Representation, 2021, 77: 103119.
[71] FERNANDO T, FOOKES C, DENMAN S, et al. Detection of fake and fraudulent faces via neural memory networks[J]. IEEE Transactions on Information Forensics and Security, 2021, 16: 1973-1988.

[72] CHEN S, YAO T P, CHEN Y, et al. Local relation learning for face forgery detection[J]. Proceedings of the AAAI Conference on Artificial Intelligence, 2021, 35(2): 1081-1088.

[73] CHEN B J, JU X W, XIAO B, et al. Locally GAN-generated face detection based on an improved Xception[J]. Information Sciences, 2021, 572: 16-28.

[74] QIAN Y Y, YIN G J, SHENG L, et al. Thinking in frequency: face forgery detection by mining frequency-aware clues[M]//Computer Vision - ECCV 2020. Cham: Springer International Publishing, 2020: 86-103.

[75] ZHAO H Q, WEI T Y, ZHOU W B, et al. Multi-attentional deepfake detection[C]//Proceedings of the 2021 IEEE/CVF Conference on Computer Vision and Pattern Recognition (CVPR). Piscataway: IEEE Press, 2021: 2185-2194.

[76] GÜERA D, DELP E J. Deepfake video detection using recurrent neural networks[C]//Proceedings of the 2018 15th IEEE International Conference on Advanced Video and Signal Based Surveillance (AVSS). Piscataway: IEEE Press, 2018: 1-6.

[77] HE P S, LI H L, WANG H X. Detection of fake images via the ensemble of deep representations from multi color spaces[C]//Proceedings of the 2019 IEEE International Conference on Image Processing (ICIP). Piscataway: IEEE Press, 2019: 2299-2303.

[78] LIU H G, LI X D, ZHOU W B, et al. Spatial-phase shallow learning: rethinking face forgery detection in frequency domain[C]//Proceedings of the 2021 IEEE/CVF Conference on Computer Vision and Pattern Recognition (CVPR). Piscataway: IEEE Press, 2021: 772-781.

[79] ZHAO Z, WANG P H, LU W. Detecting deepfake video by learning two-level features with two-stream convolutional neural network[C]//Proceedings of the 2020 6th International Conference on Computing and Artificial Intelligence. New York: ACM Press, 2020: 291-297.

[80] HU J, LIAO X, WANG W, et al. Detecting compressed deepfake videos in social networks using frame-temporality two-stream convolutional network[J]. IEEE Transactions on Circuits and Systems for Video Technology, 2022, 32(3): 1089-1102.

[81] 陈鹏，梁涛，刘锦，等. 融合全局时序和局部空间特征的伪造人脸视频检测方法[J]. 信息安全学报, 2020, 5(2): 73-83.

[82] SUN K, LIU H, YE Q X, et al. Domain general face forgery detection by learning to weight[J]. Proceedings of the AAAI Conference on Artificial Intelligence, 2021, 35(3): 2638-2646.

[83] HALIASSOS A, VOUGIOUKAS K, PETRIDIS S, et al. Lips don't lie: a generalisable and robust approach to face forgery detection[C]//Proceedings of the 2021 IEEE/CVF Conference on Computer Vision and Pattern Recognition (CVPR). Piscataway: IEEE Press, 2021: 5037-5047.

[84] DOLHANSKY B, BITTON J, PFLAUM B, et al. The deepfake detection challenge (DFDC) dataset[J]. arXiv Preprint, 2020, arXiv: 2006.07397.

第 6 章 跨领域数据汇聚安全

在大数据时代，多领域数据汇聚是必然趋势。但是，多领域汇聚的数据在提供高质量精准服务的同时，可能引发严重的安全与隐私问题。本章首先阐述多领域数据汇聚的背景，分析多领域数据汇聚融合带来的安全风险，其次介绍跨领域数据安全防护技术，最后对该技术进行应用展示和结果分析。

6.1 多领域数据汇聚背景

用户在不同行业领域进行办理事务、享受服务等过程中形成了大量价值密度高的数据资源。由于地理空间跨度大、各领域的数据管理制度和标准不统一、基础设施建设和信息化水平参差不齐等，这些宝贵的数据资源碎片化、零散化地存储于各地、各行业领域中不同单位、不同部门、不同系统，甚至不同的网络环境中，无法进行有效共享和利用。大数据时代给信息资源共享和利用带来了新机遇。近年来，随着物联网、大数据、云计算技术的飞速发展与推广应用，行业数据由过去的分散式存储逐渐向云计算中心汇聚，形成了多领域数据融合的行业大数据。

行业大数据是各行业领域中智慧应用和服务的基础。采用大数据技术对海量行业数据进行深度挖掘与分析，可以准确地掌握行业服务和管理的变化动态，发现用户的新需求，为各行业领域提供高质量的精准服务。近年来，企业和社会机构基于行业大数据开展创新应用研究，深入发掘行业服务数据，涌现了一大批基于行业大数据的普惠民生的服务和应用。这些应用和服务在城乡建设、人居环境、健康医疗、社会救助、劳动就业、社会保障、质量安全、文化教育、交通旅游等领域发挥重要作用。

然而，行业大数据在各个领域发挥着至关重要的作用的同时，也带来了安全风险。在数据的汇聚、共享、使用过程中，应采取有效的隐私保护措施，防止数据泄露。行业大数据隐私保护需求主要体现在两方面。一方面，利用行业大数据及其分析技术为行业领域机构提供高质量的精准服务需要海量的数据汇聚，行业领域机构如何对来自不同领域、事务处理、流程、网络的行业数据进行防护、管理和控制，保证数据不被窃取、用户隐私不被侵犯，是促进行业大数据建设亟须解决的重要问题。另一方面，大数据时代，社会公众对行业数据获取和利用的愿望日益强烈，开放数据和信息是大数据应用于智慧政府、交通旅游等行业服务的必然要求。在开放数据同时，如何对公开共享的敏感数据进行脱敏，采用怎样的管理手段和技术对数据进行访问控制保护，如何防止非法人员对公开的政务数据进行关联分析、挖掘公民的隐私等一系列安全问题，是目前学术界和工业界关注的焦点。大数据时代背景下的数据应用驱动对行业数据公开的广度和深度提出了更高的需求。然而，多领域数据的公开及汇聚将直接影响数据的安全和隐私，非法人员能够采用大数据技术对公开的数据进行汇聚、挖掘和分析，窃取数据背后的用户隐私。因此，迫切需要深入研究多领域数据汇聚带来的安全风险。

6.2 多领域数据汇聚带来的安全风险

多领域数据汇聚改变了信息公开的广度、深度和速度，并为打破信息孤岛、实现全民信息共享和利用带来了新机遇。在数据汇聚阶段，由于各部门的数据来源、技术措施、管理要求等不一致，数据在收集和汇聚时存在一些安全风险。例如，在某些城市的市政公共服务平台中，公布了路况、交通等信息，公众可以通过查询这些信息了解城市交通的实时状况。在公共服务平台中，交通信息主要采集关键交通路口摄像头视频信号，可以提供高清的车辆牌照、行驶线路查询。如果攻击者通过公共服务平台的交通路况视频查询到了某用户车辆的牌照、行驶轨迹等，则可关联分析出用户的位置、行为习惯等敏感信息。在上述攻击推演中，一个严重的安全风险在于对特定用户车辆的关键信息没有进行模糊化处理，导致相关敏感信息泄露。

数据收集和汇聚的风险是导致上述攻击推演中敏感信息泄露的重要因素之一。在市政公共服务平台中，交通路况中的一些关键信息（如特定用户车辆牌照）在数据采集及汇聚阶段没有被标识出来并进行处理，使得在汇聚并进行关联分析后造成安全风险。因此，在数据收集和汇聚阶段，面临的主要安全风险包括管理制度风险、数据存储风险等。

6.2.1 管理制度风险

保障多领域数据汇聚的安全不仅仅是单纯的技术问题，如果缺乏行之有效的安全检查保护措施，无法从技术、人员及管理制度上建立多领域数据汇聚的信息安全防范体制，即使是再好的设备和技术也无法保证信息的安全。因此，本章在进行风险分析时，首先研究管理制度方面的风险。

通过对实体机构的调研及查阅相关文档，研究人员发现管理制度方面的风险点有以下 4 个方面。

1. 管理部门职责不明确

在传统的政务数据管理过程中，单位的信息管理部门（如信息中心）往往是本单位的数据所有者及数据管理者，通过不断深入单位信息化建设和改革，本单位的信息管理部门对本单位的数据采集、数据加工、数据存储及数据使用都有一套行之有效的管理办法，且各个部门科室功能职责划分较为清晰，各司其职；但随着大数据时代的到来，各单位需要更多的相关职能部门的数据，由于管理部门对这些跨领域、跨部门的数据缺乏相关业务知识，这些数据“由谁采集、由谁加工、由谁存储、由谁使用”往往不够明确，多个部门都能接触到这些数据，部门之间的职责不清晰。

2. 数据使用权限混乱

目前各单位大多采用的是“谁产生，谁负责”的模式，即由数据生产者对数据进行管理，包括数据使用权限的分配等。但在实际过程中，这些跨领域的数据往往多个部门都可以接触，对这些部门数据使用权限缺少相关规章制度。

3. 缺少安全审计相关制度

由于单位人员对其他领域、其他单位的数据的业务知识不足，大部分单位对数据采用“一锅烩”的粗放式管理办法，对数据不进行细分，在使用数据时也只对数据使用的准入进行审核，至于“用了哪些数据”“用了多久”“是否篡改了数据”等都没有详细的跟踪和记录，更缺乏事后的定时审计制度。

4. 安全事故问责制度不够完善

各单位对本单位的数据具有较为完善的管理制度，其中包括安全事故问责制度，但随着跨领域、跨部门的数据不断汇聚进来，这些数据如果发生安全事故，如泄露个人隐私等，如何进行追踪问责需要进一步完善。

6.2.2 数据存储风险

通过考察调研及查阅文献，研究人员发现在多领域数据汇聚方面数据存储面临以下风险。

1. 采用国外软件进行数据存储

目前，部分单位对数据的存储仍然采用国外的一些软件，如 Oracle、MySQL、SQL Server 等，这些国外软件的大范围应用将对数据安全存储带来严重的数据泄露风险。

2. 容灾备份机制不够完善

目前各单位对单位自身的数据具有较为完善的容灾备份机制，但对其他领域、其他部门的数据缺乏有效的容灾备份机制及手段。

3. 数据交换风险

经过长时间的实地考察调研分析及相关文档查阅，研究人员发现数据交换方面的风险点有以下两个方面。

（1）数据交换人员审查不严

出于数据保护等方面的考虑，目前各单位的数据交换大多采用线下的方式进行，即安排相关数据交换人员入驻该单位，通过与单位人员进行协作，获取数据。但目前发现，很多单位安排的数据交换人员都是实习生、临聘人员等，对这些人员的审查不够严格。

（2）数据交换介质安全性不够

线下进行数据交换，往往采用U盘、移动硬盘复制的方式获取数据。数据存储在U盘、移动硬盘中，对这些存储介质的安全保护不够，有些甚至是明文存储，安全风险极大。

4. *数据发布风险*

基于对相关行业机构的调研及相关文档查阅，研究人员发现数据发布方面的风险点有以下两个方面。

（1）缺乏数据发布撤回机制

目前，各部门大多缺乏数据发布撤回机制，数据一旦发布，很难及时撤回。同时，发布平台缺乏一些必要的安全保护手段，如反爬虫策略等，数据一旦发布，非法人员能快速通过爬虫等技术手段获取数据，此时撤回数据也无济于事。

（2）缺乏数据发布安全使用技术

目前，各部门对于数据发布后，用户“如何使用”缺乏必要的监管措施和技术手段，如限制用户的浏览次数、“阅后即焚”、防复制、防截图等。

6.3 跨领域数据安全防护技术

大数据具有多源异构、动态存储、价值密度稀疏等特征，使得数据之间的关系是未知的、不确定的。汇聚后的大数据能够爆发出比数据个体更大的价值和能量，当今世界正在从这些价值和能量中受益。然而，也正是大数据的这一特点，导致在使用大数据的过程中可能引起潜在的安全与隐私风险，给社会和公众带来严重困扰。因为开放共享的数据个体本身并不包含隐私信息，但数据汇聚和关联以后可能造成数据的失密和泄密，而其发生的概率、时间和地点都具有不确定性，这就给大数据的安全保密带来了重大挑战。

例如，在政务领域，跨地域、跨部门、跨行业的数据经汇聚后形成政务大数据，为普惠民生、提高政府管理水平发挥重要价值。但数据汇聚公开和跨部门共享以后，造成公民个人隐私泄露甚至公共安全危害具有极大的不可预测性和不确定性。如果攻击者从汇聚后的政务大数据中获取到隐私信息，轻则影响个人隐私，重则有可能扰乱社会秩序、威胁国家安全。因此，如何在充分发挥数据价值的同时，有效地保证数据的安全隐私是亟须解决的问题。研究跨领域数据安全防护技术对促进数据的开放、共享和利用，具有重要的现实意义和必要性。本节主要介绍两种针对跨领域数据安全防护的方法和技术。

6.3.1 数据汇聚后的敏感度分级

跨领域数据经汇聚和关联分析后，可能会泄露敏感信息。以个人身份证号码泄露为例，身份证号码由18位数字或字母构成，其排列顺序从左至右分别为6位地址码、8位出生日期码、3位数字顺序码和1位数字校验码。然而，这些信息可以从不同的渠道公开获得，经汇聚后，可推理出个人的身份证号码。例如，攻击者可以获得张三的机票或火车票中模糊化后的身份证号码、籍贯地、生日信息，分析这些信息的关联性，从而可以推理得到张三的身份证号码。由此可见，通过分析已公开的面向公众的政务大数据中的相关性，可以推导出潜在的敏感信息，从而导致失泄密问题。本节研究的数据汇聚后的敏感度分级方法，主要针对跨领域数据经汇聚和关联分析后可能导致的敏感信息泄露问题，计算跨领域数据词库中属性集的相关度，构建跨领域数据敏感属性关联图谱；然后根据该敏感属性关联图谱，运用数理统计，研究敏感属性的敏感度，并对敏感级别进行分层定级。下面分步骤介绍数据汇聚后的敏感度分级方法。

1. **构建数据敏感属性关联图谱**

跨领域数据的词库结构多样，数据之间包含不同的元组，每个元组有不同的属性。通常将数据的结构采用键值对的表示形式。

跨领域数据词库中属性相关度计算需要考虑两个方面。一方面，对词库中的属性进行相关度计算，属性相关度用于衡量属性之间的差异和联系。将领域词库中的属性组合后，不同的组合方式得到的属性联合相关度不同。因此，为得到对词库中的事项名称影响最大的属性，需要计算出最大的属性联合相关度，一般情况下，最大属性联合相关度等于1，并更新该状态下的领域词库的属性组合形式。另一方面，根据词库中单个属性出现的频率，计算词库中属性间两两组合的相关度，从而得到词库中属性间相关度。

词库分为两类，一类为以数值型数据为代表的可量化词库，另一类为以非数值型数据为代表的不可量化词库。此处，可量化词库表示词库中的事项名称和事项属性均可以用数值型数据表示，如事项名称为身份证号码、手机号码、银行账号等数值型数据，事项属性可以为籍贯地、出生时间、订单票据等可用数值型表示的数据；不可量化词库表示词库中的事项名称和事项属性不可以用数值型数据表示，如政务领域中的方针、政策、资料、措施等非数值型数据。对于可量化词库，根据词库中事项属性的数值型变量的长度计算联合属性相关度，并构建可量化词库敏感属性关联图谱。也就是说，在可量化词库敏感属性关联图谱的构建过程中，两个属性可进行关联分析的前提条件是两个属性均为数值型数据，且推导出的事项名称也是数值型数据。对于不可量化词库，根据词库属性的频率及属性联合相关频率计算属性相关度，并构建不可量化词库敏感属性关联图谱。在不可量化词库敏感属性关联图谱的构建过程中，需要考虑两种关联分析情况，即非数值型属性之间的关联分析、数值型属性和非数值型属性之间的关联分析。

（1）构建可量化词库敏感属性关联图谱

构建可量化词库敏感属性关联图谱，首先需要计算可量化词库属性的联合相关度，然后根据联合相关度及属性组合构建敏感属性关联图谱。

① 可量化词库属性的联合相关度计算

假设领域词库可量化，若该词库中的数值型事项名称的长度为l，且该词库由n个属性组成，其中每个属性可来自不同领域，即$l = l_1 + l_2 + \cdots + l_n$，其中，$l_i$为第$i$个数值型属性长度。由于可量化词库的概率事件为离散型事件，可通过长度范数求出词库中每个属性占总词库的比重，即属性的权重。第i个属性的权重记为p_i，其中$p_i = \dfrac{l_i}{l_1 + l_2 + \cdots + l_n}$，且有$p_1 + p_2 + \cdots + p_n = 1$。因此，定义可量化词库的属性联合相关度为权重之和，如属性i与属性j的联合相关度等于$p_i + p_j$。

若由n个属性关联分析推导出的事项名称为敏感信息，则定义这n个属性为敏感属性，且每个属性的权重大小可作为敏感程度分级的依据。以身份证号码为例，身份证号码由18位数字组成，且18位数字可划分为3个领域的属性。第1个属性为籍贯地属性，记为A，由6位数字组成，该属性可来源于互联网的“地址”数据集。第2个属性为出生日期属性，记为B，由8位数字组成，该属性可来源于民政领域的“生日”数据集。第3个属性为序列号属性，记为C，由4位数字组成，该属性可来源于交通领域的“出行记录”数据集。当3个领域的属性汇聚后，可通过关联分析，推断出个人身份证号码。其中，3个属性的权重分别为$P(A)$=3/9、$P(B)$=4/9、$P(C)$=2/9。三者的联合相关度$P(A,B,C)=P(A)+P(B)+P(C)=1$。因此，可以判定属性$A$、$B$、$C$为敏感属性，且权重越大，敏感级别越高。由此可得如下结论：已知领域中可量化词库中的事项名称为敏感信息，词库可由n个属性组成，且n个属性的联合相关度为1，则这n个属性为敏感属性，属性的权重P越大，敏感级别越高。否则当m个属性汇聚时，其中$m < n$，$p_1 + p_2 + \cdots + p_m < 1$，攻击者不能够由$m$个属性组合推断出词库中的敏感事项名称。

② 可量化词库敏感属性的关联图谱

针对可量化词库，可以计算属性间的联合相关度，若属性组合满足属性联合相关度为1，则此状态下的属性组合可推导出敏感事项名称。因此，这些属性集合必为敏感属性，可形成敏感属性数据库表，同时，构建可量化词库下的敏感属性关联图谱。若属性组合满足属性联合相关度小于1，则此状态下的属性组合不能够推导出敏感事项名称，需要再次更新并计算属性组合，直到满足属性联合相关度为1，停止计算。可量化敏感属性关联图谱如图6-1所示。

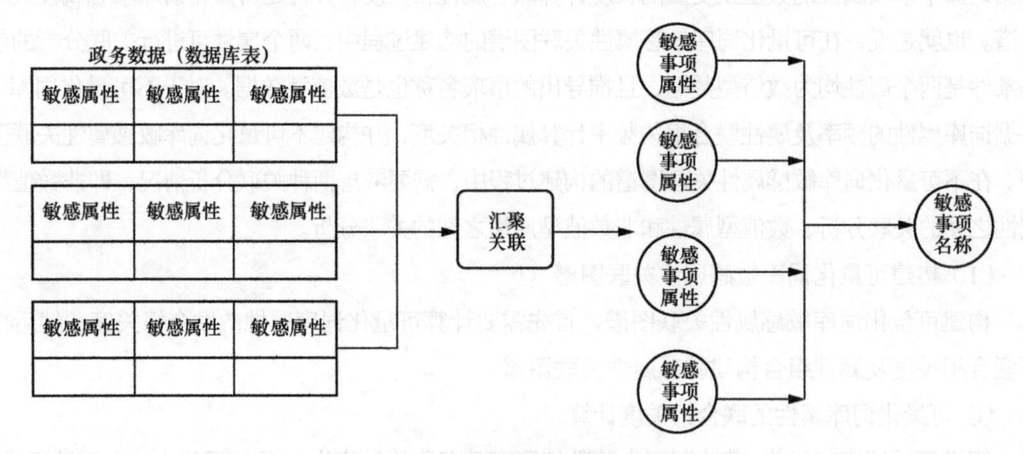

图6-1 可量化敏感属性关联图谱

（2）构建不可量化词库敏感属性关联图谱

构建不可量化词库敏感属性关联图谱，首先需要计算不可量化词库的属性频率，根据属性服从的分布函数，计算属性间的联合频率。然后进一步计算属性间的相关度，衡量属性间的密切程度。最后根据属性相关度，确定属性相关度矩阵，从而构建不可量化词库敏感属性关联图谱。

① 不可量化词库属性相关度计算

对于不可量化词库属性相关度计算，由于元组中包含不同字段，且不同元组包含不同属性，属性值具有不同的表现形式，不能够量化评估。一方面，属性的频率能够反映属性对词库的影响。另一方面，属性数据量的大小对于属性间的关联分析具有正相关作用，同一个属性的数据量越大，推导出敏感事项的概率越高。因此，本书主要采用频率分析、关联分析（支持度和置信度）、相关度矩阵结合属性相关性度量方法计算不可量化词库的属性相关度。其中，属性频率的积分上限表示该属性的数据量的大小。

a. 频率分析

假设不可量化词库中事项属性数据集 S 含有 n 个属性，记为 $S=\{A_1,A_2,\cdots,A_n\}$。其中，A_i 为第 i 个属性（$1\leqslant i\leqslant n$）。属性 A_i 的频率记为 P_i，根据概率论与数理统计原理，可以采用积分方法，计算单个属性频率，如式（6-1）所示。

$$P_i=P(x\leqslant i)=F(x)=\int_{-\infty}^{i}f(x)\mathrm{d}x \tag{6-1}$$

其中，$F(x)$为属性 A_i 的概率分布函数，$f(x)$为属性 A_i 的概率密度函数。

单个属性的频率记录了该属性在词库数据集中的出现次数，相当于衡量权重的标准。现在考虑两个属性之间的相关度，为后续构建图谱做好准备。两个属性之间的相关度可以是两者之间的关联性。另外，两个属性之间的联合频率是图谱路径上权重的影响因子。由概率论中的联合概率性质可推导出两个属性之间的联合频率，如式（6-2）所示。

$$P_{ij}=P(x\leqslant i,y\leqslant j)=F(x,y)=\int_{-\infty}^{i}\int_{-\infty}^{j}f(x,y)\mathrm{d}x\mathrm{d}y \tag{6-2}$$

其中，P_{ij} 为属性 A_i 与 A_j 之间的联合频率，$F(x,y)$ 为属性 A_i 与 A_j 之间的联合概率分布函数，$f(x,y)$ 为 A_i 与 A_j 之间的联合概率密度函数，x、y 是属性 A_i、A_j 的变量。

b. 支持度

支持度可以用于描述属性之间的频繁程度，可以定义为词库数据集中包含的属性在该文本数据中所出现的比例。定义 support 为词库中的属性支持度，单个属性支持度表示该属性在词库表中出现次数所占的比例，两个属性的支持度表示两个属性同时在词库表中出现次数所占的比例。可得单个属性的支持度及两个属性的支持度如式（6-3）所示。

$$\begin{aligned}\mathrm{support}(A_1)&=\frac{P(A_1)}{P(I)}=\frac{\mathrm{num}(A_1)}{\mathrm{num}(I)}\\ \mathrm{support}(A_1,A_2)&=\frac{P(A_1\cup A_2)}{P(I)}=\frac{\mathrm{num}(A_1\cup A_2)}{\mathrm{num}(I)}\end{aligned} \tag{6-3}$$

其中，$\mathrm{num}(A_1)$ 表示属性 A_1 在词库表中出现的次数，$\mathrm{num}(A_1\cup A_2)$ 表示属性 A_1 和属性 A_2 同时在

词库表中出现的次数，num(I) 表示词库中所记录属性出现的次数。

由表 6-1 可知，$\text{support}(A_1)=80\%$，$\text{support}(A_2)=80\%$，$\text{support}(A_3)=40\%$，$\text{support}(A_4)=40\%$。假设词库数据集中同时支持属性 A_1 和属性 A_2，则有 $\text{support}(A_1,A_2)=60\%$。

表 6-1 词库数据集属性记录

属性 A_1	属性 A_2	属性 A_3	属性 A_4
✓	—	✓	✓
✓	✓	—	—
—	✓	✓	—
✓	✓	—	✓
✓	✓	—	—

c. 置信度

置信度可以说明两个属性之间的关联性，类似于概率论中的条件概率，揭示词库中属性 A_i 出现时属性 A_j 出现的概率。故置信度相当于在先决条件属性 A_i 出现的情况下，由关联规则推导出属性 A_j 出现的概率。置信度 confidence 如式（6-4）所示。

$$\text{confidence}(A_i,A_j)=P(A_j\mid A_i)=\frac{P(A_i,A_j)}{P(A_i)}=\frac{P(A_i\cup A_j)}{P(A_i)} \tag{6-4}$$

d. 相关度

本书采用相关度[1-4]进行相关性分析，如式（6-5）所示。

$$\text{Corr}_{ij}=\frac{P_{ij}}{P_iP_j} \tag{6-5}$$

其中，Corr_{ij} 表示属性 A_i 与 A_j 之间的相关度，Corr_{ij} 的取值范围为 $[0,\infty]$。当 $\text{Corr}_{ij}>1$ 时，属性 A_i 与 A_j 正相关，属性 A_i 与 A_j 相互促进，且相关度的值越大，促进作用越明显；当 $0<\text{Corr}_{ij}<1$ 时，属性 A_i 与 A_j 负相关；当 $\text{Corr}_{ij}=1$ 时，属性 A_i 与 A_j 不相关，两个属性相互独立。

以属性服从正态分布为例，假设属性 A_i 满足 $X\sim N(\mu_x,\sigma_x^2)$，属性 A_j 满足 $Y\sim N(\mu_y,\sigma_y^2)$。其中，$\mu$ 表示属性频率的期望，σ 表示属性频率的标准差。由正态分布的性质，可求属性 A_i 与 A_j 的概率密度函数，如式（6-6）、式（6-7）所示。

$$f_X(x)=\frac{1}{\sqrt{2\pi}\sigma_x}\exp\left(-\frac{(x-\mu_x)^2}{2\sigma_x^2}\right) \tag{6-6}$$

$$f_Y(y)=\frac{1}{\sqrt{2\pi}\sigma_y}\exp\left(-\frac{(y-\mu_y)^2}{2\sigma_y^2}\right) \tag{6-7}$$

因此，可计算属性 A_i 与 A_j 的联合概率密度函数 $f(x,y)$，如式（6-8）所示。

$$f(x,y)=f_X(x)f_Y(y)=\frac{1}{2\pi\sigma_x\sigma_y}\exp\left(-\frac{(x-\mu_x)^2}{2\sigma_x^2}-\frac{(y-\mu_y)^2}{2\sigma_y^2}\right) \tag{6-8}$$

通过式（6-6），可求属性 A_i 与 A_j 之间的联合频率 P_{ij}，如式（6-9）所示。

$$P_{ij}=\int_{-\infty}^{i}\int_{-\infty}^{j}f(x,y)\mathrm{d}x\mathrm{d}y=$$
$$\int_{-\infty}^{i}\int_{-\infty}^{j}\frac{1}{2\pi\sigma_x\sigma_y}\exp(-\frac{(x-\mu_x)^2}{2\sigma_x^2}-\frac{(y-\mu_y)^2}{2\sigma_y^2})\mathrm{d}x\mathrm{d}y= \tag{6-9}$$
$$\frac{1}{4\sqrt{\pi}\sigma_x\sigma_y}\exp(-\frac{(i-\mu_x)^2}{2\sigma_x^2}-\frac{(j-\mu_y)^2}{2\sigma_y^2})$$

属性 A_i 与 A_j 之间的相关度 Corr_{ij}，可将 P_{ij} 、P_i 、P_j 代入式（6-5）求出。

e. 相关度矩阵

首先，通过式（6-5）计算出两两属性之间的相关度；其次，采用矩阵的方式构造相关度矩阵，并对捕获的数据集中的属性关联性进行量化处理；最后，在领域词库中，不可量化词库数据集 S，对 S 中的所有属性进行相关性度量，计算两两属性间的相关度。矩阵中的每个元素代表两个属性之间的相关度，如第 i 行、第 j 列的元素表示属性 A_i 与属性 A_j 之间的相关度 Corr_{ij} 。定义 $\boldsymbol{R}$ 为相关度矩阵，则相关度矩阵表达式如式（6-10）所示。

$$\boldsymbol{R}=\begin{bmatrix} 1 & \mathrm{Corr}_{12} & \cdots & \mathrm{Corr}_{1n} \\ \mathrm{Corr}_{21} & 1 & \cdots & \mathrm{Corr}_{2n} \\ \cdots & \cdots & \cdots & \cdots \\ \mathrm{Corr}_{n1} & \mathrm{Corr}_{n2} & \cdots & 1 \end{bmatrix} \tag{6-10}$$

其中，两个属性之间的相关度可交换，即 $\mathrm{Corr}_{ij}=\mathrm{Corr}_{ji}$ 。两个属性间的相关度表示属性相邻节点的边上的关联度。$\mathrm{Corr}_{ij}=1$ ，表示属性 A_i 与属性 A_j 不能够关联，关联图谱中没有边相连；否则，属性 A_i 与属性 A_j 能够关联，关联图谱中有边相连。

② 不可量化词库敏感属性关联图谱

针对不可量化词库，首先，通过统计数据集中单个属性出现的频率，计算单个属性的概率。然后，计算两两属性间的联合相关度，并得到属性相关度矩阵。根据属性相关度矩阵中的特征，构建敏感属性关联图谱。若矩阵中的元素 $\mathrm{Corr}_{ij}=1$ ，表示节点 i 与节点 j 在关联图谱中没有边相连；若矩阵中的元素 $\mathrm{Corr}_{ij}\neq 1$ ，表示节点 i 与节点 j 在关联图谱中有边相连。不可量化敏感属性关联图谱如图 6-2 所示。

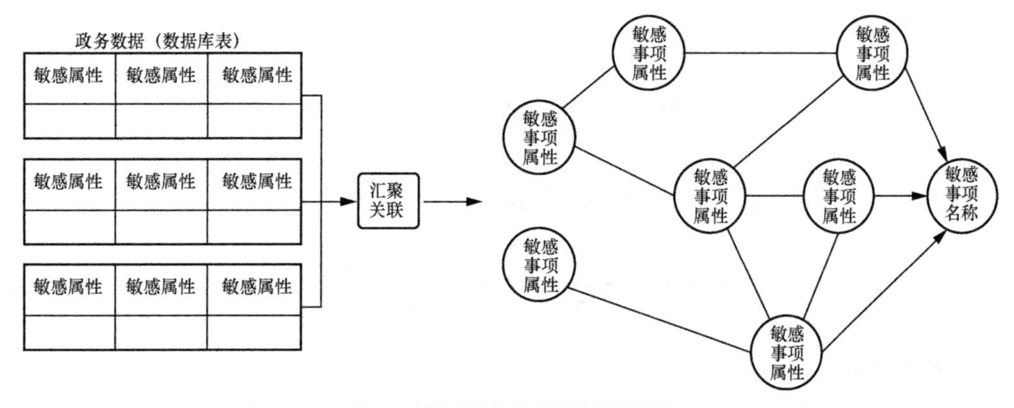

图 6-2　不可量化敏感属性关联图谱

通过相关性量化及联合相关度计算方法，可得关联图谱中每个属性与敏感数据之间的相关度，依据属性相关度和关联图谱，可以判定数据是否敏感。

a. 可量化词库中属性

根据属性组合来判断属性联合相关度是否为 1，若组合后的联合相关度为 1，则该属性组合的所有属性均为敏感属性；否则，属性组合中的所有属性不是敏感属性。

b. 不可量化词库中属性

根据联合相关度的值及矩阵相关度的特征实现敏感属性分类，在不可量化词库中的敏感属性关联图谱中，只要属性之间的节点对敏感信息是可达的，则这些可达的属性均为敏感属性，且敏感属性关联图谱上的所有属性节点的联合概率趋近 1，否则，属性为非敏感属性。

2. 敏感度

敏感属性的敏感度是指由此类属性所引发的敏感信息泄露问题的可能性。在跨领域大数据中，可用于推测敏感事项的属性被称为敏感属性。根据上文中的数据相关性分析，考虑所推断的事项是否敏感，下面给出敏感度的定义。

定义 6-1 敏感度 假设存在敏感属性 x_i，它可在一定程度上造成敏感事项的泄露，那么其敏感度 $\mathrm{score}(x_i)$ 如式（6-11）所示。

$$\mathrm{score}(x_i) = p_i \times \exp(c) \tag{6-11}$$

其中，p_i 为敏感属性在文本数据中出现的概率；$c \in [0,1]$ 为数据的敏感因子，该因子数值越大，说明该数据越有可能包含敏感信息。

（1）可量化的事项

诸如身份证号码之类的可量化事项的敏感度越大，强隐私数据的可能性越大。那么，其敏感度如式（6-11）所示。

（2）不可量化的事项

假定可用于推断不可量化的事项的敏感属性服从高斯分布，即敏感属性 x 的概率密度函数如式（6-12）所示。

$$f_X(x_i) = \frac{1}{\sqrt{2\pi}\sigma_x}\exp\left(-\frac{(x_i-\mu_x)^2}{2\sigma_x^2}\right) \tag{6-12}$$

那么敏感属性 x 的敏感度如式（6-13）所示。

$$\mathrm{score}(x_i) = \frac{1}{\sqrt{2\pi}\sigma_x}\exp\left(-\frac{(c+x_i-\mu_x)^2}{2\sigma_x^2}\right) \tag{6-13}$$

3. 敏感级别

敏感级别是敏感属性所引发的敏感信息泄露程度的衡量指标。下面结合敏感度 $\mathrm{score}(x_i)$，

依据敏感因子 c（其中，c=1 表示可能是敏感数据，c=0 表示非敏感数据）对数据敏感级别进行量化。敏感度越高，那么该敏感属性的敏感级别越高。因此，当 c=1 时，对该类属性进行分类，定义不同的 Level，Level 的值越大，代表敏感级别越高。敏感属性的敏感程度可由属性占敏感信息的权重（即敏感属性与敏感信息的联合概率）决定，由高到低分别为 3 级、2 级、1 级。例如，以身份证号码为例，假设身份证号码的所有者的身份为群众，那么 Level=1；假设身份证号码的所有者的身份为重要人物，那么 Level=4。

本书收集了来自交通运输领域的 15 GB 文本数据和从互联网抓取的自然资源领域的 18 GB 文本数据，并对该真实数据进行了测试，测试真实政务数据中属性的权重，在 9 个节点的敏感属性关联图谱中，敏感属性级别如表 6-2 所示。

表 6-2　敏感属性级别

属性	权重	领域	敏感级别
地理信息	0.204	自然资源领域	3 级
矿山	0.152	自然资源领域	2 级
码头	0.06	自然资源领域	1 级
重大建设	0.204	交通运输领域	3 级
土地	0.052	自然资源领域	1 级
耕地	0.048	自然资源领域	1 级
生态	0.032	自然资源领域	1 级
交通运输	0.117	交通运输领域	2 级
高速公路	0.204	交通运输领域	3 级

由表 6-2 可知，根据关联图谱上 9 个节点的敏感属性权重大小，可将地理信息、重大建设、高速公路归类为 3 级敏感属性，将矿山、交通运输归类为 2 级敏感属性，将码头、土地、耕地、生态归类为 1 级敏感属性。因此，敏感属性的敏感级别可根据关联图谱上属性节点的权重进行归类。对于不同类别的关联图谱，同一属性的敏感程度可根据关联图谱上属性的权重分类而动态变化。

此外，假若两属性 A、B 处于不同关联图谱中，当两者的 Level 相同时，如果 $\mathrm{Corr}(A, B) \leqslant 1$，那么两者不会造成敏感信息泄露问题；如果 $\mathrm{Corr}(A,B)>1$，那么 Level 越高，造成敏感信息泄露的可能性越大。

6.3.2 数据智能脱敏方法

在敏感性判断和敏感度定级后，需要对敏感度为 1～3 级的数据进行脱敏处理，切断可能导致敏感信息泄露的推理链。在跨领域数据泄露中，数据脱敏是信息发布审查的重要组成部分，其目的是在防止敏感信息泄露的前提下最大化数据可用性。

1. 数据脱敏定义

数据脱敏指通过脱敏规则对敏感字段进行转换和覆盖，使攻击者无法从脱敏后的数据中获取原来的敏感信息。例如，将公民的身份证号码中间的某几位用掩码代替，避免公民的个人身份信息泄露。数据脱敏在已发现敏感数据的基础上，首先确定敏感数据的数据类型，然后根据策略及数据类型决定采用何种脱敏方法对数据进行变形和转换。在跨领域数据汇聚环境中，拟发布的敏感数据经审查及脱敏后转入脱敏数据库中，只有脱敏数据库中的数据才能被发布。

在不同的应用场景中采用的数据脱敏方法可能不同，产生的效果也不一样。一般而言，数据脱敏应至少满足以下 4 个特点。

① 有效性：数据脱敏的基本原则就是要去掉数据的敏感性，保障数据安全。有效性体现在两个方面：一是相对于原始数据，脱敏后数据敏感性的去除；二是脱敏后数据可能被反推回原始敏感数据的程度。

② 可用性：数据发布的目的是方便社会及公众对信息的使用。如果数据脱敏导致数据本身完全不可用，则脱敏技术失去了应有的价值。确保数据的可用性主要体现在两个方面：一是业务逻辑特征的保留程度，如身份证地域特征的保存；二是数据分布特征，如收入的分布特征。

③ 稳定性：由于原始数据间存在关联性，如两张表中都有公民姓名数据，并且业务要求两张表的公民姓名必须一致，如果对两张表分别脱敏后导致了数据不一致，就会影响数据的有效性。这要求数据脱敏方法在原始数据相同的情况下，保证只要配置参数一致，无论脱敏多少次，结果数据都是相同的。

④ 高效性：数据脱敏的算法开销不应过高，对于海量数据的脱敏，处理时间和所需的资源应当越少越好。

2. 数据脱敏方法

数据脱敏方法可根据具体的场景，采取最适合的脱敏方法，从而达到数据去除敏感性的目的。下面介绍传统数据脱敏方法、k-匿名和 l-多样性技术、保形加密技术。

（1）传统数据脱敏方法

传统数据脱敏方法一般指对敏感数据进行置乱、随机化、掩码等变换操作，使数据失去一定的敏感性。常见的传统数据脱敏方法如表 6-3 所示。

表 6-3 常见的传统数据脱敏方法

方法	描述	举例					
		姓名	身份证号码	年龄	家庭住址	联系电话	家庭收入/万元
原始值		张三	123456789123456789	59	A省B市C区D街道E小区	12345678	50

续表

方法	描述	举例					
		姓名	身份证号码	年龄	家庭住址	联系电话	家庭收入/万元
置乱	将原始值各元素重新随机排列	张三	974589324658712136	59	A省B市C区D街道E小区	12345678	50
掩码	原始值长度不变，保留部分内容	张三	123456********6789	59	A省B市C区D街道E小区	123****8	50
随机化	按原始值特征生成随机值	张三	123456789123456789	59	A省B市C区D街道E小区	97460148	50
偏移	数字值增加特定偏移量	张三	123456789123456789	59	A省B市C区D街道E小区	12345678	5
替换	用特定值替换原始值	王五	123456789123456789	59	A省B市C区D街道E小区	12345678	50

在实际应用中，上述脱敏方法经常组合使用，对于一个数据表中多个敏感属性可以分别采取不同的脱敏方法，以达到去除敏感性的目的。

（2）*k*-匿名和 *l*-多样性技术

传统数据脱敏方法通过改变目标数据的值实现对数据的去敏感性，但是在实践中仍存在一些问题。首先，掩码、替换、随机化等操作虽然实现了数据保密，但破坏了数据的正确性，使得数据失去了统计意义。例如，将家庭收入的取值隐藏或用常数代替，使得难以准确统计当地的家庭收入情况。其次，对于没有被隐藏或替换的属性值，依然存在敏感信息泄露的风险。例如，即使将表 6-3 中的姓名、身份证号码隐藏，仍然可以从{姓名，电话}的背景知识关联出姓名对应的收入。

针对以上问题，下面介绍目前使用较广泛的 *k*-匿名和 *l*-多样性技术。*k*-匿名使数据表的敏感属性中的任意一条记录，与其他 $k-1$ 条记录无法区分。*k*-匿名方法中最重要的步骤是泛化[5-8]。泛化指的是对一个给定的敏感属性，将其原始值用更模糊的或更具概括性的值代替。泛化的目的是使敌手无法获得敏感属性的具体取值，从而无法将其与其他数据关联以获得隐私信息。数据泛化一般分为全局泛化和局部泛化，可根据具体需求使用两种泛化方法。

表 6-4 展示了使用 *k*-匿名的全局泛化方法对所有隧道的“长度”这一敏感属性值进行的泛化。*k*-匿名技术中无法区分的 *k* 条记录被称为一个等价类。表 6-4 中所有隧道的长度都被泛化到了 0～2 000 m 这一区间内，这些隧道记录组成了一个等价类，即 $k=5$。全局泛化方法虽然保护了所有敏感数据，但影响了数据的实用性。局部泛化比全局泛化粒度更细，可对敏感数据进行有区别的泛化。

表 6-4 使用 *k*-匿名全局泛化的长度

隧道	道路	行政区	泛化的长度/m
A	G4	长沙	[0,2 000]
B	G76	郴州	[0,2 000]

续表

隧道	道路	行政区	泛化的长度/m
C	S11	岳阳	[0,2 000]
D	G60	湘潭	[0,2 000]
E	G4	衡阳	[0,2 000]

表 6-5 展示了使用 *k*-匿名的局部泛化的方法对“长度”这一属性进行的泛化，*k* 的值设为 2，即一个等价类中至少包含 2 条记录。可以看出，等价类“隧道 A、C、E”的长度都被泛化成 1 000～2 000 m，等价类“隧道 B、D”的长度被泛化成了 0～1 000 m。虽然无法区分这两个等价类中各隧道的长短，但是可以区分这两个等价类间隧道的长短，从而也提供了一定的数据使用价值。

表 6-5　使用 *k*-匿名局部泛化的长度

隧道	道路	行政区	泛化的长度/m
A	G4	长沙	[1 000,2 000]
B	G76	郴州	[0,1 000]
C	S11	岳阳	[1 000,2 000]
D	G60	湘潭	[0,1 000]
E	G4	衡阳	[1 000,2 000]

k-匿名方法使得攻击者最多只能以 1/*k* 的概率通过敏感属性关联出目标个体的身份，可以有效抵御敏感信息泄露。但是，攻击者仍然可以利用同质攻击和背景知识攻击找到敏感属性和目标个体的对应关系，从而造成敏感信息泄露。例如，攻击者从其他数据表中获得了衡阳市境内的高速公路上所有长度在 1 000～2 000 m 的隧道信息（包括名称及具体长度），那么攻击者可以较大概率确定隧道 E 的名称和长度。

l-多样性技术[9-11]可以解决上述敏感信息泄露问题。*l*-多样性在 *k*-匿名基础上，进一步要求在相同等价类中，敏感属性至少有 *l* 个取值[10]。这样一来，即使在同个等价类中，攻击者也较难找到敏感属性和目标个体的关联关系。表 6-6 展示了在表 6-5 的基础上对敏感属性的 *l*-多样性匿名，其中 *l*=2，表示相同等价类中敏感属性至少有 2 个不同取值。

表 6-6　*l*-多样性匿名

隧道	道路	行政区	泛化的长度/m
A	G4	长沙	[500,2 000]
B	G76	郴州	[0,1 000]
C	S11	岳阳	[1 000,2 000]

续表

隧道	道路	行政区	泛化的长度/m
D	G60	湘潭	[50,1 050]
E	G4	衡阳	[100,2 000]

l-多样性技术通过扩大信息熵的方式保护敏感信息，信息熵与敏感属性取值数正相关，信息熵越大，意味着等价类中敏感属性值分布越均匀，推导出具体个体的难度也就越大。

（3）保形加密

上述介绍的数据脱敏技术属于不可恢复类脱敏，即数据被脱敏处理后不能再复原，适合于数据的共享公开场景。与不可恢复脱敏相对应的概念是可恢复类数据脱敏，指的是数据在脱敏处理后通过某种方法仍能被恢复出来，以密码学加解密算法为主流。可恢复数据脱敏适用于数据动态传输中的安全保护。项目组在调研中发现，政务数据有时需要在部门之间进行传输，如何保证数据传输过程中的安全性，以及数据在目标单位的保密性，防止敏感数据泄露，也是数据脱敏技术研究的主要内容。

保形加密[12-14]属于可恢复类数据脱敏技术，它的主要特点是密文的格式与加密前的明文格式完全相同，如对由 16 位数字组成的银行卡号进行加密后仍为 16 位数字，具有无须更改数据库范式、密文存储空间少等优势。保形加密可用于数据的掩盖，并可通过调节加密的位数实现不同的访问控制粒度。

保形加密算法输入明文 M、密钥 K，以及参数 n，输出密文 C。对 n 设置不同的值可以使算法支持纯数字、纯字母及数字–字母混合这 3 种类型数据的加密。例如，n=10，表示支持由数字集{0,1,⋯,9}中元素组合而成的数据的加密；n=26，表示支持纯英文字母字符集的数据加密；n=36，表示支持数字–字母混合的数据的加密。如果要支持数字及大小写字母的字符集的加密，可令 n=64。依次类推，直至可支持整个 ASCII 字符集的加密。保形加密的解密过程与加密相反，输入密钥 K、密文 C，以及参数 n，可恢复出明文 M。

保形加密可应用于对敏感数据的保密传输场合[15]。如表 6-7 所示，假设某部门需要向另一部门传输部门人事数据，其中敏感属性有身份证号码、联系方式。因为数据接收部门的可信程度比互联网用户要高，为保证数据可用，未对整个数据表进行加密。但是，为了保护领导的个人隐私，防止出现领导个人信息汇聚导致的失泄密风险，需要对领导的个人信息进行脱敏。通过保形加密，可将领导的身份证号码及联系方式进行加密处理。若对方部门需要获取这两项数据，必须经过必要审批流程，经保密部门同意后，方可获得密钥对加密数据进行解密恢复。

表 6-7　保形加密应用实例

姓名	身份证号码	职务	联系方式	工作时间
张三	087720738331018138	科员	48010471	6 年
李四	974619485819371089	科长	09473612	15 年

续表

姓名	身份证号码	职务	联系方式	工作时间
王五	738015913071332440	科员	28460849	3年
赵六	305710567837612985	领导	37829005	31年

3. ***数据智能脱敏方法***

为了保障数据在各类应用场景中安全使用，下面提出一种基于决策树的智能数据脱敏方案，利用决策树方法，根据实际应用场景和数据特征，智能配置数据脱敏方法，并且应用相应脱敏方法对数据进行脱敏处理，从而得到脱敏后的数据。

（1）决策树算法

决策树[16-18]是一类常见的机器学习方法，是运用于分类的一种树结构，其中的每个内部节点代表对某一属性的一次测试，每条边代表一个测试结果，叶节点代表某个类或类的分布。决策树的决策过程从决策树的根节点开始，将待测数据与决策树中的特征节点进行比较，并按照比较结果选择下一比较分支，直到叶子节点作为最终的决策结果。决策树的主要优势在于数据形式非常容易理解，具有描述性，对中间值的缺失不敏感，可以处理不相关特征数据，并且决策树只需要一次构建，就可以反复使用，计算复杂度不高。因此，本书采用决策树方法实现智能数据脱敏。

一棵决策树的生成过程主要分为特征选择、决策树生成和剪枝 3 个部分。

① 特征选择

特征选择是指从训练数据的众多特征中选择一个特征作为当前节点的分裂标准。如何选择特征，有着很多不同量化评估标准，从而衍生出不同的决策树算法。可以说，特征选择的质量，决定了决策树的预测准确度。一般的原则是，希望不断划分节点，使得一个分支节点包含的数据尽可能地属于同一个类别。

② 决策树生成

根据选择的特征评估标准，从上至下递归地生成子节点，直到数据集不可分，则让决策树停止生长。对于树结构来说，递归结构是最容易理解的方式。

③ 剪枝

决策树容易过拟合，一般需要剪枝，缩小树结构规模、缓解过拟合。剪枝技术有预剪枝和后剪枝两种。其中预剪枝是在对一个节点进行划分前进行估计，如果不能提升决策树泛化精度，就停止划分，将当前节点设置为叶节点。可以留一部分训练数据作为测试集，每次划分前，比较划分前后的测试集的预测精度；后剪枝是首先正常建立一棵决策树，然后对整棵决策树进行剪枝。按照决策树的广度优先搜索的反序，依次对内部节点进行剪枝，如果将某棵以内部节点为根的子树换成一个叶节点，可以提高泛化性能，就进行剪枝。

（2）技术方案

基于决策树的智能数据脱敏方案流程如图 6-3 所示，具体脱敏步骤概括如下。

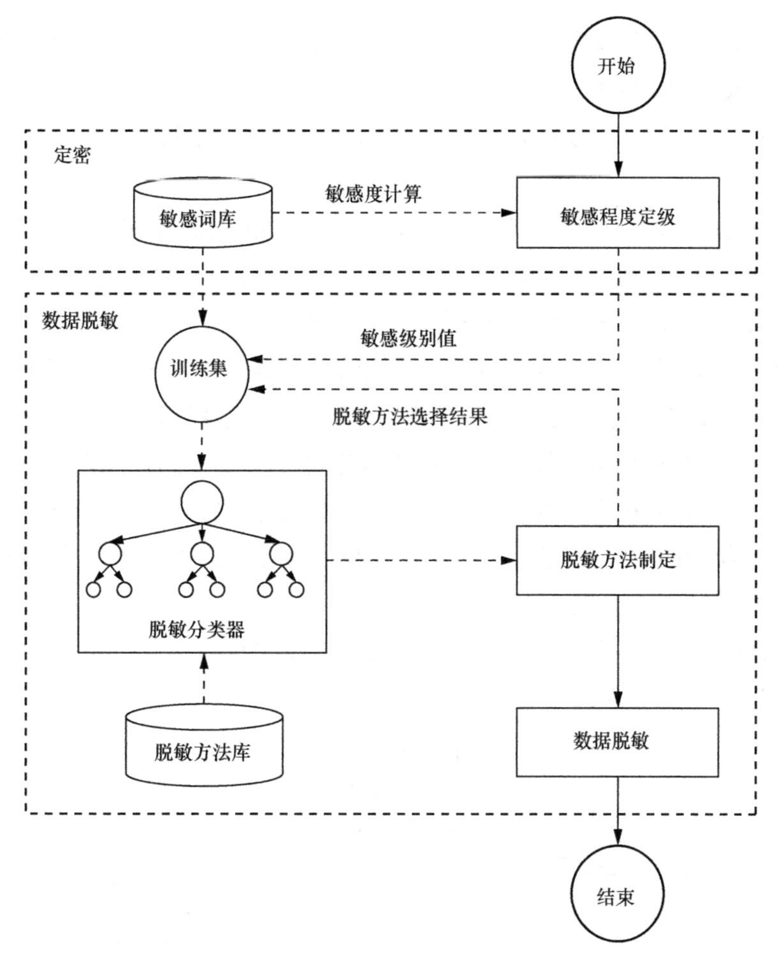

图 6-3　基于决策树的智能数据脱敏方案流程

① 敏感程度定级：根据敏感度分级规则，构建敏感词库，对于词库中的数据，通过计算其敏感度，给出数据的敏感程度定级。

② 构建脱敏方法库：通过结合传统数据脱敏方法、*k*-匿名和 *l*-多样性技术及保形加密技术，构建脱敏方法库。

③ 构建训练集：每一个训练样本包含敏感数据特征、敏感级别及脱敏方法。结合目前已有的数据脱敏经验，根据具体敏感数据特征和数据敏感级别，从脱敏方法库中选择有针对性的脱敏方法。

④ 训练脱敏分类器：利用训练集中的训练样本构建决策树，从而得到一个脱敏分类器。决策树的内部节点表示一个敏感数据的特征或敏感级别，叶子节点表示用于该敏感数据的脱敏方法。

⑤ 脱敏方法制定：对于新产生的敏感数据，从根节点开始，对数据的特征进行测试，根据测试结果将该数据分配到其子节点，沿着该分支可能到达叶子节点或者到达另一个内部节点，根据新的测试条件递归执行下去，直到抵达一个叶子节点。当到达叶子节点时，即可得到脱敏

分类器的分类结果。新的脱敏应用发生后，将该条数据加入训练集，逐步对决策树进行完善，从而提高脱敏分类器的鲁棒性。

⑥ 数据脱敏：将通过脱敏分类器得到的数据脱敏方法应用到新产生的数据上，实现数据脱敏。

这里对交通运输领域、自然资源领域及电子政务领域中的数据展开研究，对于每一个领域，对敏感事项定级，得到事项属性的敏感程度表。然后，针对每一个事项属性敏感程度表，根据具体事项属性特征和脱敏经验，设计一个决策树分类器。

以关联身份证号码的相关敏感事项属性的智能脱敏为例，身份证号码属于个人隐私数据，不能面向公众进行发布，一般情况下也不会面向公众发布个人身份证号码。然而，通过汇聚目标个体的籍贯信息、出生日期信息及购买的火车票序列号信息，就可以关联分析出目标个体的身份证号码，因此得出目标个体的籍贯信息、出生日期信息及购买的火车票序列号信息都属于敏感事项属性，为了防止攻击者通过汇聚这 3 种信息推测出目标个体的身份证号码，需要对这 3 种敏感事项属性进行脱敏处理。

根据前文的描述，本书采用基于决策树的脱敏方案实现籍贯、出生日期和火车票序列号的脱敏，对应设计的决策树如图 6-4 所示。

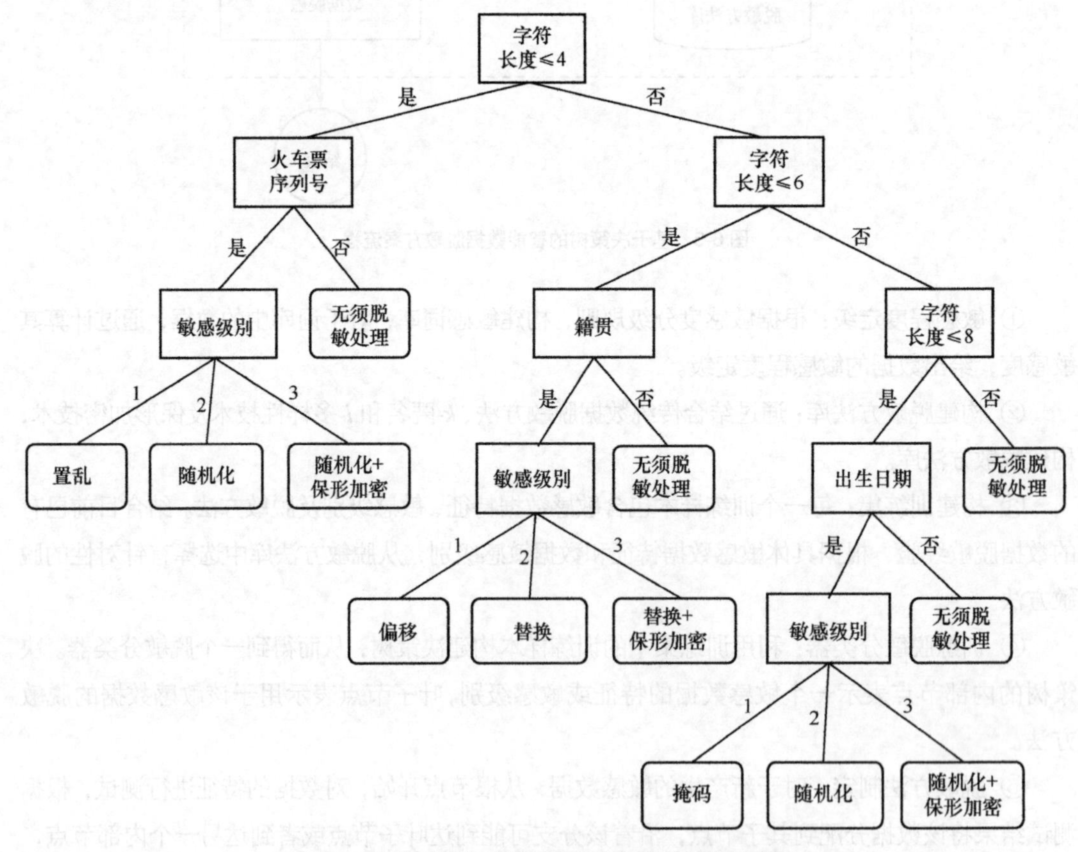

图 6-4　关联身份证号码的相关敏感事项属性脱敏决策树

① 关于敏感属性为火车票序列号的脱敏方案设计说明

当目标个体购买的火车票的序列号的敏感级别为 1 级时，使用置乱技术对火车票序列号进行脱敏处理。通过对敏感属性的值进行重新随机分布，混淆真实值各字段之间的联系，达到敏感属性保护效果。

当目标个体购买的火车票序列号的敏感级别为 2 级时，使用随机化技术对火车票序列号进行脱敏处理。由于置乱技术仍可让攻击者通过暴力破解得到目标个体的火车票序列号，因此可以使用随机化技术提高脱敏安全性。通过随机化生成一个 4 位的值，攻击者很难找到目标个体火车票序列号的脱敏逻辑，从而有效保护数据安全性。

当目标个体购买的火车票的序列号的敏感级别为 3 级时，先使用随机化技术对火车票序列号进行脱敏处理，再使用保形加密进行一次脱敏处理，使得只有拥有加密密钥的个体才能对加密数据进行解密恢复。通过对敏感属性的双重脱敏，加强保护。

② 关于敏感属性为籍贯的脱敏方案设计说明

一般情况下，获取到的目标个体的籍贯信息是中文表示，如“湖南省长沙市”，在脱敏之前，需要先对其进行处理，将其转换为对应的籍贯地的编号，然后对该编号进行脱敏处理。

当目标个体的籍贯的敏感级别为 1 级时，使用偏移技术对籍贯进行脱敏处理，即利用移位改变数字数据。通过移位，可以有效抵御敏感信息泄露。

当目标个体的籍贯的敏感级别为 2 级时，使用替换技术对籍贯进行脱敏处理。以虚构的数据代替真值，使得脱敏后的数据与真实数据非常相似，然而与真实数据存在较大差异，达到敏感属性保护效果。

当目标个体的籍贯的敏感级别为 3 级时，先使用替换技术对籍贯进行脱敏处理，然后使用保形加密技术对替换后的值进行加密处理。通过对敏感数据的双重脱敏，加强保护。

③ 关于敏感属性为出生日期的脱敏方案设计说明

当目标个体的出生日期的敏感级别为 1 级时，使用掩码技术对个体的出生日期进行脱敏处理，即用“*”号替换中间的 4 位。掩码使得攻击者最多只能以 1/10 000 的概率推测出目标个体的出生日期，可以有效抵御敏感信息泄露。

当目标个体的出生日期的敏感级别为 2 级时，使用随机化技术对出生日期进行脱敏处理。由于使用掩码技术，攻击者仍然可以利用暴力破解找到目标个体的出生日期，造成敏感信息泄露。因此，可以使用随机化技术，解决上述敏感信息泄露问题。

当目标个体的出生日期的敏感级别为 3 级时，先使用随机化技术对个体的出生日期进行脱敏处理，然后使用保形加密技术对经随机化处理的值进行加密处理。通过对敏感数据的双重脱敏，即使攻击者破解了加密密钥，获得的出生日期也是经过随机化处理的数值，仍然较难推测出其具体的出生日期，提高了安全性。

应用上述基于决策树的智能脱敏方案，将真实数据进行脱敏后得到的数据如图 6-5 所示。

可以发现，将脱敏后的籍贯信息、出生日期信息及购买的火车票序列号信息关联组合在一起，也无法推出目标个体真实的身份证号码，达到敏感数据保护的目的。

```
-----------------------火车票序列号脱敏------------------------------
*敏感级别为1级
*真实火车票序列号：3403
*火车票序列号置乱后： 3430

*敏感级别为2级
*真实火车票序列号：3403
*火车票序列号随机化后： 8637

*敏感级别为3级
*真实火车票序列号：3403
*火车票序列号随机化后： 2727
*随机化+保形加密后的火车票序列号： 4615
--------------------------------籍贯脱敏-------------------------------
*敏感级别为1级
*真实籍贯：340302
*籍贯偏移后： 023403

敏感级别为2级
*真实籍贯：340302
*籍贯替换后： 210104

敏感级别为3级
*真实籍贯：340302
*籍贯替换后：211421
*替换+保形加密后的籍贯：719521

---------------------------出生日期脱敏---------------------------
*敏感级别为1级
*真实出生日期： 19930701
*出生日期掩码处理后： 19****01

*敏感级别为2级
*真实出生日期： 19930701
*出生日期随机化后： 19850430

*敏感级别为3级
*真实出生日期： 19930701
*出生日期随机化后： 19870904
*随机化+保形加密后的出生日期： 31174640

进程已结束，退出代码0
```

图 6-5 关联身份证号码的相关敏感事项属性脱敏效果

6.4 跨领域数据安全防护实例

本节选取交通运输领域与自然资源领域为试点，对本章提出的数据汇聚后的敏感度分级及数据脱敏技术进行应用验证。

6.4.1 敏感度分级技术应用及结果分析

数据汇聚后的敏感分级技术应用方案主要从数据来源、数据汇聚、领域词库构建、词频统计、政务大数据相关性分析、属性敏感程度分级进行阐述。

使用敏感度分级技术采集的数据一部分来自某省交通运输领域的公开数据，包括桥梁信息、隧道信息、个人信息及新闻、公告、通知、函件等；另一部分来自某省自然资源领域的公开数据，包括天地图中地理信息、水路信息、通知、新闻、公告等政务数据。另外，本节收集了大量互联网公开的信息，并将互联网公开信息与两个领域的数据进行汇聚。然后构建跨领域的政务大数据领域词库，采取自动采集和中文分词技术，统计属性词频。再利用属性词频，提出了大数据相关性分析方法，以及属性敏感程度分级策略。

1. 领域词库构建

领域词库的构建主要是对跨领域数据进行采集、处理、汇总。首先，从某省交通、自然资源部门获取公开政务数据及从相关领域政府部门的门户网站自动采集文本信息；其次，对采集到的文本信息进行基于词典切分法的文本自动分词和停用词过滤等，并进行预处理；最后，对分类的属性词语进行词频统计并排序，构建多来源、多领域、跨部门的领域词库，以及属性词频。

领域词库编制的主要依据包括《中华人民共和国政府信息公开条例》《关于全面推进政务公开工作的意见》《国务院办公厅印发〈关于全面推进政务公开工作的意见〉实施细则的通知》《国土资源部关于印发全面推进政务公开工作的实施意见的通知》《政务信息资源目录编制指南（试行）》等通知及规章制度。

2. 跨领域数据相关性分析

针对多来源、多领域、跨部门的数据经汇聚和关联分析后可能导致的敏感信息泄露问题，通过分析跨领域数据相关性，计算领域词库的属性联合概率、属性间的相关度，并构建跨领域的敏感属性关联图谱。

跨领域的公开数据汇聚后，攻击者可以利用背景知识，通过相关性分析，推理出潜在的敏感信息。首先，攻击者可以对汇聚后的大数据进行关联分析，构建多种属性组合形式；其次，攻击者通过不同的属性组合形式，结合属性之间的相关度和联合概率，找出强相关的属性；最后，根据强相关的属性，可以推测潜在的敏感信息，再逆向查找与该潜在敏感信息相关的属性集合，将此类属性组合定义为敏感属性。

本书主要针对两种类型的数据进行相关性分析，一类是数值型数据（可量化词库），另一类是非数值型数据（不可量化词库）。对于可量化词库，通过计算属性间的联合相关度，以及属性与敏感信息之间的关联性，判定属性是否敏感。若属性组合满足属性联合相关度为 1，则此状态下的属性组合可推导出敏感信息；若属性组合满足属性联合相关度小于 1，则此状态下的属性组合不能够推导出敏感信息。对于不可量化词库，可以通过统计属性词频，计算单个属性的概率。然后，计算两两属性间的相关度、联合概率，并得到属性相关度矩阵。同时，根据属性相关度矩阵特征及属性联合概率，构建敏感属性关联图谱。若属性相关度等于 1，则两个属性在关联图谱中没有边相连；若属性相关度不等于 1，则两个属性在关联图谱中有边相连。且属性间相关度越大，属性关联性越强。

3. 属性敏感程度分级

敏感级别是敏感属性引发敏感信息泄露程度的衡量指标。本书对敏感级别进行量化。属性的敏感度越高，那么该敏感属性的敏感级别越高。本书将属性的敏感程度分为 3 级。此外，根据汇聚数据的相关性分析，可得出关联图谱上的敏感属性的概率及该属性与敏感信息之间的联合概率（关联性），二者共同决定了敏感属性的敏感度和敏感级别，由高到低分别为 3 级、2 级、1 级。

数据汇聚后的敏感分级主要由 3 个过程组成：一是领域词库构建与属性词频统计；二是属性相关性分析；三是敏感属性关联图谱构建与敏感程度分级。下面以个人身份证号码和特长隧道为敏感信息，进行敏感分级技术应用结果分析。

（1）个人身份证号码

本书获取了公开的交通运输从业人员信息，包括从业人员的籍贯地、出生日期。同时，可以从互联网获取相关人员的个人行程信息，如行程单信息等。个人身份证号码关联属性如表 6-8 所示。

表 6-8　个人身份证号码关联属性

用户序号	籍贯地	出生日期	车票序列号
ID1	湖南安乡	1968-09-07	1912
ID2	湖南桃江	1986-11-01	4656
ID3	湖南湘潭	1968-11-14	723X
ID4	湖南石门	1972-11-21	1719
ID5	湖南邵东	1982-06-04	9212
ID6	湖南隆回	1973-09-20	471X
ID7	湖南益阳	1988-02-06	6637
ID8	湖南永定	1991-09-10	547X
ID9	湖南汉寿	1975-12-04	047X
ID10	湖南石门	1979-03-07	593X

在表 6-8 中，用户的籍贯地可用 6 位相应的地址编码表示，出生日期可用 8 位数字表示，后 4 位由 3 位顺序码和 1 位校验码表示，相当于车票序列号的后 4 位。对籍贯地、出生日期及车票序列号 3 个来自交通运输领域、自然资源领域和互联网公开信息中的属性进行关联分析，可以推测出个人的身份证号码信息。因此，可以根据提出的敏感度分级技术对以上 3 个属性进行敏感度计算和敏感程度定级。个人身份证号码敏感属性定级如表 6-9 所示。

表 6-9　个人身份证号码敏感属性定级

敏感信息	属性	所属领域	敏感度	敏感级别
个人身份证号码	用户 ID	交通运输领域、自然资源领域、互联网公开信息	0.22	1 级
	性别	交通运输领域、自然资源领域、互联网公开信息	0	0 级
	民族	交通运输领域、自然资源领域、互联网公开信息	0	0 级
	出生日期	交通运输领域、自然资源领域、互联网公开信息	0.44	3 级
	籍贯地	交通运输领域、自然资源领域、互联网公开信息	0.33	2 级

续表

敏感信息	属性	所属领域	敏感度	敏感级别
个人身份证号码	车票序列号	交通运输领域、自然资源领域、互联网公开信息	0.22	1 级
	职务	交通运输领域、自然资源领域、互联网公开信息	0.22	1 级

（2）特长隧道

本书针对面向公众的政务大数据，以及互联网中的公开数据，进行领域词库构建和属性词频统计。本书采集了某省交通领域 15 GB 的政务数据文档（如公告、通知、函件等）及自然资源领域 18 GB 的公开政务数据（如新闻、通知、公示等）。对交通运输领域政务数据和自然资源领域的数据，以及互联网公开的数据进行关联分析，统计文本数据中的属性及属性词频，得到自然资源领域与交通运输领域中的部分属性词频，如表 6-10 所示。

表 6-10　部分属性词频

交通运输领域		自然资源领域	
属性	词频	属性	词频
交通运输	42	地理信息	51
高速公路	42	矿山	38
工程	35	国土资源	33
船舶	33	采购	23
口岸	33	重大建设	21
设站	31	用地	17
港口	30	码头	15
铁路	30	土地	13
民航	29	耕地	12
重大建设	21	隧道	10
大桥	16	征地	9
隧道	15	桥梁	8

通过属性词频计算属性之间的相关度，以及属性的联合概率。分析属性之间的关联性，从关联属性中推导出敏感信息。依据属性之间的相关度和联合概率，可构建属性三元组。

根据属性三元组，构建敏感属性关联图谱，并根据敏感属性关联图谱上节点的概率及该敏感属性与敏感信息之间的关联性，确定敏感属性的敏感度和敏感级别。敏感属性关联图谱如图 6-6 所示，包括 161 个节点和 201 条边，即 161 个节点中共有 201 条边可达。

图 6-6　敏感属性关联图谱

如图 6-7 所示，选取了敏感属性为隧道的局部图。图谱的中心白色空心（圆形边加粗）的节点为隧道，周边白色实心（圆形边正常）的 6 个节点是与隧道相关的属性，黑色的节点表示 6 个节点与隧道之间的相关度。其中灰色的节点表示相关属性的跳跃的节点。也就是说，相关属性之间经过多个灰色节点联系，使得两属性能够关联在一起。

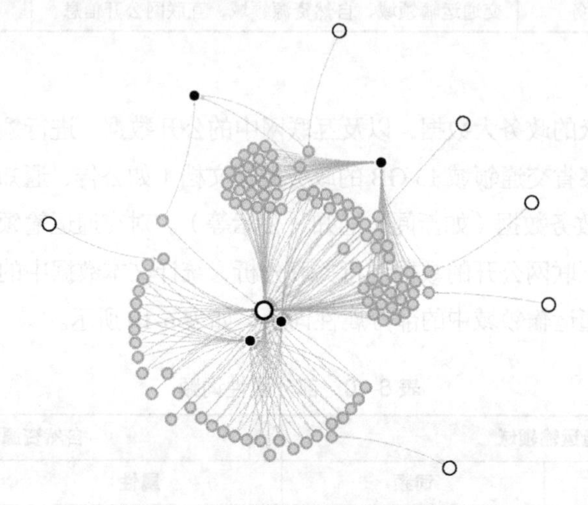

图 6-7　与隧道相关联的属性局部图谱

为了进一步说明隧道关联图谱，图 6-8 展示了隧道和相关的 6 个属性的局部图谱。link a 表示交通运输领域相关的两个属性构成的边；value 表示两个属性之间的相关度，相关度越大，说明两个属性的关联性越强。

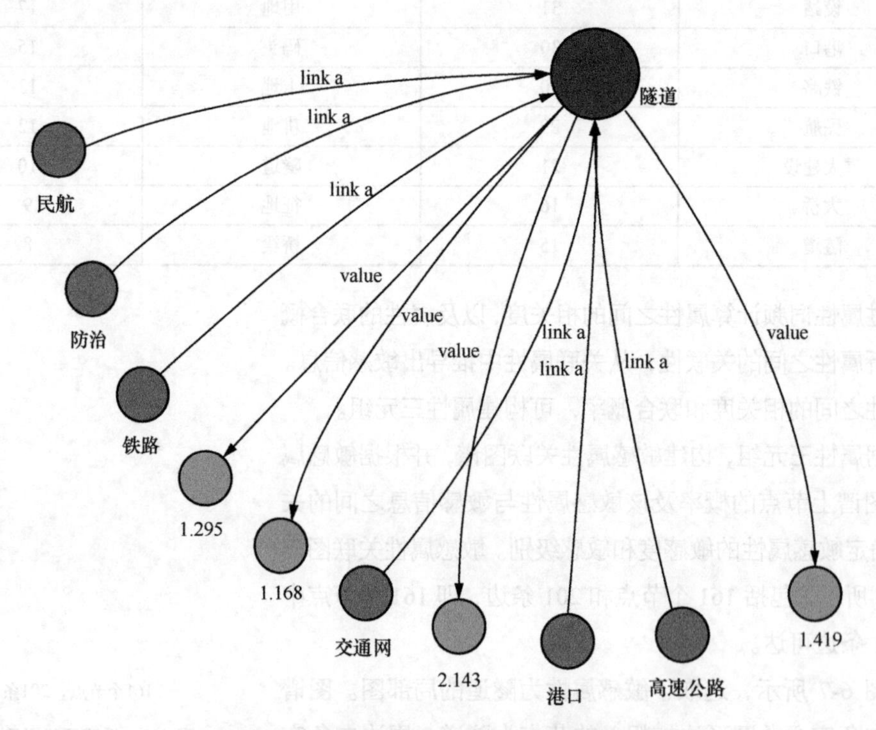

图 6-8　隧道和相关的 6 个属性的局部图谱

作者所在团队选取了某省交通运输、自然资源领域政务数据及互联网公开信息进行应用示范并验证，测试结果表明敏感属性关联图谱模型能够作为一种技术手段辅助判断政务数据汇聚后是否存在敏感信息泄露等问题。例如，在敏感属性关联图谱中，构建了领导、地区、隧道 3 个属性之间的关联图谱，属性间具有强相关性，可以进行关联分析。那么，可以将这 3 个属性汇聚，推导出敏感信息。例如，在自然资源领域的公开新闻中，通过挖掘发现关于某领导和西部地区的词频较高，可推测某领导和西部地区具有强相关性。此外，在交通运输领域的公开政务数据中，通过挖掘发现该领导和隧道出现的词频较高，可推测出该领导和隧道具有强相关性。因此，可以根据相关度计算，得到强相关的 3 个属性，即某领导、西部地区、隧道。从而，可以大概率地推导出某领导于某段时间在西部地区商讨修建特长隧道等国际发展战略，从而得出政务敏感信息。因此，在实际应用中，通常可以基于敏感属性关联图谱的模型，结合背景知识、先验知识对属性进行属性值填充，从而确定此类属性的数据汇聚后是否会带来安全问题。例如，属性名称为隧道，往往可以将互联网公开数据、交通运输领域数据及自然资源领域数据进行关联分析，推测出特长隧道的地理位置等敏感信息。根据属性间词频统计、联合概率计算、相关度计算及属性权重分析，得到该应用场景下公开属性之间的敏感级别，如表 6-11 所示。

表 6-11　属性敏感级别示例

属性名称	公开属性字段	所属领域	敏感度	敏感级别
特长隧道	隧道桩号	交通运输领域	0.062	1 级
	隧道桩号间隔	互联网公开信息	0.024	1 级
	车载 GPS 测量进出隧道时间	交通运输领域	0.126	2 级
	隧道长度	自然资源领域	0.148	2 级
	隧道名称	自然资源领域	0.152	2 级
	隧道地理位置	自然资源领域	0.24	3 级

6.4.2　脱敏技术应用及结果分析

对抗大数据挖掘与分析的脱敏技术主要针对敏感分级技术推测出的敏感属性进行脱敏。因此，脱敏技术的数据也同样来源于面向公众的大数据，包括公开的互联网数据、某省交通运输与自然资源领域公开数据。根据有关法律法规，发现特长隧道（长度超过 3 000 m）及个人身份证号码均属于敏感信息，而能通过关联分析推测出这两类敏感信息的相关属性均属于敏感属性。

1．关联特长隧道的相关敏感属性

通过调研与查询相关资料获悉，超过 3 000 m 的隧道为特长隧道，属于敏感信息。可以从获取的某车辆 GPS 信号测算车辆行驶速度，以及车辆进出某隧道的时间，将该信息与自然资源领域的地图信息进行融合，进而得出该隧道的长度。然后通过互联网中公开的地图信息，找到隧道的具体位置及隧道的具体名称。特长隧道的长度及位置信息属于敏感信息，而车辆 GPS 信号信息和地图中的道路信息虽然不敏感，但是它们汇聚后可以推导出敏感信息。基于上一节介绍的相关性分析和构建的敏感属性关联图谱模型，得知隧道名称及隧道地理位置（经纬度）均属于敏感属性，且敏感级别分别为 2 级和 3 级。

2. **关联身份证号码的相关敏感属性**

身份证号码的组成可见如下计算式。

籍贯（6 位）+ 出生日期（8 位）+ 车票序列号（后 4 位）= 身份证号码（18 位）

上述计算式包含了个人信息数据、社交数据和交通出行数据，这些数据单独来看都是公开的，但经过数据汇聚和关联分析后，则可以推导出用户的个人隐私——身份证号码，因此籍贯、出生日期及车票序列号均属于敏感属性，且它们的敏感级别分别为 2 级、3 级和 1 级。

为防止上述敏感信息被泄露，数据发布者需要在数据发布之前对这些敏感属性对应的真实数据进行脱敏处理，减小隐私泄露的发生概率，避免造成不必要的损失。

针对特长隧道和身份证号码这两个敏感信息的相关敏感属性值进行脱敏技术示范。脱敏技术示范方案如下。

（1）关联特长隧道的相关敏感属性值的脱敏

将隧道相关数据表中的数据按照隧道长度进行降序排序，筛选得到所有长度大于 3 000 m 的隧道信息，从中提取属性“隧道名称”“经度”“纬度”对应的真实数据，并将每条数据按照“隧道名称 敏感级别 经度 敏感级别 纬度 敏感级别”的格式存储在“.txt”文档中。针对不同的敏感数据和敏感级别，本书为“隧道名称”“经度”“纬度”分别设计不同的脱敏技术。

对“隧道名称”采用掩码技术进行脱敏。采用从“隧道名称”第二位字符开始进行掩码处理，用“*”取代真实值，数据掩码长度为隧道名称长度的 70%。例如，隧道名称为“九嶷山隧道左洞”，长度为 7，需掩码的长度为 7×70%=4.9，下取整为 4，脱敏后的数据为“九****左洞”，使得真实数据值得到掩饰，达到敏感属性保护效果。

对“经度”“纬度”采用偏移技术进行脱敏。如采用“经度+1.2”及“纬度−0.04”的方式，取代真实数据值。如隧道经纬度为(112.18, 25.22)，经过处理后的经纬度为(113.38, 25.18)，使得真实地理位置得到偏移，达到敏感属性保护效果。

（2）关联身份证号码的相关敏感属性值的脱敏

从从业人员相关数据表中提取属性“籍贯”“出生日期”“车票序列号”对应的真实数据，并将每条数据按照“籍贯 敏感级别 出生日期 敏感级别 车票序列号 敏感级别”的格式存储在“.txt”文档中。针对不同的敏感数据和敏感级别，本书为“籍贯”“出生日期”“车票序列号”分别设计不同的脱敏技术。

对“籍贯”采用替换技术进行脱敏。从从业人员相关数据表中获取到的目标个体的籍贯信息是中文表示，如“湖南湘潭”，因此在脱敏之前，需要先对其进行处理，将其转换为对应的籍贯地的编号“430301”，然后对该编号进行替换处理，以虚构的数据代替真值，如“120116”，使得脱敏后的数据与真实数据非常相似，然而与真实数据存在较大差异，达到敏感属性保护效果。

对出生日期采用随机化技术与保形加密技术结合的方式进行脱敏。首先使用随机化技术对目标个体的出生日期进行脱敏处理，然后使用保形加密技术对经随机化处理的值进行加密处理。例如，对出生日期“1968-09-07”随机化得到“2003-05-02”，然后使用保形加密得到“2010-04-02”。通过对出生日期的双重脱敏，提高其安全性，达到敏感属性保护效果。

对车票序列号采用置乱技术进行脱敏。对真实数据值进行重新随机分布，如对车票序列号“1912”进行置乱，得到脱敏后的数据为“9211”，混淆了真实值各字段之间的联系，达到敏感属性保护效果。

以敏感信息为从业人员身份证号码和特长隧道为例，进行示范结果分析。

1. 关联身份证号码的相关敏感数据的脱敏

从从业人员相关数据表中提取敏感属性对应的需脱敏的真实数据，将需脱敏数据与其对应的敏感级别关联，并存储在文档中。采用脱敏技术示范方案中描述的脱敏技术，对文档中的数据逐条脱敏，脱敏后的结果按照“籍贯 出生日期 车票序列号”的格式逐条存储在新文档中。表 6-12 列出了部分真实数据脱敏前后对比效果。

表 6-12　身份证号码相关敏感属性的原始数据与脱敏数据对比

原始数据			脱敏数据		
籍贯	出生日期	车票序列号	籍贯	出生日期	车票序列号
湖南安乡	1968-09-07	1912	120116	2010-04-02	9211
湖南桃江	1986-11-01	4656	141181	9076-15-44	5646
湖南湘潭	1968-11-14	723X	210104	2206-07-60	X237
湖南石门	1972-11-21	1719	140300	3000-95-55	1791
湖南邵东	1982-06-04	9212	150000	4706-23-01	9122
湖南隆回	1973-09-20	471X	320100	4892-00-58	41X7
湖南益阳	1988-02-06	6637	141181	8212-39-17	6367
湖南益阳	1991-09-10	547X	130133	4643-74-30	4X75
湖南娄底	1975-12-04	047X	130133	7397-57-69	0X74
湖南常德	1979-03-07	593X	150000	5262-20-17	5X39

关于籍贯的脱敏，由于本书采取的是随机化选取其他籍贯对应的编号代替目标个体真实的籍贯对应编号，因此攻击者难以推测出真实的籍贯信息。

关于出生日期的脱敏，本书采取随机化加保形加密的方式脱敏，随机化本身使得攻击者难以推测出真实的出生日期，再通过保形加密，攻击者还需要消耗资源来攻破加密算法，获取密钥，增大了攻击难度，提高了安全性。

关于车票序列号的脱敏，本书采取随机化打乱车票序列号顺序的方式脱敏，攻击者只能以 1/24 的概率推测出真实的车票序列号，可以有效抵御敏感信息泄露。

2. 关联特长隧道的相关敏感数据的脱敏

从隧道相关数据表中提取敏感属性对应的需脱敏的真实数据，将需脱敏数据与其对应的敏感级别关联，并存储在文档中。采用脱敏技术示范方案中描述的脱敏技术，对文档中的数据逐条脱敏，脱敏后的结果按照“隧道名称 经度 纬度”的格式逐条存储在新文档中。表6-13给出了部分数据脱敏前后对比。

表6-13 特长隧道相关敏感属性的原始数据与脱敏数据对比

原始数据			脱敏数据		
隧道名称	经度	纬度	隧道名称	经度	纬度
A隧道	212.18	105.22	九****左洞	211.12	95.62
B隧道	312.15	107.28	笋****右洞	312.13	97.58
C隧道	510.41	107.21	雪****右	510.21	97.41
D隧道左洞	213.47	106.80	云****左洞	213.37	96.86
E隧道上行	333.73	106.25	梅****上行	333.23	96.45
F隧道上行	553.75	106.11	大****行	553.35	96.41
G隧道左洞	661.86	106.03	阳****左洞	661.46	96.43
H隧道	220.10	108.26	岩***道	220.50	98.46
I隧道下行	783.73	106.25	梅****下行	783.53	96.75
J隧道左线	311.78	108.03	蓝****线	311.48	98.63

关于隧道名称的脱敏，由于本书采取的是从隧道名称第二位字符开始进行掩码处理，数据掩码长度为隧道名称长度的70%，掩码使得攻击者最多只能以30%的概率推测出真实的隧道名称，可以有效抵御敏感信息泄露。

关于经纬度的脱敏，本书采取偏移的方式对其进行处理，攻击者获取到的隧道的经纬度是进行过偏移处理的经纬度，在无法确定偏移规则的情况下，攻击者难以推测出正确的经纬度信息。

6.5 本章小结

本章从多领域数据汇聚的必要性、重要性等方面出发，描述了多领域数据汇聚的背景；结合多领域数据汇聚的安全风险场景，分别从管理制度、数据存储、数据交换、数据发布这4个方面分析了多领域数据汇聚的安全风险。针对多领域数据汇聚融合面临的安全与隐私风险，介绍了两项跨领域数据安全防护技术，其中，敏感分级技术主要针对来自不同领域的数据汇聚后可能出现的安全风险，从引发安全风险的可能性和严重程度将数据的敏感度划分为3级；数据智能脱敏技术是在敏感分级技术的基础上，根据敏感级别的高低智能选择合适的方法对敏感数据进行脱敏处理，保证数据在汇聚后不会泄露有关敏感信息。最后，选择交通运输领域、自然资源领域及互联网公开信息进行汇聚融合，对本章提出的敏感分级与智能脱敏技术进行应用验证，结果表明上述技术对相关领域的数据安全保护部门具有一定的参考和借鉴价值。

参考文献

[1] SILVERSTEIN C, BRIN S, MOTWANI R. Beyond market baskets: generalizing association rules to dependence rules[J]. Data Mining and Knowledge Discovery, 1998, 2(1): 39-68.

[2] BENESTY J, CHEN J D, HUANG Y T, et al. Pearson correlation coefficient[M]//Noise Reduction in Speech Processing. Heidelberg: Springer, 2009: 1-4.

[3] 李慧琼，王永欣，陈振铎，等. 基于排序的监督离散跨模态哈希[J]. 计算机学报，2021，44(8): 1620-1635.

[4] 赵伟强, 张熙, 赖韩江, 等. 双循环迁移排序学习[J]. 计算机学报, 2019, 42(12): 2683-2694.

[5] HU X P, SUN Z H, WU Y J, et al. K-anonymity based on sensitive tuples[C]//Proceedings of the 2009 First International Workshop on Database Technology and Applications. Piscataway: IEEE Press, 2009: 91-94.

[6] 刘海, 李兴华, 雒彬, 等. 基于区块链的分布式 K 匿名位置隐私保护方案[J]. 计算机学报, 2019, 42(5): 942-960.

[7] HOLOHAN N, ANTONATOS S, BRAGHIN S, et al. (k,ε)-anonymity: k-anonymity with ε-differential privacy[J]. arXiv Preprint, 2017, arXiv:1710.01615.

[8] RAO U P, GIRME H. A novel framework for privacy preserving in location based services[C]//Proceedings of the 2015 Fifth International Conference on Advanced Computing & Communication Technologies. Piscataway: IEEE Press, 2015: 272-277.

[9] MACHANAVAJJHALA A, GEHRKE J, KIFER D, et al. L-diversity: privacy beyond k-anonymity[C]//Proceedings of the 22nd International Conference on Data Engineering (ICDE'06). Piscataway: IEEE Press, 2006: 24.

[10] ZHOU B, PEI J. The k-anonymity and l-diversity approaches for privacy preservation in social networks against neighborhood attacks[J]. Knowledge and Information Systems, 2011, 28(1): 47-77.

[11] XIAO X K, YI K, TAO Y F. The hardness and approximation algorithms for l-diversity[C]//Proceedings of the 13th International Conference on Extending Database Technology. New York: ACM Press, 2010: 135-146.

[12] 卞超轶, 朱少敏, 周涛. 一种基于保形加密的大数据脱敏系统实现及评估[J]. 电信科学, 2017, 33(3): 119-125.

[13] 张明武，黄嘉骏，韩亮. 医疗大数据隐私保护多关键词范围搜索方案[J]. 软件学报，2021，32(10): 3266-3282.

[14] 孙僖泽, 周福才, 李宇溪, 等. 基于可搜索加密机制的数据库加密方案[J]. 计算机学报, 2021, 44(4): 806-819.

[15] GONG L H, LIU X B, ZHENG F, et al. Flexible multiple-image encryption algorithm based on log-polar transform and double random phase encoding technique[J]. Journal of Modern Optics, 2013, 60(13): 1074-1082.

[16] LI Q B, WEN Z Y, HE B S. Practical federated gradient boosting decision trees[J]. Proceedings of the AAAI Conference on Artificial Intelligence, 2020, 34(4): 4642-4649.

[17] CHEN H, ZHANG H, BONING D, et al. Robust decision trees against adversarial examples[C]//Proceedings of the International Conference on Machine Learning. [S.l.:s.n.], 2019: 1122-1131.

[18] 齐志鑫, 王宏志, 周雄, 等. 劣质数据上代价敏感决策树的建立[J]. 软件学报, 2019, 30(3): 604-619.

第 7 章

数据安全审计技术

在当前的信息化、数字化快速发展的大背景下，对审计数据的安全存储、分析处理成为当前亟须解决的关键问题。另外，云计算的概念已经深入当今社会的各个行业，用户可以在云服务器端存储他们的数据，将庞大的数据从本地迁移到云中。然而，云存储在带来便利的同时也带来了诸多问题，其中最为关键的就是云是否诚实地存储了用户的数据。与此同时，在以云计算为基础支撑、大数据为业务引擎的大背景下，数据审计的模式、内容及其所面临的诸多挑战和安全风险都有了显著的变化，云数据与审计结合得越来越紧密，面向大数据的云审计模式也应运而生。本章主要对云计算环境下的数据安全审计技术进行针对性的探讨。

7.1 数据审计的概念

传统意义上的审计主要指对国家各级政府及金融机构、企业事业组织的重大项目和财务收支进行的独立经济审查和监督活动，具有悠久的历史。传统的审计概念主要应用于财务系统，被审计对象主要是企业的财务报表、金融记录等相关金融数据，可分为财务审计和金融审计。

财务审计是指审计机关按照相关法律法规和国家企业财务审计准则规定的程序和方法，对国有企业（包括国有控股企业）资产、负债、损益的真实性、合法性、效益进行审计监督，对被审计企业会计报表反映的会计信息依法做出客观、公正的评价，形成审计报告，出具审计意见和决定，其目的是揭露和反映企业资产、负债和盈亏的真实情况，查处企业财务收支中各种违法违规问题，维护国家所有者权益，促进廉政建设，防止国有资产流失，加强宏观调控服务。

金融审计是指审计机关依据法律、法规和政策规定，对中央银行及其他金融监管机构、国有或国有资本占控股地位或主导地位的金融机构的财务收支及资产、负债、损益的真实性、合法性、效益情况，贯彻落实重大政策措施的情况，以及上述单位领导人履行经济责任情况等进行的审计监督，其目的在于评价和判断被审计单位的会计资料及其所反映的经济活动的真实性、合法性。传统审计的方法主要是检查、监盘、查询和函证、计算和分析性复核等方法。

随着被审计单位信息化程度的日益提高，利用计算机作为先进的审计工具来执行经济监督、鉴证和评价，已成为审计人员把握总体，选择重点，建模分析从而有针对性地延伸、落实与取证的重要手段。计算机审计是指在信息化环境下，计算机科学与技术、传统审计学、管理学、行为科学、系统论、数理统计等学科相互融合、渗透而产生的一门崭新的审计学科。当前计算机审计主要包括以下两个方面：一是对信息系统自身的审计，包括对系统安装、系统环境设置、支持信息系统的软硬件、使用成本等相关要素的审计；二是数据审计，包括用计算机手段助力传统审计模式，并在此基础上建立模块化的专业审计数据库，从而为专业部门和机构的审计活动提供有效辅助。简单地说，计算机审计主要包括数据审计和信息系统审计两个概念，二者联系紧密又具有一定的区别。主要的区别如下。

第一，审计对象不同。信息系统审计针对的是用于存储和处理电子数据的信息系统，而数据审计针对的是在信息系统中处理和保存的电子数据。

第二，审计侧重点不同。在数据审计中，审计人员通过对电子数据进行搜集、筛选、转换、分析和验证等一系列操作，了解数据概况和特征、获取审计线索，并在此基础上搜寻审计证据以进一步形成审计结论。在信息系统审计中，审计人员通过对信息系统的调查、对系统控制及系统功能的分析与测评，综合评估该信息系统是否具有安全性、有效性与经济性等目标属性。

第三，审计方法不同。数据审计主要使用与数据采集、转换、验证和分析相关的技术方法，包括审计数据采集转换技术、审计中间表技术、审计模型构建技术和能够对数据进行有效分析的其他技术方法。信息系统审计主要采用系统调查、系统分析、系统测试和系统评价等技术方法。

数据审计流程能够确保关键数据的准确性和完整性，以及被审计数据是否符合既定的标准、属性，同时也能够对虚假数据和欺骗行为起到有效的检测和防止作用。随着信息技术的发展，大部分组织、企业和机构的财务系统都运行在信息系统上，其所带来的海量的电子化信息数据使得审计工作面临着全新的挑战；另外，作为互联网重要基础的云计算技术也得到了长足的发展和普及，为审计信息化的发展提供了全新的思路。

云计算作为互联网领域的一种新型信息技术，是指在计算机网络与软硬件整合的前提下，将各项资源进行合理的优化和汇聚，完成用户数据的处理、分析、存储等一系列信息化处理操作。在当前大数据背景下，机器、传感器、物联网和其他手段捕获的数据量爆炸性增长，对于数据存储的需求也与日俱增，对本地数据的存储和维护负担也越发沉重。云存储作为云计算中基础设施服务模型的一项基本服务，使数据所有者能够将其数据存储到云中，并删除数据的本地副本，这大大减轻了数据维护和管理的负担。目前，云计算的飞速发展使越来越多的人愿意将云存储作为一项实用工具看待，将数据外包至云已然成为一种潮流趋势。

云存储的迅猛发展主要得益于其按需的外包服务、无处不在的网络接入及与位置无关的巨大资源池等多种特性。云计算环境下存储的海量信息的分析和处理工作将脱离单一的、资源有限的计算机主体，而由专业化的云服务器执行。云计算可依靠虚拟化、大数据存储处理等核心技术，使用户从复杂机械的工作中解放出来。用户们更倾向于利用计算机及相关的信息系统，与远端的云服务器进行数据交互，实时对云端数据进行包括查找、修改、删除、增加等在内的一系列数据处理任务，而不需要在本地建设并维护专门的数据存储设施。

传统的数据存储方式是将数据物理存储在本地硬件设施中，同时为避免设备故障或者人为损坏等造成的潜在的数据破坏风险，数据管理人员需要建立全冗余的存储备份环境以确保数据完整性，这将消耗大量成本并使得后续的设备维护工作更加复杂。而将数据存储在云中则无须担心此类问题，这是因为云存储是平台服务，拥有众多分布在各地的设备，多个设备可以同时为一个用户服务，不消耗用户本地的硬件设备却同样具有备份功能，在数据面临风险时还能自动进行故障切换。此外，数据管理人员维护数据所消耗的时间、精力、金钱等将大幅削减，用户和本地设备所承担的压力也将降低。同时，云存储具有极高的可扩展性，其容量能够根据用户的需求进行轻松的调整。此外，用户还可以按照自身实际需求向云服务器购买需要的资源。与升级传统的硬件设施相比，云存储更加快捷、方便，所需的成本也更低。

云存储服务给用户带来了极大的便利，但仍存在许多固有的安全风险。例如，在云存储环境中，数据被外包至云中，云服务的用户和云服务器在空间上实现了分离，用户通常会失去对其数据的物理控制权，可能不知道其数据实际存储在哪里，也不知道谁有权访问其数据。也就是说，在数据所有者将数据上传到云之后，数据被云服务器控制。虽然大多数云服务器都是诚实的，但数据丢失事件不可避免，内部和外部威胁都可能会破坏数据完整性。鉴于云存储依赖于互联网而存在，外部网络攻击者会试图利用诸多手段获取用户的云端机密数据，从而对数据机密性造成威胁，更有甚者会试图对云数据的完整性、可用性进行破坏，乃至删除、篡改关键云数据。而源自内部的威胁则主要包括云服务器的短时崩溃、存储介质故障、云服务器的非法行为等。具体而言，云服务器的非法行为是指其可能会在未得到用户许可的情况下秘密地删除某些用户合法存储却不经常使用的云数据，从而为其他用户节省存储空间，以获取更多利润，而且他们可能为了良好的声誉选择隐瞒数据丢失。除此之外，云服务提供商也会试图获取用户数据内容，甚至出于商业利益或其他因素出卖用户的外包数据。云数据的机密性、完整性、安全性、可用性等都在一定程度上遭受着威胁，因此，对云端数据的安全审计显得十分重要。

云数据审计是保证云数据完整性的重要手段。具体而言，数据所有者会计算外包数据的辅助验证数据，将其和数据一起存储到云服务器中，审计员（可以是数据所有者）与云服务器进行交互获得所需信息，通过计算来验证外包数据的完整性，审计失败则说明用户的数据已经被破坏。因此，云数据审计能够及时发现用户数据被损坏的情况，从而进一步保证外包数据的完整性不被破坏。

7.2 经典数据审计技术

云数据审计方案大致可以分为以下两类：私有审计和公共审计。私有审计是指由数据所有者充当审计员与云服务提供商进行交互；相反，公共审计则引入一个第三方审计员（TPA）来执行审计操作。一般来说，私有审计方案的思路更加简单、性能更加高效，但是用户端在进行审计计算时会带来过量的计算开销；而公共审计方案的思路是将审计任务委托给具有较强计算能力的第三方审计员，然而也存在一些半诚实的第三方可能对用户数据内容感兴趣，从而致使用户隐私泄露等问题。下面先介绍两种常见的系统模型，分别说明私有审计方案和公共审计方案的区别；然后再介绍相关的威胁模型及云存储中的客户端数据面临的主要安全威胁。

7.2.1 私有审计技术

私有审计模型如图 7-1 所示。在该模型中，数据所有者将数据外包给云服务提供商，可按需对存储到云端的数据进行数据检索、更新等操作，并能够对云数据进行私有审计。在私有审计模型中，参与的实体只有云服务提供商和数据所有者。其中，数据所有者持有私钥，且只有数据所有者才能审核外包数据的完整性。在通常情况下，整个审计过程由数据所有者执行，而数据所有者的资源有限，无法承担如此巨大的计算开销和通信开销，因此这类私有审计方案会给数据所有者造成极大的负担，一旦数据所有者由于网络故障或者计算资源有限而无法完成审计，私有审计方案将无法执行。

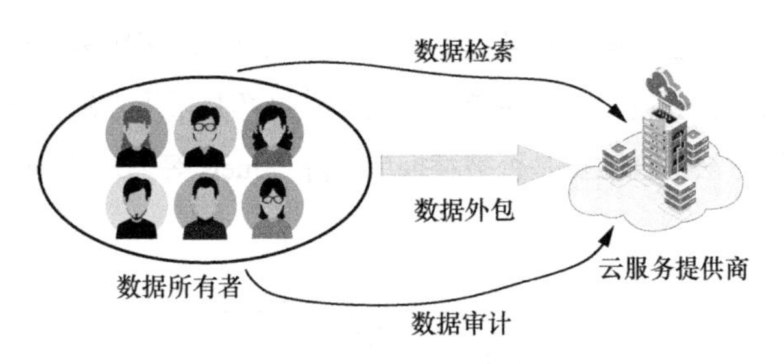

图 7-1　私有审计模型

2003 年，Deswarte 等[1]提出了远程数据完整性验证方案——数据持有性证明（PDP）方案，该方案基于 RSA 的哈希函数，使得数据所有者计算本地数据的哈希值 h，并保存 $a = g^h \bmod N$，之后将随机选取 r 值的 g^r 发送给云服务提供商作为挑战。因为数据存储在云服务提供商中，所以云服务提供商对存储的数据先进行哈希运算 $h' = H(F)$，然后将响应值 $s = (g^r)^{h'} \bmod N$ 返回给数据所有者。数据所有者通过 $s = a^r \bmod N$ 即可验证远程数据的完整性，其系统模型如图 7-2 所示。此方案是采用基于 RSA 的哈希函数的公钥密码系统，所以计算开销很大。除此之外，Filho 等[2]提出一种基于类似原理的加密协议。通过该协议，云服务提供商可以证明拥有数据所有者已知的任意数据集。在协议执行期间，数据所有者不需要有这些数据，而只需要一小部分哈希值就可以证明拥有数据所有者已知的任意数据集。然而，在每次验证时需要验证完整的存储文件，服务器需要付出巨大的计算开销和通信开销。

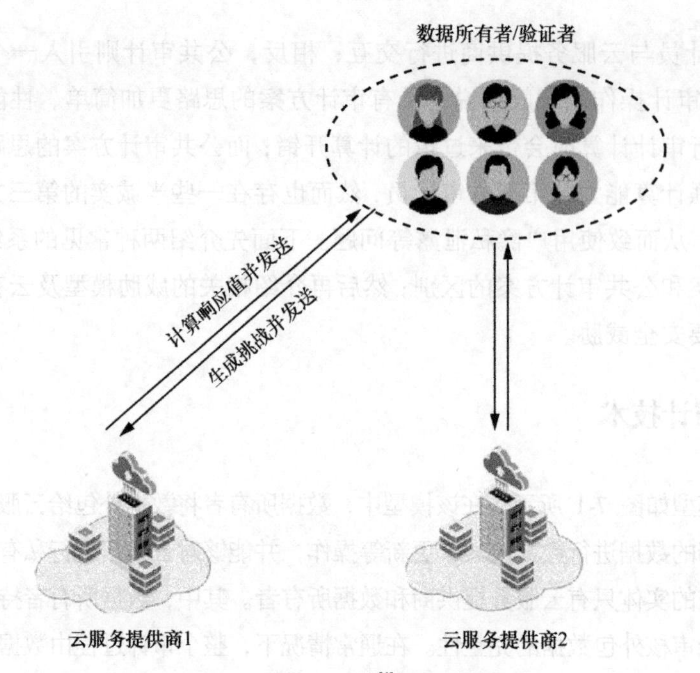

图 7-2　Deswarte 等[1]的系统模型

2007 年，Juels 等[3]提出了数据可恢复证明（POR）方案，该方案构建了哨兵块，即伪装的数据块（由数据所有者使用哈希函数生成），随机插入数据所有者的真实数据中。当数据所有者 V 随机指定 p 个“哨兵”的位置并向云服务提供商发起挑战时，若云服务提供商应答指定位置“哨兵”的正确值，则此次验证通过，否则系统认为数据被损坏并采用 RS 纠删码技术恢复数据。因此，审计员能够通过该方法检查数据是否被替换或删除。Juels 等[3]的系统模型如图 7-3 所示。

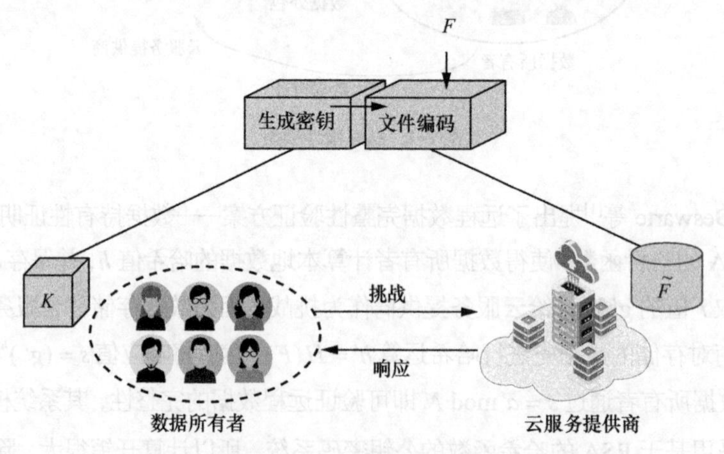

图 7-3　Juels 等[3]的系统模型

POR 方案的具体操作步骤如下。

（1）Setup 阶段

设 l bit 为数据的存储单元，选取多项式 $P(x)$构造 GF($2t$)域，将 F（由 b 个块组成）以 k 为单位划组，纠删码 $\mathrm{RS}(n,k,d)$ 对每个组编码得到 F'（由 $b'=bn/k$ 个块组成），每个新组包括 k 个数据块和 d 个校验码块 $\{Q_t\}_{t=0}^{d-1}$（由下列方程组计算而得，其中 α 为 $P(x)$的一个解，$\{m_r\}_{r=0}^{k-1}$ 为某数据组 k 个数据块在 GF(2t)域的值），然后分别对称加密每个块，得到 F''。

$$\begin{cases} \boldsymbol{H}_Q \times \boldsymbol{V}_Q = 0 \\ \boldsymbol{H}_Q = \begin{pmatrix} 1 & 1 & \cdots & 1 \\ 1 & \alpha^1 & \cdots & \alpha^{n-1} \\ \vdots & \vdots & & \vdots \\ 1 & \alpha^{d-1} & \cdots & \alpha^{(n-1)(d-1)} \end{pmatrix} \\ \boldsymbol{V}_Q = \left[m_0 \; m_1 \cdots m_{k-1} \; Q_1 \; Q_2 \; \cdots Q_d \right]^{\mathrm{T}} \end{cases}$$

① 哨兵生成：令 $f:\{0,1\}^j \times \{0,1\}^{j^*} \to \{0,1\}^L$，则 $a_\omega = f(\kappa,\omega)$。将 a_ω 追加到文件 F'' 得到 F'''，即有 $F'''[b'+\omega]=a_\omega$。此后，哨兵值将被存储于本地。

② 置换：令 $g:\{0,1\}^j \times \{1,2,\cdots,b'+s\} \to \{1,2,\cdots,b'+s\}$ 为伪 PRF，$\tilde{F}[i] = F'''[g(\kappa,i)]$，$i=1,2,\cdots,b'+s$。即将 $b'+s$ 个数据块位置随机置换，将 $\tilde{F}$ 存储于云服务提供商。

（2）Challenge 阶段

① 挑战：V 发起第 σ（初始值为 1）次挑战，随机指定未消耗的 q 个哨兵 $\{a_{\sigma m}\}_{m=1}^{q}$ 的位置 $\{p_{\sigma m}\}_{m=1}^{q}$，$\sigma$ 加 1。因为此次挑战暴露了 q 个哨兵在 $\tilde{F}$ 中的位置，其不能再被重复使用，所以 $\sigma \leqslant s/q$。

② 验证：P 返回被请求哨兵值 $\{\tilde{F}[p_{\sigma m}]\}_{m=1}^{q}$，若 $\{a_{\sigma m} = \tilde{F}[p_{\sigma m}]\}_{m=1}^{q}$ 为真，则验证通过；否则进入 Recover 阶段。

（3）Recover 阶段

① 计算校正子：根据被损坏哨兵确定拟恢复数据块所在数据组，解密该数据组后得到 $\boldsymbol{V}_Q^*$。若校正子 S^* 满足 $\boldsymbol{H}_Q \times \boldsymbol{V}_Q^* = S^* = \boldsymbol{H}_Q \times \boldsymbol{V}_Q = 0$，则数据块无损（意味着被损坏的恰巧是哨兵），否则执行步骤③。

② 计算错误位置及错误值：由 RS 算法可知，求解 u 个被损坏块的位置和错误值，即求解 GF(2L)域中 u 的一个二元一次方程组。因 $\{\alpha^v\}_{v=0}^{n-1}$ 的元素可与 n 个数据块一一对应，可用其标识 n 个数据块的位置。求解方程组，可得到错误位置标识为 $\{\alpha^v\}_{v=0}^{n-1}$ 中的某个元素，即求得数据组对应出错位置 m_{r_1}，同时求得对应错误值为 α^{v_y}。

③ 矫正错误值：令 $m_{r_0} = m_{r_0}^* + \alpha^{v_y}$，即可恢复第 r_0 个数据块。

综上所述，该机制只支持有限次验证，数据恢复能力有限且密钥不可共享，对 F 的每次合法操作都需重新编码，生成哨兵。本地存储成本及数据编码、哨兵生成、数据恢复等计算成本均不容忽视。此外，在 Setup 阶段的步骤中，若将置换 $\tilde{F}[i] = F'''[g(\kappa,i)]$ 改为 $F'''[g(\kappa,i)] = \tilde{F}[i]$，则效果更好，在 Challenge 阶段随机指定哨兵位置时，后者计算更为简明：选定第 ω_0 个哨兵，则其在 $\tilde{F}$ 中的位置为 $g(k,\omega_0)$，在验证过程中直接与 α_{ω_0} 进行对比即可。

以上审计方案都由数据所有者验证数据完整性，在安全性上有着很大的缺陷，私有审计方案的数据所有者和云服务提供商之间缺乏相互信任，且整个审计流程由数据所有者单方面执行。在云存储系统中，无论是数据所有者还是云服务提供商，都不适合执行数据完整性审计，因为二者都无法保证能够提供公正、可信的审计结果，缺乏公共认可度。

7.2.2 公共审计技术

为了解决私有审计技术存在的固有问题，可信的第三方审计员被引入云审计模型中，基于TPA的公共审计概念被提出并逐渐被广泛应用。与私有审计方案相比，公共审计方案不受数据所有者的网络和资源限制，即使数据所有者无法确定数据正确性，第三方审计员依然可以执行审计任务。

目前，云环境下基于TPA的公共审计方案是数据安全审计的主要研究内容。公共审计模型如图7-4所示。由图7-4可知，其基本框架包含数据所有者、云服务提供商和第三方审计员。其中云服务提供商拥有海量的计算和存储资源，能够给用户提供多样化的云服务。数据所有者指的是依赖云进行数据外包的实体。第三方审计员是介于数据所有者和云服务提供商之间的可信第三方，通常具有专业的数据审计知识和技能，能够给数据所有者提供专业的审计服务并且其审计报告能够使得数据所有者和云服务提供商都信服。在公共审计模型中，由于数据所有者和云服务提供商并非相互信任，因此两者之间的数据交互通过加密信道进行传输。同时，为了验证外包数据在云端的安全性，数据所有者会选择可信的第三方审计员进行审计委托。第三方审计员收到委托后，向云服务提供商发送挑战并验证其反馈的数据持有证明的有效性，然后第三方审计员会将审计报告反馈给数据所有者。

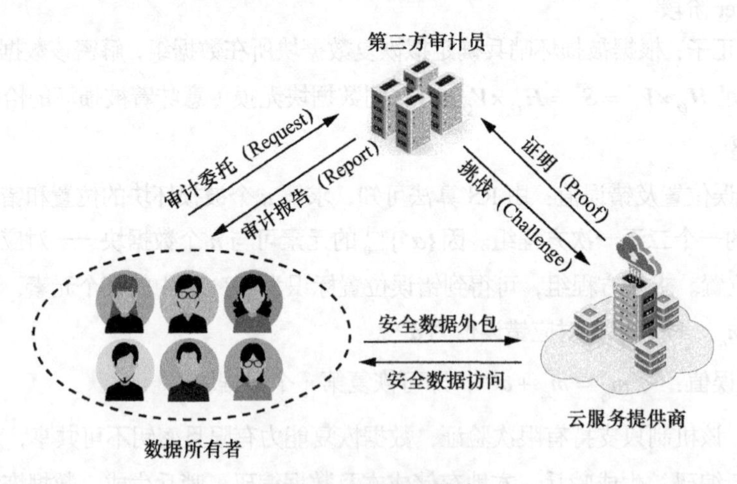

图7-4 公共审计模型

根据以上模型，研究者们提出了多种不同的公共审计方案。2009年，Wang等[4]加入了TPA对数据所有者的数据进行审计，同时支持动态数据操作。首先，TPA的加入消除了用户与云服务提供商之间的审计冲突，审计效率也有一定的提高。其次，该方案支持数据的动态操作，方便了用户对数据的管理。但该方案的局限性很多，无法做到完全的数据动态操作，而且无法提供隐私保护。因此，2010 年，Wang 等[5]提出了改进方案，在云存储服务中实现隐私保护的公共审计方案，数据所有者将数据存储到云服务提供商后即可删除本地的源数据，TPA 仍可以执行完整性审计工作，实现隐私保护。在高效的审计过程中，利用同态密钥随机掩码技术保证 TPA 不能从存储在云服务提供商的数据中获得任何有用信息。该方案支持 TPA 以批处理的方式为多用户提供完整性审计服务。后来，Wang 等[6]又提出新的改进方案，为了实现高效的数据完整性动态审计，通过对块认证标签进行 Merkle 树结构的操作，改善存储模型的现有证明；另外，探讨了双线性聚合签名技术，使得 TPA 能够更高效地执行审计工作，多用户、多任务的数据完整性批量计算开销和通信开销为 $O(\log n)$ 。然而，由于同时为多用户提供审计服务，数据块标签量巨大，容易导致服务器开销太大，使得云存储服务质量下降。另外，这种方案可能会将数据内容泄露给审计员，因为云服务提供商需要将数据块的双线性组合发送给第三方审计员。

与此同时，为了减少签名长度带来的巨大开销，Shacham 等[7]提出基于 BLS 签名的 PDP 方案。与 RSA 签名[2]相比，BLS 签名具有更短的签名位数，同时还具有同态性质，使得签名聚合，因此基于 BLS 签名的 PDP 方案可实现更低的存储成本和通信成本，实现步骤如下。

定义 $H:\{0,1\}^* \to G$ 是 BLS 哈希函数，是一种基于椭圆曲线的新型哈希函数；$e:G\times G \to G_{\mathrm{T}}$ 是具有同态性质的非退化双线性映射。对于双线性椭圆曲线，存在特殊函数 e 使其满足同态性质，即 $e(a^p,b^q)=e(a,b^{pq})=e(a,b)^{pq}$ 。其中，g 是素数阶循环群 G 的生成元。

（1）Setup 阶段

① 生成密钥对：客户端 C 运行 $(\mathrm{pk},\mathrm{sk}) \leftarrow \mathrm{Pub.Kg}$ ，生成 $\mathrm{pk}=(v,\mathrm{spk})$，$\mathrm{sk}=(\alpha,\mathrm{ssk})$ 并存储，其中 $(\mathrm{spk},\mathrm{ssk}) \xleftarrow{R} \mathrm{SKg}$ 为签名密钥对，$\alpha \xleftarrow{R} Z_p$，$V \leftarrow g^{\alpha}$ 。

② 生成验证元数据：客户端 C 运行 $(\varPhi,t) \leftarrow \mathrm{Pub.St}(\mathrm{sk},F)$ ，将文件 F 分为 n 块，每个数据块的长度为 s ，即 $\{m_{ij}\}(1\leqslant i\leqslant n,1\leqslant j\leqslant s)$ ，在足够大的域（如 Z_p ）中随机取一个文件名 name ，并随机选取 s 个辅助元素 $\{u_j\}\in G$ ，令 $t_0=\mathrm{name}\,\|\,n\,\|\,u_1\,\|\,u_2\,\|\cdots\|\,u_s$ ，文件标签 $t=t_0\,\|\,\mathrm{SSIG}_{\mathrm{ssk}}(t_0)$ 。对所有 $1\leqslant i\leqslant n$ 计算验证元数据 $\varPhi=\{\sigma_i\}$ ，其中 $\sigma_i \leftarrow \left(H(\mathrm{name}\,\|\,i)\cdot\prod_{j=1}^{s}u_j^{m_{ij}}\right)\alpha$ 。将 $\mathrm{pk},t,F=\{m_{ij}\}$ 和 $\varPhi$ 发送给证明方 P 存储，同时删除本地的 F 和 $\varPhi$。

（2）Challenge 阶段

① 发起挑战：审计方 A（客户端 C 或第三方审计）从集合 $[1,n]$ 中随机选择一个包含 c 个元素的子集 I，对每个 $i\in I$ ，随机生成 $v_i \xleftarrow{R} B$ ，其中 B 为 Z_p 的子集。挑战 $\mathrm{ch}=\{(i,v_i)\}$ ，A 将 ch 发送给 P。

② 证据生成：对于 c 个不同的 i，证明方 P 计算证据 $\{u_j\}$ 和 σ，其中 $u_j \leftarrow \sum_{(i,v_i)\in Q} v_i m_{ij} \in Z_p(1\leqslant j\leqslant s)$，并发送给 A。

③ 验证：A 用 spk 验证 t 上的签名，若签名不可靠，则输出 0 并终止，否则恢复文件名 name 及 $\{u_j\}$ 。对比 $e(\sigma,g)$ 与 $e\left(\prod_{(i,v_i)\in Q}H(\mathrm{name}\,\|\,i)^{v_i}\cdot\prod_{j=1}^{s}u_j^{\mu_j},v\right)$ 是否成立，若成立，则验证通过，

否则不通过。

综上所述，该机制支持公开验证且可无限次验证，采用更短的 BLS 签名降低了计算和存储成本。P 同样采用了一定程度的签名聚合策略响应挑战，但对 c 个数据块的验证请求仍需对应 s 个证据（即$\{u_j\}$），其传输成本和验证阶段的计算成本不可忽视，且不支持动态操作。考虑到 BLS 同态机制可能泄露用户数据隐私，即多次挑战后 TPA 可能根据证据生成过程中的线性组合 u_j 构成 m_{ij} 的值，从而造成数据泄露，文献[5]和文献[8]在此基础上提出通过随机掩码技术来实现用户数据隐私保护（引入两个参数 r 和 γ 来掩藏 u_j），同时支持批量审计，即 TPA 可同时处理来自多个不同用户的审计请求。隐私保护系统模型如图 7-5 所示。

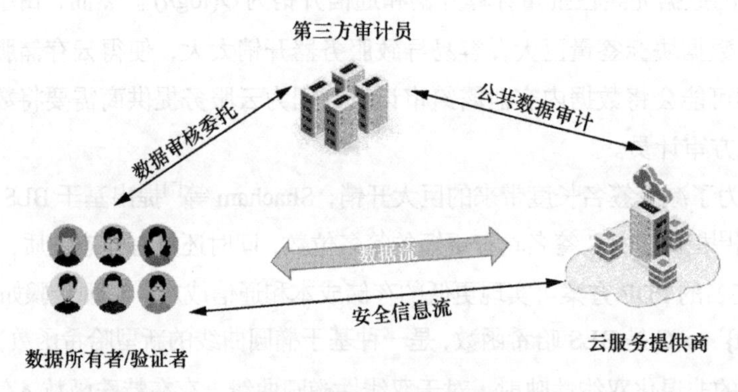

图 7-5 隐私保护系统模型

除此之外，还有很多实现其他功能的方案，如文献[9]提出一种基于椭圆曲线加密的交互式 PDP 方案，利用概率查询和定期验证机制降低每次验证的审计成本和实现及时异常检测；同时，提出最优化参数的方法以最小化云审计服务的计算成本。文献[10]提出在多云存储环境下支持数据迁移的 PDP 方案。利用双线性函数的性质，设计实现了支持批处理审计任务的 PDP 方案，并优化了审计性能。文献[11]基于环签名构造同态验证器，针对不可信云中的共享数据，提出了一种保护隐私的云共享数据公开验证机制，但不支持数据的动态操作，且未考虑在共享组内成员变动（如撤销）时如何实现数据完整性验证和隐私保护。文献[12]针对云共享数据中不同共享数据块由共享组内不同成员签名的需求，引入了云代理服务器代替共享组内成员，对撤销用户撤销前签名的数据块重新进行同态签名，以减轻现有用户在有成员撤销时的通信和计算压力；进一步指出，若引入 Shamir 密钥共享机制，该方案还可以拓展到多代理模型中，以适应重命名数据块数量巨大或组内成员变动较大的情形。该方案支持公开验证，且可拓展到支持动态操作（引入索引哈希表）及批量审计，其局限性在于无法应对合谋攻击，即云代理可能将新签名密钥共享给已撤销用户。文献[13]提出基于变色龙哈希保护用户身份隐私的公开审计方案，在可验证数据完整性的基础上，确保用户身份隐私不泄露给 CSP 和 TPA，并证明了该方案在随机 Oracle 模型中是安全的。

下面介绍公共审计的 PDP 系统框架，它主要由 4 个算法构成，即 KeyGen、SigGen、GenProof、

VerifyProof。其中 KeyGen 是用户执行的密钥生成算法，SigGen 用来生成验证元数据，GenProof 是云服务提供商执行的用来生成数据存储的安全证明的算法，VerifyProof 由第三方审计员执行，用来验证 GenProof 生成的安全证明的正确性。系统框架主要分为两个阶段，即 Setup 阶段和 Audit 阶段，具体如下。

① Setup 阶段：用户执行 KeyGen 对系统参数和公私钥对进行初始化，然后执行 SigGen 对数据文件 F 进行预处理，从而生成验证元数据。之后用户将数据文件 F 和验证元数据存储到云服务提供商，并且删除本地文件。在预处理阶段，用户可以对数据文件 F 进行修改扩充。

② Audit 阶段：第三方审计员将审计挑战信息发送给云端，用来确保审计时数据文件 F 在云服务提供商得到了妥善保存。云服务提供商会执行 GenProof 来生成针对 F 和验证源数据的相应的安全证明。之后第三方审计员通过 VerifyProof 对收到的安全证明进行验证。

除了上述的数据 PDP 方案和数据 POR 方案，还有一种数据所有权证明机制。数据所有权证明机制通常用在带重复数据删除的审计方案中，云服务提供商通过验证用户是某一文件的合法拥有者而消除了用户上传文件的通信开销。公共审计的数据所有权机制的系统框架主要由 5 个算法构成，即 KeyGen、SigGen、Upload、ProofGen、VerifyProof。其中 KeyGen、SigGen、ProofGen、VerifyProof 这 4 个算法与 PDP 系统框架中的基本一致。执行 Upload 算法时，用户首先根据文件计算一个对应的哈希值 $H_1(F)$ ，这样的哈希值只与文件本身有关，与上传的用户无关，之后计算文件标签 $t = g^{H_1(F)}$ 。计算完文件标签后，用户将文件标签 t 上传给云，云通过在本地查找对应的文件标签 t 判断数据文件 F 是否被上传。如果文件未被上传过，用户选取等量的加密密钥 k_i ，通过收敛加密对每个文件块加密生成密文块 c_i ，并为每个密文块生成对应的文件标签 σ_i ，之后用户将密文块和密文块对应的文件标签及加密的加密密钥上传到云上，云会根据密文块生成文件的第二个标签 $t^* = H_1(H_1(c_1) \| H_1(c_2) \| \cdots \| H_1(c_n))$ ，并将其返回给用户。如果文件已被其他用户上传过，云会扮演 TPA 角色对用户进行审计，并根据用户生成的安全证明验证用户是否为文件 F 的一个合法用户，如果验证通过，表明该用户是合法用户，云将文件标签 t^* 返回给该用户。当用户想要查看文件时，用户可以将文件标签 (t,t^*) 发送到云，云根据文件标签将选取对应的密文块和加密的加密密钥返回给用户，用户通过解密得到加密密钥，然后通过得到的加密密钥对密文块 c_i 解密，得到对应的密文数据。

数据所有者存储在云中的数据所受到的威胁主要有以下 3 种。

① 完整性威胁。这种威胁包括两方面：一是外部攻击者可能尝试损坏共享数据的完整性，使得用户不能正确使用数据；二是当硬件故障或者人为原因导致数据损坏时，云服务提供商为了自己的声誉及利益有时并不会告知用户。

② 隐私威胁。这种威胁包括两方面：一是用户存储在云中的共享数据被泄露；二是在数据上签名的用户的身份信息被泄露。在审计过程中，如果第三方审计员是半诚实的，它只负责审计数据的完整性，但是可能基于验证信息试图显示在数据块上签名的签名者身份，

这样很容易让人区分出哪些块具有高价值。签名用户并不希望自己的这些隐私向任何第三方公开。

③ 数据代替威胁。这种威胁包括两方面：一是恶意的云可能会在用户已有文件和文件标签的基础上通过伪造恶意文件的标签，将文件和文件标签上传到云上陷害对应的用户；二是用户更新数据时，云对于用户的更新请求不执行对应的操作，这一行为在审计阶段是无法被发现的，因为用户的原始文件是可以通过第三方实体的审计的。

云环境下的数据审计技术还存在诸多潜在的安全性风险和效率缺陷，现存的云审计方案仍然存在安全性和性能等方面的问题。因此，设计云环境下安全高效且支持动态操作的外包数据审计协议是目前亟待解决的问题。

7.3 数据审计新技术

随着互联网用户的爆发式增长，用户对于数据的安全需求日益增加，不论是个人还是公司在享受云存储带来的便利的同时，也需要云服务提供商能保证数据的隐私和完整性。因此数据安全审计发展乘上快车，在短时间内涌现出一批新兴技术，众多学者在对云审计的研究中，不断研究新技术以满足数据审计新需求。其中，数据安全动态操作、数据批处理、可搜索审计、可恢复审计、重复数据消除、多副本审计等是近年来出现的关键技术，本节将对这些技术进行简要的介绍。

7.3.1 数据安全动态操作

云审计主要面向的是用户外包存储在云服务提供商上的数据。用户在使用这些数据的时候往往需要对数据进行删除、插入、更新等动态操作。这些频繁修改存储数据的动态操作影响着数据审计的实际体验。一些审计方案通过索引表或树结构进行数据动态操作的实现，这里通过双向链接信息表[14]和索引矩阵[15]实现数据动态操作的方法。

1. 双向链接信息表

双向链接信息表是第三方审计员在审计过程中存储数据信息的二维数据结构，与传统的一维哈希表不同，其结构如图 7-6 所示。不难看出，双向链接信息表是由若干个一维链表连缀组合而成的。每一个链表的第一个节点是用户 ID 和文件 ID 的连接操作，并且通过指针双向链接其他的文件，每个链表除第一个节点外的其他节点均代表了该文件下的各个数据块，并且通过指针组合形成一个双向链表。也就是说，每个数据块是双向与相邻数据块通过指针链接的，向前或向后指向上一个或下一个数据分块的记录。每个节点中包含着该数据块的版本号V_n和时间戳$T_{u,f,n}$，其中，u表示用户的 ID，f表示文件的 ID，n表示数据块的索引编号。

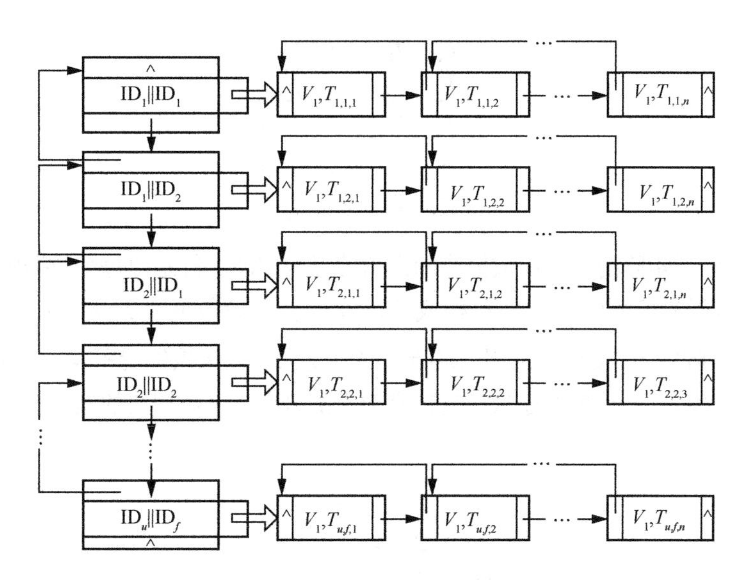

图 7-6　双向链接信息表结构

删除、插入和更新操作是审计协议中最主要的动态操作。该结构在删除、插入和更新操作过程中，只需要对指针进行修改即可。例如，想要删除图 7-6 中 ID 为 1 的用户的第二份文件，即第二行链表，只需要将第二行链表头节点指向其他文件的指针删除，并且将第一行链表指向第二行链表的指针修改为指向第三行链表，将第三行链表指向第二行链表的指针修改为指向第一行链表。其余操作类似，在此不赘述。

2. 索引矩阵

为了数据存储和管理方便，对外包数据文件的结构进行重新设计。数据文件往往被表示为多个按序列编号的数据块。双层数据结构可以满足数据索引矩阵的使用需求。在此基础上，进一步构建多层数据操作和管理模型。假设该模型中文件 $\boldsymbol{F}$ 被分为 $\boldsymbol{n}$ 个数据块，每个数据块又被分为 $\boldsymbol{k}$ 个子块。被审计的用户数据的数据结构如图 7-7 所示，其中，F_i 和 f_{ij} $(1 \leqslant i \leqslant n, 1 \leqslant j \leqslant k)$ 分别表示第 i 个数据块和它的第 j 个子块的索引信息。这些索引信息能够引导系统快速找到云中对应的存储数据。

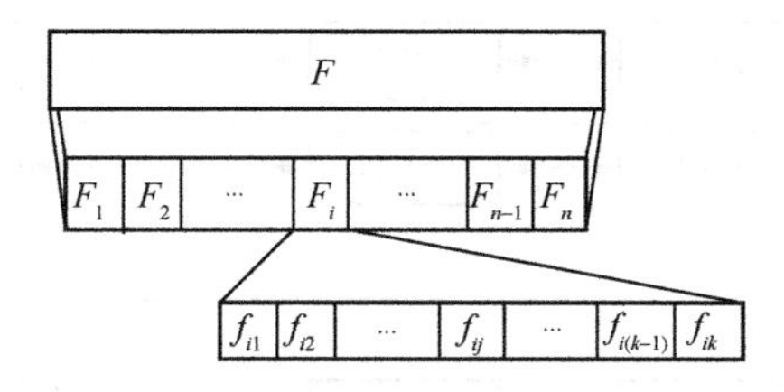

图 7-7　被审计的用户数据的数据结构

为了方便外包数据的动态操作，根据上述多层数据操作和管理模型中的索引矩阵，实现对审计数据的动态操作。具体地，数据文件 $\boldsymbol{F}$ 可以表示为式（7-1）。

$$
\boldsymbol{F}=\begin{bmatrix} F_1 & f_{11} & \cdots & f_{1k} \\ F_2 & f_{21} & \cdots & f_{2k} \\ F_3 & \ddots & \vdots & \vdots \\ \vdots & \vdots & \ddots & \vdots \\ F_n & \cdots & \cdots & f_{nk} \end{bmatrix} \tag{7-1}
$$

不难看出，索引矩阵的列是由数据块的索引信息构成的，行是由每个数据块的索引信息和该数据块对应的所有子块的索引信息构成的。此处，假设数据块 $F_1,F_2,\cdots,F_n$ 分别用序列号 $1,2,\cdots,n$ 表示。矩阵中子块的位置则用来存储一个 0 或 1，如果该位置所表示的子块存在则用 1 表示，反之则用 0 表示，一个所有子块位置都有数据的具有 n 个数据块的索引矩阵 $\boldsymbol{M}_I$ 如式(7-2)所示。

$$
\boldsymbol{M}_I=\begin{bmatrix} 1 & 1 & \cdots & 1 \\ 2 & 1 & \cdots & 1 \\ 3 & 1 & \vdots & \vdots \\ \vdots & \vdots & \ddots & \vdots \\ n & \cdots & \cdots & 1 \end{bmatrix} \tag{7-2}
$$

使用索引矩阵时的文件数据删除、插入和更新操作通过修改矩阵中的数据进行。例如，要删除某个数据子块，只需要将其对应位置的 1 修改为 0。需要插入某个数据文件时，则通过增加矩阵行并且在其插入位置以后的文件块序列号+1 的方式实现。

3. **双向链表加索引矩阵**

链表和矩阵是两种常用的存储数据的方式，但是，在支持数据动态上，两种数据结构在某些操作上都会带来较大的额外开销。例如，在链式结构上检索数据时，必须按照链的结构依次检索，这样的操作在矩阵结构里面不需要这么麻烦。但是，在矩阵结构中，对于增加（或删除）操作，在增加（或删除）完数据时，还需要向后（或向前）移动此单元后面的数据。因此，单一的某种结构都不能很好地满足实际的需求。

为了同时实现两种结构的优点，同时避免两种结构的缺点，一种将链表和矩阵结合起来的新结构诞生了，操作记录表如图 7-8 所示。

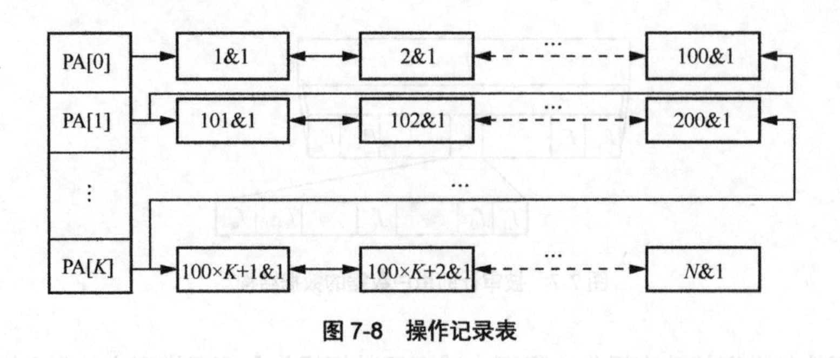

图 7-8　操作记录表

此结构采用双向链表和索引矩阵实现，其中链上节点代表数据块的逻辑索引（该值与节点进入链表的时间有关）和版本号，并且每一个节点（不包括头节点和尾节点）都是指向前一个节点和后一个节点的，用户可以对链上的节点分组（图 7-8 中每 100 个节点分为一组），矩阵存储每一组节点的第一个节点（如节点 101）。

当需要进行数据动态操作时，以增加数据为例，用户先根据需要插入的位置（假定为 N）计算出该节点插入第几组（$W=(N-1)/L$，图 7-8 中 $L=100$），然后计算出指针需要移动的次数（$N-W\cdot L-1$），最后根据矩阵记录的节点地址和需要移动的距离将数据加入链表中。图 7-9 展示了操作记录表中的插入操作。其他操作类似，在此不赘述。

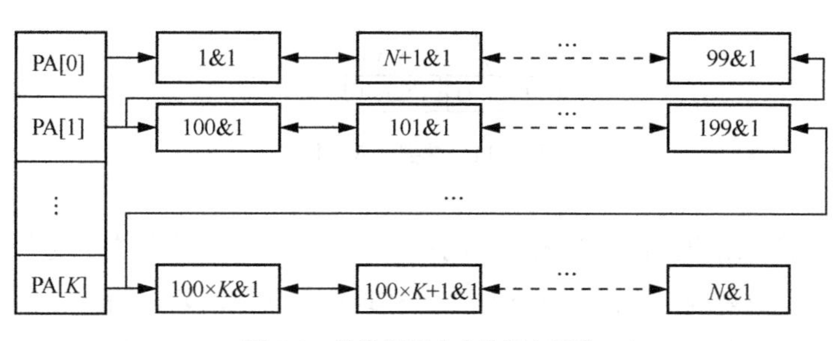

图 7-9　操作记录表中的插入操作

4. Merkle 树

Merkle 树结构如图 7-10 所示。

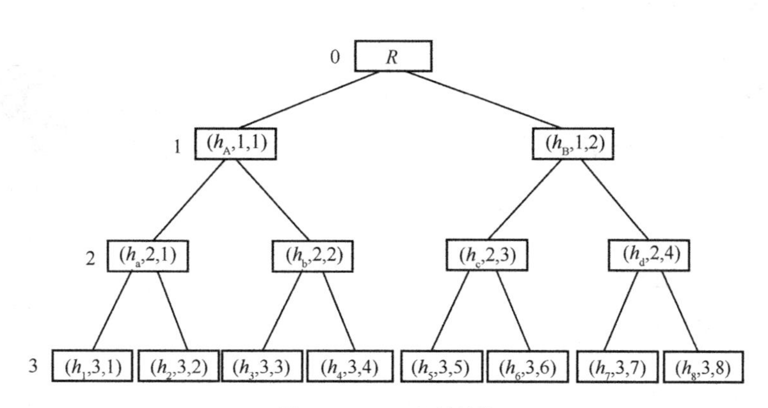

图 7-10　Merkle 树结构

树的节点由 (h_n, l_n, p_n) 表示，其中 l_n 表示节点所在层的层数，p_n 表示节点在所在层的位置。如果该节点是叶子节点，则 $h_n = H(f_1)$，否则，$h_n = H(h_{l\text{children}} \| h_{r\text{children}} \| H(l_n \| r_n))$。对于根节点，$h_n$ 的计算不变，$l_n = 0$、$p_n = 0$。

当用户对数据进行修改时，以插入为例，如在文件 f_4 前面插入一个文件 f_4'，在找到文件 f_4 所在位置后，计算 $h_4' = H(f_4')$，$h_{N1} = H(h_4 \| h_4' \| H(3\|4))$，将节点 $(h_{N1}, 3, 4)$ 插入文件 f_4 所在位置，将节点 $(h_4', 4, 7)$ 和节点 $(h_4, 4, 8)$ 插到节点 h_{N1} 下，变成节点 h_{N1} 的子节点，最后向上修改父节点的值。图 7-11 展示了数据插入操作。其他操作类似，在此不赘述。

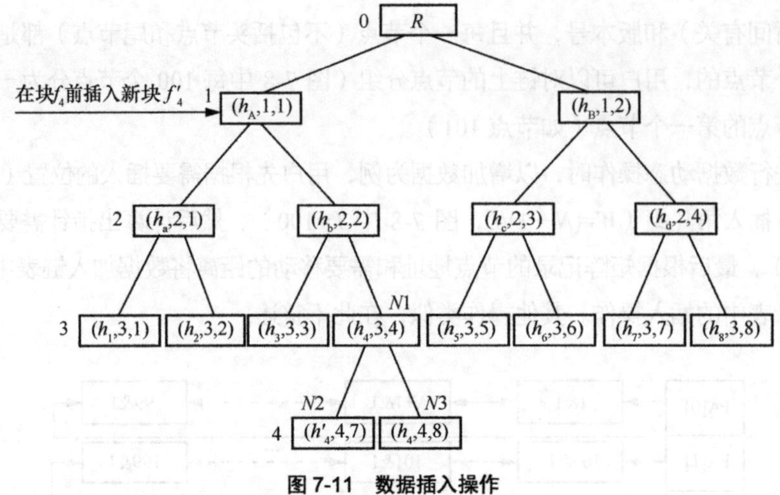

图 7-11　数据插入操作

一方面，云存储给用户提供了极大的便利；另一方面，相同数据的重复上传导致云中存储的外包数据大部分是重复的，可以用收敛加密来实现重复数据消除，而这又会面临单点故障攻击等安全性问题。针对此类问题，分布式存储成为一个有效的途径，但在不同的云上存储数据的多个副本又会给用户带来无法接受的开销。因此可以通过将数据分割成多个块，然后上传到不同的云来抵抗单点故障攻击。这里介绍一种基于双服务器存储模型的新型重复数据删除协议。双服务器存储模型如图 7-12 所示。

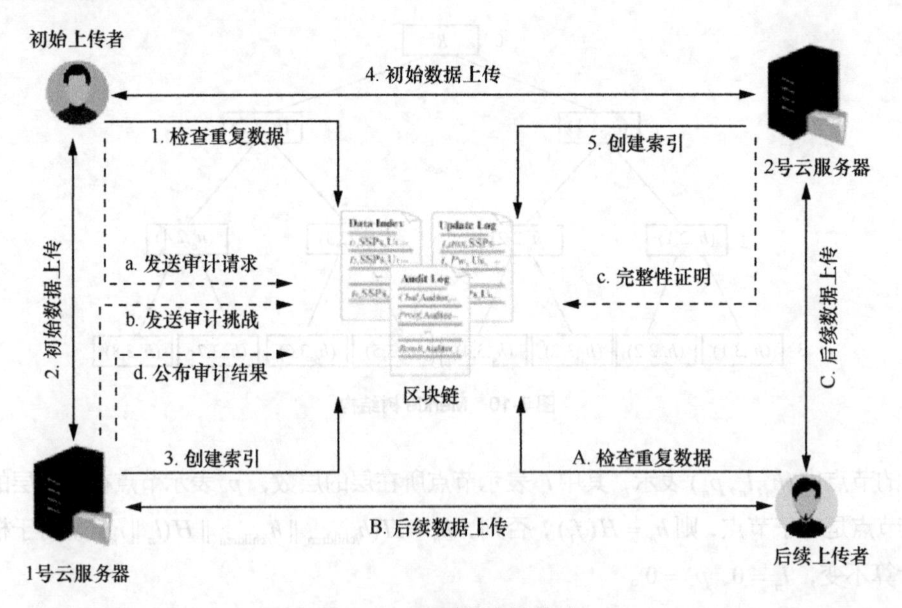

图 7-12　双服务器存储模型

首先使用区块链在去中心化存储中建立一种新型的双服务器存储模型，而不是将其视为一个简单的黑盒。在此基础上，集成双副本存储和客户端重复数据删除协议。除初始上传者外的数据用户无须对整个文件进行加密即可进行数据上传，所有外包数据均免受单点故障攻击和重复伪造攻击。此外，赋予云服务提供商审计员的角色，以检查存储相同外包数据的另一个云服务提供商（即被审计方），从而实现基于区块链的双向共享审计，而不需要任何 TPA。同时，其他用户可以从公共区块链学习数据完整性，而无须重复审计。值得注意的是，双服务器存储模型和双向共享审计使审计员能够在有效用户的帮助下定期更新他们的审计身份验证器，这允许用户使用数据块的哈希值生成身份验证器，而不考虑潜在的计算前攻击。

当用户想要外包一个文件 $F = m_1 \| \cdots \| m_n$ 时，用户需要先根据 $t = g^{\mathrm{Hash}(F)}$ 生成一个文件的标签并将其公布到区块链或者告示板上。后续用户想要上传文件时，首先要检索标签是否存在，如果存在，则证明已经有相同的数据存储在云中，不需要再次上传文件。如果用户想对其进行补充，那么用户需要通过所有权证明协议，该协议与 PDP 的不同在于将 PDP 双方的身份互换，云作为验证者，用户作为被验证者。

7.3.2　数据批处理

由于审计往往涉及用户存储在云服务提供商上的多个数据块，所以对数据进行批处理不仅符合实际需求，也能够提高审计效率。这里简要介绍在审计过程中常见的两种批处理情况，即数据块签名的批处理和数据审计的批处理。

1．**数据块签名的批处理**

在对数据进行审计的过程中，为进一步保护数据隐私往往需要对数据块进行盲化。将盲化后的数据块标记为 b_i^*，可以由式（7-3）表示。

$$b_i^* = \mathrm{pk}_{\mathrm{U}} \cdot (H(\mathrm{name} \| I_i) \cdot r^{b_i}) = H(\mathrm{name} \| I_i) \cdot r^{b_i} \cdot P^y \tag{7-3}$$

其中，$(y, \mathrm{pk}_{\mathrm{U}})$ 是用户的公私钥对；$H(\mathrm{name} \| I_i)$ 是对数据块文件的标识符和索引号进行单向哈希操作；b_i 是密文数据块；P 表示群 G_2 的生成元。

TPA 根据该盲化数据块 b_i^*，利用 TPA 的私钥 x 计算盲签名，如式（7-4）所示。

$$d_i^* = (b_i^*)^x = (H(\mathrm{name} \| I_i) \cdot r^{b_i} \cdot P^y)^x \tag{7-4}$$

在批处理盲签名时，只需要对用户委托的数据块进行聚合盲签名即可实现对这些数据块的批量盲签名处理。假定数据块的数量为 k，聚合的盲签名可以被计算为 $d_{\mathrm{agg}} = \prod_{i=1}^{k} d_i^*$。

验证该盲签名的方法如式（7-5）所示。

$$\hat{e}\left(\prod_{i=1}^{k} d_i^*, P\right) \overset{?}{=} \prod_{i=1}^{k} \hat{e}(b_i^*, \mathrm{pk}_{\mathrm{T}}) \tag{7-5}$$

其中，$(x, \mathrm{pk}_{\mathrm{T}})$ 是 TPA 的公私钥对。

2．**数据审计的批处理**

对于数据的批量完整性审计主要针对多个用户使用外包数据服务的情况。假定系统中有 m 个用户需要被审计数据的完整性，每个用户拥有 n 个数据块。其中用户 j 的数据存储证明可

以表示为

$$p_{j,D}=\sum_{i=1}^{s_p}(v_i \cdot b_{j,i})$$

$$p_{j,t}=\prod_{i=1}^{s_p} d_{j,i}^{v_i} \tag{7-6}$$

TPA 通过式（7-7）可以同时判断 m 个用户的数据完整性审计情况。

$$\prod_{j=1}^{m}\left(\hat{e}\left(\prod_{i=1}^{s_p} H(\text{name} \parallel I_{j,i})^{v_i}, \text{pk}_{\text{T}}\right)\cdot \hat{e}(r_j^{\,p_{j,D}}, \text{pk}_{\text{T}})\right) \stackrel{?}{=} \prod_{j=1}^{m}\hat{e}(p_{j,t}, P) \tag{7-7}$$

7.3.3 可搜索审计

外包数据审计往往还要满足搜索功能。在日常生活中存在这样的场景，用户并不需要对所有外包在云服务提供商上的数据进行审计，只需要对含有特定关键词的数据的完整性进行审计，这就需要在审计之前完成对含有相应关键词的数据块的搜索。在该场景下，用户甚至可以对其他数据所有者的含有相关关键词的数据进行审计。

数据所有者首先通过生成签名等方式将数据及相应的关键词上传到 TPA。这些关键词与相应数据的逻辑关系，被表示为一种立方存储结构[16]，如图 7-13 所示。图 7-13 中 X 轴方向上存储着不同类别的数据，Y 轴方向上存储的是同一类别数据的不同数据块，Z 轴方向上存储的是同一数据块对应的不同加密关键词。数据所有者通过生成随机数 $\gamma \in Z_q^*$，并根据随机数生成一个公共参数 $R = h^{\gamma}$。关键词 $W_{x,y,z}$ 可用式（7-8）表示。

$$W_{x,y,z} = H_2(w_{x,y,z})^{\gamma} \tag{7-8}$$

其中，H_2 是一个点到点的哈希函数。

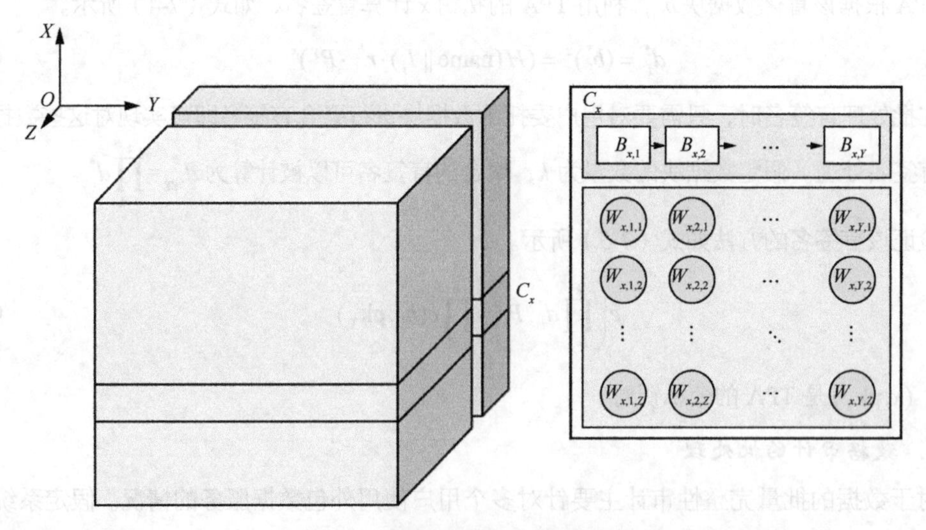

图 7-13　数据块及关键词的存储结构

TPA 为所有的关键词生成验证标签 V。V 的集合可以表示为

$$\{V\}_{\substack{x\in X\\ y\in Y\\ z\in Z}} = H_4\left(e(W_{x,y,z},F)\parallel v_i\right) \tag{7-9}$$

其中，v_i 是 i 用户在设置阶段存储在 TPA 和云服务提供商上的一个预置值，F 是数据所有者通过生成随机数 f 生成的公共参数，$F = h^f$。

用户在需要对数据进行审计时，首先对想要搜索的关键词 w^* 进行搜索。该关键词的加密过程如式（7-10）所示。

$$\omega = H_2(w^*)^f \tag{7-10}$$

在云服务提供商进行审计数据的搜索时，云通过对照 TPA 生成的关键词搜索标签，检索被搜索的数据块，其检索运算如式（7-11）所示。

$$V \overset{?}{=} H_4\left(e(T_w,R)\parallel v_i\right) \tag{7-11}$$

随后，集合所有被搜索的数据块并进行完整性审计。

7.3.4　可恢复审计

如果在数据审计中发现数据被损坏，用户往往希望能够通过简便的方法恢复被损坏的数据，而这样的恢复操作如果能够在审计协议中直接完成，将会极大地便利外包云服务提供商服务用户。由于 TPA 的特殊性，需要进一步保障审计过程中 TPA 的可信，所以可以通过增加一个仲裁方 TTPA 的方式，协助仲裁 TPA 行为和响应恢复数据请求。带仲裁方 TTPA 的可恢复审计系统结构如图 7-14 所示。

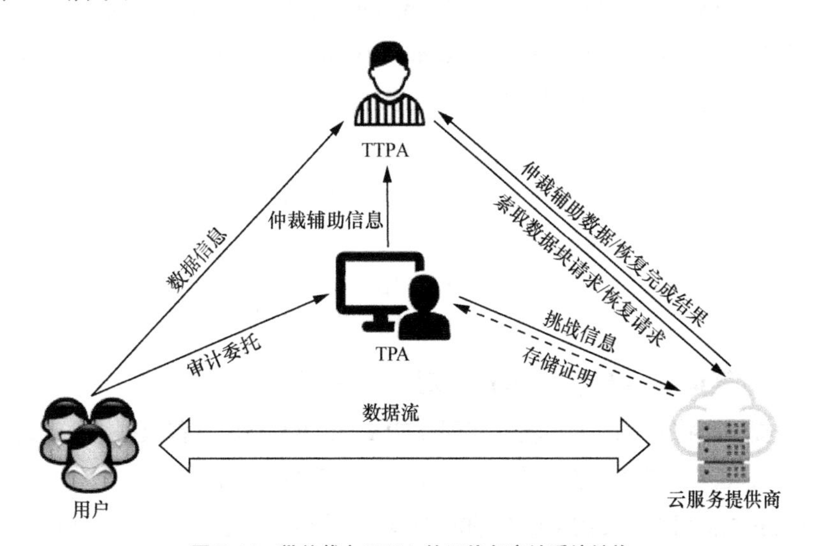

图 7-14　带仲裁方 TTPA 的可恢复审计系统结构

为了能够实现数据的恢复，外包云服务提供商收到用户数据后，通过 RS 纠删码技术将用户数据分块并编码。这种纠删码技术中含有一定数量的冗余码。具体来说，假设共有 5 个数据块，用

向量表示为 $\mathbf{name}=(m_1,m_2,m_3,m_4,m_5)$，云服务提供商随机选取编码矩阵 $\boldsymbol{E}_{\text{name}}$ 如式（7-12）所示。

$$\boldsymbol{E}_{\text{name}}=\begin{bmatrix}1&0&0&0&0\\0&1&0&0&0\\0&0&1&0&0\\0&0&0&1&0\\0&0&0&0&1\\v_{11}&v_{12}&v_{13}&v_{14}&v_{15}\\v_{21}&v_{22}&v_{23}&v_{24}&v_{25}\\v_{31}&v_{32}&v_{33}&v_{34}&v_{35}\end{bmatrix} \tag{7-12}$$

计算 $\boldsymbol{E}_{\text{name}}\times\mathbf{name}$，得编码后的文件数据块矩阵如式（7-13）所示。

$$\mathbf{Name}=(\mathbf{name}\mid\boldsymbol{C})=(m_1,m_2,m_3,m_4,m_5\mid c_1,c_2,c_3) \tag{7-13}$$

其中，矩阵 $\boldsymbol{C}$ 代表冗余码。通过这样的纠删码技术能够恢复的数据块数上限为现有数据块个数和冗余码个数总和。

当用户数据被损坏，需要对其进行恢复时，系统进行如下具体操作。

① TTPA 首先验证 TPA 发送挑战、审计相关的签名。在验证通过后，执行下一步；否则，退出。

② TTPA 解析获得挑战数据块编号，向云服务提供商申请相关的数据块并验证。若验证通过，则证明数据块完整；否则，表明数据块被损坏。TTPA 定位损坏数据块的位置。

③ TTPA 将恢复请求 $\text{request}=(\mathbf{name},\{i\}_{1\leqslant i\leqslant n})$ 发送给云服务提供商，其中，$\{i\}_{1\leqslant i\leqslant n}$ 是损坏数据块编号的集合。

④ 收到恢复请求后，云服务提供商通过该数据对应的冗余码对损坏的数据进行反编码，并将恢复结果反馈给 TTPA。假设需要恢复的数据为 $\mathbf{name}$，数据块 m_1 和 m_4 受到损坏。云服务提供商通过编码矩阵 $\boldsymbol{E}_{\text{name}}$ 及原数据编码后的矩阵 $\mathbf{Name}=(\mathbf{name}\mid\boldsymbol{C})$ 计算得 $\mathbf{Name}'=(m_2,m_3,m_5\mid c_1,c_3)$ 和可逆矩阵 $\boldsymbol{E}'_{\text{name}}$，其中，$\boldsymbol{E}'_{\text{name}}$ 如式（7-14）所示。

$$\boldsymbol{E}'_{\text{name}}=\begin{bmatrix}0&1&0&0&0\\0&0&1&0&0\\0&0&0&0&1\\v_{11}&v_{12}&v_{13}&v_{14}&v_{15}\\v_{31}&v_{32}&v_{33}&v_{34}&v_{35}\end{bmatrix} \tag{7-14}$$

通过反编码计算 $\mathbf{name}={\boldsymbol{E}'_{\text{name}}}^{-1}\times\mathbf{Name}'$ 恢复损坏数据块。

⑤ 云服务提供商将恢复的数据块反馈到 TTPA，TTPA 验证这些数据块。若通过验证，则表明数据被恢复，否则，TTPA 将再次要求云服务提供商恢复数据。

考虑云服务提供商可能会受到来自外部的恶意攻击或者物理设备发生故障，用户想要在云上存储文件的多个副本以防止文件丢失。目前，云存储采用的多副本存储已经成为一种流行的应用。

当用户在云上存储数据时，对于文件 $F=\{b_i\}_{1\leqslant i\leqslant n}$，用户都为文件块计算 m 个副本 $f_{ij}=E_K(j\,\|\,b_i),1\leqslant j\leqslant m$，其中 E_K 是一个安全的加密算法。用户通过 $\sigma_{ij}=(H(\text{ID}\,\|\,i\,\|\,j)u^{b_{ij}})^x$，

$1 \leqslant j \leqslant m$ 为各个文件块生成对应的标签。为了降低存储开销，用户会通过 $\sigma_i = \prod_{j=1}^{m} \sigma_{ij}$ 将一个文件块不同副本的标签聚合起来，最后生成一个集合，将文件及文件副本和聚合成的标签集合一起发送到云进行存储，之后用户删除本地的数据。当用户对文件进行审计时，除增加对文件副本的审计外，其他与正常的审计流程一样。云在生成安全证明时，计算 $\sigma = \prod_{i=1}^{r} \sigma_i^{v_i}$ ，$\mu = \sum_{i=1}^{r} (v_i \sum_{j=1}^{m} b_{ij})$ 。

当收到来自云计算的安全证明时，TPA 可以通过 $e(\sigma, g) = e(\prod_{i=1}^{r} (\prod_{j=1}^{m} H(\text{ID} \| i \| j)^{v_i}, g^x) \cdot e(u^{\mu}, g^x)$ 判断用户的数据完整性审计情况。

有的协议会将多副本审计与数据动态结合在一起，组成一个动态的多副本审计方案。采用 Merkle 树结构，将文件副本当作叶子节点，从下往上构建一棵 Merkle 树，如图 7-15 所示。在数据进行动态更新时，与一般的 Merkle 树上的操作一样。

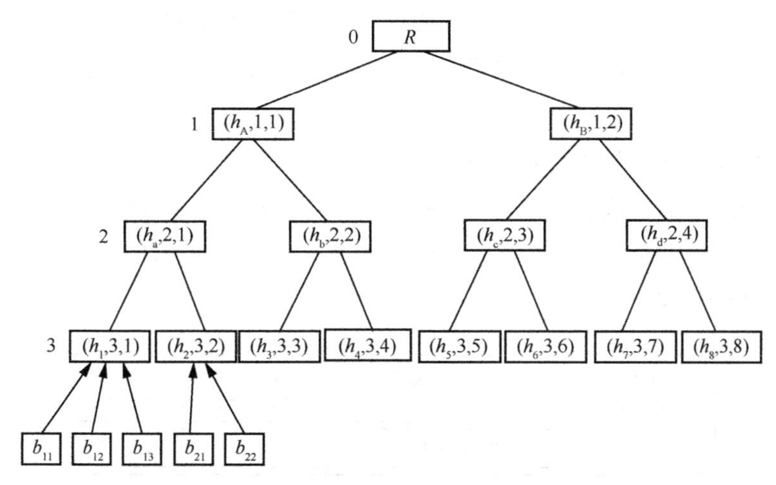

图 7-15 动态多副本审计方案中的 Merkle 树

7.4 工业物联网数据审计

物联网（IoT）是一个计算概念，描述了无处不在的互联网连接，将普通物体变成连接的设备。物联网是麻省理工学院 Ashton 教授在 1999 年最先提出来的；2005 年，ITU（国际电信联盟）发布了《ITU 互联网报告 2005：物联网》，首次在世界范围内提出了物联网的概念。物联网概念背后的关键思想是部署数十亿甚至数万亿个智能对象，这些对象能够感知周围环境，传输和处理获取的数据，然后反馈给环境。将非常规的物体连接到互联网，将提高工业和社会的可持续性和安全性，并使物理世界和数字世界之间有效互动，这通常被称为物理融合系统（CPS）。物联网通常被描述为解决当今大多数社会问题的颠覆性技术，如智慧城市、智能交通、污染监测和互联医疗等[17-18]。

作为物联网的一个子集，工业物联网（IIoT）涵盖了机器对机器（M2M）和带有自动化应用的工业通信技术领域[19]。工业物联网是数字制造的基础支柱，可以更好地理解制造过程，从而实现高效和可持续的生产。简单地说，工业物联网是指将包括机器和控制系统在内的所有工业资产与信息系统和业务流程连接起来。因此，收集的大量数据可以提供分析解决方案，并给出最优的工业操作。

工业物联网架构分为数据采集层、数据传输层、数据整合层及应用服务层，如图 7-16 所示。工业物联网与传统物联网技术的差别在于工业物联网通常是在短程通信环境中进行的，并且要求传输具有高可靠性及实时性。因此，常用的工业物联网需要满足以下几点要求：其一是精确的时间同步；其二是通信的准确性；其三是工业环境的高适应性。精确的时间同步是指在数据采集及传输过程中必须保证时钟的同步性；通信的准确性是指在工业环境中，由于环境的特殊性，无线网络在通信过程中常常会造成数据包丢失，而工业物联网需要保证通信的高可靠性，从而避免在工业生产过程中可能造成的灾难性危害，因此无线网络的可靠通信是工业物联网应用的关键之一；工业环境的高适应性是指在传统的工业环境中，如煤炭、冶金、石油等行业中，强腐蚀性、高温等环境要求对采集设备提出了更高的要求，因此高性能传感设备及适应性强的通信标准是工业物联网应用的基础。工业设施设备之间、各环节之间的互联互通需求，促进了工业物联网的不断发展。工业物联网通过集成各类无线传感设备和加工生产设施，形成完整的产业链数据循环，为企业生产提供更好的数据指导和决策建议。

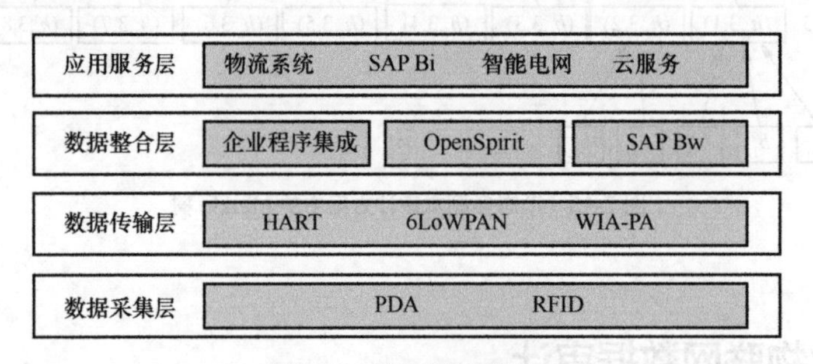

图 7-16　工业物联网架构

工业物联网脱胎于传统物联网，其与普通的消费物联网存在诸多异同。表 7-1 对消费物联网与工业物联网的区别进行了简要的描述。

表 7-1　消费物联网与工业物联网的区别

对比项	影响	服务模型	当前状态	连接性	要求	数据量
消费物联网	变革	以人为中心	新设备和标准	临时性（基础设施不可改变；节点可以被移动）	不严格（医疗应用除外）	中等偏高
工业物联网	演变	以机器为导向	现有设备和标准	结构化（节点固定；集中式网络管理）	关键任务（时间、可靠性、安全、隐私）	极高

首先，消费物联网是互联网组织形式的重大变革，而工业物联网是在其基础上演变而来的。消费物联网服务的是消费领域的电子产品，使其能够即时互联和通信；而工业物联网服务的是工业生产领域的设备、工厂，其目的是极大地提高工业生产的效率。不同于消费物联网以人为中心的服务宗旨，工业物联网是以机器及其生产为主要导向的。当前，工业物联网的主要目标在于适配工业体系中现有的设备和标准，并且进行结构化的连接，这种连接性与消费物联网的临时性形成了重要的区别，这在工业物联网相关协议的设计过程中需要被高度重视。工业物联网能够将不同的设备、工厂、企业，甚至所有的供应链，利用物联网技术互联，借助大数据技术收集数据、分析数据，并实时解决工业生产中的各种问题。此外，工业物联网更多是定制型的，工业物联网设备基于工业环境制造，所以其诸多要求界定严格，而消费物联网相对自由度更高。从数据量上来看，工业物联网数据量更高，这也意味着其数据的安全存储、保护和校验具有极其重要的意义[19]。

工业物联网是工业智能化的重要载体，是高效、高产、高质量现代工业生产形成和创新的基石。工业物联网的建立将进一步完善国家关键基础设施，其数据安全关系着国家生产发展中的重要环节，尤其是对数据的完整性验证最为关键。数据完整性能够保障工业物联网中生产、制造、加工、分装等环节的平稳运行。一旦数据完整性遭到破坏，将对各环节造成不可估量的影响，给企业带来错误决策。因此，数据审计在工业物联网的建设中显得尤为重要。

此外，随着区块链技术等新兴技术[20-22]的不断发展，新的工业物联网“免疫系统”正在逐步建立。基于大数据的认知计算为工业信息学领域的企业和组织带来了更多的发展机遇，可以为其在面临数据安全挑战时做出更好的决策。为满足工业物联网对数据存储实时性的要求，通常采用远程无约束云服务提供商存储大数据。然而，CSP 的半信任特性决定了数据所有者会担心存储在云计算中的数据是否已被破坏。随着工业物联网终端设备数量的增加，系统中的数据量也将增加。如何对采集到的实时数据进行有效的管理和分析是一个迫切需要解决的问题。云计算可以为终端用户提供充足的计算能力和存储空间。用户只需要以按次付费的方式为他们享受的服务付费，而无须投资本地硬件。通过云服务提供商对数据的快速分析和处理，行业可以根据响应结果调整产品生产决策，这将极大地提高资源利用率，促进传统产业向智能产业转型。然而，CSP 对存储的数据是诚实的，也是好奇的。由于经济利益，CSP 可能会销毁数据或删除不经常访问的数据。如果云中的工业物联网数据存储不完整，将会影响工厂的生产安全，造成行业的错误决策。因此，工业物联网的终端用户需要对存储在云中的数据进行完整性检查。通过区块链技术，实现工业物联网数据的全过程自动化审计可能是未来的趋势之一。

为保证工业物联网中存储于云端数据的安全，以下介绍支持密钥更新的云数据存储审计方案。方案包括密钥生成和更新阶段、数据存储审计阶段。具体算法介绍如下。

（1）密钥生成和更新阶段

在该阶段，用户为文件标签的产生和验证生成一组签名公私钥对 $\{\mathrm{sk}_{\mathrm{sin}},\mathrm{pk}_{\mathrm{sin}}\}$ 。T 表示文件标签。用户的数据文件表示为 $F=\{f_{ij}\}_{1\leqslant i\leqslant n,1\leqslant j\leqslant k}$ ，n 和 k 分别为数据块数量和数据子块的数量。数

据块由图 7-17 所示的数据索引结构进行管理。此时，用户将初始私钥 s_{ID} 发送给 TPA 进行密钥更新。

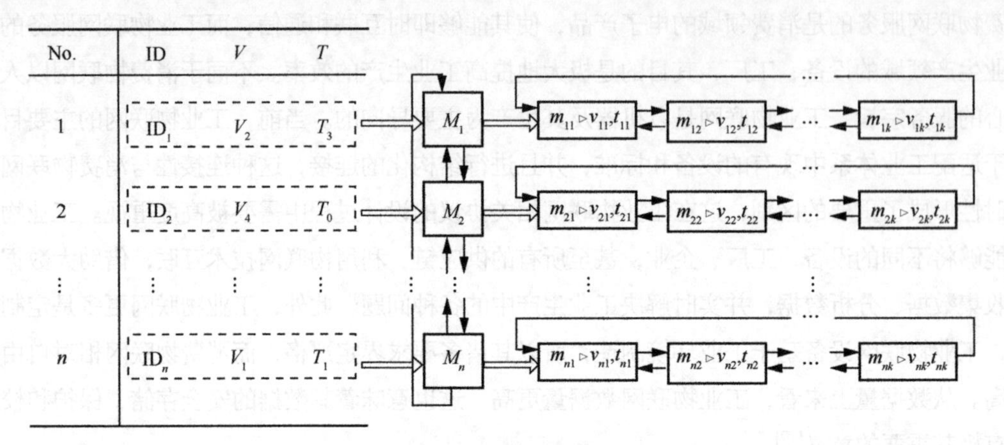

图 7-17　数据索引结构

（2）数据存储审计阶段

在审计过程中，TPA 将审计挑战 $\text{Chall} = \{i, j, c_{ij}\}$ 发送给云服务提供商进行审计证明生成操作。当收到审计挑战后，云服务提供商按式（7-15）和式（7-16）分别计算数据块证明 P_D 和标签证明 P_t，然后将其发送给 TPA 进行正确性验证。

$$P_D = \sum_{i=1}^{S_p}\sum_{j=1}^{S_q}(c_{ij} \cdot m_{ij}) \tag{7-15}$$

$$P_t = \prod_{i=1}^{S_p}\prod_{j=1}^{S_q}(\delta_{ij}^{*})^{c_{ij}} \tag{7-16}$$

当收到证明后，TPA 进行数据正确性验证，如式（7-17）所示。

$$e\left(\prod_{i=1}^{S_p}\prod_{j=1}^{S_q}(H(v_{ij} \| t_{ij}))^{c_{ij}}, \xi\right) \cdot e(\mu^{P_D}, \xi) = e(P_t, Q) \tag{7-17}$$

7.5 本章小结

从国内外研究动态的分析可知，数据安全审计受到了国内外学者长期广泛的关注，并在这方面取得了诸多研究成果，但现有研究仍然存在以下 3 个主要问题。

① 现有的云数据存储审计方案都需要密钥生成中心的参与，并且已有的审计方案通常假设密钥生成中心是完全可信的，对密钥生成中心的过分依赖带来了密钥托管等问题。也就是说，密钥生成中心可扮演任意角色，从而执行对系统产生不良影响的行为。因此，如何对密钥生成中心进行合理、有效的监管是当前数据审计领域普遍存在的主要问题。部分学者提出了无证书数据审计方案，然而，针对无证书数据审计方案的抗合谋攻击等安全特性的研究目前并不完善。

因此，摆脱一般数据审计方案对密钥生成中心的强依赖性及解决基于身份的云审计方案中存在的密钥托管问题迫在眉睫。

② 现有数据审计方案存在隐私易泄露（向云服务提供商或第三方审计员泄露隐私）、错误定位精度较低、受损数据恢复困难等问题。因此，如何在保证审计正确性和效率的基础上保护用户隐私，如何在发现错误后支持高精度错误定位及有效地恢复受损数据是数据审计协议领域值得研究的方向。

③ 针对群组中的数据审计，现有的方案还不能很好地支持群组成员的撤销和新增等动态操作，同时，对于有恶意行为的特定成员的行为，既不能进行准确及时的追踪，也无法进行及时的阻止。现有方案在群组内数据发生动态变化时，给群组成员带来巨大额外开销。因此，研究支持群组动态操作，设计群组成员行为合法化的群组数据审计方案是数据安全审计的进一步研究方向。

参考文献

[1] DESWARTE Y, QUISQUATER J J, SAÏDANE A. Remote integrity checking[M]//Integrity and Internal Control in Information Systems VI. Boston: Kluwer Academic Publishers, 2003: 1-11.

[2] FILHO D L G, BARRETO P L. Demonstrating data possession and uncheatable data transfer[J]. IACR Cryptology ePrint Archive, 2006, 2006: 150.

[3] JUELS A, KALISKI B S. Pors: proofs of retrievability for large files[C]//Proceedings of the 14th ACM Conference on Computer and Communications Security. New York: ACM Press, 2007: 584-597.

[4] WANG Q, WANG C, LI J, et al. Enabling public verifiability and data dynamics for storage security in cloud computing[C]//Proceedings of the European Symposium on Research in Computer Security. Heidelberg: Springer, 2009: 355-370.

[5] WANG C, WANG Q, REN K, et al. Privacy-preserving public auditing for data storage security in cloud computing[C]//Proceedings of the 2010 Proceedings IEEE INFOCOM. Piscataway: IEEE Press, 2010: 1-9.

[6] WANG Q, WANG C, REN K, et al. Enabling public auditability and data dynamics for storage security in cloud computing[J]. IEEE Transactions on Parallel and Distributed Systems, 2011, 22(5): 847-859.

[7] SHACHAM H, WATERS B. Compact proofs of retrievability[C]//Proceedings of the International Conference on the Theory and Application of Cryptology and Information Security. Heidelberg: Springer, 2008: 90-107.

[8] WANG C, CHOW S S M, WANG Q, et al. Privacy-preserving public auditing for secure cloud storage[J]. IEEE Transactions on Computers, 2013, 62(2): 362-375.

[9] ZHU Y, HU H X, AHN G J, et al. Efficient audit service outsourcing for data integrity in clouds[J]. Journal of Systems and Software, 2012, 85(5): 1083-1095.

[10] ZHU Y, HU H X, AHN G J, et al. Cooperative provable data possession for integrity verification in multicloud storage[J]. IEEE Transactions on Parallel and Distributed Systems, 2012, 23(12): 2231-2244.

[11] WANG B Y, LI B C, LI H. Oruta: privacy-preserving public auditing for shared data in the cloud[J]. IEEE Transactions on Cloud Computing, 2014, 2(1): 43-56.

[12] WANG B Y, LI B C, LI H. Panda: public auditing for shared data with efficient user revocation in the

cloud[J]. IEEE Transactions on Services Computing, 2015, 8(1): 92-106.

[13] ZHANG J H, ZHAO X B. Efficient chameleon hashing-based privacy-preserving auditing in cloud storage[J]. Cluster Computing, 2016, 19(1): 47-56.

[14] SHEN J, SHEN J, CHEN X F, et al. An efficient public auditing protocol with novel dynamic structure for cloud data[J]. IEEE Transactions on Information Forensics and Security, 2017, 12(10): 2402-2415.

[15] SHEN J, LIU D Z, HE D B, et al. Algebraic signatures-based data integrity auditing for efficient data dynamics in cloud computing[J]. IEEE Transactions on Sustainable Computing, 2020, 5(2): 161-173.

[16] WANG C, ZHOU T Q, SHEN J, et al. Searchable and secure edge pre-cache scheme for intelligent 6G wireless systems[J]. Future Generation Computer Systems, 2023, 140: 129-137.

[17] DEEBAK B D, AL-TURJMAN F. Smart mutual authentication protocol for cloud based medical healthcare systems using Internet of medical things[J]. IEEE Journal on Selected Areas in Communications, 2021, 39(2): 346-360.

[18] ZHOU Z Y, WANG Z, YU H J, et al. Learning-based URLLC-aware task offloading for Internet of health things[J]. IEEE Journal on Selected Areas in Communications, 2021, 39(2): 396-410.

[19] BOYES H, HALLAQ B, CUNNINGHAM J, et al. The industrial Internet of things (IIoT): an analysis framework[J]. Computers in Industry, 2018, 101: 1-12.

[20] AHMAD KHAN M, SALAH K. IoT security: Review, blockchain solutions, and open challenges[J]. Future Generation Computer Systems, 2018, 82: 395-411.

[21] KALODNER H, MÖSER M, LEE K, et al. BlockSci: design and applications of a blockchain analysis platform[C]//Proceedings of the 29th USENIX Security Symposium (USENIX Security 20). [S.l.:s.n.], 2020: 2721-2738.

[22] KOSBA A, MILLER A, SHI E, et al. Hawk: the blockchain model of cryptography and privacy-preserving smart contracts[C]//Proceedings of the 2016 IEEE Symposium on Security and Privacy (SP). Piscataway: IEEE Press, 2016: 839-858.

第 8 章

数据安全新技术

针对数据在使用、预测、共享和删除过程中涉及的主要安全问题，本章将介绍 4 种新技术，分别是基于大数据的恶意软件检测技术、面向数据预测的隐私保护技术、基于区块链的数据安全共享技术及基于密钥穿刺的数据删除技术。

8.1 基于大数据的恶意软件检测技术

8.1.1 研究背景

基于大数据的恶意软件检测技术通过采集大量恶意/良性软件数据样本并进行标注，结合机器（深度）学习、知识图谱等新一代人工智能技术实现分析和检测恶意软件。根据提取数据特征类型，基于大数据的恶意软件检测技术主要分为基于静态代码分析的恶意软件检测技术、基于动态行为分析的恶意软件检测技术、基于网络传播分析的恶意软件检测技术和基于多特征/模型融合的恶意软件检测技术。

8.1.2 相关技术

基于静态代码分析的恶意软件检测技术通过反汇编等静态逆向分析技术提取恶意/良性软件操作码（Op-code）等特征[1]，并基于 N 元组[2]、控制流图[3]等方法建立恶意/良性软件代码语义表征模型，结合机器（深度）学习等方法训练已采集并标注的恶意/良性软件，构建恶意/良性软件（多）分类模型，以此检测新型恶意软件和恶意软件未知变种。这类技术能在软件运行前检测恶意代码，但软件加壳加固技术能阻止静态逆向分析。

基于动态行为分析的恶意软件检测技术利用沙箱等动态分析技术监测恶意/良性软件运行时的系统调用、应用程序接口（API）调用等行为，并以日志形式进行存储。采用时序分析、频率分析、污点分析、数据流图等方法对软件运行时的行为进行表征，结合机器（深度）学习等方法对已标注的恶意/良性软件动态行为数据进行分析和分类。这类技术能有效规避软件加壳加固等反静态逆向技术。

基于网络传播分析的恶意软件检测技术[4]从 DNS 日志、通信日志中提取网络域、主机、应用程序之间的关联关系，以网络域、主机、应用程序为节点，以通信连接为边，构建网络安全事件关联图谱，并标注已知的恶意/异常节点，通过分析图谱中未知应用程序节点与已标注的恶意/异常节点之间的关联性（如置信度传播、聚类等方法）评估未知应用程序节点的风险值，并将其作为判定未知应用程序为恶意软件的依据。这类技术特点在于无须分析恶意软件内部代码和运行时行为，而是通过分析网络中的风险传播概率进行判定。

目前学术界、工业界基于大数据的恶意软件检测模型有很多，然而这些检测模型往往是异构的，如 VirusTotal 收集了数十种检测模型分别对样本进行检测并给出结果；基于多特征融合的恶意软件检测技术[5-7]通过融合操作码、API 调用、系统调用等异构特征，或采用迁移学习、集成学习、强化学习等方法融合异构检测模型，进一步提升恶意软件检测的性能。

近几年，学术界提出基于机器学习的恶意代码检测方法以检测恶意软件的未知变种，并在该领域开展大量研究工作，且已取得一定进展。尽管基于机器学习的恶意代码检测方法研究已取得一定进展，但机器学习方法的引入在提升检测效率的同时也带来了新的安全问题与挑战，即由于机器学习方法的脆弱性，攻击者可以利用机器学习方法的漏洞，基于生成对抗网络等方法生成恶意代码对抗样本[8-9]，以欺骗基于机器学习的恶意代码检测模型，使其做出错误判断或污染检测模型使其收敛性能恶化。恶意代码对抗样本攻击严重影响了基于机器学习的恶意代码检测方法的有效性，进而会加剧当今日益严峻的恶意软件的未知变种威胁。

8.1.3 方案设计

现代恶意软件检测方法往往提取代码语义特征或系统行为特征，并基于机器学习方法进行检测。然而，这些检测方法仍然面临一些挑战。第一，采用单一类型的数据表征，如操作码、API 调用、系统调用等仅能覆盖一部分恶意软件特征，这意味着会损失另一部分有效的恶意软件特征，导致准确性受到一定限制。第二，恶意软件家族的精确分类仍然是一个困难且重要的工作，目前尚未得到有效解决。

为了应对这些挑战，本章通过融合恶意软件不同类型数据表征的特征来更全面地覆盖恶意软件特征，从而更准确检测恶意软件及对恶意软件家族进行分类。同时，该方法在提升检测准确性的同时不能以损失检测性能为代价。为了实现这一目标，两个主要问题有待解决：其一，恶意软件的数据表征存在多种，应该选取哪种类型的恶意软件数据表征，同时提升恶意软件检测精度；其二，由于不同类型的数据表征是异构的，难以对不同类型数据表征进行融合。

本章选取两种类型的数据表征，即操作码和 API 调用。由于操作码被广泛应用于软件表征，且其细粒度能表征软件语义，本章选取操作码作为待融合的数据表征之一。尽管字节码同样能够表示软件语义，但是字节码由操作码和操作数组成，可以被视为带噪声的操作码，所以在考虑操作码时，无须再考虑字节码。相较于操作码而言，API 调用作为软件高层次的行为表征可以从不同层次和不同粒度上反映软件另一方面的特征，且可以和操作码同时从反汇编文件中被提取出来，几乎不造成额外的数据预处理时间开销，因此本章选取 API 调用作为另一个待融合的数据表征。尽管系统调用也能反映软件高层次行为特征，类似 API 调用，但系统调用需要利用沙箱进行动态提取，这会造成额外的大量的数据准备时间开销。更糟糕的是，对于行为隐藏的恶意软件，动态分析方法难以有效获取异常或恶意的行为数据。

本章提出的多特征融合方法在特征层面上进行融合，并形成统一的模型，有效克服模型偏斜的问题。为了能实现这一目标，本章分别采用 *N*-gram 模型和频率向量表示操作码和 API 调用，并采用主成分分析法对数据表征进行优化。由于在两种数据表征中信息的组织方式不同，因此本章分别采用卷积神经网络和反馈神经网络对操作码和 API 调用的表征进行训练，同时提取特征，最后采用串联的方式将融合提取的特征输入最终的分类。

1．总体技术路线

本章提出一种基于多特征融合的恶意软件检测技术，该技术采用神经网络提取操作码特征及 API 调用特征，并将这些特征嵌入用于恶意软件检测的分类模型中。该恶意软件检测技术的总体技术路线如图 8-1 所示，其中包括 4 个步骤，分别为脱壳与反汇编、数据表征、数据表征优化、基于神经网络的特征提取及基于特征融合嵌入的训练和分类。

步骤 1：脱壳与反汇编。通过脱壳和反汇编技术提取可执行程序（.exe 文件）中的操作码序列和 API 调用序列。由于一些可执行程序事先被加壳工具做过加壳处理，反汇编变得困难，所以首先检查可执行程序是否已被加壳，如果已经被加壳，则采用脱壳工具进行脱壳处理，以便于进一步进行反汇编处理。如果一个可执行程序未被事先加壳，那么脱壳操作并不是必要的。对脱壳后的或未经加壳的可执行程序进行反汇编处理，采用反汇编工具 W32Dasm 生成汇编程序文件，从而获得操作码序列和 API 调用序列。本章不采用多种反汇编工具是为了避免不同反汇编工具导致反汇编结果的多样性，这不利于分析和检测。通过扫描反汇编文件，分别建立操作码列表和 API 调用列表。

步骤 2：数据表征。数据表征根据生成结构化数据来表示原有数据，同时保留原有数据的特点。生成的结构化数据将作为下一阶段数据特征提取的输入。提取反汇编后的操作码序列和 API 调用序列后，分别采用操作码二元组和 API 频率向量来表征操作码序列和 API 调用序列。

步骤 3：数据表征优化。由于这些数据表征存在维度较大、数据稀疏的特点，为了降低神经网络的收敛性，对以上数据表征采用无监督自编码方法进行优化，在优化收敛准确性的同时提升收敛速度。采用主成分分析法进行无监督自编码操作，在提升神经网络性能的同时尽可能减少信息损失。

步骤 4：基于神经网络的特征提取。在对操作码和 API 调用进行表征和自编码后，本章将编码后的操作码表征和 API 表征分类采用卷积神经网络和反馈神经网络进行训练，神经网络收敛后，其隐含层可以作为操作码和 API 的特征，嵌入最终的分类模型。

步骤 5：基于特征融合嵌入的训练和分类。通过两种神经网络模型提取操作码和 API 调用的特征后，本章将两种特征以串联的方式合并嵌入最终的 softmax 分类器中进行训练，经迭代得出最终的恶意软件检测模型。

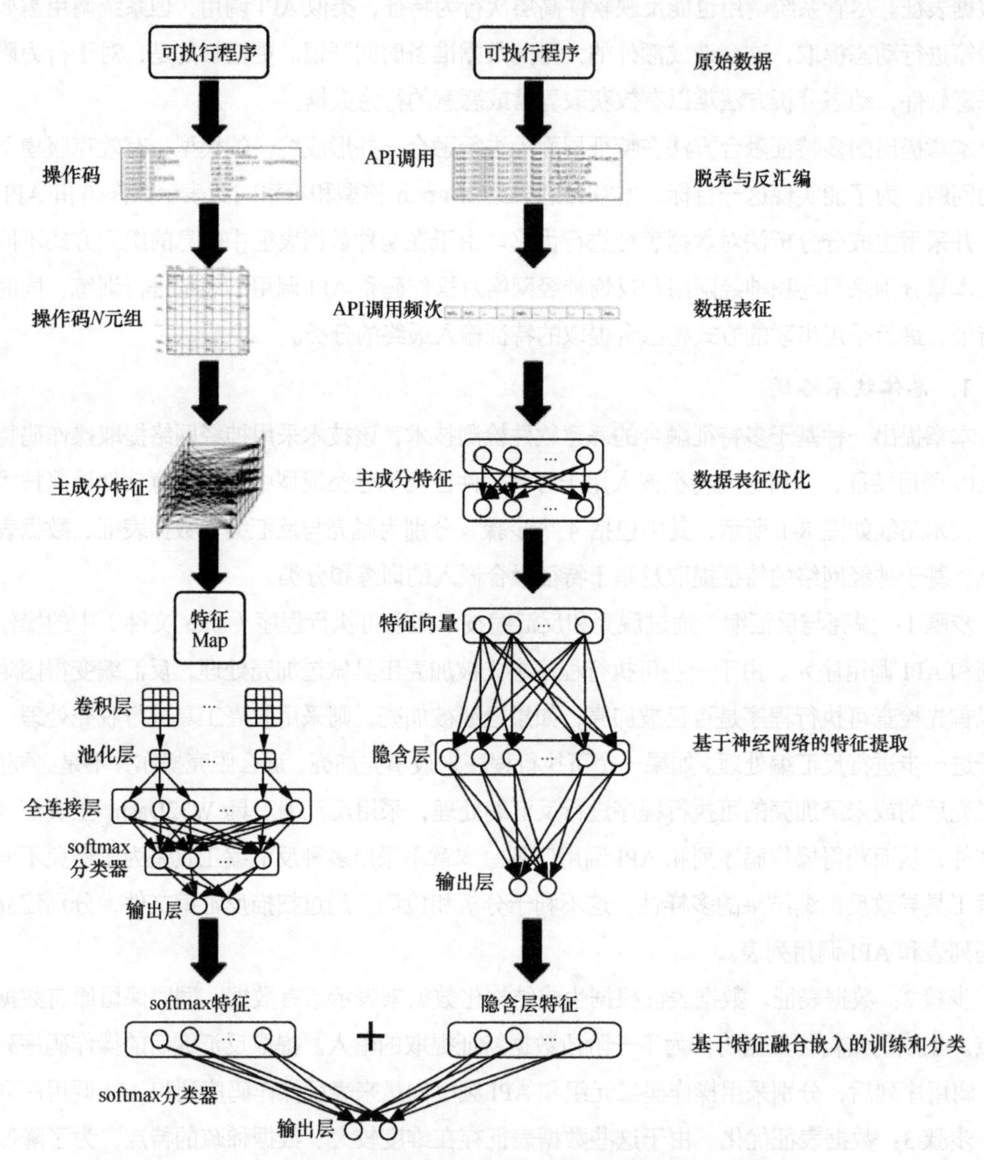

图 8-1 基于多特征融合的恶意软件检测技术的总体技术路线

2. 数据表征

由于操作码序列和 API 调用序列是非结构化数据，如图 8-2 所示，首先需要将其转化为结构化的数据表征。对于操作码数据表征，可采用操作码二元组矩阵，矩阵中的元素表示操作码二元组的概率。对于 API 数据表征，可采用 API 频率（概率）向量，其中的数值表示每种 API 被调用的频率（概率）。

```
:004092E2 6850964200         push 00429650
:004092E7 57                 push edi
:004092E8 50                 push eax
:004092E9 E860EE0000         call 0041814E
:004092EE 83C414             add esp, 00000014
:004092F1 8D85B8FDFFFF       lea eax, dword ptr [ebp+FFFFFDB8]
:004092F7 53                 push ebx
:004092F8 50                 push eax
:004092F9 E8E2F00000         call 004183E0
:004092FE 59                 pop ecx
:004092FF 50                 push eax
:00409300 8D85B8FDFFFF       lea eax, dword ptr [ebp+FFFFFDB8]
:00409306 50                 push eax
:00409307 FF750C             push [ebp+0C]
:0040930A FF15D0894300       call dword ptr [004389D0]
:00409310 8D85A4FCFFFF       lea eax, dword ptr [ebp+FFFFFCA4]
:00409316 50                 push eax
:00409317 E8C4F00000         call 004183E0
:0040931C 83F81E             cmp eax, 0000001E
:0040931F 59                 pop ecx
:00409320 8D85A4FCFFFF       lea eax, dword ptr [ebp+FFFFFCA4]
:00409326 50                 push eax
:00409327 7607               jbe 00409330
```

```
  Import Module 001: KERNEL32.DLL

Addr:00022D20 hint(0000) Name: GlobalUnlock
Addr:00022D2E hint(0000) Name: SetEnvironmentVariableA
Addr:00022D48 hint(0000) Name: CompareStringW
Addr:00022D58 hint(0000) Name: CompareStringA
Addr:00022D68 hint(0000) Name: SetEndOfFile
Addr:00022D76 hint(0000) Name: FlushFileBuffers
Addr:00022D88 hint(0000) Name: SetStdHandle
Addr:00022D96 hint(0000) Name: GetStringTypeW
Addr:00022DA6 hint(0000) Name: GetStringTypeA
Addr:00022DB6 hint(0000) Name: RtlUnwind
Addr:00022DC2 hint(0000) Name: GetFileType
Addr:00022DD0 hint(0000) Name: GetStdHandle
Addr:00022DDE hint(0000) Name: SetHandleCount
Addr:00022DEE hint(0000) Name: GetEnvironmentStringsW
Addr:00022E06 hint(0000) Name: GetEnvironmentStrings
Addr:00022E1E hint(0000) Name: FreeEnvironmentStringsW
Addr:00022E38 hint(0000) Name: FreeEnvironmentStringsA
Addr:00022E52 hint(0000) Name: GetModuleFileNameA
Addr:00022E66 hint(0000) Name: Sleep
Addr:00022E6E hint(0000) Name: MultiByteToWideChar
Addr:00022E84 hint(0000) Name: ReadFile
Addr:00022E8E hint(0000) Name: CloseHandle
Addr:00022E9C hint(0000) Name: WriteFile
Addr:00022EA8 hint(0000) Name: TransactNamedPipe
Addr:00022EBC hint(0000) Name: CreateFileA
Addr:00022ECA hint(0000) Name: SetFilePointer
```

图 8-2　操作码序列和 API 调用序列

3. 数据表征优化

采用主成分分析方法对操作码二元组矩阵和 API 频率向量的数据表征进行进一步优化，通过降噪、减少特征维度之间的关联度，提升神经网络的收敛性，同时尽可能不损失精度。对于一个给定的可执行程序，首先根据式（8-1）计算操作码二元组矩阵 $\boldsymbol{M}(\mathrm{op}_i,\mathrm{op}_j)$ 的协方差矩阵 $\mathbf{CV}(\mathrm{op}_i,\mathrm{op}_j)$，其中，$n$ 表示训练样本数量。然后根据式（8-2）计算协方差矩阵的特征向量 $\mathbf{EigenVec}_\lambda$ 和特征值 λ，其中 $\boldsymbol{E}$ 为单位矩阵。为了尽可能保留更多的信息，可选取所有特征值对应的特征向量构成一个新的特征矩阵，并基于特征矩阵，根据式（8-3）提取操作码二元组矩阵的主成分特征 $\mathrm{PCA}(\mathrm{op}_i,\mathrm{op}_j)$。

$$\mathbf{CV}(\mathrm{op}_i,\mathrm{op}_j)=\frac{\left(\boldsymbol{M}(\mathrm{op}_i,\mathrm{op}_j)-\frac{\sum\boldsymbol{M}(\mathrm{op}_i,\mathrm{op}_j)}{n}\right)^{\mathrm{T}}\cdot\left(\boldsymbol{M}(\mathrm{op}_i,\mathrm{op}_j)-\frac{\sum\boldsymbol{M}(\mathrm{op}_i,\mathrm{op}_j)}{n}\right)}{n} \tag{8-1}$$

$$\left|\mathbf{CV}(\mathrm{op}_i,\mathrm{op}_j)-\lambda\cdot\boldsymbol{E}\right|=0 \tag{8-2}$$

$$\mathrm{PCA}(\mathrm{op}_i,\mathrm{op}_j)=\left(\boldsymbol{M}(\mathrm{op}_i,\mathrm{op}_j)-\frac{\sum\boldsymbol{M}(\mathrm{op}_i,\mathrm{op}_j)}{n}\right)\cdot\mathbf{EigenVec}_\lambda \tag{8-3}$$

对于一个给定的可执行程序，根据式（8-4）计算 API 频率（概率）向量 $\mathbf{Vec}(\mathrm{api}_i)$ 的协方差矩阵 $\mathbf{CV}(\mathrm{api}_i)$，然后根据式（8-5）计算协方差矩阵的特征向量和特征值。本章选取所有特征值对应的特征向量构成一个新的特征矩阵，并基于特征矩阵，根据式（8-6）提取 API 频率（概率）向量的主成分特征 $\mathrm{PCA}(\mathrm{api}_i)$。

$$\mathbf{CV}(\mathrm{api}_i)=\frac{\left(\mathbf{Vec}(\mathrm{api}_i)-\frac{\sum\mathbf{Vec}(\mathrm{api}_i)}{n}\right)^{\mathrm{T}}\cdot\left(\mathbf{Vec}(\mathrm{api}_i)-\frac{\sum\mathbf{Vec}(\mathrm{api}_i)}{n}\right)}{n} \tag{8-4}$$

$$\left|\mathbf{CV}(\mathrm{api}_i)-\lambda\cdot\boldsymbol{E}\right|=0 \tag{8-5}$$

$$\mathrm{PCA}(\mathrm{api}_i)=\left(\mathbf{Vec}(\mathrm{api}_i)-\frac{\sum\mathbf{Vec}(\mathrm{api}_i)}{n}\right)\cdot\mathbf{EigenVec}_\lambda \tag{8-6}$$

4. 基于神经网络的特征提取

本章分别采用卷积神经网络和反馈神经网络训练操作码数据表征和 API 数据表征，从而得到操作码嵌入特征和 API 嵌入特征。

卷积神经网络训练：本章采用的卷积神经网络包括 8 层，分别为一个输入层、两个卷积层、两个池化层、一个 ReLU 全连接层、一个 softmax 分类器层、一个输出层。在卷积神经网络训练时，先将神经网络参数初始化，然后将经主成分分析法优化后的数据表征输入网络中，经前向传播过程，可以得到输出层的残差。在前向传播过程中，输入数据经卷积层、池化层、ReLU 全连接层至 softmax 分类器层，由输出层输出计算结果并计算残差。其中全连接层采用 ReLU 函数连接，如式（8-7）所示，分类器层采用 softmax 函数，如式（8-8）所示，输出层标签是由 1 和 0 组成的向量，用于表示恶意软件和良性软件。反向传播过程采用链式传播将残差反向传播至输入层，损失函数如式（8-9）所示，其中 $H()$表示激活函数或分类函数。根据各层残差，根据式（8-10）和式（8-11）采用梯度下降法逐步更新各相邻层之间的权值。

$$\mathrm{relu}(W\cdot \mathrm{PCA}(\mathrm{op}_i,\mathrm{op}_j))=\max(0,W\cdot \mathrm{PCA}(\mathrm{op}_i,\mathrm{op}_j)) \tag{8-7}$$

$$\mathrm{softmax}(W\cdot \mathrm{PCA}(\mathrm{op}_i,\mathrm{op}_j))=\frac{\exp(w\cdot \mathrm{PCA}(\mathrm{op}_i,\mathrm{op}_j)_k)}{\sum \exp(w\cdot \mathrm{PCA}(\mathrm{op}_i,\mathrm{op}_j)_k)} \tag{8-8}$$

$$\mathrm{minLoss}=(Y-H(W\cdot X)^2) \tag{8-9}$$

$$\Delta w=\alpha\cdot\frac{\delta\,\mathrm{Loss}}{\delta w} \tag{8-10}$$

$$w_{t+1}=w_t+\Delta w \tag{8-11}$$

反馈神经网络训练：本章采用的反馈神经网络包括 3 层，分别为输入层、隐含层、输出层。输入层全连接隐含层，隐含层全连接输出层，连接方式采用 sigmoid 函数，如式（8-12）所示，输出层标签是由 1 和 0 组成的向量，用于表示恶意软件和良性软件。在训练时，先将神经网络参数初始化，然后将经主成分分析法优化后的数据表征输入网络中，经前向传播过程，可以得到输出层的残差。采用链式传播将残差反向传播至输入层，损失函数如式（8-9）所示，其中 $H()$表示激活函数或分类函数。根据各层残差，通过式（8-10）和式（8-11）采用梯度下降法逐步更新各相邻层之间的权值。

$$\mathrm{sigmoid}(W\cdot \mathrm{PCA}(\mathrm{api}_i))=\frac{1}{1+\exp(W\cdot \mathrm{PCA}(\mathrm{api}_i))} \tag{8-12}$$

重训练：通过网络训练出模型后，基于该模型对未知新样本进行检测。对于一个新样本，经模型检测后，如果该样本的输出在恶意类别标签的置信度最大，那么判定该样本为恶意样本。对于决策后的样本，如果样本的置信度大于阈值，那么会放入训练集进行重训练，从而扩大模型决策范围并保持模型的时效性。此外，为了抵抗对抗样本中毒攻击，会对重训练后的模型进行再检测，如果发现模型精度急速下降，那么模型和训练集会回滚至上一个最新的版本。

特征嵌入：当神经网络训练收敛后，可以保留卷积神经网络中的网络结构、卷积核、池化核及权重矩阵作为操作码特征嵌入模型，保留反馈神经网络中的网络结构、权重矩阵作为 API 特征嵌入模型。这些模型分别用于生成样本的操作码特征和 API 特征。将一个未知样本的操作码表征和 API 表征分别输入这两个模型中，通过模型前向传播过程，可以得到卷积神经网络最后全连接层和反馈神经网络最后隐含层的输出，将该输出分别作为操作码和 API 的特征，用于下一阶段的特征融合和检测。

本章提出的特征嵌入方法适用于异构神经网络（如卷积神经网络、反馈神经网络）。尽管卷积神经网络和反馈神经网络的架构不同，但两种神经网络均采用梯度下降法训练特征，并将源数据表征映射至新的多维特征空间中。同一个类别样本的特征在该特征空间中的距离会随着神经网络训练收敛而不断减小，因此，这些特征可以被看作同类别样本的共性特征，训练出的特征可以用于进一步的训练和分类。

5. 基于特征融合嵌入的训练和分类

本章采用串联的方式融合经卷积神经网络训练得出的操作码特征和经反馈神经网络训练得出的 API 特征，并嵌入最终的分类器中进行训练和检测。通过输入融合特征至最终的 softmax 分类器中训练出分类模型，并基于该分类模型检测变种恶意软件。softmax 分类器如式（8-8）所示，权值优化方法采用梯度下降法。

以串联的方式融合异构神经网络特征的前提是不同神经网络特征的空间尺度接近。通过数据表征规范化处理和异构神经网络训练得到的特征的空间尺度均在[0,1]，所以可以以串联的方式进行合并。由于恶意软件变种的操作码和 API 调用存在一定相似性，基于操作码二元组矩阵的数据表征和基于 API 调用频率的数据表征存在一定相似性。神经网络训练得到的特征是源数据表征的极大似然估计，因此恶意软件变种经训练融合后的特征存在一定相似性，可以采用分类器方法进行分类。

8.2 面向数据预测的隐私保护技术

随着信息通信网络技术的发展，经济形态从传统的农业经济、工业经济过渡到了数字经济。在数字经济蓬勃发展的过程中，人工智能、云计算等技术在精准医疗、数字政务、元宇宙社会治理等领域得到了广泛关注。随着国内外对个人数据隐私、数据安全的重视程度不断提高，如何在前沿应用中保护用户数据隐私，成为国内外关注的重点问题。为了保护数据预测应用中的隐私数据，本节讨论面向数据分类应用的应用密码技术。首先，介绍数据分类应用的背景；其次，介绍相关的安全技术；然后，阐述面向决策树和支持向量机两种数据分类应用的安全技术；最后，归纳和总结本节的内容。

8.2.1 研究背景

数字经济是继农业经济、工业经济之后的主要经济形态，是以数据资源为关键要素，以现代信息网络为主要载体，以信息通信技术融合应用、全要素数字化转型为重要推动力，促进公平与效率更加统一的新型经济形态。为了保障我国数字经济行稳致远，中央网络安全和信息化委员会印发的《"十四五"国家信息化规划》指出，要"构建数字规则体系，营造开放、健康、安全的数字生态"，这为营造良好数字生态、维护国家安全、保障数字内容安全、加快数字中国建设提供了新的指引。

人工智能产业链的发展是数字经济增长的主要动力。全球范围内的人工智能产业应用，不仅为经济社会发展注入了新动能，还深刻改变了人类的生产生活方式。人工智能产业链囊括了数字政务、精准医疗、工业互联网、智能制造、空天地海一体化网络、元宇宙社会治理等诸多前沿领域。通过从海量数据中构建智能模型，可以为诸多领域提供跨界融合、群智开放、深度学习、人机协同、自主可控的精准预测服务。国务院印发的《新一代人工智能发展规划》指出，"人工智能成为经济发展的新引擎"，这也揭示了包括精准预测在内的人工智能技术正在为我国数字经济的发展提供新技术、新产品、新业态和新模式。

作为影响面广的颠覆性技术，人工智能技术的落地往往离不开云计算、物联网等便于数据采集、管理、交互的基础设施。例如，深度学习影响分析著名企业 Zebra Medical Vision 通过对云服务器中海量医疗数据进行深度学习，为用户提供肝脏、肺脏、心血管和骨骼方面的临床医学建议，并将这套自动化辅助分析引擎部署在全球 50 家以上的医疗院所，为超过百万名用户提供服务。行业需求与人工智能、云计算技术的交叉融通，推动了数字经济的进一步发展。

人工智能在促进数字经济发展的同时，也带来了新的安全挑战，这是新技术在安全领域的伴生效应。这种伴生效应会给包括数据预测等在内的人工智能应用带来两个方面的安全问题。一是由于人工智能技术的出现，其自身的脆弱性会导致人工智能系统出现不稳定、不安全的情况，这方面的问题被统称为人工智能内生安全问题。二是人工智能技术的自身缺陷给其他领域带来了新的安全风险，这方面的问题被统称为人工智能衍生安全问题。针对这些问题，国家新一代人工智能治理专业委员会于 2021 年 9 月发布了《新一代人工智能伦理规范》，为人工智能提出了增进人类福祉、促进公平公正、保护隐私安全、确保可控可信、强化责任担当、提升伦理素养 6 项基本伦理要求。这些伦理要求的提出，恰恰说明了人工智能系统安全正面临着严峻的挑战。

以数据预测为代表的人工智能应用往往存在内生数据安全问题[10]。在数据预测应用中，服务提供商通过将预训练好的预测模型外包存储在云服务器，为远程用户提供实时的泛在预测服务。然而，这种服务模式往往伴生隐私泄露的风险[11]。一方面，决策模型的生成往往由大量敏感数据训练得到。直接将决策模型外包存储的服务模式，无疑将服务提供商的宝贵知识财富暴露在公开环境中，可能引发知识产权被侵犯的风险。另一方面，用户向云服务器上传特征数据，并由云服务器计算出预测结果的过程，往往会暴露用户数据内容。

本节针对数据预测应用中的数据安全问题，介绍两种应用密码解决方案。其一，针对基于决策树分类方法的数据预测应用，介绍一种基于对称密码体制的安全决策树分类方案；其二，针对基于支持向量机分类方法的数据预测应用，介绍一种基于对称密码体制的安全支持向量机分类方案。两个方案不仅能够保护服务提供商的模型机密性，还可以为用户输入数据及决策结果的隐私提供安全保障。与此同时，通过采用对称密码体制，这些方案能够在保护数据机密性的同时，实现高效的数据预测，能够支持海量高并发的数据决策需求。

8.2.2 相关技术

1. **决策树分类技术**

由于具有高准确率、易于部署、高效评估等突出优势，数据分类技术被广泛应用在智能交通、恶意软件检测和智慧医疗等领域[12]。在医疗健康领域，决策树分类器因其具备可解释性强等特点，已经被广泛应用在以远程疾病诊断系统为典型的智慧医疗中。医疗机构通常采用决策树分类技术构建疾病诊断模型，进而对患者的体征数据进行决策判断。为了向远程患者提供决策服务并降低医疗机构的运营成本，远程疾病诊断系统通常需要医疗机构将疾病诊断模型外包存储在云服务器中，然后向远程患者提供实时疾病诊断服务。由于云服务提供商并非完全可信，医疗机构和患者担心这种外包服务可能会导致疾病诊断模型或患者数据泄露。

为了在远程疾病诊断系统中保护疾病诊断模型和患者数据的机密性，大量基于密码学技术的隐私保护决策树分类方法被学者们提出。具体而言，目前已有的隐私保护决策树分类方案包括基于全同态加密（FHE）的方案[13-15]、基于加法同态加密（AHE）的方案[16-17]、基于混淆电路（GC）的方案[18-19]、基于不经意传输（OT）的方案[14,16,18-19]、基于秘密共享（SS）的方案[14,18]、基于对称可搜索加密（SSE）的方案[20-21]等。本节大致将已有隐私保护决策树分类方法分为基于同态加密（HE）的方法和基于安全多方计算（MPC）的方法。

基于 HE 的方法主要考虑了只包含医疗机构和患者的疾病诊断系统。在这种系统模型中，医疗机构的疾病诊断模型需要对患者保密，而患者的医疗健康数据需要对医疗机构保密。Bost 等[15]将决策树分类器转化成带加法和乘法的多项式，从而利用 FHE 构造了安全决策树分类方法。此外，Khedr 等[13]也利用 FHE 设计了安全决策树分类方法。为了解决 FHE 方法效率较低的问题，Tai 等[17]和 Xue 等[22]利用 AHE 分别设计了两种不同的安全决策树分类方法。虽然基于 HE 的方法能够保障疾病诊断模型和患者数据的机密性，但是这一类方法可能会因为同态加密方法所需的高复杂度同态计算而面临高计算开销。为了实现高效的远程疾病诊断服务，需要在设计次线性时间复杂度的安全决策树分类方法的同时，避免使用开销昂贵的密码学技术。

基于 MPC 的方法假设具有多个不合谋的医疗机构或多个不合谋的患者，并通过多次交互与协作实现安全决策树分类。Jagadeesh 等[12]通过设计定制的 GC 来构造安全决策树分类方法。

Cock 等[14]结合 OT 和 SS 设计了安全决策树分类方法。Tueno 等[18]应用 GC 和 OT 设计了安全决策树分类方法。Kiss 等[19]结合 OT、GC 和 AHE 等方法，设计了安全决策树分类方法。此外，Zheng 等[20]考虑了一种双云模型，即让医疗机构和患者将其数据分别上传到两个不合谋的云服务器中，再利用 SS 构建隐私计算方法，实现了安全决策树分类。与基于 HE 的方法相比，基于 MPC 的方法避免了大量复杂计算，从而实现了高效的安全决策树分类。然而，基于 MPC 的方法却难以应用在远程疾病诊断系统中，原因如下：一方面，基于 MPC 的方法需要假设多参与方互不合谋，而这种假设往往基于某些现实原因难以实现；另一方面，基于 MPC 的方法需要多方协作运算得到决策结果，进而造成了沉重的通信开销。为了实现高效的远程疾病诊断服务，需要避免使用 MPC 方法，以降低通信开销。

为了提高计算与通信的效率，一些决策树分类方法能够对决策树分类器提取规则，从而构造可查询索引，进而成为设计高效且安全的隐私保护决策树分类方法的主要思路。与主流的隐私保护决策树分类方法相比，通过应用对称密码机制对索引进行加密，能够避免使用 HE 方法和 MPC 方法，进而提高隐私保护决策树分类的计算与通信效率。如何设计高效查询索引，降低索引的存储开销，是基于对称密码的方法亟待解决的问题。目前亟须进一步研究安全决策树分类方案，在远程疾病诊断系统中保护医疗机构和用户的隐私数据。

2. 支持向量机分类技术

支持向量机分类技术具有准确率高、决策效率高、易于部署等优点，在医疗健康、交通运输等多个应用领域被广泛应用于数据决策。在基于云服务的远程健康监护系统中，医疗机构常使用支持向量机分类技术构造医疗决策模型，然后将该模型外包存储在云服务器中，使用周期性采集的用户体征数据生成医疗决策。由于云服务器可能会受到内部或外部的攻击，这种典型的智慧医疗应用需要保护医疗机构的医疗决策模型及用户的医疗数据的机密性。

为了保证基于云服务的健康监护系统中医疗决策模型和医疗数据的机密性，专家学者们提出了大量的安全支持向量机分类方法。现有安全支持向量机分类方案主要包括基于同态加密的方案[23-24]、基于双线性映射的方案[25]、基于安全多方计算的方案[26]、基于矩阵变换（MT）的方案等[27]。这些方案虽然能够保障远程健康监护系统敏感数据的机密性，但在计算开销、通信开销、安全性等方面还需要进一步地研究。

Rahulamathavan 等[23]基于 HE 设计了安全多类别支持向量机分类方法。Bost 等[15]将支持向量机分类功能转化成隐私点乘计算功能，通过 AHE 设计了安全支持向量机分类方案。Bajard 等[24]提高了基于 FHE 的隐私保护支持向量机分类方法的效率。为了提高决策效率，Zhu 等[25]提出了一种基于双线性映射的隐私保护支持向量机分类方法。该方法能够在密文环境下支持非线性核的支持向量机分类。上述基于 HE 的方法和基于双线性映射的方法，需要复杂的计算，可能会让远程健康监护系统中资源有限的可穿戴设备产生高昂的计算开销，并最终导致远程健康监护系统难以实时对用户的体征数据给出医疗决策。

为了降低计算开销，Ohrimenko 等[26]利用不经意安全多方计算技术和可信处理器提出了一种安全支持向量机分类方法。Jagadeesh 等[12]利用 MPC 构造了安全支持向量机分类方法。这些方案不仅需要假设存在多个不合谋的实体[28]或特定的信任区[29]，还需要各实体进行大量的通信以便协作完成支持向量机数据分类[30]。这种大量的通信可能会对远程健康监护系统中资源有限的可穿戴设备产生沉重的通信开销[31]，并最终导致远程健康监护系统难以实时对多个用户进行健康状态监测。

与基于 HE 的方法和基于 MPC 的方法相比，基于 MT 的方法是一种轻量级的安全支持向量机分类方法[27]。然而，基于 MT 的方法由于采用矩阵作为加密密钥，其加密后的数据密文会泄露数据明文的分布信息。因此，基于 MT 的方法可能会导致敏感信息泄露。更重要的是，上述基于 HE 的方案、基于 MPC 的方案和基于 MT 的方案均基于这样的假设：远程健康监护系统中的敌手是诚实且好奇的，这意味着云服务器虽然对敏感的医疗决策模型和医疗数据的内容感兴趣，但仍会忠实地执行安全协议。然而，由于内部攻击、外部攻击、软件错误等，这种假设在现实生活中可能并不存在。云服务器可能出于节约计算和存储资源等恶意动机伪造或删除部分医疗决策结果。而上述基于 HE 的方案、基于 MPC 的方案和基于 MT 的方案不支持对云服务器决策结果进行验证，无法保证远程健康监护服务的安全可靠。

8.2.3 面向决策树分类的隐私保护技术

本节介绍一种基于对称隐藏向量加密的隐私保护决策树分类方法 PPDT[32]。PPDT 不仅保护了决策树模型和数据的机密性，还为远程用户提供了高效的决策树分类服务。

1. 系统模型

本方案主要考虑一种基于云计算的服务模型。以远程疾病诊断服务为例，该系统模型包含 3 个实体，即医疗机构（MI）、用户（U）和云服务器（CS）。在这个模型中，MI 在本地服务器训练海量医疗数据，并将训练好的疾病诊断模型加密后上传到 CS。与此同时，U 将其体征数据加密后上传到云服务器，并利用加密的疾病诊断模型进行分类，得到加密的诊断结果。这种服务模式不仅保护了医疗机构和用户的知识产权及隐私信息，还能够将计算密集型的诊断服务外包到云服务器，处理用户频繁且海量的诊断请求。如图 8-3 所示，远程疾病诊断服务各实体流程描述如下。

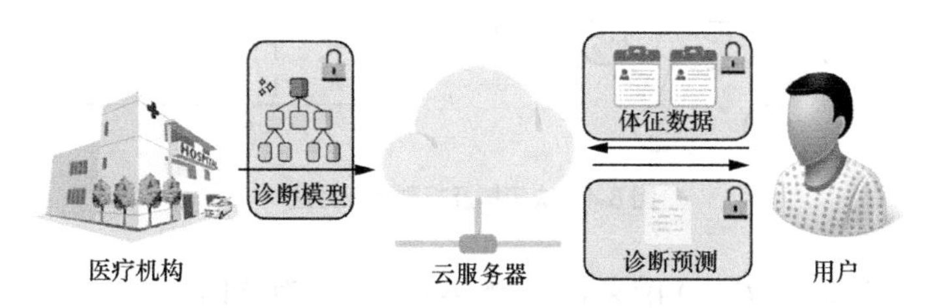

图 8-3 基于云计算的远程疾病诊断服务

（1）MI

MI 拥有一个经决策树分类方法从海量医疗数据中训练得到的疾病诊断模型。通过将加密后的疾病诊断模型外包到 CS 中，MI 通过 CS 向 U 提供远程疾病诊断服务，并会在外包传输模型后下线，从而节约大量的计算与通信开销。

（2）U

U 是远程疾病诊断服务使用者。通过可穿戴设备，U 周期性地测量其生物医学特征（如心率、血压、血氧含量等），并在获得安全参数后将这些体征数据加密发送至 CS。在发送后，通过应用 CS 强大的计算能力及 MI 上传的加密决策树分类模型，U 会从 CS 处获得加密后的诊断结果。

（3）CS

CS 从 MI 处获得加密的疾病诊断模型（即决策树分类模型），并利用其强大的计算、存储能力为远程用户提供高效的疾病诊断服务。当 CS 周期性地从 U 处收到体征数据后，CS 根据外包存储的加密决策树分类模型对加密的体征数据进行分类，并将对应的加密诊断结果返回给 U。

2. **基本定义**

令 DT 为一个包含 n 个内节点和 m 个叶节点的决策树分类器。令 $t=\{t_1,t_2,\cdots,t_n\}$ 表示内节点的阈值，$d=\{d_1,d_2,\cdots,d_m\}$ 为 DT 中叶节点的预测结果。令 $f=\{f_1,f_2,\cdots,f_n\}$ 为 U 输入的体征数据，其中，决策树内节点 t_i 需要与体征数据 f_i 进行大小比较。令 $[w]$ 为整型数据集合 $\{1,2,\cdots,w\}$。假设 U 提供的体征数据和内节点阈值均为集合 $[w]$ 中的正整数，即 $f,t\in[w]^n$。令 $R=\{R_1,R_2,\cdots,R_m\}$ 表示在 DT 中提取的 m 条带通配符决策路径。如图 8-4 所示，每条决策路径 $R_i\in R$ 可以被表示为 $R_i=\{R_{i,1},\cdots,R_{i,j},\cdots,R_{i,n},d_i\}$，其中 $R_{i,j}$ 为 R_i 中 $b_j=1\{f_j>t_j\}$ 的取值。由于 $R_{i,j}$ 表示 R_i 中 f_j 与 t_j 的关系，因此 $R_{i,j}\in\{0,1,*\}$，其中 * 为通配符，即决策路径 R_i 的最终分类结果 d_i 和 f_j 与 t_j 的关系无关。令 $\boldsymbol{V}=\{\boldsymbol{v}_{1,1},\cdots,\boldsymbol{v}_{1,n},\cdots,\boldsymbol{v}_{i,j},\cdots,\boldsymbol{v}_{m,1},\cdots,\boldsymbol{v}_{m,n}\}$ 为在 R 中所有决策路径的 $m\times n$ 个布尔型向量。每一个布尔型向量 $\boldsymbol{v}_{i,j}\in\boldsymbol{V}$ 用于表示每一条决策路径 $R_{i,j}\in R_i$，且包含 w 个元素。

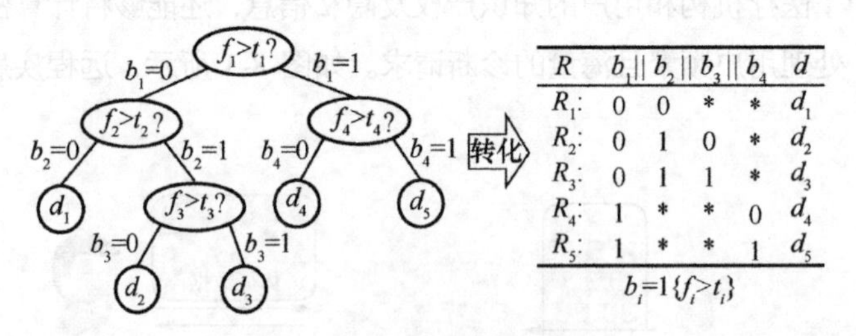

R	$b_1\|\|b_2\|\|b_3\|\|b_4$				d
R_1:	0	0	*	*	d_1
R_2:	0	1	0	*	d_2
R_3:	0	1	1	*	d_3
R_4:	1	*	*	0	d_4
R_5:	1	*	*	1	d_5

$b_i=1\{f_i>t_i\}$

图 8-4　决策树及规则提取方法

令 κ 为安全参数。令 $F_0:\{0,1\}^\kappa\times\{0,1\}^{\kappa+\lg\kappa}\to\{0,1\}^{\kappa+\lg\kappa}$ 为 PRF，其中，$K_{f_0}\leftarrow\{0,1\}^\kappa$。令 $H_0:\{0,1\}^\kappa\times\{0,1\}^{\lg(mnw)}\to\{0,1\}^{\lg(mnw)}$ 与 $H_0:\{0,1\}^\kappa\times\{0,1\}^{\lg m}\to\{0,1\}^{\lg m}$ 为两个 PRP，其中 $K_{h_0},K_{h_1}\leftarrow\{0,1\}^\kappa$。令 $\mathrm{SKE}=(\mathrm{SKE.Gen},\mathrm{SKE.Enc},\mathrm{SKE.Dec})$ 的明文空间、密钥空间均为 $\{0,1\}^{\kappa+\lg\kappa}$。令 K_d 和 K 均为 SKE 的密钥。令 ER 为一个包含 mnw 个元素的线性表，用于存储加密后的决策规则。令 EP

为一个包含 m 个元素的线性表，用于存储加密后的决策结果。令 $\mathrm{TK}=\{\mathrm{TK}_1,\cdots,\mathrm{TK}_m\}$ 为用于疾病诊断的 m 个查询令牌。每一个令牌 $\mathrm{TK}_i\in\mathrm{TK}$ 满足 $\mathrm{TK}_i=(\mathrm{TK}_i^1,\mathrm{TK}_i^2,\mathrm{TK}_i^3,L_i)$，其中 L_i 为 ER 中的 m 个位置。

3. 决策树分类器与布尔型向量

PPDT 的基本思路是将决策树分类器 DT 转化为 $m\times n$ 个布尔型向量 $\boldsymbol{V}$，并使用加密的 $\boldsymbol{V}$ 实现隐私保护的决策树分类。在训练出决策树分类器 DT 后，MI 提取出决策规则 $R=\{R_1,R_2,\cdots,R_m\}$。对于每条规则 $R_i\in R$，MI 构造 n 个布尔型向量，即 $\{\boldsymbol{v}_{i,1},\cdots,\boldsymbol{v}_{i,n}\}$。每一个布尔型向量 $\boldsymbol{v}_{i,j}\in\boldsymbol{V}$ 用于表示 $R_{i,j}\in R_i$，且包含 w 个元素。接着，$\boldsymbol{v}_{i,j}$ 中的每一个元素 $v_{i,j}[k]$ 的取值如式（8-13）所示。

$$v_{i,j}[k]\leftarrow\begin{cases}1,\ R_{i,j}=1\text{且}k>t_j\\1,\ R_{i,j}=0\text{且}k\leqslant t_j\\1,\ R_{i,j}=*\\0,\ \text{其他}\end{cases}\tag{8-13}$$

对于输入的体征数据 f，决策树分类器利用 $\boldsymbol{V}$ 进行以下操作。对于每一条规则 R_i，U 测试 $\boldsymbol{v}_{i,j}\in\boldsymbol{V}$ 中的 n 个值，即 $v_{i,1}[f_1],v_{i,2}[f_2],\cdots,v_{i,n}[f_n]$。若这些值均为“1”，则体征数据 f 所对应的分类结果为 d_i，即满足规则 R_i。换言之，对于规则 $R_i\in R$，若对于所有 $j\in[n]$，存在 $v_{i,j}[f_j]=1$，则体征数据 f 所对应的分类结果为 d_i。

考虑图 8-5 中的例子。图 8-4 中的决策路径 R_2 为 $\{0,1,0,*\}$，其对应决策结果为 d_2。假设 $w=10$ 且 $t=\{4,6,3,7\}$，则布尔型向量 $\boldsymbol{v}_{2,1}$、$\boldsymbol{v}_{2,2}$、$\boldsymbol{v}_{2,3}$ 和 $\boldsymbol{v}_{2,4}$ 的取值如图 8-5 所示。对于向量 $\boldsymbol{v}_{2,1}$，由于 $t_1=4$ 且 $R_{2,1}=0$，从 $v_{2,1}[1]$ 至 $v_{2,1}[4]$ 中的元素均为 1，同时 $v_{2,1}[5]$ 至 $v_{2,1}[10]$ 中的元素均为 0。对于向量 $\boldsymbol{v}_{2,2}$，由于 $t_2=6$ 且 $R_{2,2}=1$，从 $v_{2,2}[1]$ 至 $v_{2,2}[6]$ 中的元素均为 0，同时 $v_{2,2}[7]$ 至 $v_{2,2}[10]$ 中的元素均为 1。对于向量 $\boldsymbol{v}_{2,3}$，由于 $t_3=3$ 且 $R_{2,3}=0$，从 $v_{2,3}[1]$ 至 $v_{2,3}[3]$ 中的元素均为 1，同时 $v_{2,3}[4]$ 至 $v_{2,3}[10]$ 中的元素均为 0。对于向量 $\boldsymbol{v}_{2,4}$，由于 $t_4=7$ 且 $R_{2,4}=*$，从 $v_{2,4}[1]$ 至 $v_{2,4}[10]$ 中的元素均为 1。对于输入的体征数据 $f=\{1,8,3,5\}$，由于 $v_{2,1}[1]$、$v_{2,2}[8]$、$v_{2,3}[3]$、$v_{2,4}[5]$ 均为 1，因此体征数据 f 与规则 R_2 匹配，进而得出体征数据 f 的分类结果为 d_2。

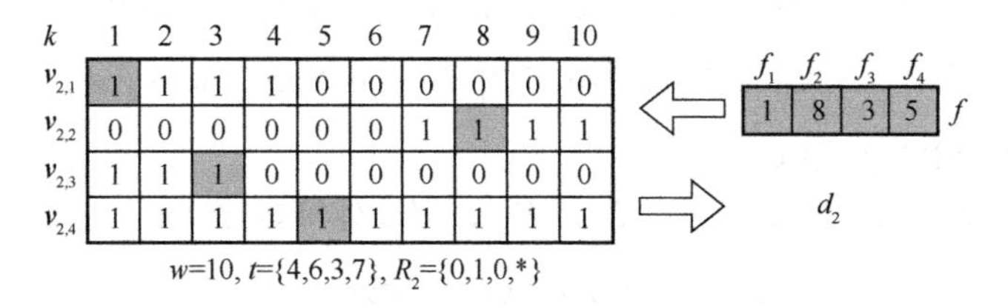

图 8-5　将决策树规则转化成布尔型向量

4. 核心方法构造

根据上述布尔型向量 $\boldsymbol{V}$ 的构造，可以结合 SHVE 的思路实现隐私保护的决策树分类。PPDT 的具体定义如下。PPDT 方法包含 4 个多项式时间的方法，即 PPDT=(Init, ClfEnc, TokenGen, Eva)。

（1）初始化（Init）

初始化方法由 MI 根据安全参数κ生成伪随机置换H_0和H_1及其密钥K_{h_0}和K_{h_1}，伪随机函数F_0及其密钥K_{f_0}，对称密钥K_d。随后 MI 将上述函数、密钥分享给 U。

（2）分类器加密（ClfEnc）

分类器加密方法由 MI 根据H_0、H_1、F_0、SKE 及其密钥K_{h_0}、K_{h_1}、K_{f_0}、K_d分别对布尔型向量$\boldsymbol{V}$和决策结果d进行加密，并分别存储在ER和EP。随后，MI将ER和EP外包存储在CS。

（3）令牌生成（TokenGen）

令牌生成方法由 U 根据其体征数据f生成令牌 TK，并将 TK 上传到 CS。

（4）评估（Eva）

评估方法由 CS 根据 MI 外包存储的加密索引 ER 和 EP 对 U 上传的令牌 TK 进行分类，并将加密的分类结果返回至 U。随后 U 对加密的分类结果进行解密，并得到明文分类结果d_i，其中$i \in [m]$。

PPDT 的构造思路如下。首先，通过将DT转化成$m \times n$个布尔型向量$\boldsymbol{V}$，并提取所有预测结果d，使任意$d_i \in d$为布尔型向量$\{v_{i,1},\cdots,v_{i,n}\}$的预测结果。然后，结合 SHVE 和SKE 分别对$\boldsymbol{V}$和d加密，并利用 PRP 对加密后的$\boldsymbol{V}$和d进行置换，得到加密索引ER和EP。最后，通过查询加密索引ER和EP，实现隐私保护的决策树分类，进而实现隐私保护的远程疾病诊断服务。根据上述思路，PPDT 详细描述如下。

初始化方法的输入为安全参数κ；输出为H_0、H_1、F_0及密钥K_{h_0}、K_{h_1}、K_{f_0}、K_d。初始化方法包含以下步骤。

① MI 根据安全参数κ，生成H_0、H_1、F_0，并计算$K_{f_0} \leftarrow \{0,1\}^\kappa$、$K_{h_0},K_{h_1} \leftarrow \{0,1\}^\kappa$。

② MI 根据安全参数κ，计算$K_d \leftarrow \text{SKE.Gen}(1^\kappa)$。

③ MI 将H_0、H_1、F_0及密钥K_{h_0}、K_{h_1}、K_{f_0}、K_d发送至 U。

分类器加密方法的输入为H_0、H_1、F_0，密钥K_{h_0}、K_{h_1}、K_{f_0}、K_d，布尔型向量$\boldsymbol{V}$和预测结果d；输出为加密索引ER和EP。注意，DT已经被 MI 转化为$m \times n$个布尔型向量$\boldsymbol{V}$，并提取所有预测结果d。分类器加密方法包含以下步骤。

① 对于所有$i \in [m]$，$j \in [n]$，$k \in [w]$，MI 计算：$\text{ER}\left[H_0(i \| j \| k)\right] \leftarrow F_0\left(v_{i,j}[k] \| i \| j \| k\right)$。

② 对于所有$i \in [m]$，$d_i \in d$，MI 计算：$\text{EP}\left[H_1(i)\right] \leftarrow \text{SKE.Enc}(K_d, d_i)$。

③ MI 将ER和EP发送至CS。

令牌生成方法的输入为密钥K_{h_0}、K_{h_1}、K_{f_0}，以及体征数据$f = \{f_1, f_2, \cdots, f_n\}$；输出为查询令牌$\text{TK} = \{\text{TK}_1, \cdots, \text{TK}_m\}$。令牌生成方法包含以下步骤。

① U 生成一次性对称密钥$K \leftarrow \text{SKE.Gen}(1^\kappa)$。

② U 为其体征数据$f = \{f_1, f_2, \cdots, f_n\}$生成$m$个查询令牌$\text{TK} = \{\text{TK}_1, \cdots, \text{TK}_m\}$。每一个查询令牌$\text{TK}_i \in \text{TK}$可以表示为$\text{TK}_i = \left(\text{TK}_i^1, \text{TK}_i^2, \text{TK}_i^3, L_i\right)$。每一个$\text{TK}_i$由如下计算可得。

$$\text{TK}_i^1 = \oplus_{f_j \in f}\left(F_0\left(1 \| i \| j \| f_j\right)\right) \oplus K$$

$$\mathrm{TK}_i^2 = \mathrm{SKE.Enc}(K, 0^{\kappa+\lg\kappa})$$

$$\mathrm{TK}_i^3 = \mathrm{SKE.Enc}\left(K, H_1(i)\right)$$

$$L_i = \left\{H_0\left(i \| j \| f_j\right)\right\}_{j\in[n]}$$

③ U 将 TK 发送至 CS。

评估方法的输入为令牌 TK 、加密索引 ER 和 EP ，以及密钥 K_d ；输出为决策结果 d_i 。评估方法包含以下步骤。

① CS 从 MI 处接收到加密索引 ER 和 EP 。

② CS 从 U 处接收到令牌 TK 后，对于所有 $i\in[m]$，CS 计算如下。

$$K' = \oplus_{f_j\in f}\left(\mathrm{ER}\left[H_0\left(i \| j \| f_j\right)\right]\right)\oplus \mathrm{TK}_i^1$$

③ 若 $\mathrm{SKE.Dec}(K', \mathrm{TK}_i^2) = 0^{\kappa+\lg\kappa}$ ，则 CS 查询 $\mathrm{EP}\left[\mathrm{SKE.Dec}\left(K', \mathrm{TK}_i^3\right)\right]$ 且获得对应的 $\mathrm{SKE.Enc}(K_d, d_i)$ ，其中，$i\in[m]$。于是，CS 将 $\mathrm{SKE.Enc}(K_d, d_i)$ 返回至 U。

④ 当收到 CS 返回的 $\mathrm{SKE.Enc}(K_d, d_i)$ 后，U 计算如下。

$$d_i = \mathrm{SKE.Dec}\left(K_d, \mathrm{SKE.Enc}(K_d, d_i)\right)$$

其中，$i\in[m]$。d_i 为体征数据 $f=\{f_1, f_2, \cdots, f_n\}$ 的对应决策结果。

8.2.4　面向支持向量机分类的隐私保护技术

本节介绍一种可验证且安全的支持向量机分类（VSSVMC）方法[33]。VSSVMC 在恶意威胁模型下能够保护支持向量机决策模型的机密性、特征输入数据的机密性和决策结果的完整性，并为远程用户提供实时、高效的支持向量机分类服务。

1. 系统模型

本方案主要考虑一种基于云计算的服务模型。基于云服务的远程健康监护系统包含 3 个实体，即医疗机构（MI）、云服务器（CS）和用户（U）。每一个实体的具体描述如下。

（1）MI

MI 通过在海量敏感医疗数据中训练支持向量机分类器，为远程健康监护系统提供医疗决策模型。由于云计算平台能够帮助 MI 提供远程健康监护服务，MI 将医疗决策模型外包给 CS 后，将保持离线状态。

（2）CS

CS 是第三方服务提供商，为 MI 和 U 提供高效、灵活的云计算服务。CS 利用 MI 的医疗决策模型（预训练得到的 SVM 分类器），根据 U 的体征数据做出医疗决策，为 U 提供健康监测服务。

（3）U

U 是需要定期检测个人健康状况的用户。由于计算和网络资源的限制，U 将在向 CS 提交他的医疗特征后保持离线状态，然后检索 CS 给出的医疗决策。

如图 8-6 所示，在上述 3 个实体参与下，基于云服务的远程健康监护服务包含两个阶段。

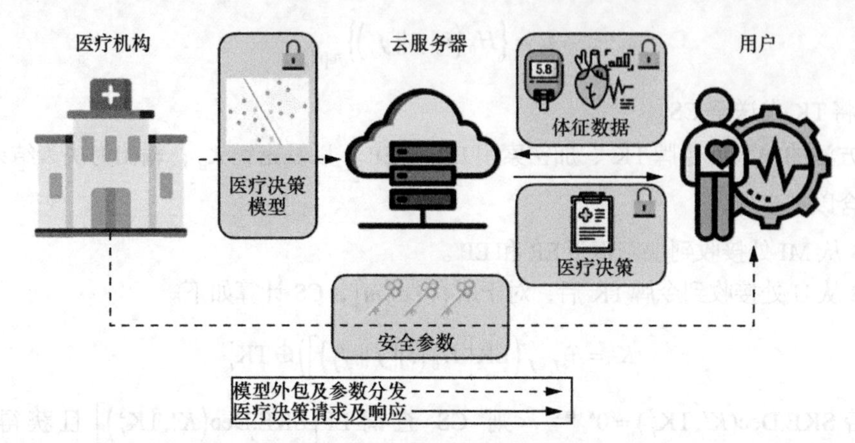

图 8-6　基于云服务的远程健康监护服务

（1）模型外包及参数分发

在这个阶段，MI 与 CS 和 U 只通信一次，即 MI 将医疗决策模型和参数分别发送至 CS 和 U。

（2）医疗决策请求及响应

在这个阶段，U 与 CS 周期性地进行交互。在健康监护的过程中，U 向 CS 提交多次医疗决策请求，并等待相应的医疗决策。在每一轮请求及响应中，U 将其体征数据上传到 CS，并等待 CS 根据医疗决策模型将相应的医疗决策结果返回。

2．基本符号定义

令 $v=\{v_1,\cdots,v_m\}$ 为 m 维体征数据，其每一个维度 v_i 的值均归一化到正整数集合 $\{1,\cdots,n\}$ 中，即 $v\in\mathbb{Z}_n^m$。令 SVMC 为 SVM 分类方法训练得到的医疗决策模型。令 $R=\{R_1,R_2,\cdots,R_t\}$ 为 SVMC 中提取出的 t 条规则。令 $p=\{p_1,p_2,\cdots,p_t\}$ 为规则集 R 的分类结果。每一条规则 $R_i\in R$ 表示为 $R_i=\{R_{i,1},R_{i,2},\cdots,R_{i,j},\cdots,R_{i,m},p_i\}$，其中，$1\leqslant i\leqslant t$ 且 $R_{i,j}=\{\mathrm{lb}_{i,j},\mathrm{ub}_{i,j}\}$，$R_{i,j}$ 为一个结构体，表示规则 R_i 在第 j 个维度的范围，范围的下限和上限分别由 $\mathrm{lb}_{i,j}$ 和 $\mathrm{ub}_{i,j}$ 来表示。由于所提取的规则（即超矩形所覆盖的区域）可能存在重叠，体征数据 v 可能会对应 p 中多个医疗决策结果。令 $p(v)$ 为体征数据 v 所对应的决策结果。当多规则成功匹配的情况出现时，采用成功匹配最多的决策结果作为最终决策结果。例如，若两条决策结果为正类的规则和一条决策结果为负类的规则均被同一体征数据匹配，则最终的决策结果为正类。令 $\boldsymbol{I}=\{\boldsymbol{I}_{1,1},\cdots,\boldsymbol{I}_{1,m},\cdots,\boldsymbol{I}_{t,1},\cdots,\boldsymbol{I}_{t,m}\}$ 为 $t\times m$ 个 n 比特布尔型向量，代表所提取的规则集 R。换言之，每一个向量 $\boldsymbol{I}_{i,j}\in\boldsymbol{I}$ 包含 n 个布尔型元素，即 $I_{i,j}[k]=\{0,1\}$，其中，$I_{i,j}[k]\in I_{i,j}$ 且 $1\leqslant k\leqslant n$。

令 κ 为安全参数。$F_0,F_1:\{0,1\}^*\times\{0,1\}^\kappa\to\{0,1\}^\kappa$ 分别为两个 PRF，其中，$K_{f_0},K_{f_1}\leftarrow\{0,1\}^\kappa$ 分别为其密钥。令 $H_0:\{0,1\}^\kappa\times\{0,1\}^{\lg(tmn)}\to\{0,1\}^{\lg(tmn)}$ 和 $H_1:\{0,1\}^\kappa\times\{0,1\}^{\lg t}\to\{0,1\}^{\lg t}$ 为两个 PRP，

其中，$K_{h_0},K_{h_1} \leftarrow \{0,1\}^{\kappa}$ 分别为其密钥。

令 $\text{SKE}=(\text{SKE.Gen},\text{SKE.Enc},\text{SKE.Dec})$ 的明文空间、密钥空间均为 $\{0,1\}^{\kappa+\lg\kappa}$ 。令 $K_0,K_1,\cdots,K_t$ 为 $(t+1)$ 个 SKE 密钥。令 $c=\{c_1,c_2,\cdots,c_t\}$ 为 p 的对应 SKE 密文。令 $c(v)$ 为 $p(v)$ 的对应 SKE 密文。令 $vc=\{vc_1,vc_2,\cdots,vc_t\}$ 为 c 对应的 t 个验证消息，即 vc_i 为 c_i 对应的完整性验证消息。令 T_0 和 T_1 分别为包括 tmn 和 t 个元素的加密索引。$\text{TK}(v)=\{\text{TK}_1(v),\cdots,\text{TK}_t(v)\}$ 为体征数据 v 对应的 t 个令牌，用于获取体征数据 v 对应的医疗决策结果。对于任意 $i\in\mathbb{Z}_t$ ，令牌 $\text{TK}_i(v)=(\alpha_i,\beta_i,\gamma_i,L_i)$ ，其中，L_i 包含 T_0 中 m 个位置。令 $\text{PF}=\{\text{PF}_1,\cdots,\text{PF}_i,\cdots,\text{PF}_t\}$ 为 $\text{TK}(v)$ 对应的决策结果的 t 个完整性证明信息。

3. **支持向量机分类规则提取与布尔型向量**

在介绍 VSSVMC 之前，先举例介绍一种同时提取正类规则和负类规则的支持向量机分类规则提取方法。如图 8-7 所示，在一个二维的空间里，支持向量机分类器的规则提取可以用一条曲线表示。换言之，支持向量机将一种特征空间分离为两个子空间的曲线（高维向量空间中的分离超平面）。对某一支持向量，作一条与某一维度平行的直线，与其他维度相交于分离超平面或向量空间边界，可以得到一个超矩形。通过对提取的超矩形进行优化，得到覆盖某一分类的一组超矩形。通过对决策结果为正类的支持向量和决策结果为负类的支持向量同时提取超矩形，并调整超矩形边界，可以提取包含正类和负类规则的支持向量机规则。

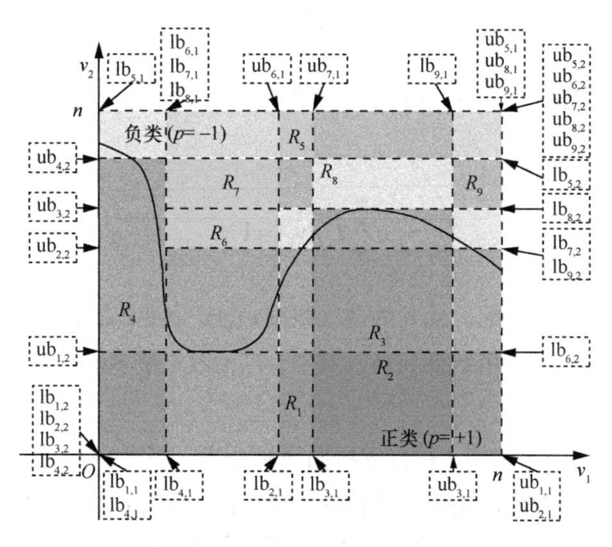

图 8-7　支持向量机分类器正类规则与负类规则提取举例

在图 8-7 中，R_1、R_2、R_3、R_4 即覆盖正类决策结果的超矩形。同理，R_5、R_6、R_7、R_8、R_9 为覆盖负类决策结果的超矩形。通过对超矩形边界进行提取，即可分别得到分类结果为正类与负类的支持向量机分类规则。因此，可以从图 8-7 所示的支持向量机分类器（曲线部分）提取出 9 条支持向量机决策规则，如表 8-1 所示。

表 8-1 正类规则与负类规则提取举例中所提取的规则

规则	条件	决策结果
R_1	$\text{lb}_{1,1} \leqslant v_1 \leqslant \text{ub}_{1,1}$ 且 $\text{lb}_{1,2} \leqslant v_2 \leqslant \text{ub}_{1,2}$	正类
R_2	$\text{lb}_{2,1} \leqslant v_1 \leqslant \text{ub}_{2,1}$ 且 $\text{lb}_{2,2} \leqslant v_2 \leqslant \text{ub}_{2,2}$	正类
R_3	$\text{lb}_{3,1} \leqslant v_1 \leqslant \text{ub}_{3,1}$ 且 $\text{lb}_{3,2} \leqslant v_2 \leqslant \text{ub}_{3,2}$	正类
R_4	$\text{lb}_{4,1} \leqslant v_1 \leqslant \text{ub}_{4,1}$ 且 $\text{lb}_{4,2} \leqslant v_2 \leqslant \text{ub}_{4,2}$	正类
R_5	$\text{lb}_{5,1} \leqslant v_1 \leqslant \text{ub}_{5,1}$ 且 $\text{lb}_{5,2} \leqslant v_2 \leqslant \text{ub}_{5,2}$	负类
R_6	$\text{lb}_{6,1} \leqslant v_1 \leqslant \text{ub}_{6,1}$ 且 $\text{lb}_{6,2} \leqslant v_2 \leqslant \text{ub}_{6,2}$	负类
R_7	$\text{lb}_{7,1} \leqslant v_1 \leqslant \text{ub}_{7,1}$ 且 $\text{lb}_{7,2} \leqslant v_2 \leqslant \text{ub}_{7,2}$	负类
R_8	$\text{lb}_{8,1} \leqslant v_1 \leqslant \text{ub}_{8,1}$ 且 $\text{lb}_{8,2} \leqslant v_2 \leqslant \text{ub}_{8,2}$	负类
R_9	$\text{lb}_{9,1} \leqslant v_1 \leqslant \text{ub}_{9,1}$ 且 $\text{lb}_{9,2} \leqslant v_2 \leqslant \text{ub}_{9,2}$	负类

根据上述同时提取正类规则和负类规则的支持向量机分类规则提取方法，可以利用 $t \times m$ 个 n 比特布尔型向量 $\boldsymbol{I}_{i,j}$ 表示 $R_{i,j}$ 中的区间 $\left[\text{lb}_{i,j}, \text{ub}_{i,j}\right]$。$\boldsymbol{I}_{i,j} \in \boldsymbol{I}$ 中的每一个比特 $I_{i,j}[k]$ 可根据式（8-14）进行设置。

$$I_{i,j}[k] \leftarrow \begin{cases} 1, \text{lb}_{i,j} \leqslant k \leqslant \text{ub}_{i,j} \\ 0, \text{其他} \end{cases} \tag{8-14}$$

对于体征数据 $v = \{v_1, \cdots, v_j, \cdots, v_m\}$，支持向量机分类过程可以转化为对索引 $\boldsymbol{I}$ 的查询。对于每条规则 R_i，若

$$\bigwedge_{j=1}^{m} I_{i,j}[v_j] = 1$$

则体征数据 v 与规则 R_i 匹配，且 p_i 为体征数据 v 的一个潜在的决策结果。若多条规则同时匹配，则会返回所有匹配的决策结果 $p(v)$。其中，匹配数量最多的决策结果为体征数据 v 的决策结果。

下面举例说明如何应用索引 $\boldsymbol{I}$ 进行支持向量机分类。假设 $t = 4$，$m = 4$，且 $n = 5$。基于表 8-2 中的支持向量机分类器规则集，根据式（8-14）进行设置，可以得到图 8-8 所示的索引 $\boldsymbol{I}$。令体征数据 $v = \{v_1, v_2, v_3, v_4\} = \{3,2,5,4\}$。由于体征数据 v 同时满足式（8-15）、式（8-16）、式（8-17）和式（8-18），即

$$\wedge_{j=1}^{4} I_{1,j}\left[v_j\right] = I_{1,1}[3] \wedge I_{1,2}[2] \wedge I_{1,3}[5] \wedge I_{1,4}[4] = 0 \tag{8-15}$$

$$\wedge_{j=1}^{4} I_{2,j}\left[v_j\right] = I_{2,1}[3] \wedge I_{2,2}[2] \wedge I_{2,3}[5] \wedge I_{2,4}[4] = 0 \tag{8-16}$$

$$\wedge_{j=1}^{4} I_{3,j}\left[v_j\right]=I_{3,1}[3]\wedge I_{3,2}[2]\wedge I_{3,3}[5]\wedge I_{3,4}[4]=1 \tag{8-17}$$

$$\wedge_{j=1}^{4} I_{4,j}\left[v_j\right]=I_{4,1}[3]\wedge I_{4,2}[2]\wedge I_{4,3}[5]\wedge I_{4,4}[4]=0 \tag{8-18}$$

因此体征数据 v 对应的医疗决策结果为 p_3。

表 8-2　支持向量机规则举例

R	条件								p
	$\mathrm{lb}_{*,1}$	$\mathrm{ub}_{*,1}$	$\mathrm{lb}_{*,2}$	$\mathrm{ub}_{*,2}$	$\mathrm{lb}_{*,3}$	$\mathrm{ub}_{*,3}$	$\mathrm{lb}_{*,4}$	$\mathrm{ub}_{*,4}$	
R_1	2	3	2	4	3	3	1	5	p_1
R_2	2	4	1	3	1	3	3	4	p_2
R_3	3	3	1	4	4	5	4	5	p_3
R_4	1	2	3	5	2	5	1	2	p_4

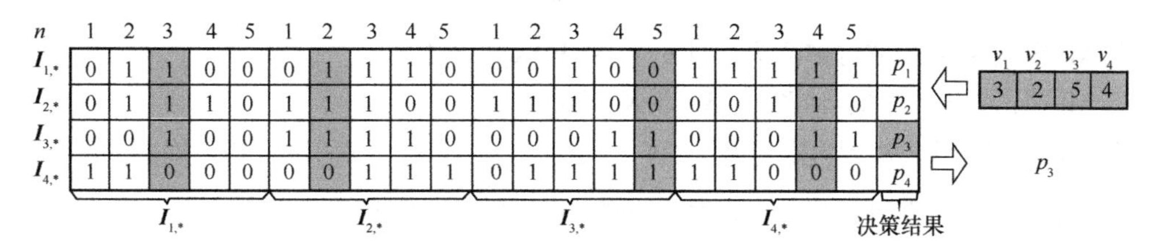

图 8-8　支持向量机决策索引举例

4. VSSVMC 核心方法构造

VSSVMC 利用布尔型向量构建索引 $\boldsymbol{I}$，并结合对称密码方法、伪随机函数和伪随机置换，从而保护基于云服务的健康监护系统中的模型隐私和数据隐私。VSSVMC 定义如下。VSSVMC 方法包括 6 个多项式时间方法，即初始化（Init）方法、分类器加密（ClfEnc）方法、令牌生成（TokenGen）方法、安全评估（SecEva）方法、验证（Veri）方法和解密（Dec）方法，即 VSSVMC =(Init, ClfEnc, TokenGen, SecEva, Veri, Dec)。

（1）初始化方法

初始化方法由 MI 根据安全参数 κ，生成密钥 K_{f_0}、K_{f_1}、K_{h_0}、K_{h_1}、K_0，并将这些参数发送至 U。

（2）分类器加密方法

分类器加密方法分为 3 个步骤。首先，MI 加密索引 $\boldsymbol{I}$ 并将其存储在加密索引 T_0 中。其次，MI 应用 SKE 将 p 加密为 c，对其生成验证信息 vc，并将 c 和 vc 存储在加密索引 T_1 中。最后，MI 将加密索引 T_0 和 T_1 外包存储在 CS 中。

（3）令牌生成方法

U 根据其体征数据 v 生成一系列令牌 TK(v)，并将 TK(v) 发送至 CS。

（4）安全评估方法

CS 在接收到 TK(v) 后，通过查询加密索引 T_0 和 T_1 得到对应的加密决策结果 $c(v)$ 和验证信息 PF 。最后，CS 将 $c(v)$ 和 PF 返回至 U。

（5）验证方法

U 在接收到 $c(v)$ 和 PF 后，利用 PF 验证 $c(v)$ 的完整性和正确性。最后，U 输出接受（ACCEPT）或拒绝。

（6）解密方法

若 U 接受加密决策结果 $c(v)$ ，则 U 解密 $c(v)$ 并得到对应的医疗决策结果 $p(v)$ 。

VSSVMC 方法的构造详细描述如下。

初始化方法的输入为安全参数 κ ；输出为密钥 K_{f_0} 、K_{f_1} 、K_{h_0} 、K_{h_1} 、K_0 。初始化方法包括以下步骤。

① MI 根据安全参数 κ ，从 $\{0,1\}^\kappa$ 中随机产生密钥 K_{f_0} 、K_{f_1} 、K_{h_0} 、K_{h_1} ，即

$$K_{f_0},K_{f_1},K_{h_0},K_{h_1} \leftarrow \{0,1\}^\kappa$$

② MI 根据 SKE 生成对称密钥，即 $K_0 \leftarrow \text{SKE.KeyGen}(1^\kappa)$ 。

③ MI 将密钥 K_{f_0} 、K_{f_1} 、K_{h_0} 、K_{h_1} 、K_0 发送至 U。

分类器加密方法的输入为密钥 K_{f_0} 、K_{f_1} 、K_{h_0} 、K_{h_1} 、K_0 ，索引 $\boldsymbol{I}$ ，以及对应的医疗决策结果 p ；输出为加密索引 T_0 和 T_1 。分类器加密方法包括以下步骤。

① 对于每一个 $i \in \mathbb{Z}_t$ ， $j \in \mathbb{Z}_m$ ， $k \in \mathbb{Z}_n$ ，MI 计算如下。

$$T_0\left[H_0\left(i \| j \| k\right)\right] \leftarrow F_0\left(I_{i,j}[k] \| i \| j \| k\right)$$

② 对于每一个 $i \in \mathbb{Z}_t$ ，MI 计算如下。

$$c_i \leftarrow \text{SKE.Enc}(K_0, p_i)$$

$$vc_i \leftarrow F_1\left(H_1(i) \| c_i\right)$$

其中，$p_i \in p$ 。MI 计算如下。

$$T_1\left[H_1(i)\right] \leftarrow c_i \| vc_i$$

③ MI 将加密索引 T_0 和 T_1 发送至 CS。

令牌生成方法的输入为密钥 K_{f_0} 、K_{h_0} 、K_{h_1} 及体征数据 v ；输出为一系列令牌 TK(v) 。令牌生成方法包括以下步骤。

① U 随机生成 t 个对称密钥，即 $K_1,K_2,\cdots,K_t \leftarrow \text{SKE.KeyGen}(1^\kappa)$ 。

② 对于体征数据 v ，U 生成 t 个令牌，即 $\text{TK}(v)=\{\text{TK}_1(v),\cdots,\text{TK}_t(v)\}$ 。其中，每一个令牌 $\text{TK}_i(v)=(\alpha_i,\beta_i,\gamma_i,L_i)$ ，其计算方法如下。

$$\alpha_i = \oplus_{v_j \in v}\left(F_0\left(1 \| i \| j \| v_j\right)\right) \oplus K_i$$

$$\beta_i = \text{SKE.Enc}\left(K_i, 0^\kappa\right)$$

$$\gamma_i = \text{SKE.Enc}\left(K_i, H_1(i)\right)$$

$$L_i = \left\{H_0\left(i \| j \| v_j\right)\right\}_{j\in \mathbb{Z}_m}$$

③ U 将 $\text{TK}(v)$ 发送至 CS。

安全评估方法的输入为令牌 $\text{TK}(v)$，加密索引 T_0 和 T_1；输出为加密决策结果 $c(v)$ 和验证信息 PF。安全评估方法包括以下步骤。

① CS 接收加密索引 T_0 和 T_1。

② 当 CS 接收到 $\text{TK}(v)$ 后，初始化医疗决策结果集合为空集，即令 $c(v) \leftarrow \varnothing$。

③ 对于每一个 $\text{TK}_i(v) \in \text{TK}(v)$，云服务器计算

$$K_i' = \oplus_{j\in \mathbb{Z}_m}\left(T_0\left[H_0\left(i \| j \| v_j\right)\right]\right) \oplus \alpha_i$$

其中，$i \in \mathbb{Z}_t$。

④ 接着，云服务器用 K_i' 解密 β_i，并会出现以下两种情况。

a. 若 $\text{Sym.Dec}\left(K_i', \beta_i\right) = 0^\kappa$，则 CS 查询 $T_1\left[\text{Sym.Dec}\left(K_i', \gamma_i\right)\right]$ 并得到 $c_i \| vc_i$。接着，CS 将 c_i 添加到 $c(v)$ 中，并生成 PF_i，即

$$c(v) \leftarrow c(v) \cup \{c_i\}$$

$$\text{PF}_i \leftarrow K_i' \| vc_i$$

b. 若 $\text{Sym.Dec}\left(K_i', \beta_i\right) \neq 0^\kappa$，则 CS 将空集 $\varnothing$ 添加到 $c(v)$ 中，并生成 PF_i，即

$$c(v) \leftarrow c(v) \cup \varnothing$$

$$\text{PF}_i \leftarrow \left\{T_0\left[H_0\left(i \| j \| v_j\right)\right]\right\}_{j\in \mathbb{Z}_m}$$

⑤ CS 将 $c(v)$ 和 $\text{PF} = \{\text{PF}_1, \cdots, \text{PF}_i, \cdots, \text{PF}_t\}$ 返回至 U。

验证方法的输入为 K_{f_0}、K_{f_1}、$c(v)$ 和 PF；输出为接受（ACCEPT）或拒绝（REJECT）。验证方法包括以下步骤。

① U 从 CS 处接收 $c(v)$ 和 PF。

② 对于每一个 $i \in \mathbb{Z}_t$，U 考虑以下两种情况。

a. 若密文 $c_i \in c(v)$，则 U 验证 K_i' 和 vc_i。即，若 $K_i \neq K_i'$ 或 $F_1\left(H_1(i) \| c_i\right) \neq vc_i$，则输出拒绝（REJECT）。

b. 若密文 $c_i \notin c(v)$，则 U 验证 PF_i，即，若对所有 $v_j \in v$，$F_0\left(0 \| i \| j \| v_j\right) \neq T_0\left[H_0\left(i \| j \| v_j\right)\right]$，则输出拒绝（REJECT）。

③ 若上述步骤中没有输出拒绝（REJECT），则 U 接受 $c(v)$ 并输出接受（ACCEPT）。

解密方法的输入为 $c(v)$ 和 K_0，输出为对应的医疗决策结果 $p(v)$。解密方法包括以下步骤。

若 U 接受 $c(v)$，则对每一个 $c_i \in c(v)$，U 计算如下。

$$p_i = \text{SKE.Dec}(K_0, c_i)$$

并最终得到 $p(v)=\{p_i|p_i=\text{SKE.Dec}(K_0,c_i),c_i\in c(v)\}$。

本节主要介绍了面向数据预测的应用密码技术。针对基于决策树分类的数据预测服务，介绍了一种面向决策树分类的隐私保护技术，在半可信环境下保护了决策模型、特征数据及预测结果的机密性；针对基于支持向量机的数据预测服务，介绍了一种面向支持向量机分类的隐私保护技术，在恶意敌手环境下保护了数据的机密性和结果的完整性。

8.3 基于区块链的数据安全共享技术

8.3.1 研究背景

作为现代信息技术在医疗健康领域的新兴应用，电子医疗档案系统[34]为人们的生活带来了诸多好处和便利。它能有效追踪患者的医疗档案，并帮助医生更清楚、更准确地掌握患者的健康状况。不同医院或医疗机构共享电子医疗档案数据可以促进医疗诊断和提高医疗质量。但是，将患者在不同医院产生的电子医疗档案数据进行跨医院，甚至跨地区共享不是一件容易的事。具体而言，患者可能会去不同的医疗机构就诊，或者可能会从一家医院转到另一家医院，这可能会在不同的医疗机构留下许多零散的医疗记录。由于缺乏能够将独立的医疗机构连接起来而建立安全共享渠道的第三方，一家医疗机构很难获得患者存储在其他医疗机构的电子医疗档案数据。云计算[35]或许可以帮助解决电子医疗档案分散存储的问题；但是，由于云计算本身面临内部和外部的攻击威胁[36]，患者及医疗机构可能并不愿意将数据迁移到由云服务提供商管理的云计算平台。

区块链技术可以解决分布式存储数据的共享问题。区块链是一种分布式数据库系统，它维护一个按时间顺序增长的数据记录列表，新增记录由网络中的所有参与节点（而非集中实体）确认。此外，区块链可确保数据不易被篡改和保证数据的完整性，即一旦数据插入区块链，任何攻击者都无法篡改数据，除非它能够控制大多数参与节点。在将区块链应用于电子医疗档案系统时，数据所有者（如患者）可以与数据使用者（如医生）共享其医疗记录，而无须借助于任何数据中心，也无须担心数据篡改问题。然而，区块链本身很难保证数据的隐私性，因为区块链上的数据以明文（未加密）形式存储，所有参与节点（包括恶意节点）都可以访问区块数据。为了保护患者的个人隐私，许多基于区块链的电子医疗档案系统都采用了数据加密技术[37-39]。

图 8-9 展示了基于区块链的电子医疗数据安全共享示例。为保护患者隐私，个人电子医疗数据被加密算法（如 AES 算法）加密；同时，为了节省区块链上的存储空间，数据密文以“off-chain”方式存储。例如，当完成就诊后，数据所有者（如患者）生成数据加密密钥（如随机 AES 密钥），并使用该密钥加密个人医疗记录（如医疗报告、CT 扫描图像和超声波视频等），然后将加密的医疗记录存储在医疗机构的数据中心。接着，为了方便后面的数

据共享，数据所有者使用其公钥加密数据加密密钥（DEK），并将加密后的密钥存储在区块链上。此外，数据哈希摘要和数据位置索引（如 URL）也跟加密后的密钥一起存储在区块链上，分别用于数据完整性检查和查找。当需要共享个人医疗记录时，数据所有者与医生共享其解密密钥，然后医生可以先从区块链上解密恢复数据加密密钥，再使用该密钥最终访问患者的医疗记录。

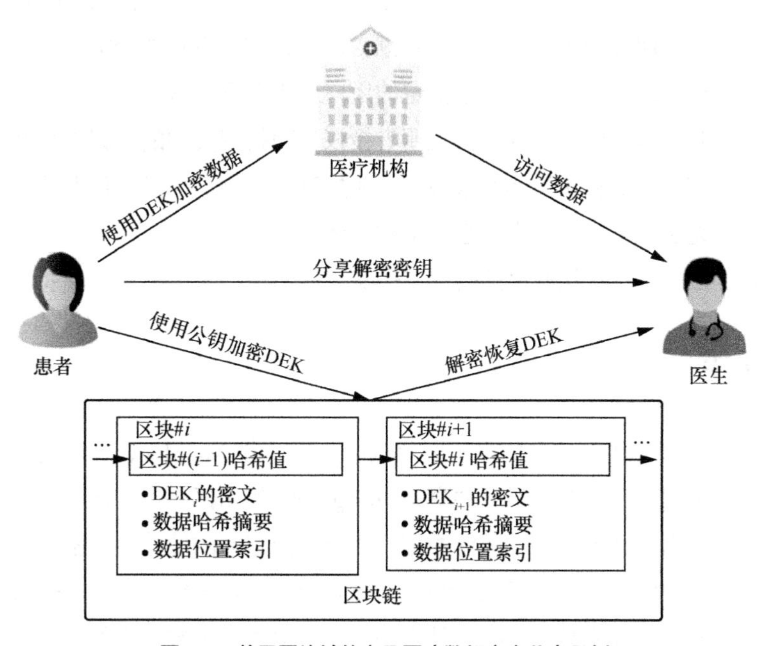

图 8-9　基于区块链的电子医疗数据安全共享示例

上述方法使数据所有者能够较地好保护数据隐私；同时，区块链为数据提供完整性保障，并作为一个可信的去中心化网络使数据所有者能够安全共享数据，而无须依靠中心机构产生密钥。凭借这些优点，区块链和加密技术可以帮助弥合日益增长的数据互操作性需求和电子医疗档案系统中隐私保护需求之间的鸿沟。但是，在上述方法中，仍然存在安全问题：当向医生提供解密密钥时，患者向医生提供了对其所有医疗记录的访问权，包括患者可能不想共享的记录，这不仅可能导致患者医疗记录的滥用甚至泄露，而且也可能会带来解密密钥泄露问题。

假设患者在不同的医院就诊并在这些医院留下了个人电子医疗数据。例如，患者因胃肠疾病前往甲医院看病并在该医院留下胃肠疾病医疗记录，因呼吸道疾病前往乙医院看病并留下呼吸道疾病医疗记录。当搬到另一座城市或到另一座城市出差时，患者前往呼吸科看病，因此需要从其所有的医疗记录中选择呼吸道疾病医疗记录与呼吸科医生共享。如果直接交出解密密钥，患者不仅共享呼吸道疾病医疗记录，还会共享其他数据，如胃肠疾病医疗记录等，而这些记录本不应提供给呼吸科医生。而且，患者的解密密钥具有访问所有医疗数据的权限，如果该密钥不小心被泄露，则患者的所有医疗数据都有暴露的风险。综上所述，患者可能需要更安全有效的解决方案，使他能够灵活地共享医疗数据，并且不用分享自己的解密密钥。

国内外学者提出了许多优秀的数据安全共享方法。身份基加密[40]是一种非常有用的加密技术，它允许发送者使用接收者的身份标识（如电子邮件地址）加密数据，从而安全地与接收者共享数据。然而，身份基加密通常需要可信的第三方分发解密密钥，这将导致单点问题；此外，被加密的数据无法在不揭露其对应解密密钥的情况下实现共享。属性基加密[41]在身份基加密的基础上进一步提高了加密的灵活性，允许发送者使用属性集而非单个接收者的身份标识加密数据，使得只有拥有相应属性的用户才能解密数据；但是，与身份基加密类似，属性基加密也无法将加密数据安全有效地分享给加密时未指定的用户。代理重加密[42]是一种面向加密数据分享的密码学方法，它允许数据所有者或数据使用者授权代理将密文中的公钥进行替换，使得新公钥对应的用户可以使用自身私钥访问原来被旧公钥加密的数据；但是，代理重加密也需要中心机构颁发密钥，这无法与区块链的去中心化架构相适应。

基于区块链的电子医疗数据共享的研究工作概述如下。

8.3.2 相关工作

Azaria 等[43]提出了基于区块链的电子医疗数据共享平台 MedRec，通过利用区块链技术实现不同医疗机构及患者之间的医疗记录共享。Huang 等[44]使用区块链构建了一个电子医疗记录共享系统，用于共享和访问新西兰的医疗数据。由于医疗记录的敏感性，密码学加密技术也被广泛应用到基于区块链的电子医疗记录系统中。Omar 等[45]利用公钥加密对电子医疗记录进行加密以防止非授权访问，但加密数据直接存储在链上，给区块链带来较大的存储负担。为了减少昂贵的链上存储成本，Chowdhury 等[38]提出将加密的健康数据存储在链外数据库中。Shen 等[46]提出了 MedChain，先利用 AES 等对称加密算法加密电子医疗数据，再利用患者的公钥加密 AES 密钥；然后，将 AES 密钥的密文及数据哈希摘要和位置索引存储在区块链上，而将加密的电子医疗数据存储在链外。这种混合加密与链外数据存储模式也被其他基于区块链的电子医疗记录系统所采用[47-49]，从而同时实现低成本区块链存储和数据安全共享。

为了保护数据隐私，研究人员提出了一些高级加密机制。身份基加密是一种流行的加密工具，它无须获得用户公钥证书即可对数据进行加密。Sudarsono 等[50]利用身份基加密保护个人电子医疗记录的安全与隐私。Wu 等[51]提出了一种智慧城市中基于身份基加密的密文平等性测试方案。身份基加密实现了高效安全的数据共享，但当需要与更多用户共享加密数据时还存在不足。代理重加密允许代理将 Alice 的密文转换为 Bob 的密文，从而能够将密文中的加密数据从 Alice 共享给 Bob。Yang 等[42]将代理重加密引入电子医疗云，使患者能够将其存储在云中的个人医疗数据分享给指定的医生。除此之外，还有一些更复杂的代理重加密方案[52-54]，可以允许用户选择一部分加密数据进行共享，从而实现更加灵活的数据分享；但是，它们绝大多数需要中央权威机构进行密钥生成与分发，这可能导致密钥托管问题，并与区块链的去中心化架构矛盾。

8.3.3　可定制去中心化数据分享

本书针对现有密码学加密技术在基于区块链的医疗数据分享中面临的主要问题，提出一种可定制去中心化数据分享（CDDS）系统，为用户提供去中心化的安全灵活的数据共享服务。

1. **系统模型**

CDDS 系统框架如图 8-10 所示。CDDS 系统包含 4 类实体，主要功能描述如下。

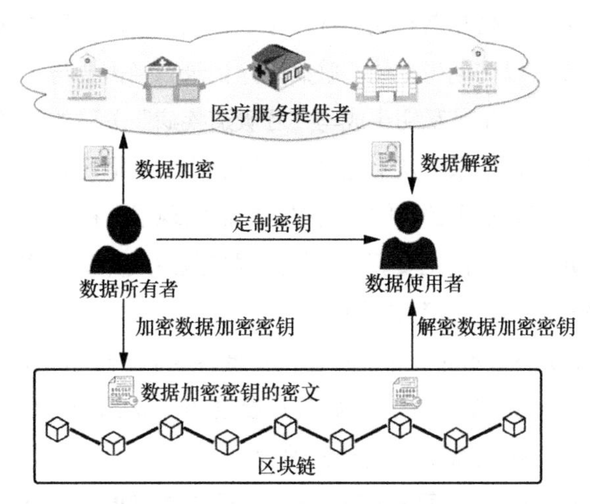

图 8-10　可定制去中心化数据分享系统框架

（1）数据所有者

数据所有者（如患者）将其加密的电子医疗记录存储在相应的医疗服务提供者处，并将加密的电子医疗记录加密密钥存储在区块链中。数据所有者还可为数据使用者生成自定义密钥以共享数据。

（2）数据使用者

数据使用者（如医生、护士）首先从数据所有者处获取定制密钥，然后解密存储在区块链中的数据加密密钥，最后使用该密钥访问存储在医疗服务提供者中数据所有者的数据。

（3）医疗服务提供者

医疗服务提供者通过互联网为数据所有者提供数据存储服务，并为数据使用者提供数据访问服务。例如，不同的医院、诊所和医疗机构可以在其本地数据中心存储患者的加密医疗记录，并将记录提供给授权的数据使用者。

（4）区块链

区块链存储数据加密密钥及与医疗服务提供者中存储的电子医疗数据有关的一些其他必要信息（如存储位置、哈希摘要）。

如图 8-10 所示，CDDS 系统不需要可信第三方为用户（数据所有者与数据使用者）颁发密钥。相反，每个数据所有者自己生成一对公钥和私钥；在医疗服务提供者中存储电子医疗记录时，数据所有者首先使用数据加密密钥（如随机的 AES 密钥）对医疗记录进行加密，然后使用其公钥通过 CDDS 的加密算法对数据加密密钥进行加密。因为解密私钥只有数据所有者自己知道，所以数据所有者对存储在医疗服务提供者中的医疗数据拥有完整和独立的访问控制。为了方便以后数据共享并确保数据完整性，数据所有者将加密后的数据加密密钥、数据哈希摘要及数据位置索引上传到区块链中。当决定共享某些数据时，数据所有者可以使用自己的私钥生成自定义密钥并将其发送给数据使用者。例如，一名患者希望与心脏病专家分享他的心脏病治疗记录。通过 CDDS，患者可以使用其私钥生成一个与标签“心脏病”关联的新密钥；有了这个定制密钥，心脏病专家就可以访问患者的心脏病医疗记录。当需要与呼吸科专家分享其呼吸道疾病医疗记录时，患者可以使用其私钥生成与“呼吸道疾病”关联的新密钥，使得呼吸科专家只能够访问其呼吸道疾病医疗记录。从上述过程可以看出，数据所有者扮演的实际是密钥生成中心的角色，其完全掌握了对数据的访问控制权，因而实现了一种去中心化的数据安全共享。

基于上述描述，CDDS 系统的主要算法包括全局参数生成算法、密钥生成算法、密钥定制算法、加密算法和解密算法，具体定义如下。

① 全局参数生成（GlobalSetup）算法：输入安全参数 κ，输出全局公开参数 PP。

② 密钥生成（KeyGen）算法：输入全局公开参数 PP，输出一对用户公私钥(PK, SK)，其中 PK 是公钥，可以公开；SK 是私钥，需秘密保管。

③ 密钥定制（KeyCustomize）算法：输入全局公开参数 PP、用户私钥 SK 及标签 T，输出定制密钥 SK_T。

④ 加密（Encrypt）算法：输入全局公开参数 PP、明文消息 M、用户公钥 PK 及标签 T，输出密文 CT_T。

⑤ 解密（Decrypt）算法：输入全局公开参数 PP、密文 CT_T 及私钥 SK_T，输出明文 M。

正确性：如果对所有的 GlobalSetup(1^κ)→PP，所有的 KeyGen(PP)→(PK, SK)，所有的 KeyCustomize(PP, SK, T)→SK_T，所有的消息 M，解密算法 Decrypt(PP, Encrypt(PP, M, PK, T), SK_T)=M 恒成立，则称上述 CDDS 方案是正确的。

安全性：假设医疗服务提供者是半可信的，即他们可能会尝试获取用户的敏感信息，但仍然诚实地执行系统所要求的操作。因此，CDDS 系统可能面临以下安全威胁：一方面，网络攻击者、未经授权的数据使用者和医疗服务提供者可能试图访问存储在区块链中的数据加密密钥，进而解密存储在医疗服务提供者中的医疗数据；另一方面，鉴于数据所有者可以为数据使用者自定义新密钥，这些数据使用者可能会串通以试图构造出在数据所有者授权之外非法密钥。为了形式化定义 CDDS 的安全性，可以假设存在一个拥有上述攻击能力的敌手 A，然后构造一个挑战者 B，B 的任务是模拟一个在 A 的视角中看上去与真实 CDDS 完全一样的系统，B 与 A 进行交互并利用 A 对系统的攻击去求解一个公认的数学困难问题，最后由数学困难问题的难解性反推出不存在能攻破系统的敌手。

CDDS 系统的安全性由下面的安全游戏定义，该游戏参与方是敌手 A 与挑战者 B。

初始化：挑战者 B 运行 GlobalSetup 算法生成全局公开参数 PP，然后使用 PP 运行 KeyGen 算法产生公私钥对(PK, SK)。B 将 PP 和 PK 发送给 A，但将 SK 秘密保管。同时，B 维护一个列表 $L=(T, \mathrm{SK}_T)$，初始化为空。

阶段 1：A 自适应询问定制密钥。对于 A 询问的标签 T，B 首先检查(T, SK_T)是否存在于表 L 中，若是，则直接返回 SK_T；否则，B 调用 KeyCustomize 算法产生 SK_T，将 SK_T返回给 A 并将(T, SK_T)记录在表 L 中。

挑战阶段：A 输出未被询问过的标签 T^*，以及两个相同长度的明文消息(M_0, M_1)。B 随机选择 $b \in \{0, 1\}$，运行算法 Encrypt(PP, M_b, PK, T^*)生成密文 CT_{T^*}。B 将 CT_{T^*}发送给 A。

阶段 2：与阶段 1 一致，除了不能询问 T^*的密钥。

猜测：A 输出 $b' \in \{0, 1\}$，如果 $b' = b$，则称赢得了游戏。

定义 A 在上述游戏中的优势为 $\mathrm{Adv}_{\mathrm{A}} = \left|\Pr\left[b' = b\right] - 1/2\right|$。

定义 8-1 CDDS 安全性　对于任意多项式时间敌手，如果其在上述游戏中的优势都可以忽略不计，则称 CDDS 系统是安全的。

2. 方案构造

下面将基于双线性群构造一个 CDDS 系统方案。双线性群的概念介绍如下：假设有两个阶为素数 p 的乘法循环群 G 和 G_{T}，以及双线性映射 $e: G \times G \to G_{\mathrm{T}}$ 满足性质：①对 $\forall g, h \in G$，$\forall a, b \in Z_p$，都有 $e(g^a, h^b) = e(g^b, h^a) = e(g, h)^{ab}$ 成立；② $e(g, h) \neq 1$。如果群 G 中的运算及双线性映射 e 都能有效计算，则称 G 是双线性群。

CDDS 系统方案分为以下几个步骤。

（1）初始化

在 CDDS 系统中，没有为用户生成公钥和私钥的权威机构；相反，任何用户都可以自己生成公私钥对，从而实现真正的分布式数据共享。另外，为了实现不同用户之间的数据共享，要求所有用户共享全局公开参数，以便系统算法能够在不同用户端正确运行。因此，假设有一个初始用户（如区块链中的初始化节点）调用以下算法生成全局公开参数，并存储在区块链上。

GlobalSetup(1^κ)→PP：输入安全参数 κ，算法首先选择阶为素数 p 的双线性群 G 和 G_{T}，以及双线性映射 $e: G \times G \to G_{\mathrm{T}}$；其次，选择生成元 $g \in G$，以及随机元素 $w, h \in G$；最后，输出全局公开参数 $\mathrm{PP} = (G, G_{\mathrm{T}}, e, p, g, w, h)$。

从以上描述可注意到，GlobalSetup 算法并没有生成任何秘密信息，因而该算法原则上可以由任何实体调用运行。

（2）密钥生成

此步骤使用户能够自己生成一对公钥和私钥，唯一需要的信息是全局公开参数 PP。如果在基于公有链的系统中，网络中的任何人都可以从区块链获得 PP，然后用 PP 生成公钥和私钥；

然而，如果在基于许可区块链（如 Hyperledger、Quorum、R3Corda）的系统中，需要额外的准入机制来决定用户是否可以加入系统并获得公开参数，则 CDDS 方案不依赖区块链的类型，即对公有链和许可链都是通用的，因此，可省略用户获取公开参数的方式，而只关注密钥的生成。在 CDDS 系统中，用户可以通过调用以下算法生成公钥和私钥。

KeyGen(PP)→(PK, SK)：输入全局公开参数 PP，算法随机选择元素 $\alpha, r \in Z_p$，然后计算公钥 PK= $g^{\alpha} \in G$，私钥 SK=(K_1, K_2)，其中 $K_1 = w^{\alpha} h^{r}$、$K_2 = g^{r}$。算法输出(PK, SK)。

（3）密钥定制

在密钥自定义过程中，数据所有者可以使用私钥 SK 为标签 T 生成定制化密钥。然后，数据使用者使用定制化密钥可以解密基于 T（以及 PK）生成的密文。密钥定制允许数据所有者指定要共享的数据范围。例如，假设患者访问了医院的不同科室（如泌尿科、皮肤科、心脏外科），拥有不同的医疗记录。当前往一个新的地方并需要看皮肤科医生时，患者（数据所有者）可能需要授权皮肤科医生（数据使用者）阅读其皮肤病治疗记录。通过密钥定制机制，数据所有者可以生成一个标签 T 为“皮肤病”的定制密钥，并将该密钥发送给数据使用者，以便他可以访问患者的皮肤病治疗记录（但不能访问其他记录）。要生成一个基于 T 的定制化密钥，数据所有者调用以下算法。

KeyCustomize(PP, SK, T)→SK_T：输入全局公开参数 PP、数据所有者私钥 SK=(K_1, K_2)及标签 $T \in G$（对于用任意字符串表示的标签，可以使用哈希函数将其映射到群 G 的元素后再进行后续运算），算法随机选择元素 $t \in Z_p$，计算 $D_1 = K_1 T^{t}$、$D_2 = K_2$、$D_3 = g^{t}$。输出定制密钥 $\text{SK}_T = (D_1, D_2, D_3)$。

（4）加密

与其他基于区块链的数据存储系统一样，CDDS 中的真实数据（如电子医疗记录）是链下存储的，只有数据的加密密钥（以及位置引用、哈希摘要和其他必要信息）存储在链上。为了保护数据隐私，CDDS 方案遵循许多数据加密方案中普遍采用的密钥封装方法。使用该方法，真实数据首先通过对称加密（如 AES）进行加密，然后使用公钥加密对称加密密钥（即数据加密密钥）。因此，公钥加密的性能与数据大小无关。在 CDDS 系统中，数据所有者可以首先使用对称密钥 M 加密其数据，然后使用 CDDS 的加密算法加密 M。加密数据存储在医疗服务提供商（医院的数据中心）中，加密过的对称密钥（以及数据位置参考、数据摘要）存储在区块链上。在 CDDS 加密算法中，数据所有者可以指定标签 T，用于指示数据所属的范围（如产生医疗数据的个人或机构的名称）。CDDS 加密算法描述如下。

$\text{Encrypt}(\text{PP}, M, \text{PK}, T) \to \text{CT}_T$：输入全局公开参数 PP、数据所有者公钥 PK= g^{α}、标签 $T \in G$（对于用任意字符串表示的标签，可以使用哈希函数将其映射到群 G 的元素后再进行后续运算），以及待加密消息 $M \in G_{\text{T}}$，算法随机选择元素 $s \in Z_p$，然后计算 $C_0 = M e(g^{\alpha}, w)^{s}$、$C_1 = g^{s}$、$C_2 = h^{s}$、$C_3 = T^{s}$。输出密文 $\text{CT}_T = (C_0, C_1, C_2, C_3)$。

（5）解密

为了访问数据所有者的数据，数据使用者首先调用 CDDS 的解密算法解密存储在区块链上

的密文并获得明文 M，然后使用 M 解密存储在医疗服务提供商中的加密数据。CDDS 的解密算法描述如下。

$\text{Decrypt}(\text{PP},\text{CT}_T,\text{SK}_T)\rightarrow M$：输入全局公开参数 PP、密文 $\text{CT}_T=(C_0,C_1,C_2,C_3)$ 及数据使用者的定制密钥 $\text{SK}_T=(D_1,D_2,D_3)$，算法计算如下。

$$B=\frac{e(D_1,C_1)}{e(D_2,C_2)e(D_3,C_3)}=\frac{e(w^{\alpha}h^{r}T^{t},g^{s})}{e(g^{r},h^{s})e(g^{t},T^{s})}=e(w^{\alpha},g^{s})$$

输出 $M=C_0/B=e(g^{\alpha},w^{s})/e(w^{\alpha},g^{s})$。

8.4 基于密钥穿刺的数据删除技术

8.4.1 研究背景

在信息化高速发展的时代，互联网空间中的所有活动都会留下数字信息，这些海量的数字信息通过大数据挖掘和分析等技术可以帮助人们改善交通拥堵、准确预测各种情况下的人类行为和需求，等等。但是，这些信息的收集也有可能产生对个人不利的结果，如根据收集到的数据向个人收取更高的网约车费（“大数据杀熟”）或根据收集到的有关个人收入的信息减少贷款额度等；甚至，这些数据有可能成为敌对势力破坏社会稳定的工具。在上述情况下，收集的大规模个人数据有可能破坏个人隐私、危害个人合法权益。个人或组织在互联网空间中留下的数据若是永久且不能删除的，则有可能会给个人或组织造成意想不到的伤害。

当然，如果想完美地保护个人隐私、防止数据泄露或滥用，最好远离互联网，或者至少远离有可能收集个人信息的企业或机构，不要在网上留下任何个人相关的信息。但是，这在当今互联网时代几乎是不可能的。因为，人们希望通过基于互联网的平台与他人共享信息，或者基于他们的个人信息获得个性化服务，如基于电影观看历史推荐电影，或者根据个人口味推荐附近的餐馆。对于现代化社会生活中的人来说，避免不了使用互联网服务，只要使用就会在互联网上留下个人信息。而这些个人信息通常由互联网服务提供商保管，脱离了用户的个人控制，用户无法像对待本地数据一样对留在互联网中的个人数据进行操作。在这种情况下，实现用户对留存在互联网服务提供商中的个人数据的删除，对于保护个人隐私来说十分重要，同时也是互联网应用应该提供的服务。

然而，个人要求删除其个人数据的愿望可能与互联网服务提供商的利益相冲突。因为，出于经济利益考虑，互联网服务提供商可能不希望删除数据，而且在大多数情况下，互联网服务提供商也难以从删除用户数据中获益。鉴于此种情况，以及出于保护用户隐私的需求，有必要通过法律法规的形式强制性地要求互联网服务提供商必须执行用户所要求的操作，保护用户对其存放在互联网服务提供商中的数据的控制权，尤其是对数据的删除权。目前，在中国、阿根廷、美国、欧盟等国家和地区，数据删除权得到了越来越广泛的讨论，保护数据删除权的各种形式的法律法规也得以产生。具体如下。

① 欧盟在 2016 年通过了《通用数据保护条例》（GDPR），旨在保护欧盟范围内个人的数据和隐私。GDPR 第 6 条列出了实体（如互联网服务提供商）可以合法处理个人数据的条件。第一个条件是“数据主体同意为一个或多个特定目的处理其个人数据”；第 7 条规定，“数据主体有权随时撤回其同意”。此外，第 17 条规定，“数据主体有权要求控制者删除其个人数据，而控制者有义务执行数据主体的数据删除请求且不得无故拖延”。

② 美国加利福尼亚州于 2018 年通过了《加州消费者隐私法案》（CCPA），其第 1798.105 节规定，“消费者有权要求企业删除企业从消费者处收集的有关消费者的任何个人信息”，并且“收到消费者可验证请求的企业……应从其记录中删除消费者的个人信息”。

③ 我国于 2021 年正式通过了《中华人民共和国个人信息保护法》，旨在保护个人信息权益，规范个人信息处理活动。该法第四十七条也对数据删除权做了明确规定：“有下列情形之一的，个人信息处理者应当主动删除个人信息；个人信息处理者未删除的，个人有权请求删除……（三）个人撤回同意”。

上述法律法规虽然规定了各类数据采集者必须依法保障用户的个人数据删除权，但是，仍然需要一个技术上的机制来保障数据删除的要求得到有效落实。从密码学角度来说，对数据进行加密可以保护数据安全，使数据只能被拥有密钥的授权用户访问，也就是说，加密技术将数据的访问权赋予了拥有密钥的用户，对于未拥有正确密钥的用户来说，加密数据仿佛并不存在。因为数据存储在互联网服务提供商等第三方，由其对数据进行删除无法保证删除结果的真实可靠，所以，将对加密数据的删除转换为对密钥解密权限的撤销。如果拥有解密密钥的用户能够对密钥进行更新，使得更新后的密钥失去对目标数据的解密权限，那么目标数据实际上就处于无人可以访问的状态，这个时候，数据保管者是否对数据进行删除就变得不是那么重要了。

在密码学中，支持对密钥进行上述更新的加密方案被称为前向安全加密[55]。前向安全加密是指，在某个时刻更新的密钥无法访问在此之前生成的密文，但可以访问在更新之后生成的密文。假设在一个基于前向安全加密的邮件系统中，如果用户更新了其密钥，则无法解密在更新之前发给自己的邮件，但仍可以解密在更新之后收到的邮件。在这里，存在一个问题，即用户更新了密钥，就不能访问在更新之前收到的全部邮件，那如果用户想保留密钥更新之前收到的一部分邮件的访问权限该怎么办呢？Green 等[56]提出的可穿刺加密较好地解决了该问题。在可穿刺加密中，用户在更新密钥时可以使用不同的标签“穿刺”自己的密钥，使得穿刺后的密钥无法再访问与该标签关联的数据，但仍可以访问其他数据；与穿刺标签关联的数据处于无法被访问的状态，从而在实际上实现了一种较为灵活的数据删除。

可穿刺加密技术与密钥生成紧密相关，即只有密钥被生成了才能进行后续的穿刺。而密钥生成按现有密码学概念可分为两类，一类是集中式密钥生成，另一类是分布式密钥生成，前者一般需要密钥生成中心为用户产生和颁发密钥，后者一般指用户自己产生密钥。集中式密钥生成的数据所有权实际上属于密钥生成中心，因为即使用户对自己密钥进行穿刺以“删除”某些数据，密钥生成中心仍然可以重新生成一个完整的密钥访问那些被用户“删除”的数据。因此，本节主要关注分布式密钥生成，即密钥完全是由用户自己生成并掌握的，如果用户对密钥进行穿刺，那么任何人（包括用户自己在内）也无法恢复出原来的密钥，从而使某些数据处于永远无法被访问的状态。

分布式密钥生成最简单的实现方式就是运用普通公钥加密，用户输入安全参数后即可生成一对公私钥，但是普通公钥加密所实现的访问控制不够灵活，如当用户要将被自己公钥加密的数据分享给他人时，需要将自己的私钥分享出去。一种较为理想的方式是，当用户需要分享加密数据时，可以生成新的密钥，同时，用户自己及接收新密钥的访问者都可以对密钥进行穿刺，从而在灵活访问控制的基础上实现了数据删除。

目前，国内外研究人员针对分布式灵活访问控制及密钥更新开展了积极研究。多权威属性基加密（MA-ABE）[57]是一种在去中心化环境下实现灵活访问控制的密码学方法，它引入多个权威机构为用户生成密钥，削弱了普通属性基加密单个权威机构的密钥生成权力；但是，用户仍需向几个特殊实体（即权威机构）申请密钥，而且，它们并不支持数据删除功能。前向安全加密和可穿刺加密可以通过对密钥更新实现数据删除目的，但是，它们要么需要密钥生成中心产生密钥，要么访问控制不够灵活。

8.4.2　相关工作

Chase[57]提出了 MA-ABE 方案，在该方案中，控制不同属性的权威机构可以向拥有其控制下属性的用户颁发密钥，发送者可以使用不同权威机构的属性进行加密，使得只有拥有正确属性的用户才可以解密。Chase 等[58]进一步提高了 Chase 方案[57]的隐私和安全性，消除了对用户全局身份的要求，并且不再需要权威机构为用户颁发特殊密钥。Lewko 等[59]也提出了一个不需要权威机构的 MA-ABE 方案，并且该方案允许任何人充当权威机构为用户颁发属性密钥，从而实现了真正意义上的去中心化属性基加密。Wang 等[60]提出了一种自适应安全的 MA-ABE 方案，可以对抗有限数量的属性权威合谋，从而增强了 Lewko 等所提方案[59]的安全性。Datta 等[61]提出了一种无界 MA-ABE 方案，支持不限个数的属性权威颁发属性密钥，并基于容错学习（LWE）问题证明了方案在随机预言模型中的安全性。

前向安全加密被 Canetti 等[62]首次提出，实现了加密存储系统的前向保密性，且无须进行密钥更新交互或重新分发密钥。在前向安全加密中，用户可以周期性地更新他们的密钥，同时保持相应的公钥不变。Green 等[56]指出了 Canetti 等的前向安全加密中密钥更新过于粗放，并且提出了可支持灵活密钥更新的可穿刺加密；在可穿刺加密中，每个密文都与一组标签相关联，用户可以通过用选定的标签穿刺其密钥来撤销对特定密文的解密能力。由于其灵活的密钥更新功能，可穿刺加密被用来构造 0 往返路程时间（0-RTT）的密钥协商协议[63]。Derler 等[64]通过减少穿刺操作中涉及的计算，进一步提高了协议的性能，只是需要在系统初始化时设定好穿刺的最大次数。Phuong 等[65]提出了一种可穿刺代理重加密，支持不限次数的密钥穿刺，但密文的大小随着标签的数量增加而线性增大。Wei 等[66]提出了一种具有固定大小密文的可刺穿身份基加密，通过一个密钥生成机构为用户分发身份基密钥。Sun 等[67]提出了一种去中心化的可穿刺公钥加密方案，允许用户生成自己的公私钥，但是访问控制不够灵活，需要加密者指明接收者身份。Derler 等[68]最近提出了双形式可穿孔加密方案，允许用户使用正标签和负标签穿刺密钥，使得穿刺后的密钥只能解密与正标签相关联的密文，而不能解密与任何负标签相关联的密文；但是，该方案仅支持粗粒度（基于身份的）访问控制，并且明文消息只能关联两个标签。Phuong 等[69]将属性基加密和可穿刺加密结合起来，提出了可穿刺属性基加密，同时支持细粒度访问控制及密钥更新，但是需要密钥生成中心为所有用户分发密钥。

8.4.3 去中心化可穿刺属性基加密

本书针对现有密码学方法的主要问题，提出一种去中心化可穿刺属性基加密（DPABE）系统，同时支持去中心化密钥生成、细粒度访问控制及密钥更新，并且，允许不限次数的密钥穿刺及多标签加密。

1. 系统模型

下面以云辅助物联网环境下的数据存储和分享为例，介绍 DPABE 系统。DPABE 系统框架如图 8-11 所示，包含 3 类实体，其主要功能描述如下。

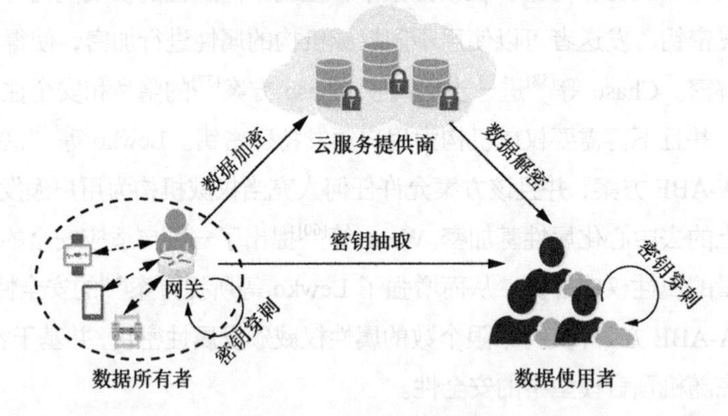

图 8-11 DPABE 系统框架

（1）数据所有者

多个物联网采集设备的管理者，通过网关设备（如智慧家庭网络中的家庭网关[70]）收集数据并上传。数据所有者可以使用网关设备加密采集到的数据，然后将密文发送给云服务提供商。

（2）数据使用者

向云服务提供商发出数据访问请求，使用自己的私钥解密密文，并访问数据。

（3）云服务提供商（CSP）

存储数据所有者发来的数据密文，并将所请求的密文发送给数据使用者。

在 DPABE 系统中，数据所有者使用公共参数生成一对公私钥。公共参数可以由初始化系统的实体预先生成，也可以由网关供应商生成并存储在出厂设置中。当将收集的数据上传到云时，数据所有者可以指定访问控制策略 A、一组标签 T（如数据内容的关键字），然后使用 A、T 及自己公钥对数据进行加密。数据被加密后，起初只能被拥有对应私钥的数据所有者解密。之后，一些用户可能请求访问存储在云中的数据，例如，医生、护士和其他专家希望访问家庭网关上传的患者医疗记录；如果同意，患者（数据所有者）可以根据用户属性集 S 生成一个新密钥，使得接收该密钥的用户可以解密访问控制策略 A 能被 S 满足的密文。另外，当数据所有者需要删除某些数据时，可以使用数据的标签对自己的私钥进行穿刺，使得穿刺后的密钥不能再访问与该标签关联的数据。需要注意的是，数据所有者在为数据使用者生成属性密钥前后都可以进行密钥穿刺，如果先进行密钥穿刺再生成属性密钥，则生成的属性密钥就无法访问与穿刺标签关联的数据；如果数据所有者先生成了属性密钥并发送给数据使用者，然后再对自己的私钥进行穿刺，则只是撤销了自身对数据的解密权限，若想达到数据删除目的，还需要接收属性密钥的数据使用者对密钥进行穿刺。这意味着，DPABE 系统同时允许数据所有者与数据使用者进行密钥穿刺。

基于上述描述，DPABE 系统的主要算法包括全局参数生成算法、密钥生成算法、密钥抽取算法、密钥穿刺算法、加密算法和解密算法，具体定义如下。

① 全局参数生成（GlobalSetup）算法：输入安全参数 κ 和允许关联到密文的最大标签数 n，输出全局公开参数 PP。

② 密钥生成（KeyGen）算法：输入全局公开参数 PP，输出一对公钥 PK 和初始私钥 SK，其中 PK 可以公开，SK 需秘密保管。

③ 密钥抽取（KeyExtract）算法：输入全局公开参数 PP、用户私钥 SK_T 及属性集 S，输出定制密钥 $\mathrm{SK}_{T,S}$。这里，标签集 T 可以为空，当 T 为空时，SK_T 为初始私钥 SK。

④ 密钥穿刺（KeyPuncture）算法：输入全局公开参数 PP、定制密钥 $\mathrm{SK}_{T,S}$ 及标签 t，输出穿刺后的密钥 $\mathrm{SK}_{T\cup\{t\},S}$。这里，属性集 S 与标签集 T 都可以为空，且当 S 与 T 为空时，$\mathrm{SK}_{T,S}$ 为初始私钥 SK。

⑤ 加密（Encrypt）算法：输入全局公开参数 PP、明文消息 M、用户公钥 PK、标签集 T' 及访问控制策略 A，输出密文 CT。

⑥ 解密（Decrypt）算法：输入全局公开参数 PP、密文 CT 及定制密钥 $\mathrm{SK}_{T,S}$，输出明文 M。

正确性：如果对所有的 $\mathrm{GlobalSetup}(1^{\kappa},n)\to\mathrm{PP}$，所有的 $\mathrm{KeyGen}(\mathrm{PP})\to(\mathrm{PK},\ \mathrm{SK})$，所有的标签集 $T=\{t_1,\cdots,t_d\}$，所有的标签集 T'，所有的消息 M，所有的 $\mathrm{Encrypt}(\mathrm{PP},\mathrm{PK},T',A,M)\to\mathrm{CT}$，下述条件成立，则称 DPABE 方案是正确的。

a. 如果 S 满足 A，即 $S\in A$，有 $\mathrm{Decrypt}(\mathrm{PP},\mathrm{CT},\mathrm{SK}_{\varnothing,S})=M$ 成立，其中 $\varnothing$ 表示空集，

$SK_{\varnothing,S} \leftarrow$ KeyExtract(PP,SK,S)。

b. 如果 $S \in A$ 且 $T_i \cap T' = \varnothing$，有 Decrypt(PP, CT, $SK_{T_i,S}$)=M 成立，其中对任意下标 $i \in \{1,\cdots,d\}$ 及标签集 $T_i = \{t_1,\cdots,t_i\} \subseteq T$，有 $SK_{T_i,S}$←KeyPuncture(PP, $SK_{T_{i-1},S}$, t_i)且 $SK_{T_{i-1},S}$←KeyExtract(PP, $SK_{T_{i-1}}$, S)，或者 $SK_{T_i,S}$←KeyExtract(PP, SK_{T_i}, S)且 SK_{T_i}←KeyPuncture(PP, $SK_{T_{i-1}}$, t_i)。

上述第一个条件规定拥有初始私钥 SK 的数据所有者总是可以解密被其公钥 PK 加密的数据。第二个条件规定一个更加严格的密钥只能解密指定的数据。具体来说，如果数据所有者通过指定标签集 T_i 和属性集 S 生成密钥 $SK_{T_i,S}$，则接收到此密钥的数据使用者只能解密那些所关联的标签集 T' 与 T_i 没有交集（$T_i \cap T' = \varnothing$）并且所关联的访问控制策略 A 能被 S 满足（$S \in A$）的密文。

安全性：关注网关和 CSP 之间的交互所带来的安全威胁，而忽略物联网采集设备与网关之间传输数据的保密性（该部分的数据可由分组加密等轻量级密码算法进行加密）。假设 CSP 是半诚实的，这意味着它将诚实地执行所分配的任务，但会尽可能多地获取用户敏感信息；因此，CSP 可能与非授权用户合谋，以获取用户的明文数据。当数据所有者为数据使用者生成新的密钥（通过密钥抽取和密钥刺穿算法）时，恶意的数据使用者有可能与 CSP 串通以访问数据所有者未指定的数据。此外，一些攻击者也有可能获取数据所有者和数据使用者更新之前的旧密钥，试图再访问那些被撤销了访问权限的数据。

假设存在一个拥有上述攻击能力的敌手 A，然后构造一个挑战者 B，通过下述 A 与 B 之间的游戏定义 DPABE 的安全性。

初始化：A 公布要攻击的访问控制策略 A^* 及标签集 T^*。挑战者 B 运行 GlobalSetup 算法生成全局公开参数 PP，然后使用 PP 运行 KeyGen 算法产生公私钥对(PK, SK)。B 将 PP 和 PK 发送给 A，但将 SK 秘密保管。同时，B 维护一个初始化为空的列表 L=(T, S, $SK_{T,S}$)。

阶段 1：A 自适应询问以下密钥。

① $Q_{\text{Ext}}(T, S)$：A 发出一个关于属性集 S 的密钥抽取询问。B 首先检查(T, S, $SK_{T,S}$)是否存在于表 L 中，若是，直接返回 $SK_{T,S}$；否则，若 T 不为空，B 先迭代式运行密钥穿刺算法 KeyPuncture 以获得 SK_T，然后输入(S, SK_T)运行密钥抽取算法 KeyExtract 计算 $SK_{T,S}$，将 $SK_{T,S}$ 返回给 A 并将(T, S, $SK_{T,S}$)记录在表 L 中。

② $Q_{\text{Pun}}(T, S, t)$：A 发出一个关于标签 t 的密钥穿刺询问。B 首先检查($T\cup\{t\}$, S, $SK_{T\cup\{t\},S}$)是否存在于表 L 中，若是，直接返回 $SK_{T\cup\{t\},S}$；否则，B 先像在 $Q_{\text{Ext}}(T, S)$中一样计算 $SK_{T,S}$，然后输入(t, $SK_{T,S}$)运行密钥穿刺算法 KeyPuncture 获得 $SK_{T\cup\{t\},S}$，将 $SK_{T\cup\{t\},S}$ 返回给 A 并将($T\cup\{t\}$, S, $SK_{T\cup\{t\},S}$)记录在表 L 中。

挑战阶段：A 输出两个相同长度的明文消息(M_0, M_1)，并且对于表 L 中每一个密钥 $SK_{T,S}$，都有 $T \cap T^* \neq \varnothing$ 或 $S \notin A^*$ 成立。B 随机选择 $b \in \{0, 1\}$，运行加密算法 Encrypt(PP, M_b, PK, T^*, A^*)生成密文 CT^*。B 将 CT^* 发送给 A。

阶段 2：与阶段 1 一致，并且额外要满足挑战阶段中关于密钥的要求。

猜测：A 输出 $b' \in \{0,1\}$，如果 $b' = b$，则称赢得了游戏。

定义 A 在上述游戏中的优势为 $\text{Adv}_\text{A}=|\Pr[b'=b]-1/2|$。

定义 8-2（DPABE 安全性）　对于任意多项式时间敌手，如果其在上述游戏中的优势都可以忽略不计，则称 DPABE 系统是安全的。

2. **方案构造**

下面基于密文策略属性基加密[71]构造一个 DPABE 系统方案。该方案主要基于素数阶双线性群，并且利用访问控制结构和线性秘密共享方案（LSSS），后面两项技术的定义已在第 5.2.1 节中做过介绍，本节不赘述。

DPABE 系统方案分为以下几个步骤。

（1）初始化

DPABE 系统除创建一组全局公开参数外，不需要任何全局协调。全局公开参数需要在数据所有者和数据使用者之间共享，以便方案能够在不同的用户侧正确工作。生成全局公开参数的算法如下。

$\text{GlobalSetup}(1^\kappa,n)\rightarrow\text{PP}$：输入安全参数 κ，以及允许与密文关联的最大标签数 n，算法首先选择阶为素数 p 的双线性群 G 和 G_T，以及双线性映射 $e:G\times G\rightarrow G_\text{T}$；然后，选择生成元 $g\in G$，以及随机元素 $u,h,w,v,\mu_0,\mu_1,\cdots,\mu_n\in G$；最后，输出全局公开参数 $\text{PP}=(G,G_\text{T},e,p,g,u,h,w,v,\mu_0,\mu_1,\cdots,\mu_n)$。

（2）密钥生成

数据所有者可以自己生成公钥和初始私钥。此过程中需要的唯一信息是全局公开参数。假设加入该系统的任何用户都可以轻松获得全局公开参数。生成公钥和初始私钥的算法描述如下。

$\text{KeyGen(PP)}\rightarrow\text{(PK, SK)}$：输入全局公开参数 PP，算法随机选择元素 $\alpha,k_0\in Z_p$，以及一个特殊标签 $t_0\in Z_p$（该特殊标签在密钥穿刺及加密中都不会被使用），然后计算如下。

$$\text{SK}_{0,1}=g^\alpha\mu_0^{k_0}$$

$$\text{SK}_{0,2}=g^{k_0}$$

$$\text{SK}_{0,3}=(d_{0,1},\cdots,d_{0,n})=((\mu_0^{t_0}/\mu_1)^{k_0},\cdots,(\mu_0^{t_0^n}/\mu_n)^{k_0})$$

算法设公钥 PK=$e(g,g)^\alpha$，私钥 SK=($\text{SK}_{0,1}$, $\text{SK}_{0,2}$, $\text{SK}_{0,3}$)。

（3）密钥抽取

密钥抽取算法允许数据所有者生成用于共享数据的属性密钥。例如，当患者希望共享由医院甲和医院乙生成的血液和心脏治疗记录时，患者可以生成属性集为 S={“血液科”，“心脏科”，“医院甲”，“医院乙”}的新密钥，然后，将该密钥发送给需要的数据使用者。密钥抽取算法描述如下。

$\text{KeyExtract(PP, SK}_T, S)\rightarrow\text{SK}_{T,S}$：输入全局公开参数 PP、与标签集 T（设 T 包含 m 个标签）关联的私钥 $\text{SK}_T=((\text{SK}_{0,1},\text{SK}_{0,2},\text{SK}_{0,3}),\cdots,(\text{SK}_{m,1},\text{SK}_{m,2},\text{SK}_{m,3}))$，以及属性集合 $S=\{\text{Attr}_1,\cdots,\text{Attr}_{|S|}\}$（设每个属性 Attr_i 是 Z_p 中的元素），算法随机选择 $|S|+1$ 个元素 $r,r_1,\cdots,r_{|S|}\in Z_p$，计算如下。

$$SK'_{0,1}=SK_{0,1}w^{r}, K_0=g^{r}, K_{\tau,1}=g^{r_\tau}, K_{\tau,2}=(u^{\mathrm{Attr}_\tau}h)^{r_\tau}v^{-r}$$

其中，$\tau=1,2,\cdots,|S|$。算法输出$SK_{T,S}=((SK'_{0,1},SK_{0,2},SK_{0,3}),\cdots,(SK_{m,1},SK_{m,2},SK_{m,3})$，$K_0$, $\{K_{\tau,1}$，$K_{\tau,2}\})$。由此可以注意到，与输入密钥 SK_T相比，算法输出的密钥 $SK_{T,S}$只是用$SK'_{0,1}$替换了$SK_{0,1}$，并且新增了分量K_0与$\{K_{\tau,1}$，$K_{\tau,2}\}$，其余部分保持不变。

（4）密钥穿刺

密钥穿刺算法用于用户（包括数据所有者和数据使用者）撤销对所选数据的解密能力。如果数据所有者在执行密钥抽取算法之前进行了密钥穿刺，则目标数据既不能被数据所有者访问也不能被数据使用者访问，数据实际上处于无法被任何人访问的删除状态；如果数据所有者在向数据使用者发送完抽取出的新密钥之后对自己的私钥进行了穿刺，则只有自身不能再访问指定数据，要想达到完全删除数据的目的，还需要接收新密钥的数据使用者对密钥进行穿刺。在密钥穿刺时，用户可以使用时间标签，如用户可以用一组标签 T={“Apr/22”,“May/22”,“Jun/22”}穿刺密钥，这样密钥就不能再访问 2022 年 4 月至 6 月收集到的数据。除了时间标签，用户还可以使用其他标签（如内容关键字、收件人姓名、所有者姓名）穿刺密钥。由此可注意到，在密钥穿刺算法中，输入密钥 $SK_{T,S}$中的标签集 T 和属性集 S 允许为空：如果 T 和 S 都为空，意味着数据所有者执行密钥穿刺算法（因为只有他才拥有初始密钥 SK）；如果 S 为空而 T 非空，意味着输入密钥 SK_T未与任何属性关联，算法输出的密钥可以被进一步用来生成属性密钥；如果 T 为空而 S 非空，意味着输出密钥 SK_S已经与属性关联，但仍可以被穿刺。假设密钥穿刺算法中输入密钥 $SK_{T,S}$关联的集合 T 与 S 都非空，算法描述如下。

KeyPuncture(PP, $SK_{T,S}$, t)→$SK_{T\cup\{t\},S}$：输入全局公开参数 PP、私钥$SK_{T,S}=((SK_{0,1},SK_{0,2},SK_{0,3}),\cdots,(SK_{m,1},SK_{m,2},SK_{m,3})$，$K_0$，$\{K_{\tau,1},K_{\tau,2}\})$，以及标签$t\in Z_p$，算法首先随机选择两个元素$\gamma,k'_0\in Z_p$，计算如下。

$$SK'_{0,1}=SK_{0,1}g^{\gamma}\mu_0^{k'_0}$$

$$SK'_{0,2}=SK_{0,2}g^{k'_0}$$

$$SK'_{0,3}=(d'_{0,1},\cdots,d'_{0,n})=(d_{0,1}(\mu_0^{t_0}/\mu_1)^{k'_0},\cdots,d_{0,n}(\mu_0^{t_0^n}/\mu_n)^{k'_0})$$

然后，算法随机选择一个元素$k_{m+1}\in Z_p$，并计算如下。

$$SK_{m+1,1}=g^{\gamma}\mu_0^{k_{m+1}}$$

$$SK_{m+1,2}=g^{k_{m+1}}$$

$$SK_{m+1,3}=(d_{m+1,1},\cdots,d_{m+1,n})=((\mu_0^{t}/\mu_1)^{k_{m+1}},\cdots,(\mu_0^{t^n}/\mu_n)^{k_{m+1}})$$

最后，算法输出密钥$SK_{T\cup\{t\},S}=((SK'_{0,1},SK'_{0,2},SK'_{0,3}),\cdots,(SK_{m+1,1},SK_{m+1,2},SK_{m+1,3})$，$K_0$，$\{K_{\tau,1}$，$K_{\tau,2}\})$。

由以上算法可注意到，与输入密钥 $SK_{T,S}$ 相比，算法输出的密钥$SK_{T\cup\{t\},S}$用($SK'_{0,1}$，$SK'_{0,2}$，$SK'_{0,3}$)替换了输入密钥中的($SK_{0,1}$，$SK_{0,2}$，$SK_{0,3}$)，并且增加了关于标签 t 的分量($SK_{m+1,1},SK_{m+1,2},SK_{m+1,3}$)，而其他部分保持不变。

（5）加密

DPABE 系统使用混合加密方式加密数据，即先使用对称加密算法（如 AES 算法）加密数据，再使用公钥加密方法加密对称加密密钥。为加密对称加密密钥 M，数据所有者可以指定标签集 T' 与访问控制策略 A。标签集 T' 可以由描述性标记组成，如时间段、内容关键字等，主要用于对解密权限的撤销；访问控制策略旨在实现细粒度的访问控制，如患者可以制定访问结构 A={（“血液科”和“医院甲”）OR（“心脏科”和“医院乙”）}，使得医院甲的血液科医生或医院乙的心脏科医生能够访问他的数据。DPABE 系统加密算法描述如下。

Encrypt(PP, M, PK, T', A)→CT：输入全局公开参数 PP、明文消息 $M \in G_{\mathrm{T}}$、数据所有者公钥 PK=$e(g,g)^{\alpha}$、标签集 $T'=(t_1,\cdots,t_n)$ 及访问控制策略 A=($\boldsymbol{A},\rho$)，其中 $\boldsymbol{A}$ 表示 l 行 c 列的矩阵，ρ 将 $\boldsymbol{A}$ 的每一行映射到一个属性，算法先计算多项式 $f(x)=\prod_{t\in T'}(x-t)$ 的系数 $(z_0,z_1,\cdots,z_n)$，其中对于 $i>n$，有 $z_i=0$。然后，算法随机选择元素 $s\in Z_p$，计算 $C_0=Me(g,g)^{\alpha s}$，$C_1=g^s$，$C_2=(\mu_0^{z_0}\mu_1^{z_1}\cdots\mu_n^{z_n})^s$。接着，算法随机选择 $c-1$ 个元素 $y_2,\cdots,y_c\in Z_p$，生成向量 $\boldsymbol{\upsilon}=(s,y_2,\cdots,y_c)$；设矩阵 $\boldsymbol{A}$ 的第 j 行为向量 $\boldsymbol{A}_j$，则内积 $\lambda_j=\boldsymbol{\upsilon A}_j$ 就是属性 $\rho(j)$的关于 s 的子秘密。对于每一个 $j=1,\cdots,l$，算法选择随机元素 $\varphi_j\in Z_p$，并计算：$E_{j,1}=w^{\lambda_j}v^{\varphi_j}$、$E_{j,2}=(u^{\rho(j)}h)^{-\varphi_j}$、$E_{j,3}=g^{-\varphi_j}$。

最后，算法输出密文 $\mathrm{CT}=(C_0,C_1,C_2,\{E_{j,1},E_{j,2},E_{j,3}\}_{\forall j\in[l]})$。

（6）解密

数据使用者（或数据所有者）可以检索存储在 CSP 中的密文，并使用其密钥进行解密。设密文 CT 与 T' 和 A 相关联，密钥 $\mathrm{SK}_{T,S}$ 与标签集 T 和属性集 S 关联。如果密钥的标签集与密文的标签集没有交集，即 $T\cap T'=\varnothing$，并且密钥属性集满足密文的访问控制策略，即 $S\in A$，则 $\mathrm{SK}_{T,S}$ 可正确解密密文。

Decrypt(PP,CT, $\mathrm{SK}_{T,S}$) $\to M$：输入全局公开参数 PP、密文 CT 及密钥 $\mathrm{SK}_{T,S}=((\mathrm{SK}_{0,1},\mathrm{SK}_{0,2},\mathrm{SK}_{0,3}),\cdots,(\mathrm{SK}_{m,1},\mathrm{SK}_{m,2},\mathrm{SK}_{m,3}),K_0,\{K_{\tau,1},K_{\tau,2}\})$，算法首先通过密文所关联的标签集 T' 计算多项式 $f(x)=\prod_{t\in T'}(x-t)$ 的系数 $(z_0,z_1,\cdots,z_n)$；然后，对于每一个 $i=0,1,\cdots,m$，计算

$$D_i=d_{i,1}^{z_1}d_{i,2}^{z_2}\cdots d_{i,n}^{z_n}=(\mu_0^{t_i}/\mu_1)^{k_iz_1}\cdot(\mu_0^{t_i^2}/\mu_2)^{k_iz_2}\cdots(\mu_0^{t_i^n}/\mu_n)^{k_iz_n}=\mu_0^{k_if(t_i)}\prod_{j=0}^{n}\mu_j^{-k_iz_j}$$

然后，根据 LSSS 的线性重构性质，算法找到常数{$\omega_j\in Z_p$}，使得 $\sum_{j\in J}\omega_jA_j=(1,0,\cdots,0)$，其中 $J=\{j:\rho(j)\in S\}$。算法计算如下。

$$B=\frac{e(\mathrm{SK}_{0,1},C_1)}{\prod_{j\in J}(e(E_{j,1},K_0)e(E_{j,2},K_{\tau,1})e(E_{j,3},K_{\tau,2}))^{\omega_j}}=e(g^{\alpha'},g^s)e(\mu_0^{k_0},g^s)$$

其中，τ 是属性 $\rho(j)$ 在集合 S 中的下标。对每一个 $i=1,2,\cdots,m$，计算

$$B_i=(e(D_i,C_1)e(\mathrm{SK}_{i,2},C_2))^{1/f(t_i)}=e(\mu_0^{k_i},g^s)$$

接着，再计算

$$B'=\prod_{i=1}^{m}(e(\mathrm{SK}_{i,1},C_1)/B_i)=\prod_{i=1}^{m}\frac{e(g^{\gamma_i}\mu_0^{k_i},g^s)}{e(\mu_0^{k_i},g^s)}=e\left(g^{\sum_{i=1}^{m}\gamma_i},g^s\right)$$

因为密钥 $SK_{T,S}$ 被穿刺过 m 次，所以其第一个分量 $SK_{0,1}$ 中的指数 α 变成了 $\alpha' = \alpha + \sum_{i=1}^{m}\gamma_i$ 。算法可以计算如下。

$$M' = \frac{B}{B_0 B'} = \frac{e(g^{\alpha'}, g^s)e(\mu_0^{k_0}, g^s)}{e(\mu_0^{k_0}, g^s)e(g^{\sum_{i=1}^{m}\gamma_i}, g^s)} = e(g^{\alpha}, g^s)$$

最后，恢复出明文 $M = C_0 / M' = Me(g,g)^{\alpha s} / e(g^{\alpha}, g^s)$ 。

8.5 本章小结

本章主要针对恶意软件检测、数据隐私保护、数据共享和数据删除领域，介绍了 4 项数据安全新技术，包括基于大数据的恶意软件检测、面向数据预测的隐私保护、基于区块链的数据安全共享及基于密钥穿刺的数据删除。这 4 项新技术是对数据安全技术的新研究与新探索，对于网络安全相关领域的研究人员和大学生来说，具有一定的参考价值。

参考文献

[1] HUANG H Q, ZHENG C, ZENG J Y, et al. A large-scale study of android malware development phenomenon on public malware submission and scanning platform[J]. IEEE Transactions on Big Data, 2021, 7(2): 255-270.

[2] ZHANG J X, QIN Z, YIN H, et al. Malware variant detection using opcode image recognition with small training sets[C]//Proceedings of the 2016 25th International Conference on Computer Communication and Networks (ICCCN). Piscataway: IEEE Press, 2016: 1-9.

[3] CESARE S, XIANG Y, ZHOU W L. Control flow-based malware VariantDetection[J]. IEEE Transactions on Dependable and Secure Computing, 2014, 11(4): 307-317.

[4] TAMERSOY A, ROUNDY K, CHAU D H. Guilt by association: large scale malware detection by mining file-relation graphs[C]//Proceedings of the 20th ACM SIGKDD International Conference on Knowledge Discovery and Data Mining. New York: ACM Press, 2014：1524-1533.

[5] ZHANG Y X, SUI Y L, PAN S R, et al. Familial clustering for weakly-labeled android malware using hybrid representation learning[J]. IEEE Transactions on Information Forensics and Security, 2020, 15: 3401-3414.

[6] TIAN K, YAO D F, RYDER B G, et al. Detection of repackaged android malware with code-heterogeneity features[J]. IEEE Transactions on Dependable and Secure Computing, 2020, 17(1): 64-77.

[7] ZHANG J X, QIN Z, YIN H, et al. A feature-hybrid malware variants detection using CNN based opcode embedding and BPNN based API embedding[J]. Computers & Security, 2019, 84: 376-392.

[8] SEVERI G, MEYER J, COULL S, et al. Explanation-guided backdoor poisoning attacks against malware classifiers[C]//Proceedings of the 30th USENIX Security Symposium (USENIX Security 21). [S.l.:s.n.], 2021: 1487-1504.

[9] WON D O, JANG Y N, LEE S W. PlausMal-GAN: plausible malware training based on generative adver-

sarial networks for analogous zero-day malware detection[J]. IEEE Transactions on Emerging Topics in Computing, 2023, 11: 82-94.

[10] 纪守领, 杜天宇, 李进锋, 等. 机器学习模型安全与隐私研究综述[J]. 软件学报, 2021, 32(1): 41-67.

[11] 刘俊旭, 孟小峰. 机器学习的隐私保护研究综述[J]. 计算机研究与发展, 2020, 57(2): 346-362.

[12] JAGADEESH K A, WU D J, BIRGMEIER J A, et al. Deriving genomic diagnoses without revealing patient genomes[J]. Science, 2017, 357(6352): 692-695.

[13] KHEDR A, GULAK G, VAIKUNTANATHAN V. SHIELD: scalable homomorphic implementation of encrypted data-classifiers[J]. IEEE Transactions on Computers, 2016, 65(9): 2848-2858.

[14] COCK M, DOWSLEY R, HORST C, et al. Efficient and private scoring of decision trees, support vector machines and logistic regression models based on pre-computation[J]. IEEE Transactions on Dependable and Secure Computing, 2019, 16(2): 217-230.

[15] BOST R, POPA R A, TU S, et al. Machine learning classification over encrypted data[C]//Proceedings of the 2015 Network and Distributed System Security Symposium. San Diego: Internet Society, 2015.

[16] WU D J, FENG T, NAEHRIG M, et al. Privately evaluating decision trees and random forests[J]. Proceedings on Privacy Enhancing Technologies, 2016, 2016(4): 335-355.

[17] TAI R K, MA J P K, ZHAO Y J, et al. Privacy-preserving decision trees evaluation via linear functions[C]//Proceedings of the Computer Security–ESORICS 2017: 22nd European Symposium on Research in Computer Security. Cham: Springer International Publishing, 2017: 494-512.

[18] TUENO A, KERSCHBAUM F, KATZENBEISSER S. Private evaluation of decision trees using sublinear cost[J]. Proceedings on Privacy Enhancing Technologies, 2019, 2019(1): 266-286.

[19] KISS Á, NADERPOUR M, LIU J, et al. SoK: modular and efficient private decision tree evaluation[J]. Proceedings on Privacy Enhancing Technologies, 2019, 2019(2): 187-208.

[20] ZHENG Y F, DUAN H Y, WANG C. Towards secure and efficient outsourcing of machine learning classification[C]//Proceedings of the European Symposium on Research in Computer Security. Cham: Springer International Publishing, 2019: 22-40.

[21] LIANG J W, QIN Z, XIAO S, et al. Efficient and secure decision tree classification for cloud-assisted online diagnosis services[J]. IEEE Transactions on Dependable and Secure Computing, 2021, 18(4): 1632-1644.

[22] XUE L, LIU D X, HUANG C, et al. Secure and privacy-preserving decision tree classification with lower complexity[J]. Journal of Communications and Information Networks, 2020, 5(1): 16-25.

[23] RAHULAMATHAVAN Y, PHAN R C W, VELURU S, et al. Privacy-preserving multi-class support vector machine for outsourcing the data classification in cloud[J]. IEEE Transactions on Dependable and Secure Computing, 2014, 11(5): 467-479.

[24] BAJARD J C, MARTINS P, SOUSA L, et al. Improving the efficiency of SVM classification with FHE[J]. IEEE Transactions on Information Forensics and Security, 2020, 15: 1709-1722.

[25] ZHU H, LIU X X, LU R X, et al. Efficient and privacy-preserving online medical prediagnosis framework using nonlinear SVM[J]. IEEE Journal of Biomedical and Health Informatics, 2017, 21(3): 838-850.

[26] OHRIMENKO O, SCHUSTER F, FOURNET C, et al. Oblivious multi-party machine learning on trusted processors[C]//Proceedings of the 25th USENIX Security Symposium (USENIX Security 16). [S.l.:s.n.], 2016: 619-636.

[27] HU Y H, FANG L, HE G P. Privacy-preserving SVM classification on vertically partitioned data without secure multi-party computation[C]//Proceedings of the 2009 Fifth International Conference on Natural Computation. Piscataway: IEEE Press, 2009: 543-546.

[28] HAZAY C, ORSINI E, SCHOLL P, et al. TinyKeys: a new approach to efficient multi-party computation[J].

Journal of Cryptology, 2022, 35(2): 13.

[29] CERDEIRA D, SANTOS N, FONSECA P, et al. SoK: understanding the prevailing security vulnerabilities in TrustZone-assisted TEE systems[C]//Proceedings of the 2020 IEEE Symposium on Security and Privacy (SP). Piscataway: IEEE Press, 2020: 1416-1432.

[30] HASTINGS M, HEMENWAY B, NOBLE D, et al. SoK: general purpose compilers for secure multi-party computation[C]//Proceedings of the 2019 IEEE Symposium on Security and Privacy (SP). Piscataway: IEEE Press, 2019: 1220-1237.

[31] ZHU R Y, CASSEL D, SABRY A, et al. NANOPI: extreme-scale actively-secure multi-party computation[C]//Proceedings of the 2018 ACM SIGSAC Conference on Computer and Communications Security. New York: ACM Press, 2018: 862-879.

[32] LIANG J W, QIN Z, XUE L, et al. Efficient and privacy-preserving decision tree classification for health monitoring systems[J]. IEEE Internet of Things Journal, 2021, 8(16): 12528-12539.

[33] LIANG J W, QIN Z, XUE L, et al. Verifiable and secure SVM classification for cloud-based health monitoring services[J]. IEEE Internet of Things Journal, 2021, 8(23): 17029-17042.

[34] JOSHI M, JOSHI K P, FININ T. Delegated authorization framework for EHR services using attribute-based encryption[J]. IEEE Transactions on Services Computing, 2021, 14(6): 1612-1623.

[35] LIANG J W, QIN Z, NI J B, et al. Practical and secure SVM classification for cloud-based remote clinical decision services[J]. IEEE Transactions on Computers, 2021, 70(10): 1612-1625.

[36] WEI J H, CHEN X F, HUANG X Y, et al. RS-HABE: revocable-storage and hierarchical attribute-based access scheme for secure sharing of e-health records in public cloud[J]. IEEE Transactions on Dependable and Secure Computing, 2021, 18(5): 2301-2315.

[37] AL OMAR A, BHUIYAN M Z A, BASU A, et al. Privacy-friendly platform for healthcare data in cloud based on blockchain environment[J]. Future Generation Computer Systems, 2019, 95: 511-521.

[38] CHOWDHURY M J M, COLMAN A, KABIR M A, et al. Blockchain as a notarization service for data sharing with personal data store[C]//Proceedings of the 2018 17th IEEE International Conference on Trust, Security and Privacy in Computing and Communications/ 12th IEEE International Conference on Big Data Science and Engineering (TrustCom/BigDataSE). Piscataway: IEEE Press, 2018: 1330-1335.

[39] WANG M Y, GUO Y, ZHANG C, et al. MedShare: a privacy-preserving medical data sharing system by using blockchain[J]. IEEE Transactions on Services Computing, 2023, 16(1): 438-451.

[40] BONEH D, BOYEN X. Efficient selective-ID secure identity-based encryption without random oracles[C]//Proceedings of the International Conference on the Theory and Applications of Cryptographic Techniques. Heidelberg: Springer, 2004: 223-238.

[41] OSTROVSKY R, SAHAI A, WATERS B. Attribute-based encryption with non-monotonic access structures[C]//Proceedings of the 14th ACM conference on Computer and communications security. New York: ACM Press, 2007: 195-203.

[42] YANG Y, MA M D. Conjunctive keyword search with designated tester and timing enabled proxy re-encryption function for E-health clouds[J]. IEEE Transactions on Information Forensics and Security, 2016, 11(4): 746-759.

[43] AZARIA A, EKBLAW A, VIEIRA T, et al. MedRec: using blockchain for medical data access and permission management[C]//Proceedings of the 2016 2nd International Conference on Open and Big Data (OBD). Piscataway: IEEE Press, 2016: 25-30.

[44] HUANG J, QI Y W, ASGHAR M R, et al. MedBloc: a blockchain-based secure EHR system for sharing and accessing medical data[C]//Proceedings of the 2019 18th IEEE International Conference on Trust, Security

and Privacy in Computing and Communications/13th IEEE International Conference on Big Data Science and Engineering (TrustCom/BigDataSE). Piscataway: IEEE Press, 2019: 594-601.

[45] OMAR A A, RAHMAN M S, BASU A, et al. MediBchain: A blockchain based privacy preserving platform for healthcare data[C]//Proceedings of the International Conference on Security, Privacy and Anonymity in Computation, Communication and Storage. Cham: Springer, 2017: 534-543.

[46] SHEN B Q, GUO J Z, YANG Y L. MedChain: efficient healthcare data sharing via blockchain[J]. Applied Sciences, 2019, 9(6): 1207.

[47] CHEN L X, LEE W K, CHANG C C, et al. Blockchain based searchable encryption for electronic health record sharing[J]. Future Generation Computer Systems, 2019, 95: 420-429.

[48] GUO H, LI W X, MEAMARI E, et al. Attribute-based multi-signature and encryption for EHR management: a blockchain-based solution[C]//Proceedings of the 2020 IEEE International Conference on Blockchain and Cryptocurrency (ICBC). Piscataway: IEEE Press, 2020: 1-5.

[49] RAY P P, CHOWHAN B, KUMAR N, et al. BIoTHR: electronic health record servicing scheme in IoT-blockchain ecosystem[J]. IEEE Internet of Things Journal, 2021, 8(13): 10857-10872.

[50] SUDARSONO A, YULIANA M, DARWITO H A. A secure data sharing using identity-based encryption scheme for e-healthcare system[C]//Proceedings of the 2017 3rd International Conference on Science in Information Technology (ICSITech). Piscataway: IEEE Press, 2017: 429-434.

[51] WU L B, ZHANG Y B, CHOO K K R, et al. Efficient identity-based encryption scheme with equality test in smart city[J]. IEEE Transactions on Sustainable Computing, 2018, 3(1): 44-55.

[52] XU P, JIAO T F, WU Q H, et al. Conditional identity-based broadcast proxy re-encryption and its application to cloud email[J]. IEEE Transactions on Computers, 2016, 65(1): 66-79.

[53] GE C P, LIU Z, XIA J Y, et al. Revocable identity-based broadcast proxy re-encryption for data sharing in clouds[J]. IEEE Transactions on Dependable and Secure Computing, 2021, 18(3): 1214-1226.

[54] DENG H, QIN Z, WU Q H, et al. Flexible attribute-based proxy re-encryption for efficient data sharing[J]. Information Sciences, 2020, 511: 94-113.

[55] CANETTI R, HALEVI S, KATZ J. A forward-secure public-key encryption scheme[C]//Proceedings of the International Conference on the Theory and Applications of Cryptographic Techniques. Heidelberg: Springe, 2003: 255-271.

[56] GREEN M D, MIERS I. Forward secure asynchronous messaging from puncturable encryption[C]// Proceedings of the 2015 IEEE Symposium on Security and Privacy. Piscataway: IEEE Press, 2015: 305-320.

[57] CHASE M. Multi-authority attribute based encryption[C]//Proceedings of the Theory of Cryptography Conference. Heidelberg: Springer, 2007: 515-534.

[58] CHASE M, CHOW S S M. Improving privacy and security in multi-authority attribute-based encryption[C]//Proceedings of the 16th ACM Conference on Computer and Communications Security. New York: ACM Press, 2009: 121-130.

[59] LEWKO A, WATERS B. Decentralizing attribute-based encryption[C]//Proceedings of the Annual International Conference on the Theory and Applications of Cryptographic Techniques. Heidelberg: Springer, 2011: 568-588.

[60] WANG Z D, FAN X, LIU F H. FE for inner products and its application to decentralized ABE[C]//Proceedings of the IACR International Workshop on Public Key Cryptography. Cham: Springer, 2019: 97-127.

[61] DATTA P, KOMARGODSKI I, WATERS B. Decentralized multi-authority ABE for DNFs from LWE[C]//Proceedings of the Annual International Conference on the Theory and Applications of Crypto-

graphic Techniques. Cham: Springer, 2021: 177-209.
[62] CANETTI R, HALEVI S, KATZ J. A forward-secure public-key encryption scheme[C]//Advances in Cryptology—EUROCRYPT 2003: International Conference on the Theory and Applications of Cryptographic Techniques. Heidelberg: Springer, 2003: 255-271.
[63] GÜNTHER F, HALE B, JAGER T, et al. 0-RTT key exchange with full forward secrecy[C]//Proceedings of the Annual International Conference on the Theory and Applications of Cryptographic Techniques. Cham: Springer, 2017: 519-548.
[64] DERLER D, JAGER T, SLAMANIG D, et al. Bloom filter encryption and applications to efficient forward-secret 0-RTT key exchange[C]//Proceedings of the Annual International Conference on the Theory and Applications of Cryptographic Techniques. Cham: Springer, 2018: 425-455.
[65] PHUONG T V X, SUSILO W, KIM J, et al. Puncturable proxy re-encryption supporting to group messaging service[C]//Proceedings of the European Symposium on Research in Computer Security. Cham: Springer, 2019: 215-233.
[66] WEI J H, CHEN X F, WANG J F, et al. Forward-secure puncturable identity-based encryption for securing cloud emails[C]//Proceedings of the European Symposium on Research in Computer Security. Cham: Springer, 2019: 134-150.
[67] SUN S F, SAKZAD A, STEINFELD R, et al. Public-key puncturable encryption: modular and compact constructions[C]//Proceedings of the IACR International Conference on Public-Key Cryptography. Cham: Springer, 2020: 309-338.
[68] DERLER D, RAMACHER S, SLAMANIG D, et al. Fine-grained forward secrecy: allow-list/deny-list encryption and applications[C]//Proceedings of the International Conference on Financial Cryptography and Data Security. Heidelberg: Springer, 2021: 499-519.
[69] PHUONG T V X, NING R, XIN C S, et al. Puncturable attribute-based encryption for secure data delivery in Internet of Things[C]//Proceedings of the IEEE INFOCOM 2018 - IEEE Conference on Computer Communications. Piscataway: IEEE Press, 2018: 1511-1519.
[70] KUMAR P, BRAEKEN A, GURTOV A, et al. Anonymous secure framework in connected smart home environments[J]. IEEE Transactions on Information Forensics and Security, 2017, 12(4): 968-979.
[71] ROUSELAKIS Y, WATERS B. Practical constructions and new proof methods for large universe attribute-based encryption[C]//Proceedings of the 2013 ACM SIGSAC Conference on Computer & Communications Security - CCS'13. New York: ACM Press, 2013: 463-474.

第 9 章

数据安全相关政策法规与标准

为了规范数据处理活动，保障数据安全，促进数据开发利用，保护个人、组织的合法权益，维护国家主权、安全和发展利益，我国已制定多个数据安全相关的法律法规，出台一系列的国家地方政策，相继发布相应的标准规范。本章将梳理与数据安全相关的法律法规及标准规范，并对其展开详细解读。

9.1 数据安全相关法律法规

数据安全相关法律法规主要有 3 个，即《中华人民共和国数据安全法》《中华人民共和国个人信息保护法》《中华人民共和国网络安全法》。

9.1.1 《中华人民共和国数据安全法》

2021 年 6 月 10 日，《中华人民共和国数据安全法》（以下简称《数据安全法》）已由第十三届全国人民代表大会常务委员会第二十九次会议通过并正式发布，于 2021 年 9 月 1 日起施行。

《数据安全法》体现了总体国家安全观的立法目标，聚焦数据安全领域的突出问题，确立了数据分类分级管理，建立了数据安全风险评估、监测预警、应急处置、数据安全审查等基本制度，并明确了相关主体的数据安全保护义务，这是我国首部有关数据安全的专门法律。作为我国数据安全领域的基础性法律，《数据安全法》主要有如下 3 个特点：一是坚持安全与发展并重，设专章对支持促进数据安全与发展的措施进行了规定，保护个人、组织与数据有关的权益，提升数据安全治理和数据开发利用水平，促进以数据为关键生产要素的数字经济发展；二是加强具体制度与整体治理框架的衔接，从基础定义、数据安全管理、数据分类分级、重要数据出境等方面，进一步加强与《中华人民共和国网络安全法》（以下简称《网络安全法》）等法律的衔接，完善我国数据治理法律制度建设；三是回应社会关切。

《数据安全法》以贯彻总体国家安全观的目标为出发点，以数据治理中最为重要的安全问题为切入点，抓住了数据安全的主要矛盾和平衡点，是我国数据安全领域的一部重要基础性法律。

《数据安全法》第一条确立该法的立法目的："为了规范数据处理活动，保障数据安全，促进数据开发利用，保护个人、组织的合法权益，维护国家主权、安全和发展利益，制定本法。"该条中的"规范数据处理活动，保障数据安全，促进数据开发利用"是《数据安全法》的立法基础，其中"规范、保障、促进"这3个关键词，是一种递进关系，规范数据处理活动的目的，是为了保障数据的安全，只有在确保数据安全的基础上，方能促进数据的有序开发和利用[1]。

《数据安全法》对数据分类分级制度进行了探索。《数据安全法》第二十一条规定，根据数据在经济社会发展中的重要程度，以及一旦遭到篡改、破坏、泄露或者非法获取、非法利用，对国家安全、公共利益或者个人、组织合法权益造成的危害程度，对数据实行分类分级保护，并明确加强对重要数据的保护，对关系国家安全、国民经济命脉、重要民生、重大公共利益等内容的国家核心数据，实行更加严格的管理制度。《数据安全法》针对重要数据在管理形式和保护要求上提出了严格和明确的保护制度。在管理形式上，《数据安全法》采用目录管理的方式，明确将"确定重要数据目录"纳入国家层面管理事项，国家数据安全工作协调机制统筹协调有关部门制定重要数据目录。而各地区、各部门制定本地区、本部门及相关行业和领域的重要数据具体目录，有利于形成国家与各地方、各部门管理权限之间的合理协调机制，推动重要数据统一认定标准的建立。在保护要求上，《数据安全法》在一般保护之外，强化了对重要数据、核心数据的保护要求。一是规定数据处理者开展数据处理活动应当依照法律法规，建立健全全流程数据安全管理制度，组织开展数据安全教育培训，采取相应的技术措施和其他必要措施，保障数据安全；二是规定重要数据处理者"明确数据安全负责人和管理机构"的义务，要求重要数据处理者在内部做出明确的责任划分，落实数据安全保护责任；三是规定重要数据处理者进行风险评估的要求，重要数据处理者应当按照规定对其数据处理活动定期开展风险评估，并向有关主管部门报送风险评估报告，风险评估报告应当包括处理的重要数据的种类、数量，开展数据处理活动的情况，面临的数据安全风险及其应对措施等[2]。

《数据安全法》建立了数据安全风险评估、报告、信息共享、监测预警、应急处置机制，通过对数据安全风险信息的获取、分析、研判、预警及数据安全事件发生后的应急处置，实现数据安全事前、事中和事后的全流程保障。《数据安全法》第二十二条规定："国家建立集中统一、高效权威的数据安全风险评估、报告、信息共享、监测预警机制。国家数据安全工作协调机制统筹协调有关部门加强数据安全风险信息的获取、分析、研判、预警工作。"第二十九条规定："开展数据处理活动应当加强风险监测，发现数据安全缺陷、漏洞等风险时，应当立即采取补救措施……"从制度衔接上看，数据安全风险评估、报告、信息共享、监测预警机制是国家安全制度的组成部分。《中华人民共和国国家安全法》（以下简称《国家安全法》）第四章第三节建立了风险预防、评估和预警的相关制度，规定国家制定完善应对各领域国家安全风险预案。数据安全风险评估、报告、信息共享、监测预警机制是《国家安全法》规定的风险预防、评估和预警相关制度在数据安全领域的具体落实。从保护阶段上看，数据安全风险评估、报告和信息共享构成数据安全保护的事前保护义务，监测预警机制构成数据安全保护的事中保护义务，数据安全事件的应急处置机制形成对数据安全的事后保护。

《数据安全法》对数据的出境管理进行了补充和完善。一是针对重要数据完善了跨境数据流动制度，《数据安全法》在《网络安全法》第三十七条的基础之上，规定“其他数据处理者在中华人民共和国境内运营中收集和产生的重要数据的出境安全管理办法，由国家网信部门会同国务院有关部门制定”。既与《网络安全法》相衔接，也实现了对所有重要数据出境的安全保障。二是通过出口管制的形式限制了管制物项数据的出口，《数据安全法》第二十五条规定“国家对与维护国家安全和利益、履行国际义务相关的属于管制物项的数据依法实施出口管制”，明确将数据出口管制纳入数据安全管理工作中，实现与《中华人民共和国出口管制法》的衔接，有利于从维护国家安全的角度限制相关数据的出境，对整体跨境数据流动制度进行补充。三是对外国司法、执法机构调取我国数据的情况进行了规定。《数据安全法》第三十六条首先明确“中华人民共和国主管机关根据有关法律和中华人民共和国缔结或者参加的国际条约、协定，或者按照平等互惠原则，处理外国司法或者执法机构关于提供数据的请求”。同时规定“非经中华人民共和国主管机关批准”不得向境外执法或司法机构提供境内数据，并对违法违规提供数据的行为，明确了包括警告、罚款等在内的行政处罚措施。这一制度的设置体现了对于合法合规向外国司法或者执法机构提供数据的重视，明确了我国处理外国司法或者执法机构关于提供数据请求的一般原则，同时依法应对少数国家肆意滥用长臂管辖，防范我国境内数据被外国司法或执法机构不当获取。

数据交易制度的确立使得数据依法有序流动成为现实。数据是数字经济时代的重要生产要素，而数据交易则是满足数据供给和需要的最主要方式，明确数据交易的法律地位，是满足现实需求、助力数字经济发展的重要表现，是当前数据交易制度发展的基础。《数据安全法》第十九条规定国家建立健全数据交易管理制度，规范数据交易行为，培育数据交易市场。此外，《数据安全法》还在第三十三条规定了数据交易中介服务机构的主要义务，规定从事数据交易中介服务的机构在提供交易中介服务时，应当要求数据提供方说明数据来源，审核交易双方的身份，并留存审核、交易记录。《数据安全法》为数据交易制度提供了兼顾安全和发展的原则性规定，有利于在保障安全基础上，促进数据有序流动，激励相关主体参与数据交易活动，充分释放数据红利。

随着《数据安全法》的正式出台，我国网络法律法规体系进一步完善，为后续立法、执法、司法相关实践提供了重要法律依据，为数字经济的安全健康发展提供了有力支撑。

以下介绍两个违反《数据安全法》的案例。

1. 案例一

2022年7月26日，广州市公安局新闻办公室召开新闻发布会，通报在2022年广州民生实事“个人信息超范围采集整治治理”专项工作和“净网2022”专项行动中，全链条打击侵犯公民个人信息等突出网络违法犯罪的相关情况。其中，广州警方公布了广东省公安机关首例适用《数据安全法》的案件——广州一公司因未履行数据安全保护义务被警方处罚5万元。从2021年10月下旬开始，广州市某公司陆续收到合作方驾校及当地运营部门投诉，有第三方人员冒充该公司工作人员，自称可以绕开该公司开发的“驾培平台”配套的车载终端打卡机制，让驾校学员在不到现场练车的情况下，系统完成练车学时的累积，从而完成监管部门对驾考练车学时的严格要求。广州警方检查发现，该公司开发的“驾培平台”存储了驾校培训学员的姓名、身份证号、手机号、个人照片等信息 1 070 万余条，但该公司没有建立数据安全管理制度和操作规程，对于日常经营活动采集到的驾校学员个人信息未采取去标识化和加密措施，系统存在未授权访问漏洞等严重数据安全隐患。系统平台一旦被不法分子突破窃取，将导致大量驾校学员个人信息泄露，给广大人民群众个人利益造成重大影响。根据《数据安全法》的有关规定，广州警方对该公司未履行数据安全保护义务的违法行为，依法处以警告并处罚款人民币 5 万元的行政处罚，开创了广东省公安机关适用《数据安全法》的先例，对数据安全治理做出了积极探索和实践。

2. **案例二**

2022 年 5 月，枣庄市公安局台儿庄分局网安大队在执法检查中发现，某公司自建收费系统，通过公众号采集公民个人信息存储在第三方云平台上，对采集的数据未采取安全防护技术措施，未依法履行网络安全保护义务。台儿庄分局网安大队根据《数据安全法》第二十七条第一款、第四十五条第一款之规定，对该公司予以行政警告处罚，并责令改正。

9.1.2 《中华人民共和国个人信息保护法》

2021 年 8 月 20 日，《中华人民共和国个人信息保护法》（以下简称《个人信息保护法》）由第十三届全国人民代表大会常务委员会第三十次会议通过，自 2021 年 11 月 1 日起施行。

《个人信息保护法》是专门规范个人信息处理活动和保护个人信息权益的法律，借鉴国内外个人信息保护方面的法律法规，延续我国在个人信息方面的管理模式，考虑我国当下存在的个人信息典型问题，突出以解决问题为导向的务实风格。这是我国第一部个人信息保护方面的专门法律，旨在保护个人信息权益，规范个人信息处理活动，促进个人信息合理利用。

《个人信息保护法》针对当前个人信息保护面临的复杂问题和严峻挑战，明确个人信息处理的基本原则，确定个人信息处理规则，强调个人信息处理者的责任边界和应尽义务，完善个人在个人信息方面拥有的权利，健全个人信息保护工作体制。《个人信息保护法》的发布，对解决当下个人信息方面存在的各类问题、规范个人信息处理活动、促进个人信息合理利用有着重大意义。在《个人信息保护法》中，对广大人民群众极为关注的过度收集个人信息、“大数据杀熟”、利用个人信息进行自动化决策、公共场所通过摄像机采集图像等热点难点问题都给予了回应[3]。

《个人信息保护法》提出处理个人信息要遵循合法、正当、必要、诚信的原则，要有明确、合理的目的，要遵循公开、透明的原则，公开个人信息处理规则等。在公共安全领域的场景内，如何遵循以上个人信息保护的原则，如银行、大型商场、连锁店铺视频监控系统采集到的包含个人的视频信息在处理过程中是否遵循了相关的法律法规，收集的信息是否仅用于维护公共安全？超出公共安全的范畴处理个人信息，是否公开了个人信息的处理规则？是否存在以维护公共安全为目的采集人像信息，而用于其他商业目的？改变使用目的是否遵循了收集敏感个人信息需要征得个人信息主体的单独同意的要求？这些问题在《个人信息保护法》中均提出了要求，需要在行业内进行深入探讨，得到具体落地的最佳实践，以规范公共安全领域对个人信息的收集、使用和处理。《个人信息保护法》提出了处理个人信息的“告知-同意”原则，在处理个人信息前，个人信息处理者应当以显著方式、清晰易懂的语言，真实、准确、完整地将个人信息处理的目的、处理方式等相关事项告知个人，个人在充分知情的前提下自愿、明确做出同意。同时，《个人信息保护法》第十三条中提出了 6 种可免于个人同意的例外情形，如公共安全领域中的“（三）为履行法定职责或者法定义务所必需；（四）为应对突发公共卫生事件，或者紧急情况下为保护自然人的生命健康和财产安全所必需；（七）法律、行政法规规定的其他情形[4]。”

落实《个人信息保护法》，首先应明确法律所规定的界限，哪些信息属于个人信息，要遵循相应的法律规定；哪些信息属于敏感个人信息，应该适用于增强的保护措施和保护义务。第四条给出了个人信息的定义：“个人信息是以电子或者其他方式记录的与已识别或者可识别的自然人有关的各种信息，不包括匿名化处理后的信息。”第二十八条定义了敏感个人信息：“敏感个人信息是一旦泄露或者非法使用，容易导致自然人的人格尊严受到侵害或者人身、财产安全受到危害的个人信息，包括生物识别、宗教信仰、特定身份、医疗健康、金融账户、行踪轨迹等信息，以及不满十四周岁未成年人的个人信息。”能够识别自然人的信息，或者与该自然人相关的各种信息均属于个人信息。而对于生物特征、行踪轨迹等，一旦泄露容易导致自然人的人格尊严受到侵害或者人身、财产安全受到危害的个人信息为敏感个人信息。在公共安全领域，涉及的个人信息非常多。其中，一些个人信息是为了维护公共安全的需要，在相关法律法规中明确要求提供的个人信息；还有一些是为了实现某些商业目的所需要收集的信息。在落实公共安全领域内个人信息保护的过程中，要重点关注后者的合法性，如智能停车缴费移动应用收集的个人信息、车辆出入停车场收集的信息、手机远程视频监控收集的信息、智能家居类产品收集的信息等，这些信息中可能包含的敏感个人信息主要有通过摄像机采集的人脸、通过麦克风采集的声纹等生物特征信息、人员车辆行程轨迹信息等。由于公共安全领域的应用场景广泛，收集处理的个人信息种类也各不相同，需要结合具体的应用场景，对收集的个人信息进行分类梳理，再按照《个人信息保护法》进行对照，落实相关法律要求[5]。

以下介绍两个违反《个人信息保护法》的案例。

1．案例一

江苏苏州相城网安部门在对苏州某科技有限公司检查时发现，该公司开发运营的某小程序在收集用户申请基因检测个人信息时，未向被收集者明示处理个人信息的方式、种类及保存期限等，在存储、传输个人基因检测报告等敏感个人信息时未采取必要的安全技术措施，涉嫌处理个人信息未告知并征得个人同意和不履行个人信息安全保护义务。对此，苏州相城网安部门依据《个人信息保护法》第十三条、第十七条、第五十一条和第六十六条之规定，对该公司予以行政警告处罚，并责令限期改正。

2. 案例二

江苏镇江句容网安部门在对句容市宝华镇某售楼处检查时发现，自 2020 年 2 月以来，该售楼处为统计、结算中介业务提成给付比例，在未告知并征得购房者同意的情况下，在售楼处安装十余台高清人脸抓拍摄像机，抓取相关购房者人脸照片并与售楼处内部人员业务数据库进行对比，涉嫌在公共场所超范围采集购房者个人信息。对此，镇江句容网安部门根据《个人信息保护法》第二十六条和第六十六条之规定，对该公司予以行政警告处罚，并责令限期改正。

9.1.3 《中华人民共和国网络安全法》

2016 年 11 月 7 日，《中华人民共和国网络安全法》（以下简称《网络安全法》）由中华人民共和国第十二届全国人民代表大会常务委员会第二十四次会议通过。

当前人类已经进入大数据时代，信息技术的应用非常广泛，已经成为当今世界政治、经济、科研生产、社会管理等领域的主要科技手段。信息化的发展推动了国家的经济发展，在国家治理方面也发挥了重要作用。正是信息化的这种巨大作用，使信息安全的重要性提高到了一个极高程度，一个领域或行业的信息化应用越深入，依赖程度越高，信息安全威胁就越大。因此，大数据时代既有机遇也有挑战。机遇是指要充分利用信息技术推动传统产业和传统业务快速发展。如果不抓住机遇，就会被时代快速发展的列车甩在后面，甚至倒闭。现在最具普遍性的挑战就是网络安全。网络安全是大数据时代影响面最广、安全威胁最大的挑战，必须高度重视和研究信息安全。《2020 年中国互联网网络安全报告》显示，网络空间已经成为大国之间博弈的新战场，可能威胁国家安全、国防安全、政权安全、社会稳定、公共利益安全，威胁每个用计算机的人、用手机的人。网络安全引发的电信诈骗、网络诈骗危及每个人。

《网络安全法》是我国第一部调整网络建设者、运营者、服务者和应用者的法律关系，全面规范网络空间安全管理行为的专门性法律，是为保障网络安全，维护网络空间主权和国家安全、社会公共利益，保护公民、法人和其他组织的合法权益，促进经济社会信息化健康发展的法律保障。《网络安全法》的制定与颁布是我国网络空间法治建设的重要里程碑，为依法治网、防控网络风险提供了法律保障，是我国建设、运营、维护和使用网络及网络安全的监督管理在法治轨道上健康运行的重要保障。国家对信息安全的保护，由行政法规层面逐步上升到法律层面，由法律的部分条款上升到专门法律，大大地提高了法律对信息安全的保护能力。信息安全法律层面的保护是实现我国网络安全（或称信息安全）的根本性保障。

《网络安全法》共七章七十九条，每章分别为：第一章总则，第二章网络安全支持与促进，第三章网络运行安全，第四章网络信息安全，第五章监测预警与应急处置，第六章法律责任，第七章附则。在内容方面有 6 个突出的亮点：一是确立了我国网络空间主权原则；二是规定了网络产品和服务提供者、网络运营者保证网络安全的法定义务；三是明确了政府职能部门的监管职责，完善了监管体制；四是强化了网络运行安全，明确了重点保护对象为关键信息基础设施，彰显了个人信息保护原则；五是明确规定了网络产品和服务、网络关键设备和网络安全产品的强制性要求的准则；六是强化了危害网络安全责任人处罚。

《网络安全法》的3个基本原则如下。

1. 网络空间主权原则

《网络安全法》第一条规定："为了保障网络安全，维护网络空间主权和国家安全、社会公共利益，保护公民、法人和其他组织的合法权益，促进经济社会信息化健康发展，制定本法。"这条规定明确表明了维护我国网络空间主权的原则和立法目的。网络空间主权是一个国家主权在网络空间中的自然延伸和表现。《联合国宪章》确立的主权平等原则是当代国际关系的基本准则，覆盖国与国交往的各个领域，其原则和精神也应该适用于网络空间。各国自主选择网络发展道路、网络管理模式、互联网公共政策及平等参与国际网络空间治理的权利应当得到尊重。第二条明确规定《网络安全法》适用于我国境内网络建设、运营、维护和监管，具体体现了网络安全的管辖权。

2. 网络安全与信息化发展并重原则

2014年2月27日，习近平总书记在中央网络安全和信息化领导小组第一次会议上指出："没有网络安全就没有国家安全，没有信息化就没有现代化。"2016年4月19日，习近平总书记在网络安全和信息化工作座谈会上指出："网络安全和信息化相辅相成的。安全是发展的前提，发展是安全的保障，安全和发展要同步推进。"网络安全和信息化是一体之两翼、驱动之双轮，必须统一谋划、统一部署、统一推进、统一实施。《网络安全法》第三条明确规定："国家坚持网络安全与信息化并重，遵循积极利用、科学发展、依法管理、确保安全的方针，推进网络基础设施建设和互联互通，鼓励网络技术创新和应用，支持培养网络安全人才，建立健全网络安全保障体系，提高网络安全保护能力。"要做到"双轮驱动、两翼齐飞"。这一方针对解决我国信息化建设中只重视系统建设和应用、轻视和弱化网络安全的普遍问题具有现实意义。

3. 共同治理原则

网络空间安全不仅要依靠政府，还需要企业、社会组织、技术社群和公民等网络利益相关者的共同参与。《网络安全法》坚持共同治理原则，要求采取措施鼓励全社会共同参与，政府部门、网络建设者、网络运营者、网络服务提供者、网络行业相关组织、高等院校、职业学校、社会公众等都应根据各自的角色参与网络安全治理工作。

《网络安全法》提出了网络安全战略，明确了网络空间治理目标，提高了我国网络安全政策的透明度。《网络安全法》第五条规定，国家采取措施，监测、防御、处置来源于我国境内外的网络安全风险和威胁，保护关键信息基础设施免受攻击、侵入、干扰和破坏，依法惩治网络违法犯罪活动，维护网络空间安全和秩序，这条规定明确了网络安全战的基本要求。第七条明确规定，我国致力于推动构建和平、安全、开放、合作的网络空间，建立多边、民主、透明的网络治理体系。这是我国第一次通过国家法律的形式向世界宣示网络空间治理目标，明确表达了我国的网络空间治理态度。上述规定提高了我国网络治理公共政策的透明度，有利于提升我国对网络空间的国际话语权和规则制定权，促成了网络空间国际规则的出台。

《网络安全法》明确规定了政府各部门的职责权限，将现行的网络安全监管体制法制化，将制度上升为法律，用法律条款明确规定了网信部门与其他相关网络监管部门的职责分工。第八条规定，国家网信部门负责统筹协调网络安全工作和相关监督管理工作，国务院电信主管部门、公安部门和其他有关机关依法在各自职责范围内负责网络安全保护和监督管理工作。这种一个部门牵头、多部门协同的监管体制，符合当前互联网与现实社会全面融合的特点，满足我国监管需要，解决了监管工作分工不明、权责不清的现实问题，对监管效率和治理效果的提升具有积极意义[6]。

以下介绍两个违反《网络安全法》的案例。

1. **案例一**

2020 年 4 月 22 日，宿豫公安分局网安大队民警对宿豫一健身中心进行网络安全检查时，发现其收集会员个人信息时没有主动告知收集、使用信息的目的、方式和范围；对个人信息的处理及保存没有按照规定采用加密等技术措施处置。2020 年 5 月 7 日，宿豫公安分局根据《网络安全法》第四十一条、第四十二条第二款、第六十四条第一款之规定，对其处警告处罚，并责令期限改正。

2. **案例二**

2019 年 1 月，常州警方在侦办一起侵犯公民个人信息案中，发现常州市某二手车商在经营过程中收集大量车辆信息，包含车主详细信息、车辆抵押状态、违章情况等。其内部管理混乱，没有采取必要的保护措施，保障其收集、存储的车辆信息安全，致使信息泄露。警方同时还发现，该二手车商为便于核查二手车车况信息，曾在网上购买少量公民个人信息。常州警方依据《网络安全法》第四十二条、第四十四条、第六十四条之规定，对该公司予以罚款 3 万元，并收缴、销毁涉案个人信息。

9.2 数据安全相关政策

9.2.1 数据安全相关政策出台的必要性

2022 年 1 月 12 日，国务院印发的《“十四五”数字经济发展规划》明确指出，数字经济是继农业经济、工业经济之后的主要经济形态，是以数据资源为关键要素，以现代信息网络为主要载体，以信息通信技术融合应用、全要素数字化转型为重要推动力，促进公平与效率更加统一的新经济形态。

数据作为一种新型生产要素较早被写入国家顶层规划中，体现了互联网大数据时代的新特征。当前数字经济正在引领新经济发展，数字经济覆盖面广且渗透力强，与各行业融合发展，并在社会治理（如城市交通、老年服务、城市安全等方面）中发挥重要作用。而数据作为基础性资源和战略性资源，是数字经济高速发展的基石，也将成为“新基建”最重要的生产资料。数据要素的高效配置，是推动数字经济发展的关键一环。加快培育数据要素市场，推进政府数据开放共享、提升社会数据资源价值、加强数据资源整合和安全保护，使大数据成为推动经济高质量发展的新动能，对全面释放数字红利、构建以数据为关键要素的数字经济具有战略意义。

《“十四五”数字经济发展规划》指出，发展数字经济是国家的重要战略部署，2035 年我国数字经济将迈向繁荣成熟期，形成统一公平、竞争有序、成熟完备的数字经济现代市场体系，数字经济发展基础、产业体系发展水平将位居世界前列。而数据作为数字经济的关键要素，数字经济安全体系亟待进一步增强。在国家顶层战略引导下，我国近年来相继出台了《数据安全法》《个人信息保护法》等法律，数据安全产业迎来重要发展机遇。

9.2.2　国家与地方政府出台的数据安全相关政策总体情况

从国家维度看，2015 年，国务院印发《关于积极推进“互联网+”行动的指导意见》（国发〔2015〕40 号）、《促进大数据发展行动纲要》（国发〔2015〕50 号），对加强数据安全管理、提高风险防范能力等提出了具体要求。2016 年 11 月 7 日，我国出台了《网络安全法》，保障网络安全，维护网络空间主权和国家安全、社会公共利益，保护公民法人和其他组织的合法权益。2017 年 12 月 8 日，中共中央政治局就实施国家大数据战略进行第二次集体学习，强调要切实保障国家数据安全，加强关键信息基础设施安全保护，强化国家关键数据资源保护能力，增强数据安全预警和溯源能力。2021 年 9 月 1 日，《数据安全法》和《关键信息基础设施安全保护条例》（国务院令第 745 号）正式施行，规范了数据处理活动，明确了各方责任，保障关键信息基础设施安全稳定运行。

从地方维度看，广东省在数据安全立法方面，出台相关政策最多，高达 7 项，浙江省紧随其后，出台相关政策 5 项，其次是贵州省、山东省、江苏省、山西省等省。此外，北京、上海、天津等数据要素市场化进程较深入的直辖市，均有出台相关政策。而地方性政策的发布时间主要集中在 2019—2021 年。近几年是我国工业经济向数字经济迈进的关键时期，地方致力于促进数据依法有序自由流动，保障数据安全，加快数据要素市场培育，推动数字经济更好地服务和融入新发展格局，并以“数据”为中心，积极出台针对性政策条例。目前比较有代表性的地方性数据安全政策有《深圳经济特区数据条例》《上海市数据条例》等。地方性安全政策的不断出台，将为地方推动数字经济更好地服务和融入新发展格局奠定基础。中国各省区市，乃至主要城市，在未来几年内，将会陆续出台更多地方性数据安全相关政策，以保障地方在数据要素市场化及数字化转型过程中的数据安全。

早在 20 世纪 90 年代末，我国就开始了数据安全方面的建设，相关政策开始出现并实施。《中华人民共和国国民经济和社会发展第十三个五年规划纲要》指出：“牢牢把握信息技术变革趋势，实施网络强国战略，加快建设数字中国，推动信息技术与经济社会发展深度融合，加快推动信息经济发展壮大。”这为数据安全政策环境的完善奠定了基础。在 2016 年到 2020 年的“十三五”期间，数据安全政策出台频率明显增加，数据安全整体政策环境趋于完善，数据安全领域的相关市场加速成型。《中华人民共和国国民经济和社会发展第十四个五年规划和 2035 年远景目标纲要》规划继续推动数字中国建设，提出：“迎接数字时代，激活数据要素潜能，推进网络强国建设，加快建设数字经济、数字社会、数字政府，以数字化转型整体驱动生产方式、生活方式和治理方式变革。”2021 年作为“十四五”的开局之年，出台数据安全相关政策数量高达 50 多项，为数据安全产业的发展奠定了更坚实的政策基础。安全是发展的前提，发展是安全的保障，高频率的数据安全政策出台，是响应国家数字化产业发展的需要。可以预测，“十四五”期间，数据安全产业将迎来更多细化的针对性政策，覆盖更多领域及场景，为数字化产业发展营造更好的发展环境，为数字中国的实现保驾护航。

9.2.3 国家层面的数据安全相关政策重点内容解读

对国家出台的多项与数据安全相关政策内容的重点解读如下。

1.《国务院关于印发政务信息资源共享管理暂行办法的通知》

共享平台管理单位要加强共享平台安全防护，切实保障政务信息资源共享交换时的数据安全；提供部门和使用部门要加强政务信息资源采集、共享、使用时的安全保障工作，落实本部门对接系统的网络安全防护措施。

2.《教育部等八部门关于引导规范教育移动互联网应用有序健康发展的意见》

增强网络安全防御能力，落实网络安全责任制，制定完善关键信息基础设施安全、大数据安全等网络安全标准，明确保护对象、保护层级、保护措施。

3.《国务院办公厅关于印发进一步深化“互联网+政务服务”推进政务服务“一网、一门、一次”改革实施方案的通知》

研究政务信息资源分类分级制度，制定数据安全管理办法，明确数据采集、传输、存储、使用、共享、开放等环节安全保障的措施、责任主体和具体要求。提高国家电子政务外网、国家数据共享交换平台和国家政务服务平台的安全防护能力。推进政务信息资源共享风险评估和安全审查，强化应急预案管理，切实做好数据安全事件的应急处置。

4.《国务院办公厅关于促进平台经济规范健康发展的指导意见》

明确平台在经营者信息核验、产品和服务质量、平台（含 App）索权、消费者权益保护、网络安全、数据安全、劳动者权益保护等方面的相应责任，强化政府部门监督执法职责，不得将本该由政府承担的监管责任转嫁给平台。

5.《中共中央关于制定国民经济和社会发展第十四个五年规划和二〇三五年远景目标的建议》

扩大基础公共信息数据有序开放，建设国家数据统一共享开放平台。保障国家数据安全，加强个人信息保护。提升全民数字技能，实现信息服务全覆盖。积极参与数字领域国际规则和标准制定。

6.《工业和信息化部关于加强车联网网络安全和数据安全工作的通知》

提升数据安全技术保障能力。智能网联汽车生产企业、车联网服务平台运营企业要采取合法、正当方式收集数据，针对数据全生命周期采取有效技术保护措施，防范数据泄露、毁损、丢失、篡改、误用、滥用等风险。

7.《国务院办公厅关于印发全国一体化政务服务平台移动端建设指南的通知》

加强数据安全管理，强化用户隐私保护，严格规范用户信息采集，保障用户知情权、选择权和隐私权。

8.《国务院关于印发“十四五”数字经济发展规划的通知》

提升数据安全保障水平。建立健全数据安全治理体系，研究完善行业数据安全管理政策。建立数据分类分级保护制度，研究推进数据安全标准体系建设，规范数据采集、传输、存储、处理、共享、销毁全生命周期管理，推动数据使用者落实数据安全保护责任。依法依规加强政务数据安全保护，做好政务数据开放和社会化利用的安全管理。

9.《国务院关于落实<政府工作报告>重点工作分工的意见》

强化网络安全、数据安全和个人信息保护。

10.《中共中央 国务院关于加快建设全国统一大市场的意见》

加快培育数据要素市场，建立健全数据安全、权利保护，跨境传输管理、交易流通、开放共享、安全认证等基础制度和标准规范，深入开展数据资源调查，推动数据资源开发利用。

9.2.4　地方政府出台的数据安全相关政策重点内容解读

地方政府也出台了多项数据安全相关政策，相应的政策内容解读如下。

1.《河南省政务数据安全管理暂行办法》

政务部门建设政务信息系统应严格遵守有关法律、法规、标准规范，同步编制政务数据安全建设方案，同步建设政务数据安全防护系统，同步开展政务数据安全运行工作，定期评估，不断提高政务数据安全防护水平。

2.《广西壮族自治区大数据发展局关于印发广西政务数据安全管理办法的通知》

建立辖区内政务数据安全事件应急机制和通报制度，向本级网络安全主管部门通报辖区内各单位的政务数据安全信息，协助调查处理辖区内的政务数据安全事件。

3.《湖北省人民政府关于印发湖北省数字经济发展“十四五”规划的通知》

加快区块链技术在数据安全保障、数据流通、数据溯源中的应用，加强对开放数据的监督、审计和问责。

4.《省政府办公厅关于印发江苏省“十四五”公共服务规划的通知》

健全政府及公共服务机构数据开放共享制度，推动公共服务领域和政府部门数据有序开放。加强公共服务数据安全保障和隐私保护。

5.《云南省人民政府办公厅关于印发云南省“十四五”电子政务发展规划的通知》

进一步强化电子政务项目安全组织体系，完善横向联动、纵向监督的网络安全工作机制，建立健全网络安全、数据安全、系统安全等方面全省统一、协同联动的安全监管和应急机制。

6.《中国（重庆）自由贸易试验区“十四五”规划（2021—2025年）》

加快数据安全、个人信息保护等领域基础性法规制度建设，完善政策标准、优化相关技术服务。

9.3 等级保护2.0数据安全解读

9.3.1 什么是等级保护2.0

等级保护2.0全称为网络安全等级保护2.0制度，是我国网络安全领域的基本国策、基本制度。等级保护2.0在1.0标准的基础上，注重主动防御，从被动防御到事前、事中、事后全流程的安全可信、动态感知和全面审计，实现了对传统信息系统、基础信息网络、云计算、大数据、物联网、移动互联网、工业控制信息系统等级保护对象的全覆盖。

9.3.2 等级保护1.0到等级保护2.0

1. 等级保护1.0的相关概念及标准体系

2007年，《信息安全等级保护管理办法》（公通字〔2007〕43号）文件的正式发布，标志着等级保护1.0的正式启动。等级保护1.0规定了等级保护需要完成的“规定动作”，即定级备案、建设整改、等级测评和监督检查，为了指导用户完成等级保护的“规定动作”，在2008—2012年，陆续发布了等级保护的一些主要标准，构成等级保护1.0的标准体系，信息安全等级保护体系如图9-1所示。

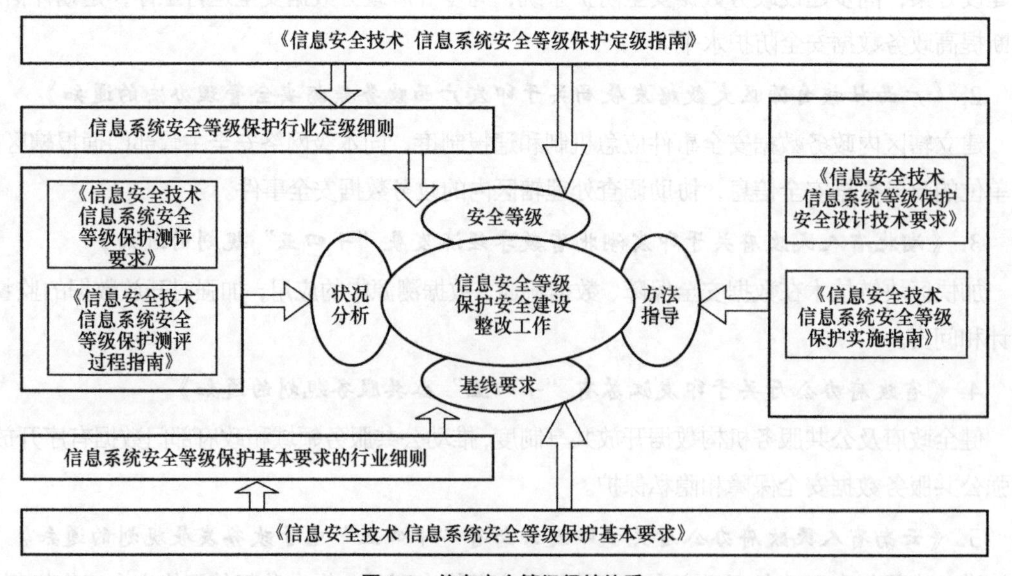

图9-1 信息安全等级保护体系

等级保护 1.0 时期的主要标准如下。

①《信息安全等级保护管理办法》（公通字〔2007〕43 号）（上位文件）。

②《计算机信息系统 安全保护等级划分准则》（GB 17859—1999）（上位标准）。

③《信息安全技术 信息系统安全等级保护实施指南》（GB/T 25058—2010）。

④《信息安全技术 信息系统安全等级保护定级指南》（GB/T 22240—2008）。

⑤《信息安全技术 信息系统安全等级保护基本要求》（GB/T 22239—2008）。

⑥《信息安全技术 信息系统等级保护安全设计技术要求》（GB/T 25070—2010）。

⑦《信息安全技术 信息系统安全等级保护测评要求》（GB/T 28448—2012）。

⑧《信息安全技术 信息系统安全等级保护测评过程指南》（GB/T 28449—2012）。

2. 等级保护 1.0 和等级保护 2.0 的区别

等级保护 1.0 体系以信息系统为对象，确立了 5 级安全保护等级，并从信息系统安全的定级方法、基本要求、实施过程、测评工作等方面入手，形成了一套相对完整、标准明确、涵盖技术和管理要求的等级保护规范，然而随着网络安全形势日益严峻，等级保护 1.0 已经难以持续应对更加复杂的网络安全新时代，因此国家又推出了等级保护 2.0。相较于等级保护 1.0 为等级保护提供指南和方针，等级保护 2.0 是在其基础之上的迭代和延伸。

等级保护 2.0 相较于等级保护 1.0 的变化如下。

① 将对象范围由原来的信息系统改为等级保护对象（信息系统、通信网络设施和数据资源等），对象包括网络基础设施（广电网、电信网、专用通信网络等）、云计算平台/系统、大数据平台/系统、物联网、工业控制系统、采用移动互联技术的系统等。

② 在 1.0 标准的基础上进行了优化，同时针对云计算、移动互联、物联网、工业控制系统、大数据等新技术及新应用领域提出新要求，形成了同时可满足安全通用要求和新应用安全扩展要求的标准要求内容。

③ 采用了“一个中心，三重防护”的防护理念和分类结构，强化了建立纵深防御和精细防御体系的思想。

④ 强化了密码技术和可信计算技术的使用，把可信验证列入各个级别并逐级提出各个环节的主要可信验证要求，强调通过密码技术、可信验证、安全审计和态势感知等建立主动防御体系的期望。

3. 等级保护的演进

等级保护的演进伴随着以下几个方面的不断发展和完善，从基础安全（安全加固、补丁管理、应用防护）到被动防御（基础对抗、缩小攻击面、消耗攻击资源、延缓攻击），从被动防御到积极防御（全面检测、快速响应、安全分析、追根溯源、响应处理），并通过威胁情报、动态感知（信息收集、情报验证、信息挖掘）进一步提高整个防护保证体系的安全可信度（静态可信、动态可信、法律手段、技术反制、安全验证）。

从发展的角度来说，网络安全等级保护制度呈现的明显的演进方向如下。

（1）安全监管更严格

由乱到治，有法可依，安全监管更加严格，《网络安全法》第二十一条规定“国家实行网络安全等级保护制度”，要求网络运营者应当按照网络安全等级保护制度的要求，履行安全保护义务；第三十一条规定对于国家关键信息基础设施，在网络安全等级保护制度的基础上，实行重点保护。

（2）配套行业更广泛

随着大数据、云计算、移动互联网、人工智能等新技术不断涌现，计算机信息系统的概念已经不能涵盖全部，特别是互联网快速发展带来的大数据价值的凸显，等级保护对象的外延将不断拓展。

（3）风险评估服务更完善

在定级、备案、建设整改、等级评测和监督检查等规定动作基础上，2.0 时代的风险评估、安全监测，通报预警、事件调查、数据防护、灾难备份、应急处理、自主可控、供应链安全、效果评价、综治考核等这些与网络安全密切相关的措施将全部纳入等级保护制度并加以实施。

（4）安全可信技术进一步发展

在 2.0 时代，主管部门将继续制定出台一系列政策法规和技术标准，形成运转顺畅的工作机制。在现有体系基础上，建立完善等级保护政策体系、标准体系、评测体系、关键技术研究体系、教育培训体系等。自主可信可控的安全系统、可信环境成为主要的安全实现途径。

2017 年，《网络安全法》的正式实施，标志着等级保护 2.0 的正式启动。《网络安全法》明确规定国家实行网络安全等级保护制度（第二十一条），国家对一旦遭到破坏、丧失功能或者数据泄露，可能严重危害国家安全、国计民生、公共利益的关键信息基础设施，在网络安全等级保护制度的基础上，实行重点保护（第三十一条）。上述要求为网络安全等级保护赋予了新的含义，为配合《网络安全法》的实施和落地，重新调整和修订等级保护 1.0 标准体系，指导用户按照网络安全等级保护制度的新要求，履行网络安全保护义务的意义重大。

随着信息技术的发展，等级保护对象已经从狭义的信息系统，扩展到网络基础设施、云计算平台/系统、大数据平台/系统、物联网、工业控制系统、采用移动互联技术的系统等，基于新技术和新手段提出新的分等级的技术防护机制和完善的管理手段是等级保护 2.0 标准必须考虑的内容。关键信息基础设施在网络安全等级保护制度的基础上，实行重点保护，基于等级保护提出的分等级的防护机制和管理手段加强对关键信息基础设施的保护措施，确保等级保护标准和关键信息基础设施保护标准的顺利衔接也是等级保护 2.0 标准体系需要考虑的内容。

9.3.3 等级保护 2.0 解读

1. **等级保护 2.0 标准体系及框架**

等级保护 2.0 标准体系主要标准如下。

①《网络安全等级保护条例》（总要求/上位文件）。

② 《计算机信息系统安全保护等级划分准则》（GB 17859—1999）（上位标准）。

③ 《信息安全技术 网络安全等级保护实施指南》（GB/T 25058—2019）。

④ 《信息安全技术 网络安全等级保护定级指南》（GB/T 22240—2020）。

⑤ 《信息安全技术 网络安全等级保护基本要求》（GB/T 22239—2019）。

⑥ 《信息安全技术 网络安全等级保护安全设计技术要求》（GB/T 25070—2019）。

⑦ 《信息安全技术 网络安全等级保护测评要求》（GB/T 28448—2019）。

⑧ 《信息安全技术 网络安全等级保护测评过程指南》（GB/T 28449—2018）。

关键信息基础设施标准体系框架如下。

① 《关键信息基础设施安全保护条例（征求意见稿）》（总要求/上位文件）。

② 《信息安全技术 关键信息基础设施安全保护要求》（征求意见稿）。

③ 《信息安全技术 关键信息基础设施安全控制措施》（征求意见稿）。

④ 《信息安全技术 关键信息基础设施安全控制评估方法》（征求意见稿）。

2. 等级保护 2.0 运行步骤

（1）定级

等级保护对象根据其在国家安全、经济建设、社会生活中的重要程度，遭到破坏后对国家安全、社会秩序、公共利益及公民、法人和其他组织的合法权益的危害程度等，由低到高被划分为 5 个安全保护等级。具体的定级要求参见《信息安全技术 网络安全等级保护定级指南》[7]。

简单而言，定级主要参考行业要求和业务的发展体量，如普通的门户网站，定为二级已经足够，而存储较多敏感信息的系统，如保存用户的身份信息、通信信息、住址信息等的系统则需要定为三级。对拟定为二级以上的网络，其运营者应当组织专家评审；有行业主管部门的，应当在评审后报请主管部门核准。跨省或者全国统一联网运行的网络由行业主管部门统一拟定安全保护等级，统一组织定级评审。总体来说，定级遵循就高不就低的原则，表 9-1 详细阐述了定级要求。

表 9-1　定级要求

等级	定级要求	防护水平	处理能力	恢复能力
一级	一旦受到破坏，会对相关公民、法人和其他组织的合法权益造成损害，但不危害国家安全、社会秩序和公共利益的一般网络	防护免受来自个人的、拥有很少资源的威胁源发起的恶意攻击，一般的自然灾难及其他相当危害程度的威胁所造成的关键资源损害	—	在自身遭到损害后，能够恢复部分功能
二级	一旦受到破坏，会对相关公民、法人和其他组织的合法权益造成严重损害，或者对社会秩序和公共利益造成危害，但不危害国家安全的一般网络	防护免受来自外部小型组织的、拥有少量资源的威胁源发起的恶意攻击，一般的自然灾难及其他相当危害程度的威胁所造成的重要资源损害	能够发现重要的安全漏洞和处置安全事件	在自身遭到损害后，能够在一段时间内恢复部分功能
三级	一旦受到破坏，会对相关公民、法人和其他组织的合法权益造成特别严重损害，或者会对社会秩序和社会公共利益造成严重危害，或者对国家安全造成危害的重要网络	在统一安全策略下防护免受来自外部有组织的团体、拥有较为丰富资源的威胁源发起的恶意攻击，较为严重的自然灾难及其他相当危害程度的威胁所造成的主要资源损害	能够发现安全漏洞和处置安全事件	在自身遭到损害后，能够较快恢复绝大部分功能

续表

等级	定级要求	防护水平	处理能力	恢复能力
四级	一旦受到破坏会对社会秩序和公共利益造成特别严重危害，或者对国家安全造成严重危害的特别重要网络	应能够在统一安全策略下防护免受来自国家级别的、敌对组织的、拥有丰富资源的威胁源发起的恶意攻击，严重的自然灾难及其他相当危害程度的威胁所造成的主要资源损害	能够监测并及时发现攻击行为，及时处理安全事件	在自身遭到损害后，能够迅速恢复所有功能
五级	一旦受到破坏后会对国家安全造成特别严重危害的极其重要网络	—	—	—

（2）备案

对拟定为第二级及以上的网络，应当在网络的安全保护等级确定后10个工作日内，到县级以上公安机关备案。二级及以上需要提交的备案材料有定级报告、备案表，三级及以上需要提供组织架构图、拓扑图、系统安全方案、系统设备列表及销售许可证等。因网络撤销或变更调整安全保护等级的，应当在10个工作日内向原受理备案公安机关办理备案撤销或变更手续。

（3）建设和整改

在确定了等级保护对象的安全保护等级后，应根据不同对象的安全保护等级完成安全建设或安全整改工作。就建设整改而言，网络安全防护技术是其基础，提高管理水平、规范网络安全防护行为是其关键，良好的运维与监控也为其提供最有力的支持保障。就二级及以上级别要求而言，应定期进行等级测评，发现不符合相应等级保护标准要求的需要及时整改。

（4）等级测评

等级测评主要是两个方面的评估，一个方面是技术上的评估，如安全能力是否达标、网络架构是否合规，另一个方面是管理上的评估，如管理制度和人员的培训是否到位等。“等级保护2.0”要求二级及以上级别的企业应在发生重大变更或级别发生变化时进行等级测评，应确保测评机构的选择符合国家有关规定。

（5）监督检查

监督检查贯穿等级保护的全部方面，从定级到备案，从备案到整改，从整改到测评，都离不开监督检查的贯彻与实施。对于二级及以上等级而言，应定期进行常规安全检查，检查包括系统日常运行、系统漏洞和数据备份等情况[8]。

9.4 数据安全相关标准

9.4.1 《信息安全技术 健康医疗数据安全指南》

2020年12月14日，国家标准化管理委员会发布《信息安全技术 健康医疗数据安全指南》

（以下简称《指南》）[9]，该《指南》于 2021 年 7 月 1 日正式实施。《指南》由全国信息安全标准化技术委员会提出并归口，健康医疗数据生命周期内可能涉及的各主体都参与起草。其中，包括北京协和医院、上海市儿童医院等城市三甲医院，东软集团、零氪科技等第三方数据服务商，各保险公司、大学及与网络安全保护相关的中国信息安全测评中心等。作为推荐性国家标准，《指南》并不具有强制法律效力。

各企业在合规过程中，可将《指南》作为参考，同时需结合《网络安全法》《个人信息安全规范》《国家健康医疗大数据标准、安全和服务管理办法（试行）》等法规及标准以保证全面性。

《指南》给出了健康医疗数据控制者在保护健康医疗数据时可采取的安全措施。《指南》适用于指导健康医疗数据控制者对健康医疗数据进行安全保护，也可供健康医疗、网络安全相关主管部门及第三方评估机构等组织开展健康医疗数据的安全监督管理与评估等工作时参考。

《指南》围绕健康医疗数据业务，提出了健康医疗数据使用和披露的原则要求，解决健康医疗数据使用的安全合规边界问题；围绕数据安全措施，给出了健康医疗数据分类分级及各级安全要点、使用场景分类及各类场景安全要点、开放形式分类及不同开放形式安全要点、安全管理指南（包括组织保障、应急体系等）、安全技术指南（包括通用安全指南、去标识化指南）；围绕各种常见典型场景数据，给出了安全重点措施。

《指南》并不是孤立发挥作用，需要结合其他网络安全标准共同发挥作用，本标准侧重于数据安全层面，更偏向于健康医疗数据业务层面。涉及健康医疗信息系统安全的，参考《信息安全技术 网络安全等级保护基本要求》或《信息技术 安全技术 信息安全控制实践指南》，对承载健康医疗信息的信息系统和网络设施等进行必要的安全保护；涉及云计算平台安全的，参考《信息安全技术 云计算服务安全能力要求》；涉及数据基础安全要求和全生命周期安全要求的，参照《信息安全技术 大数据服务安全能力要求》；涉及去标识化处理的，参照《信息安全技术 个人信息去标识化指南》；涉及组织管理体系的，参照《信息技术 安全技术 信息安全管理体系要求》；涉及健康医疗数据的出境安全保护，参考数据出境安全评估相关要求；除此之外，还应符合重要数据管理、国家核心数据管理、关键信息基础设施安全管理等政策的相关通用要求；密码技术使用需符合国家密码管理相关要求；涉及国家秘密的健康医疗信息应按照国家保密工作部门有关涉密信息系统分级保护的管理规定和技术标准，结合系统实际情况进行保护；涉及人类遗传资源数据（是指利用人类遗传资源材料产生的数据，人类遗传资源材料是指含有人体基因组、基因等遗传物质的器官、组织、细胞等遗传材料），按照相关部门要求（如《中华人民共和国人类遗传资源管理条例》）执行[10]。

《指南》是我国首部针对健康医疗数据安全工作的国家标准，填补了我国健康医疗数据安全标准的空白，《指南》的发布实施为健康医疗数据处理活动提供了指南，可以在保护健康医疗数据安全的前提下，规范和推动健康医疗数据的融合共享、开放应用，促进健康医疗事业发展。

9.4.2 《信息安全技术 政务信息共享 数据安全技术要求》

《信息安全技术 政务信息共享 数据安全技术要求》[11]（以下简称本标准）通过充分调研和梳理政务信息共享的数据流程，抽取共性，分析政务信息数据流转的过程及面临的数据安全风险，梳理安全控制点等，总结现有各种数据安全技术应对政务信息共享过程中面临数据风险的能力，提出政务信息共享数据安全技术要求框架，规定了政务信息共享过程中共享数据准备、共享数据交换、共享数据使用阶段的数据安全技术要求及相关基础设施的安全技术要求。

本标准由国家信息中心牵头，联合 20 家业内优秀产学研机构共同编制。国家信息中心于 2010 年经中央机构编制委员会办公室批准同意，加挂国家电子政务外网管理中心牌子，负责国家电子政务外网建设、运维及相关管理工作，并为国家政务信息系统整合共享工作提供技术支撑。在电子政务外网网络规划、认证授权管理、统一接入和跨网数据安全交换等方面，国家信息中心都具备规划级落地能力。本标准的制定和发布，为政务数据在应用方面的安全保护提供借鉴，也为政务数据治理体系建设和政务大数据安全应用提供指导，对动态流转场景下的政务数据应用具有普适性和指引性。

本标准聚焦政务信息共享这一大场景，并结合政务信息共享交换平台这类具体业务范围和系统平台，有较强的行业特色，其中 6.1.3 资源目录管理、6.2.4.7 级联接口安全、6.3.5 数据使用监管等内容，完全贴合政务数据安全设计要求，并且也是大数据局安全技术管理所关心的重点范围。更重要的是，本标准正文 5.1、附录 A 和附录 B 分别详细介绍了政务信息共享交换业务模型、政务信息共享交换平台一般框架和政务信息交换模式，这为各大安全厂商了解和研究政务信息共享安全方案提供了扎实的基础[12]。

9.5 本章小结

技术方案是实现数据安全的有效途径，政策法规与标准也是数据安全的有力保障。本章详细解读了《数据安全法》《个人信息保护法》《网络安全法》及等级保护 2.0 和相关的国家地方政策，梳理了数据安全相关标准，有助于数据安全技术研究人员熟悉数据安全的边界范围和目标。

参考文献

[1] 王春晖. 我国《数据安全法》十大亮点解析[J]. 中国电信业, 2021(9): 42-46.

[2] 方禹. 为全球数据安全治理贡献中国方案:《中华人民共和国数据安全法》解读[J]. 网络传播, 2021(9): 30-32.

[3] 孙淑娴, 何延哲. 针对焦点问题, 个人信息保护法如何破题——《中华人民共和国个人信息保护法》解读[J]. 网络传播, 2021(9): 28-29.
[4] 程啸. 保护个人在个人信息处理活动中的权利——《中华人民共和国个人信息保护法》解读[J]. 网络传播, 2021(9): 26-27.
[5] 韩煜. 公共安全视角下的个人信息保护: 《中华人民共和国个人信息保护法》解读[J]. 中国安全防范技术与应用, 2021(6): 9-13.
[6] 张启浩, 谢力. 《中华人民共和国网络安全法》解读[J]. 智能建筑, 2017(9): 11-16.
[7] 国家质量技术监督局. 计算机信息系统 安全保护等级划分准则: GB 17859—1999[S]. 2001.
[8] 国家市场监督管理总局, 国家标准化管理委员会. 信息安全技术 网络安全等级保护基本要求: GB/T 22239—2019[S]. 2019.
[9] 国家市场监督管理总局, 国家标准化管理委员会. 信息安全技术 健康医疗数据安全指南: GB/T 39725—2020[S]. 2020.
[10] 金涛, 王建民. 信息安全技术 健康医疗数据安全指南: GB/T 39725-2020[J]. 标准生活, 2022(3): 46-51.
[11] 杭州美创科技有限公司.《信息安全技术 政务信息共享 数据安全技术要求》标准解读[EB/OL]. 2021.
[12] 国家市场监督管理总局, 国家标准化管理委员会. 信息安全技术 政务信息共享 数据安全技术要求: GB/T 39477—2020[S]. 2020.